机械制造技术基础

（第四版）

主　编　华楚生
副主编　谢黎明　谢太平
主　审　胡赤兵

重庆大学出版社

内 容 提 要

本书以机械制造为主要研究对象，介绍了金属切削理论、机械制造工艺理论、机械传动及结构和夹具设计等有关知识，同时注意吸收新技术，反映机械制造领域的最新进展。每章末附有习题与思考题。

本书供机械设计制造及其自动化专业作教材使用，经过删减也可供机械其他专业使用。

图书在版编目(CIP)数据

机械制造技术基础 / 华楚生主编. --4 版. -- 重庆：重庆大学出版社，2021.6(2022.7 重印)

机械设计制造及其自动化专业系列教材

ISBN 978-7-5624-2222-8

Ⅰ.①机… Ⅱ.①华… Ⅲ.①机械制造工艺—高等学校—教材 Ⅳ.①TH16

中国版本图书馆 CIP 数据核字(2021)第 125118 号

机械制造技术基础

(第四版)

主　编　华楚生

副主编　谢黎明　谢太平

主　审　胡赤兵

责任编辑：曾令维　　版式设计：曾令维

责任校对：何建云　　责任印制：张　策

*

重庆大学出版社出版发行

出版人：饶帮华

社址：重庆市沙坪坝区大学城西路 21 号

邮编：401331

电话：(023) 88617190　88617185(中小学)

传真：(023) 88617186　88617166

网址：http://www.cqup.com.cn

邮箱：fxk@cqup.com.cn (营销中心)

全国新华书店经销

重庆升光电力印务有限公司印刷

*

开本：787mm×1092mm　1/16　印张：18　字数：449 千

2021 年 6 月第 4 版　　2022 年 7 月第 26 次印刷

印数：78 501—81 500

ISBN 978-7-5624-2222-8　定价：45.00 元

序

当今世界,科学技术突飞猛进,知识经济已见端倪,综合国力的竞争日趋激烈。国力的竞争,归根结底是科技与人才的竞争。邓小平同志早已明确指出:科技是现代化的关键,而教育是基础。毫无疑问,高等教育是科技发展的基础,是高级专门人才培养的摇篮。我国高等教育在振兴中华、科教兴国的伟大事业中担负着极其艰巨的任务。

为了适应社会主义现代化建设的需要,在1993年党中央、国务院颁布《中国教育改革和发展纲要》以后,原国家教委全面启动和实施《高等教育面向21世纪教学内容和课程体系改革计划》,有组织、有计划地在全国推进教学改革工程。其主要内容是:改革教育体制、教育思想和教育观念;拓宽专业口径,调整专业目录,制定新的人才培养方案;改革课程体系、教学内容、教学方法和教学手段;实现课程结构和教学内容的整合与优化,编写、出版一批高水平、高质量的教材。

地处巴山蜀水的重庆大学,是驰名中外的我国重要高等学府。重庆大学出版社是一个重要的大学出版社,工作出色,一贯重视教材建设。从20世纪90年代初期开始实施"立足西部,面向全国"的战略决策,针对当时国内专科教材匮乏的情况,组织西部地区近20所院校编写、出版机械类、电类专科系列教材,以后又推出计算机、建筑、会计类专科系列教材,得到原国家教委的肯定与支持。在1998年教育部颁布《普通高等学校本科专业目录》之后,重庆大学出版社立即组织西部地区高校的数十名教学专家反复领会教学改革精神,认真学习全国的教育改革成果,充分交流各校的教学改革经验,制定机械设计制造及其自动化专业的教学计划和各门课程的教学大纲,并组织编写、出版机械类本科系列教材。为了确保教材的质量,重庆大学出版社采取了以下措施:

- 发挥教育理论与教育思想的指导作用,将教学改革思想和教学改革成果融入教材的编写之中。
- 根据人才培养计划中对学生知识和能力的要求,对课程体系和教学内容进行整合,不过分强调每门课程的系统性、完整性,重在实现系列教材的整体优化。
- 明确各门课程在专业培养方案中的地位和作用,理顺相关课程之间的关系。

● 精选教学内容，控制教学学时数，重视对学生自主学习能力、分析解决工程实际问题能力和创新能力的培养。

● 增强 CAD、CAM 的内容，提高教材的先进性；尽可能运用 CAI 等现代化教学手段，提高传授知识的效率。

● 实行专家审稿制度，聘请学术水平高、事业心强、长期活跃在教学改革第一线的专家审稿，重点审查书稿的学术质量和是否具有特色。

这套教材的编写符合教学改革的精神，遵循教学规律和人才培养规律，具有明显的特色。与出版单科教材相比，有计划地将教材成套推出，实现了整体优化，这富有远见。

经过几年的艰苦努力，这套机械类本科教材已陆续问世了。它反映了西部高校多年来教学改革与教学研究的成果，它的出版必将为繁荣我国高等学校的教材建设作出积极的贡献，特别是在西部大开发的战略行动中，起着十分重要的作用。

高等学校的教学改革和教材建设是一项长期而艰巨的工作，任重道远，不可能一蹴而就。我希望这套教材能够得到读者的关注与帮助，并希望通过教学实践与读者不吝指教，逐版加以修订，使之更加完善，在高等教育改革的百花园中齐花怒放！我深深为之祝愿。

中科院院士

杨叔子

2000 年 4 月 28 日

再版前言

本教材自2000年7月出版,至今已经重印多次(累计印数60 000册)。经过多年的教学实践,证明本教材适应宽口径机械类专业人才培养模式的课程要求,是一本具有较大改革力度的教材,因此得到了广大院校的支持,对本教材给予了充分肯定,并提出了很多宝贵意见和修改建议,在此表示衷心的感谢。

参加本教材编写的院校比较多,由于水平所限,书中难免出现一些不尽如人意的地方甚至错误。我们在广泛听取各使用院校意见的基础上,对教材进行了修订和调整。

此次修订,除听取对第一版教材内容的各方面意见并结合近年来的学科发展、变化进行了修改、充实外,还在每章后面增加习题与思考题,以方便学生学习。

此次修订工作由广西大学华楚生主持,原各编委提出修改意见,由广西大学段明扬、胡映宁、梁式、陈伟叙、王小纯、西南交通大学希望学院谢太平等老师进行具体修订。在修订过程中,得到广西大学教务处、广西大学机械工程学院的帮助与支持,在此谨致以衷心的感谢。

本教材不仅适合"机械设计制造及其自动化"专业使用,经过删减也适合其他机械类专业使用。

由于水平有限,难免有不足和错误之处,我们诚恳希望广大读者批评指正。

编　者

2015年5月

初版前言

《机械制造技术基础》是“机械设计制造及其自动化”本科专业主要技术基础课之一。为了适应我国社会主义市场经济体制和改革开放的需要,适应现代社会、经济、科技、文化及教育的发展趋势,改革高等学校本科专业划分过细,专业范围过窄的状况,教育部在1998年颁布了《普通高等学校本科专业目录》。本教材是在这样的形势下,由西部地区部分高等院校组织编写的。参加教材大纲讨论的院校有:重庆大学、甘肃工业大学、昆明理工大学、云南工业大学、西南农业大学、陕西理工学院、贵州工业大学、四川轻化工学院、四川工业大学、重庆工学院、重庆工商大学、桂林电子工业学院、广西工学院、广西大学等。

本教材内容包括:金属切削原理、金属切削刀具、金属切削机床概论、机械制造工艺学、机床夹具设计原理、公差与技术测量以及金属工艺学的部分内容。把这些课程中最基本的概念和知识要点有机地结合形成本课程的知识要点。它以机械制造为主要研究对象,介绍了金属切削理论、机械制造工艺理论、机械传动及结构和夹具设计等有关知识,同时注意吸收新技术,反映机械制造领域的最新进展。本书还注意贯彻最新国家标准。

本教材建议理论教学为70学时,使用院校可根据具体情况增减。书中部分内容可供学生自学和课外阅读。为便于教学,全书最后附有习题。

本书由华楚生任主编,王忠魁、谢黎明任副主编,参加编写的有:王忠魁(绪论、第1章、第2章)、吕宏(第3章)、谢黎明(第4章)、孙丽华(第5章)、何幼瑛(第6章)、唐其林(第7章第1、2、3、4节)、华楚生(第7章第5、6节、第8章)、张捷(第9章)。

赵妙霞同志为本书第5章提供了最新的国家标准,并提出了具体的修改意见,在此表示衷心的感谢。

全书由甘肃工业大学胡赤兵教授(全国高校机制专业指导委员会委员)主审。

本教材面向21世纪,新编教材要经教学改革实践反复锤炼才能成为精品,由于我们水平有限,书中难免有不少欠妥之处,恳请各兄弟院校和读者批评指正。

编 者

2000年4月

目　录

绪　论

1. 机械制造工业在国民经济中的地位

社会生产的各行各业，诸如交通、动力、矿山、冶金、航空、航天、电力、电子、石化、轻纺、建筑、医疗、军事、科研乃至人民的日常生活中，都使用着各种各样的机器、机械、仪器和工具。它们的品种、数量和性能极大地影响着这些行业的生产能力、质量水平及经济效益等。这些机器、机械、仪器和工具统称为机械装备，它们的大部分构件都是一些具有一定形状和尺寸的金属零件。能够生产这些零件并将其装配成机械装备的工业，称之为机械制造工业。显然，机械制造工业的主要任务，就是向国民经济的各行各业提供先进的机械装备。因此，机械制造工业是国民经济发展的重要基础和有力支柱，其规模和水平是反映国家经济实力和科学技术水平的重要标志。

2. 机械制造技术国内外状况

近年来，随着现代科学技术的发展，特别是微电子技术、电子计算机技术的迅猛发展，机械制造工业的各方面都已发生了深刻的变革。制造技术，特别是自动化制造技术，不但采用了计算机控制，并且具有柔性化、集成化、智能化的特点；在超精密加工技术方面，其加工精度已进入纳米级（0.001 μm），表面粗糙度已成功地小于0.0005 μm；在切削速度方面，国外车削钢通常为200 m/min，最高可达915 m/min；对于新兴工业需要的难加工材料、复杂型面、型腔以及微小深孔，采用了电、超声波、电子束和激光等新的加工方法进行加工。

我国的机械制造工业经过50多年的发展，特别是近20多年来的改革开放，各种机械产品如机床、汽车、重型机械、仪器仪表等的生产都具有相当的规模，已经形成了品种繁多、门类齐全、布局基本合理的机械制造工业体系。研制出了一批重大成套技术装备和多种高精尖产品，有了自己的数控加工设备及柔性制造单元、柔性制造系统等，机械制造的技术水平普遍有了很大的提高，近年来开发的新产品70%可达到国际20世纪80年代初期的水平，有些已接近或达到国际先进水平。

3. 本课程的性质、主要研究内容及学习方法

本课程是“机械设计制造及其自动化”专业的一门主干技术基础课。

本课程研究的对象，是机械制造过程中的切削过程、工艺装备、工艺技术以及与加工质量有关的公差与技术测量问题。其基本内容包括：

（1）金属切削过程的基本理论、基本规律及金属切削刀具的基本知识；

（2）金属切削机床的分类、编号，典型通用机床的工作原理、传动分析、结构特点及所使用的刀具；

（3）机械制造工艺技术的基本理论和基本知识；

（4）机床夹具的基本知识；

(5)公差与配合。

本课程的综合性和实践性很强,涉及的知识面也很广。因此,学生在学习本课程时,除了重视其中必要的基本概念、基本理论外,还应特别注重实践环节,如现场教学、工厂实习及课程设计等。

第1章　金属切削的基本定义

1.1　切削运动与切削用量

1.1.1　工件表面的成形方法

(1)工件的表面形状

图1-1所示为机械零件上常用的各种表面。不难看出,尽管机械零件的形状多种多样,但构成其内、外形轮廓的,不外乎是几个基本的几何表面:平面、圆柱面、圆锥面、螺旋面及成形面等。这些表面都属于“线性表面”,它们既可经济地在机床上进行加工,又较易获取所需的精度。

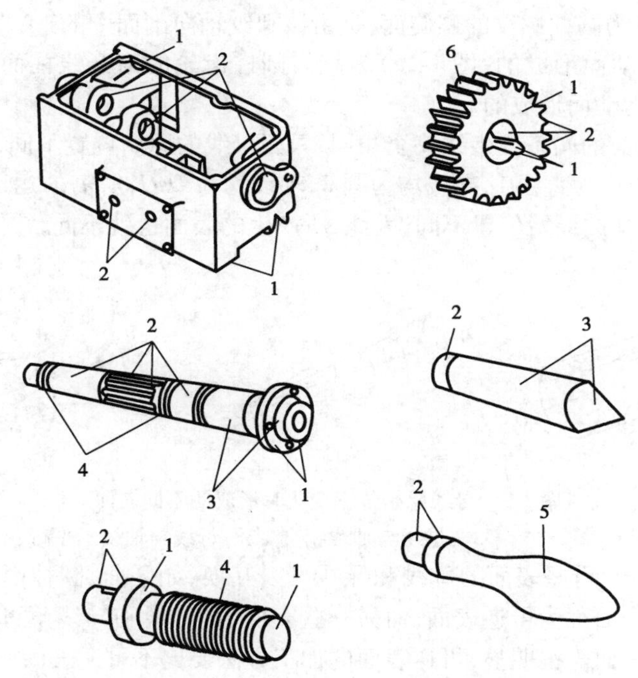

图1-1　构成机械零件外形轮廓的常用表面
1—平面　2—圆柱面　3—圆锥面　4—螺旋面
5—回转体成形面　6—渐开线柱面

(2)工件表面的成形方法

所谓“线性表面”是指该表面是由一条线(称为母线)沿着另一条线(称为导线)运动而形成的轨迹。母线和导线统称为发生线。如图1-2a)所示,平面是由直线1(母线)沿着直线2(导线)运动而形成的;图1-2b)、c)为圆柱面和圆锥面,是由直线1(母线)沿着圆2(导线)运

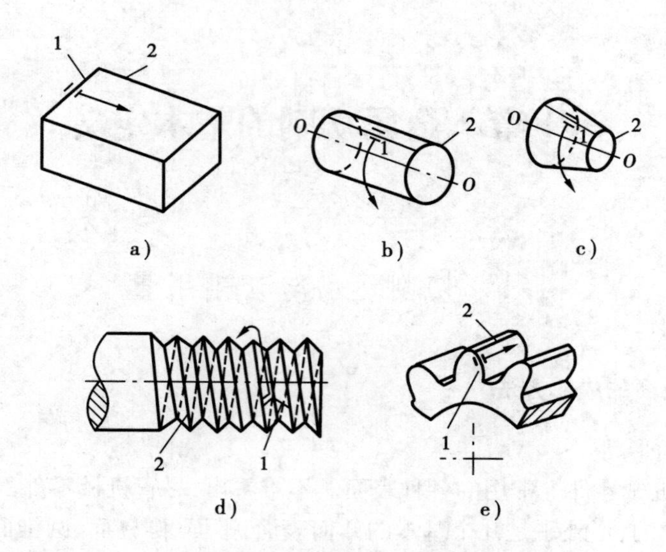

图 1-2　零件表面的成形

1—母线　2—导线

动而形成的；图 1-2d）为圆柱螺纹的螺旋面，是由该螺纹轴向剖面中的“∧”截形线 1（母线）沿着螺旋线 2（导线）运动而形成的；图 1-2e）为直齿圆柱齿轮的渐开线柱面，是由渐开线 1（母线）沿直线 2（导线）运动而形成的。

但要注意有些表面的两条发生线完全相同，只因母线的原始位置不同，也可形成不同的表面。如图 1-3 中，母线均为直线 1，导线均为圆 2，轴线均为 *O-O*，所需的运动也相同，但因母线 1 相对于旋转轴线 *O-O* 的原始位置不同，因此，所产生的表面也就不同，它们分别为圆柱面、圆锥面和双曲面。

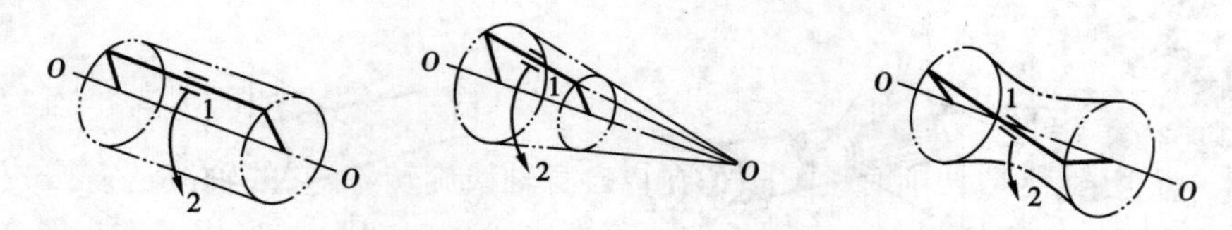

图 1-3　母线原始位置变化时形成的不同表面

1—母线与轴线平行　2—母线与轴线相交　3—母线与轴线不平行、不相交

由图 1-2 可以看出，有些表面的母线和导线可以互换，如平面、圆柱面和直齿圆柱齿轮的渐开线柱面等，这些表面称为可逆表面；而另一些表面，其母线和导线不可互换，如圆锥面、螺旋面等，称为不可逆表面。很明显，可逆表面的加工方法要比不可逆表面的多。

（3）发生线的形成方法及所需运动

机床上加工零件时，所需形状的表面是通过刀具和工件的相对运动，由刀具的切削刃切成的。刀具的切削刃以及切削刃与被加工表面之间按一定规律的相对运动，就形成了所需的发生线。由于加工方法及切削刃形状不同，机床上形成发生线的方法与所需的运动也不同，概括起来有以下四种：

1）轨迹法

如图 1-4a）所示，为用一直头外圆车刀加工回转体成形表面。车刀的切削刃与被加工表面为点接触，因此，切削刃的形状可看做一个切削点1，它按一定的规律作轨迹运动3，形成了所需要的发生线2。所以，采用轨迹法形成发生线需要一个独立的成形运动。

2）成形法

如图1-4b）所示，切削刃为一条切削线1，它的形状和长短与需要形成的发生线2完全一致。因此，用成形法形成发生线不需要专门的成形运动。

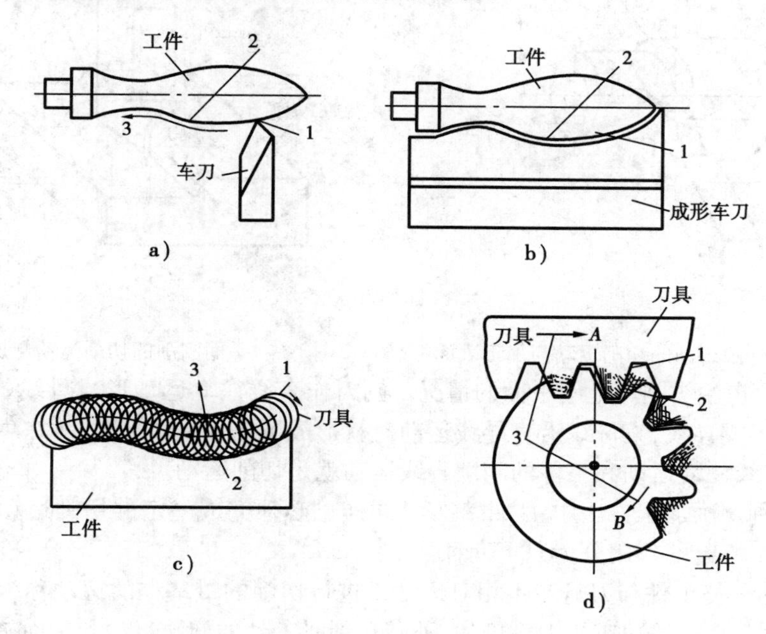

图1-4　形成发生线的四种方法

1—切削线（切削点）　2—发生线

3）相切法

如图1-4c）所示，当采用铣刀等旋转刀具加工时，在垂直于刀具旋转轴线的端面内，切削刃也可看做一个切削点1，切削时铣刀除了围绕自身轴线旋转外，它的轴线还需按一定的规律作轨迹运动3，此时，铣刀切削点1运动轨迹的下包络线（相切线）就形成了发生线2。所以用相切法形成发生线需要两个独立的成形运动。

4）展成法（范成法）

如图1-4d）所示，为用齿条形插齿刀加工直齿圆柱齿轮。刀具切削刃的形状为一条切削线1，它与需要形成的发生线2（渐开线）不相吻合，切削加工时，刀具切削线1与发生线2相切（为点接触），当齿轮毛坯（工件）的节圆在齿条刀具的节线上纯滚动时，也即齿条刀具的直线移动A和工件齿坯的旋转运动B符合齿条与齿轮的啮合运动关系时，切削线1就包络出了所需形成的发生线2。因此，用展成法形成发生线时需要一个复合运动，这个运动就称为展成运动（即图中由$A+B$组成的运动）。

1.1.2　切削运动

在金属切削机床上切削工件时，工件与刀具之间要有相对运动，这个相对运动即称为切削运动。

图 1-5 表示外圆车削时的情况。工件的旋转运动形成母线(圆),车刀的纵向直线运动形成导线(直线),圆母线沿直导线运动时就形成了工件上的外圆表面,故工件的旋转运动和车刀的纵向直线运动就是外圆车削时的切削运动。

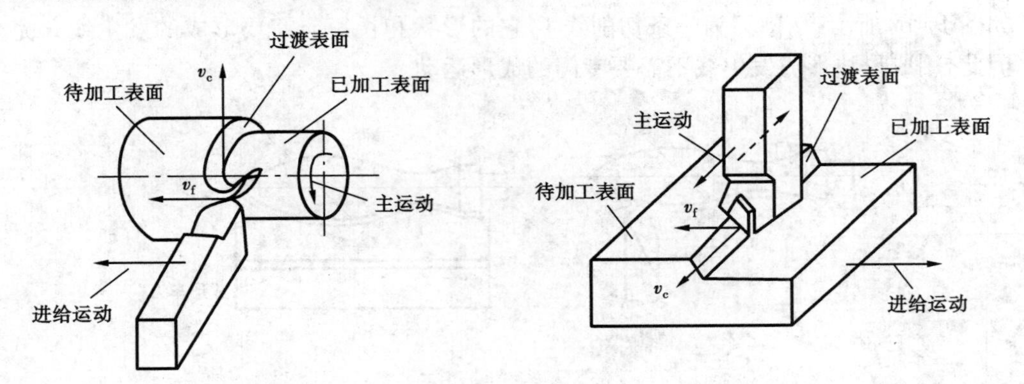

图 1-5　外圆车削的切削运动与加工表面　　图 1-6　平面刨削的切削运动与加工表面

图 1-6 表示在牛头刨床上刨平面的情况。刨刀作直线往复运动形成母线(直线),工件作间歇直线运动形成导线,直母线沿直导线运动时就形成了工件上的平面,故在牛头刨床上刨平面时,刨刀的直线往复运动和工件的间歇直线运动就是切削运动。

在其他各种切削加工方法中,工件和刀具同样也必须完成一定的切削运动。切削运动通常按其在切削中所起的作用分为以下两种:

(1)主运动　使工件与刀具产生相对运动以进行切削的最基本的运动称为主运动。这个运动的速度最高,消耗的功率最大。例如,外圆车削时工件的旋转运动和平面刨削时刀具的直线往复运动(图 1-5 和图 1-6)都是主运动。主运动的形式可以是旋转运动或直线运动,但每种切削加工方法中主运动通常只有一个。

(2)进给运动　使主运动能够继续切除工件上多余的金属,以便形成工件表面所需的运动称为进给运动。例如外圆车削时车刀的纵向连续直线运动(图 1-5)和平面刨削时工件的间歇直线运动(图 1-6)都是进给运动。进给运动可能不止一个,它的运动形式可以是直线运动、旋转运动或两者的组合,但无论哪种形式的进给运动,其运动速度和消耗的功率都比主运动要小。

总之,任何切削加工方法都必须有一个主运动,可以有一个或几个进给运动。主运动和进给运动可以由工件或刀具分别完成,也可以由刀具单独完成(例如在钻床上钻孔或铰孔)。

1.1.3　工件上的加工表面

在切削加工中,工件上通常存在三个表面,以图 1-5 的外圆车削和图 1-6 的平面刨削为例,它们是:

(1)待加工表面　它是工件上即将被切去的表面,随着切削过程的进行,它将逐渐减小,直至全部切去。

(2)已加工表面　它是刀具切削后在工件上形成的新表面,随着切削过程的进行,它将逐渐扩大。

(3)过渡表面　它是切削刃正切削着的表面,并且是切削过程中不断改变着的表面,它总是处在待加工表面与已加工表面之间。

上述这些定义也适用于其他类型的切削加工。

1.1.4 切削用量

所谓切削用量是指切削速度、进给量和背吃刀量三者的总称。它们分别定义如下：

(1)切削速度 v_c 它是切削加工时，切削刃上选定点相对于工件的主运动速度。切削刃上各点的切削速度可能是不同的。当主运动为旋转运动时，工件或刀具最大直径处的切削速度由下式确定：

$$v_c = \frac{\pi d n}{1\,000} \text{ (m/s 或 m/min)} \tag{1-1}$$

式中 d——完成主运动的工件或刀具的最大直径(mm)；

n——主运动的转速(r/s 或 r/min)。

(2)进给量 f 它是工件或刀具的主运动每转一转或每一行程时，工件和刀具两者在进给运动方向上的相对位移量。例如外圆车削的进给量 f 是工件每转一转时车刀相对于工件在进给运动方向上的位移量，其单位为 mm/r；又如在牛头刨床上刨平面时，其进给量 f 是刨刀每往复一次，工件在进给运动方向上相对于刨刀的位移量，其单位为 mm/双行程。

在切削加工中，也有用进给速度 v_f 来表示进给运动的。所谓进给速度 v_f 是指切削刃上选定点相对于工件的进给运动速度，其单位为 mm/s。若进给运动为直线运动，则进给速度在切削刃上各点是相同的。在外圆车削中，

$$v_f = f \cdot n \text{ (mm/s)} \tag{1-2}$$

式中 f——车刀每转进给量(mm/r)；

n——工件转速(r/s)。

(3)背吃刀量 a_{sp} 对外圆车削(图 1-5)和平面刨削(图 1-6)而言，背吃刀量 a_{sp} 等于工件已加工表面与待加工表面间的垂直距离，其中外圆车削的背吃刀量

$$a_{sp} = \frac{d_w - d_m}{2} \text{ (mm)} \tag{1-3}$$

式中 d_w——工件待加工表面的直径(mm)；

d_m——工件已加工表面的直径(mm)。

1.2 刀具角度和刀具的工作角度

1.2.1 刀具角度的静止参考系

(1)刀具切削部分的表面与切削刃

切削刀具的种类繁多，结构形状各异。但就其切削部分而言，都可视为外圆车刀切削部分的演变。因此，以外圆车刀为例来介绍刀具切削部分的一般术语，这些术语同样也适用于其他金属切削刀具。

外圆车刀的切削部分如图 1-7 所示，它具有下述表面和切削刃：

前面(A_γ)——切下的切屑沿其流出的表面。

主后面(A_α)——与工件上过渡表面相对的表面。

副后面(A'_α)——与工件上已加工表面相对的表面。

主切削刃(S)——前面与主后面的交线。它承担主要的金属切除工作并形成工件上的过渡表面。

副切削刃(S')——前面与副后面的交线。

它参与部分的切削工件并最终形成工件上的已加工表面。

刀尖——主、副切削刃的交点。但多数刀具将此处磨成圆弧或一小段直线(图 1-8)。

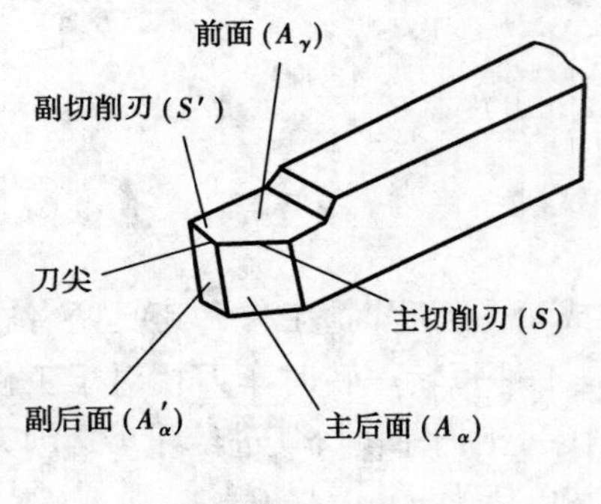

图 1-7　车刀的切削部分

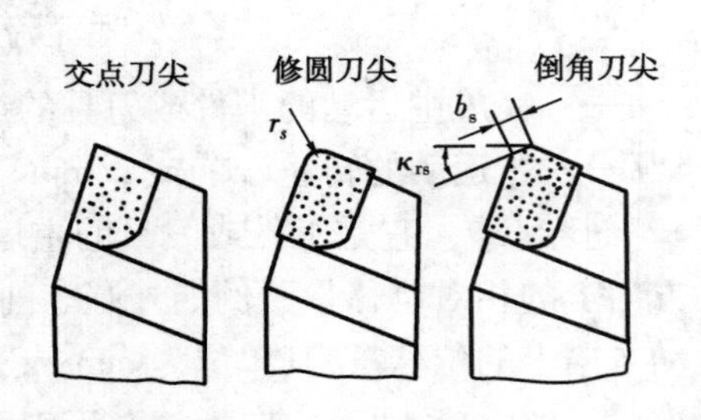

图 1-8　刀尖形状

(2)刀具角度的静止参考系

刀具角度是指在刀具工作图上需要标出的角度。刀具的制造、刃磨和测量就是按照这种角度进行的。谈刀具角度时,并未把刀具同工件和切削运动联系起来,刀具本身还处于尚未使用的静止状态。

刀具角度是在一套便于制造、刃磨和测量的刀具静止参考系里度量的。对于车刀,为了便于测量,在建立刀具静止参考系时,特作如下三点假设:

a)不考虑进给运动的影响,即 $f=0$;

b)安装车刀时应使刀尖与工件中心等高,且车刀刀杆中心线与工件轴心线垂直;

c)主切削刃上选定点 x 与工件中心等高。

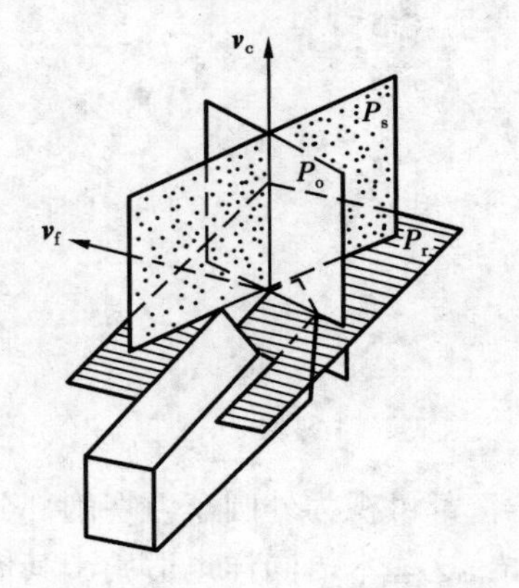

图 1-9　正交平面参考系

作了上述三点假设以后,就可方便地建立下列三个刀具静止参考系。

1)正交平面参考系

基面(P_r)——过切削刃上选定点并垂直于该点切削速度向量 $\boldsymbol{v}_c$ 的平面。通常,基面应平行于刀具上便于制造、刃磨和测量的某一安装定位平面。对于普通车刀,它的基面总是平行于刀杆的底面。

切削平面(P_s)——过切削刃上选定点作切削刃切线,此切线与该点的切削速度向量 $\boldsymbol{v}_c$ 所组成的平面。

正交平面(P_o)——过切削刃上选定点,同时垂直于该点基面 P_r 和切削平面 P_s 的平面。

显然,对于切削刃上某一选定点,该点的正交平面 P_o、基面 P_r 和切削平面 P_s 构成了一个两两互相垂直的空间直角坐标系,将此坐标系称之为正交平面参考系(见图 1-9)。

由图 1-9 可知，正交平面垂直于主切削刃或其切线在基面上的投影。

2）法平面参考系

基面 P_r 和切削平面 P_s 的定义与正交平面参考系里的 P_r、P_s 相同。

法平面（P_n）——过切削刃上选定点垂直于切削刃或其切线的平面。对于切削刃上某一选定点，该点的法平面 P_n、基面 P_r 和切削平面 P_s 就构成了法平面参考系（见图 1-10）。在法平面参考系中，$P_s \perp P_r$、$P_s \perp P_n$，但 P_n 不垂直于 P_r（在刃倾角 $\lambda_s \neq 0$ 的条件下）。

3）背平面和假定工作平面参考系

基面 P_r 的定义同正交平面参考系。

背平面（P_p）——过切削上选定点，平行于刀杆中心线并垂直于基面 P_r 的平面，它与进给方向 $\boldsymbol{v}_f$ 是垂直的。

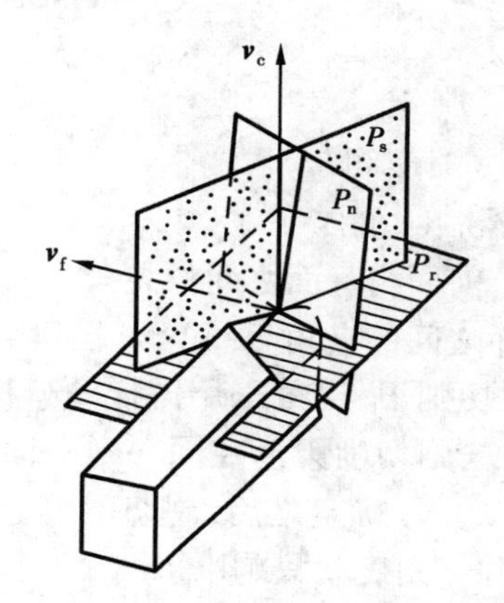

图 1-10　法平面参考系

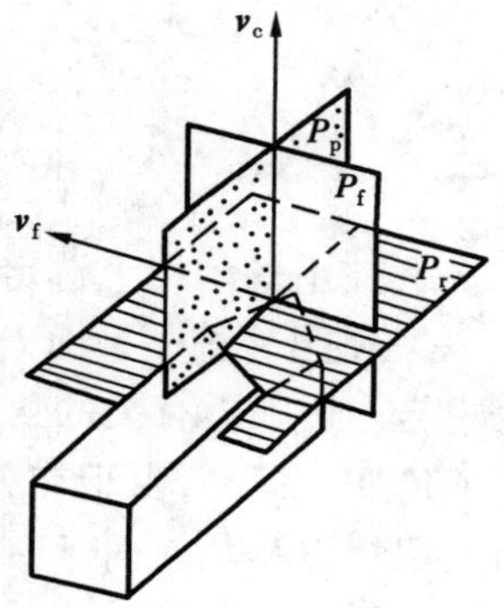

图 1-11　背平面、假定工作平面参考系

假定工作平面（P_f）——过切削刃上选定点，同时垂直于刀杆中心线与基面 P_r 的平面，它与进给方向 $\boldsymbol{v}_f$ 平行。

对于切削刃上某一选定点，该点的 P_p、P_f 与 P_r 就构成了背平面和假定工作平面参考系（见图 1-11）。显然，这个参考系也是一个空间直角坐标系。

我国过去多采用正交平面参考系，与欧洲标准相同，近年来参照国际标准 ISO 的规定，逐渐兼用正交平面参考系和法平面参考系。背平面、假定工作平面参考系则常见于美、日文献中。

1.2.2　刀具角度

（1）刀具在正交平面参考系中的角度

刀具角度的作用有两个：一是确定刀具上切削刃的空间位置；二是确定刀具上前、后面的空间位置。现以外圆车刀为例（图 1-12）予以说明。

确定车刀主切削刃空间位置的角度有两个：

主偏角 κ_r——主切削刃在基面上的投影与进给方向之间的夹角，在基面 P_r 上测量。

刃倾角 λ_s——主切削刃与基面 P_r 的夹角，在切削平面 P_s 中测量。当刀尖在主切削刃上为最低点时，λ_s 为负值；反之，当刀尖在主切削刃上为最高点时，λ_s 为正值。

确定车刀前面与后面空间位置的角度有两个：

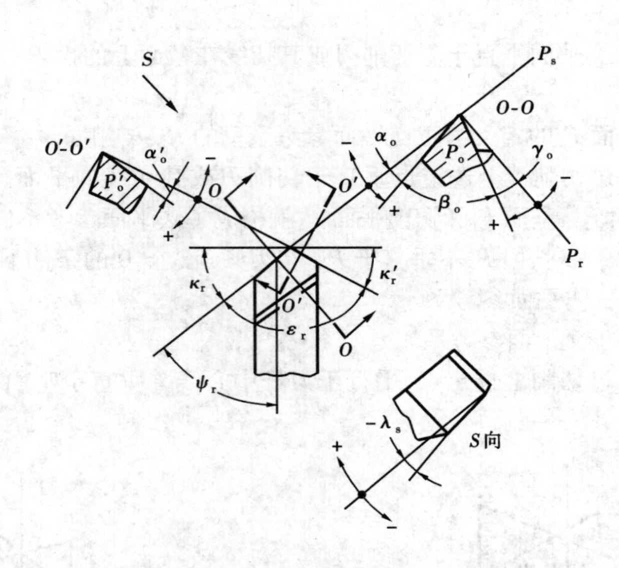

图 1-12　外圆车刀在正交平面参考系的角度

前角 γ_o——在主切削刃上选定点的正交平面 P_o 内,前面与基面之间的夹角。

后角 α_o——在同一正交平面 P_o 内,后面与切削平面之间的夹角。

除了上述与主切削刃有关的角度外,对于车刀的副切削刃,也可采用同样的分析方法,得到相应的四个角度。但是,由于在刃磨车刀时,常常将主、副切削刃磨在同一个平面型的前面上,因此,当主切削刃及其前面已由上述的基本角度 κ_r、λ_s、γ_o 确定之后,副切削刃上的副刃倾角 λ'_s 和副前角 γ'_o 也即随之确定,故与副切削刃有关的独立角度就只剩以下两个:

副偏角 κ'_r——副切削刃在基面上的投影与进给方向之间的夹角,它在基面 P_r 上测量。

副后角 α'_o——在副切削刃上选定点的副正交平面 P'_o 内,副后面与副切削平面之间的夹角。副切削平面是过该选定点作副切削刃的切线,此切线与该点切削速度向量所组成的平面。副正交平面 P'_o 是过该选定点并垂直于副切削平面与基面的平面。

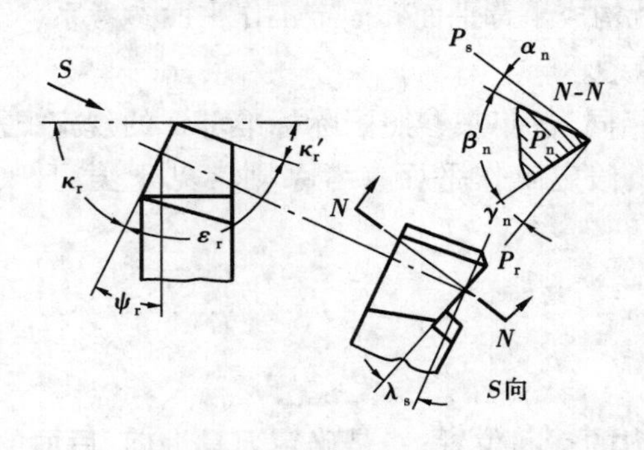

图 1-13　外圆车刀在法平面参考系的角度

以上是外圆车刀必须标出的六个基本角度。有了这六个基本角度,外圆车刀的三面(前面、主后面、副后面)、两刃(主切削刃、副切削刃)、一尖的空间位置就完全确定下来了。

有时根据实际需要,还可以标出以下角度:

楔角 β_o——在主切削刃上选定点的正交平面 P_o 内,前面与后面的夹角,$\beta_o = 90° - (\gamma_o + \alpha_o)$。

刀尖角 ε_r——主、副切削刃在基面上投影之间的夹角,在基面 P_r 上测量,$\varepsilon_r = 180° - (\kappa_r + \kappa'_r)$。

余偏角 ψ_r——主切削刃在基面上的投影与进给方向垂线之间的夹角,在基面 P_r 上测量,$\psi_r = 90° - \kappa_r$。

(2)刀具在法平面参考系中的角度

刀具在法平面参考系中要标出的角度,基本上和正交平面参考系中相类似。在基面 P_r 上表示的角度 κ_r、κ'_r、ε_r、ψ_r 和在切削平面 P_s 内表示的角度 λ_s,二参考系是相同的,所不同的只是将正交平面 P_o 内的 γ_o、α_o 和 β_o,改为法平面 P_n 内的法前角 γ_n、法后角 α_n 与法楔角 β_n(图 1-13)。

法前角 γ_n，法后角 α_n、法楔角 β_n 的定义与 γ_o、α_o、β_o 相同，所不同的只是 γ_n、α_n、β_n 在法平面 P_n 内，γ_o、α_o、β_o 在正交平面 P_o 内。

(3)刀具在背平面和假定工作平面参考系中的角度除基面上表示的角度与上面相同外，前角、后角和楔角是分别在背平面 P_p 和假定工作平面 P_f 内标出的，故有背前角 γ_p、背后角 α_p、背楔角 β_p 和侧前角 γ_f、侧后角 α_f、侧楔角 β_f 诸角度(图 1-14)。

前角、后角、楔角定义同前，只不过 γ_p、α_p 和 β_p 在背平面 P_p 内；γ_f、α_f 和 β_f 在假定工作平面 P_f 内。

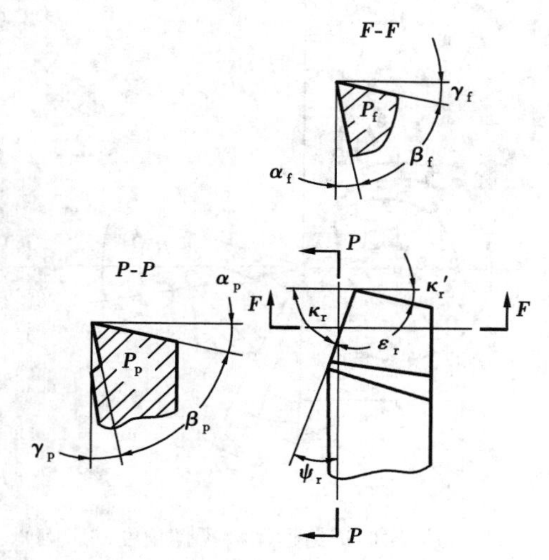

图 1-14　外圆车刀在背平面和假定工作平面参考系的角度

1.2.3　刀具的工作角度

上面讲到的刀具角度，是在忽略进给运动的影响，而且刀具又按特定条件安装的情况下给出的。而刀具的工作角度是指刀具在实际工作状态下的切削角度，它必须考虑进给运动和实际的安装情况，此时刀具的参考系将发生变化，从而导致刀具的工作角度不同于原来的刀具角度。

(1)刀具工作参考系及工作角度

与刀具静止参考系一样，刀具工作参考系也有三种：工作正交平面参考系；工作法平面参考系；工作背平面和工作平面参考系。刀具工作参考系与静止参考系的区别在于：用合成切削速度向量代替切削速度向量；用实际安装条件代替假定安装条件；用实际的进给方向代替假定的进给方向。刀具工作参考系中各坐标平面的定义见表 1-1。

表 1-1　刀具工作参考系(过切削刃上选定点)

参考系	坐标平面	符号	定义与说明
工作正交平面参考系	工作基面	P_{re}	垂直于合成切削速度向量 $\boldsymbol{v}_e$ 的平面
	工作切削平面	P_{se}	切削刃的切线与合成切削速度向量 $\boldsymbol{v}_e$ 组成的平面
	工作正交平面	P_{oe}	同时垂直于工作基面 P_{re} 和工作切削平面 P_{se} 的平面
工作法平面参考系	工作基面	P_{re}	垂直于合成切削速度向量 $\boldsymbol{v}_e$ 的平面
	工作切削平面	P_{se}	切削刃的切线与合成切削速度向量 $\boldsymbol{v}_e$ 组成的平面
	工作法平面	P_{ne}	垂直于切削刃或其切线的平面(工作参考系中的法平面与静止参考系中的法平面二者相同，即 $P_{ne} \equiv P_n$)
工作背平面和工作平面参考系	工作基面	P_{re}	垂直于合成切削速度向量 $\boldsymbol{v}_e$ 的平面
	工作切削平面	P_{se}	切削刃的切线与合成切削速度向量 $\boldsymbol{v}_e$ 组成的平面
	工作平面	P_{fe}	由切削速度向量 $\boldsymbol{v}_c$ 和进给速度向量 $\boldsymbol{v}_f$ 所组成的平面。显然，P_{fe} 包含合成切削速度向量 $\boldsymbol{v}_e$，因此，$P_{fe} \perp P_{re}$
	工作背平面	P_{pe}	同时垂直于工作基面 P_{re} 和工作平面 P_{fe} 的平面

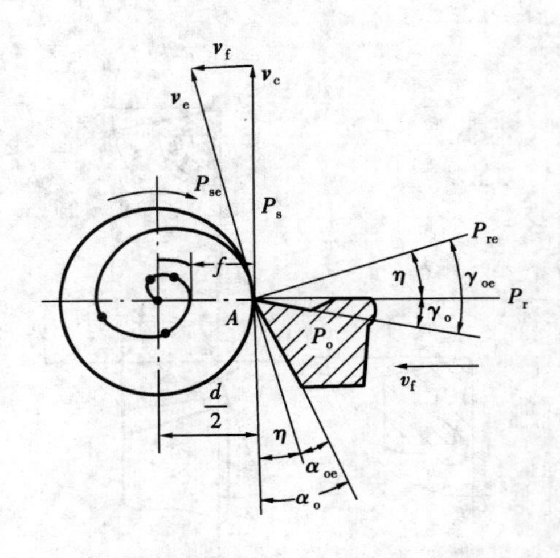

图 1-15　横向进给运动对工作角度的影响

刀具的工作角度就是在刀具工作参考系中确定的角度，其定义与原来的刀具角度相同。刀具的工件角度是刀具在实际工作状态下的切削角度，显然，它更符合生产实际情况。

(2) 进给运动对刀具工作角度的影响

1) 横向进给运动的影响

以切断刀为例。如图 1-15 所示，在不考虑进给运动时，刀具切削刃上选定点 A 的切削速度向量 $\boldsymbol{v}_c$ 过 A 点垂直向上，A 点的基面 $P_r \perp \boldsymbol{v}_c$，显然，$P_r$ 为一平行于刀具底面的平面；A 点的切削平面 P_s 包含切削速度 $\boldsymbol{v}_c$，所以，它与过 A 点的圆相切；A 点的正交平面 P_o 为示图纸面。显然，P_o、P_r 和 P_s 组成了刀具切削刃上 A 点的正交平面参考系，γ_o 和 α_o 就为正交平面 P_o 内的前角和后角。

当考虑进给运动后，A 点的合成切削速度向量 $\boldsymbol{v}_e$ 由切削速度向量 $\boldsymbol{v}_c$ 与进给速度向量 $\boldsymbol{v}_f$ 合成，即 $\boldsymbol{v}_e = \boldsymbol{v}_c + \boldsymbol{v}_f$。此时，工作基面 $P_{re} \perp \boldsymbol{v}_e$，且 P_{re} 不平行于刀具的底面；工作切削平面 P_{se} 过 $\boldsymbol{v}_e$，且 P_{se} 与切削刃在工件上切出的阿基米德螺旋线相切；工作正交平面 P_{oe} 与原来的 P_o 是重合的，仍为示图纸面。显然，P_{oe}、P_{re} 和 P_{se} 组成了切削刃上 A 点的工作正交平面参考系，γ_{oe} 和 α_{oe} 就为工作正交平面 P_{oe} 内的工作前角和工作后角。

由于 P_{re} 与 P_{se} 相对于原来的 P_r 与 P_s 倾斜了一个角度 η，因此，现在的工作前角 γ_{oe} 和工件后角 α_{oe} 应为：

$$\gamma_{oe} = \gamma_o + \eta \tag{1-4}$$

$$\alpha_{oe} = \alpha_o - \eta \tag{1-5}$$

$$\tan\eta = \frac{v_f}{v_c} = \frac{nf}{\pi dn} = \frac{f}{\pi d} \tag{1-6}$$

式中　η——合成切削速度角，它是同一瞬时主运动方向与合成切削方向之间的夹角，在工作平面中测量；

f——工件每转一转时刀具的横向进给量；

d——切削刃上选定点 A 在横向进给切削过程中相对工件中心的直径，该直径是一个不断改变着的数值。

由式(1-6)可知，切削刃愈近工件中心，d 值愈小，则 η 值愈大。因此，在一定的横向进给量 f 下，当切削刃接近工件中心时，η 值急剧增大，工作后角 α_{oe} 将变为负值，此时，刀具已不再是切削工件而成了挤压工件。横向进给量 f 的大小对 η 值也有很大的影响。f 增大则 η 值增大，也有可能使 α_{oe} 变为负值。因此，对于横向切削的刀具，不宜选用过大的进给量 f，并应适当加大后角 α_o。

2) 纵向进给运动的影响

为了排除切削刃上选定点相对于工件中心高低的影响，除刀尖与工件中心等高外，并假定车刀 $\lambda_s = 0$。如图 1-16 所示，在不考虑进给运动时，基面 P_r 平行于刀杆底面，切削平面 P_s 垂直于刀杆底面。γ_f 和 α_f 为假定工作平面 P_f 内的侧前角和侧后角。考虑了进给运动后，使工作基

面 P_{re} 和工作切削平面 P_{se} 都倾斜了一个 η 角，则工作平面 P_{fe}（与假定工作平面重合）内的工作角度为：

$$\gamma_{fe} = \gamma_f + \eta \tag{1-7}$$

$$\alpha_{fe} = \alpha_f - \eta \tag{1-8}$$

而

$$\tan\eta = \frac{f}{\pi d_w} \tag{1-9}$$

式中　f——纵向进给量；

d_w——工件直径。

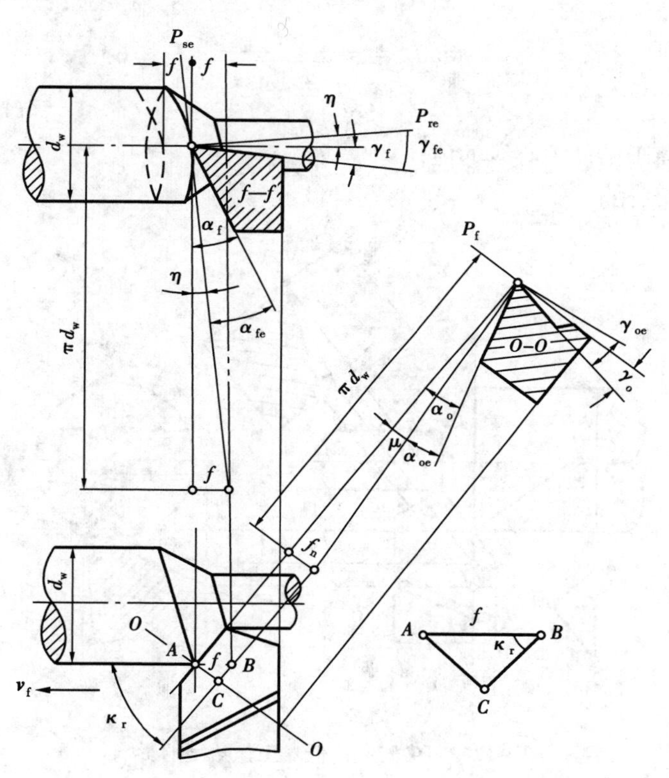

图 1-16　纵向进给运动对工作角度的影响

上述角度换算到工作正交平面内，则

$$\tan\eta_o = \tan\eta \cdot \sin\kappa_r \tag{1-10}$$

$$\gamma_{oe} = \gamma_o + \eta_o \tag{1-11}$$

$$\alpha_{oe} = \alpha_o - \eta_o \tag{1-12}$$

由式(1-9)可知，η 值与进给量 f 及工件直径 d_w 有关。f 愈大或 d_w 愈小，则 η 值愈大。对于一般的外圆纵车，η 值仅为 30′～40′，因此可忽略不计。但在车螺纹，尤其是车多头螺纹时，进给量 f 很大（它等于螺纹的导程，即螺距乘头数），此时 η 值也将很大，这必然影响到螺纹的正常切削工作。为此，在车削螺距（导程）较大的右螺纹时，螺纹车刀左侧刃应注意适当加大后角 α_o，右侧刃应设法增大前角 γ_o，车左螺纹时正好相反。

(3)刀具安装情况对工作角度的影响

1)刀具安装高低的影响

为研究方便,假定车刀 $\lambda_s=0$。如图 1-17 所示,当刀尖装得高于工件中心时,主切削刃上选定点的工作切削平面 P_{se}和工作基面 P_{re}就不同于切削平面 P_s和基面 P_r,因而在工作背平面 P_{pe}(仍为原来的背平面 P_p)内,刀具的工作前角 γ_{pe}增大,工作后角 α_{pe}减小,两个角度的变化值均为 θ_p,即

$$\gamma_{pe} = \gamma_p + \theta_p \tag{1-13}$$

$$\alpha_{pe} = \alpha_p - \theta_p \tag{1-14}$$

而

$$\tan\theta_p = \frac{h}{\sqrt{\left(\frac{d_w}{2}\right)^2 - h^2}} \tag{1-15}$$

式中 h——刀尖高于工件中心线的值;

d_w——工件直径。

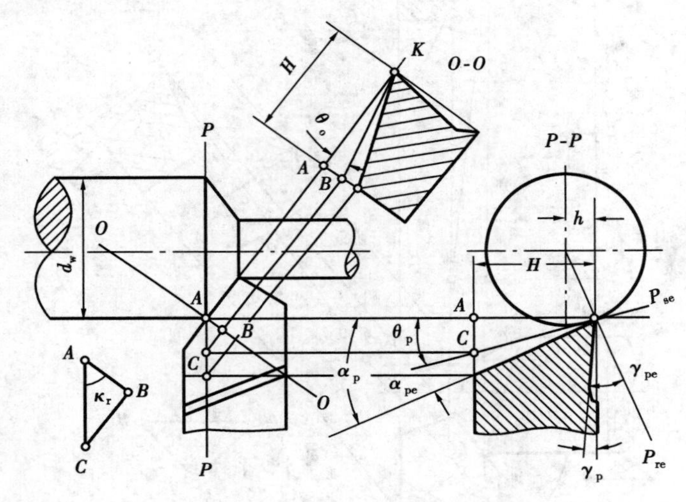

图 1-17 刀尖安装高低对工作角度的影响

换算到工作正交平面内为

$$\gamma_{oe} = \gamma_o + \theta_o \tag{1-16}$$

$$\alpha_{oe} = \alpha_o - \theta_o \tag{1-17}$$

$$\tan\theta_o = \tan\theta_p \cdot \cos\kappa_r \tag{1-18}$$

如果刀尖低于工件中心,则工作角度的变化情况与上面恰好相反。内孔镗削时装刀高低对工作角度的影响与外圆车削也恰好相反。

2)刀杆中心线与进给方向不垂直的影响

当车刀刀杆中心线安装得与进给方向垂直时,工作主偏角等于刀具主偏角,工作副偏角等于刀具副偏角。当车刀刀杆中心线与进给方向不垂直时,如图 1-18 所示,则工作主偏角 κ_{re}将增大(或减小),而工作副偏角 κ'_{re}将减小(或增大),其角度变化值为 G,即

$$\kappa_{re} = \kappa_r \pm G \tag{1-19}$$

$$\kappa'_{re} = \kappa_r \mp G \tag{1-20}$$

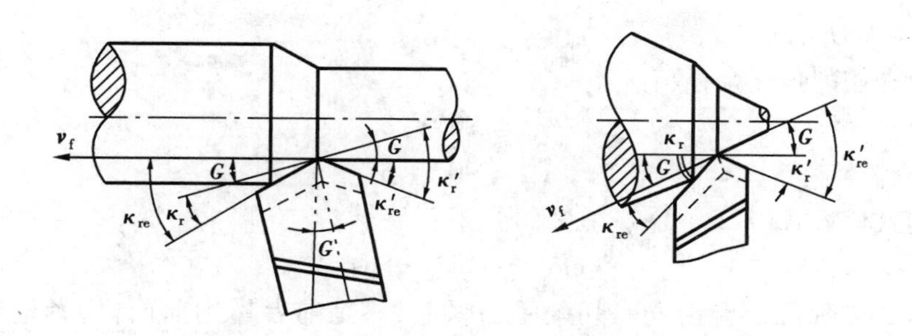

图 1-18　刀杆中心线不垂直于进给方向

式中“ + ”或“ - ”号由刀杆偏斜方向决定；G 为刀杆中心线的垂线与进给方向的夹角。

1.3　刀具角度的换算

由于在刀具设计、制造、刃磨和检验中，常常需要对不同参考系内的刀具角度进行换算，因此有必要知道切削刃上某一点的正交平面、法平面、背平面和假定工作平面内角度间的关系。

1.3.1　法平面与正交平面内前、后角的关系

如图 1-19 所示，车刀的刃倾角为 λ_s，主切削刃上任意点 A 的法前角为 γ_n，该点正交平面内的前角为 γ_o，$\overline{Aa}$是法平面 P_n、正交平面 P_o与基面 P_r的公共交线，$\overline{Ab}$和$\overline{Ac}$分别为 P_o和 P_n与车刀前面的交线

$$\tan\gamma_o = \frac{\overline{ab}}{\overline{Aa}}$$

$$\tan\gamma_n = \frac{\overline{ac}}{\overline{Aa}} = \frac{\overline{ab}\cdot\cos\lambda_s}{\overline{Aa}} = \tan\gamma_o\cdot\cos\lambda_s$$

即

$$\tan\gamma_n = \tan\gamma_o\cdot\cos\lambda_s \tag{1-21}$$

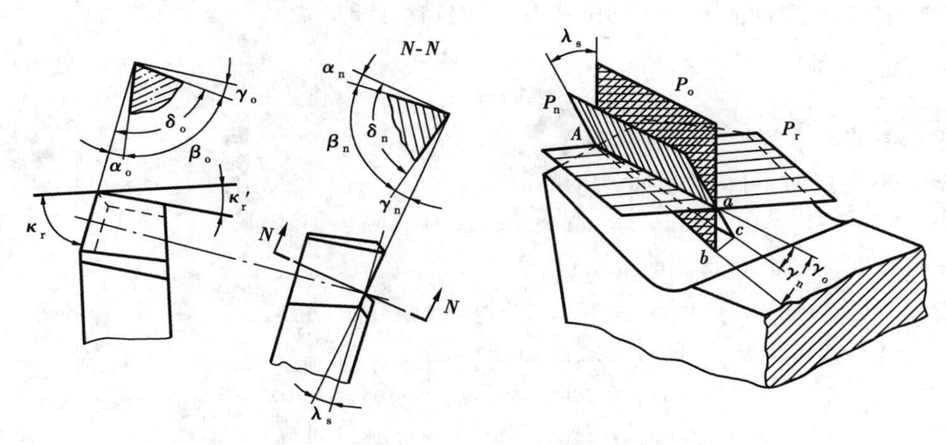

图 1-19　法平面与正交平面内的角度换算

为了推导出后角 α_n与 α_o之间的关系，这里再引出一个切削角的概念。所谓切削角是指过切削刃上选定点，切削平面与前面之间的夹角。在正交平面和法平面内的切削角分别用 δ_o和

δ_n表示(如图1-19所示)。

由于前角和切削角互余,故有

$$\gamma_n = 90° - \delta_n$$

$$\gamma_o = 90° - \delta_o$$

将上面两式代入式(1-21)得

$$\cot\delta_n = \cot\delta_o \cdot \cos\lambda_s$$

因切削角δ与后角α皆由同一切削平面量起,只是前者量到前面,后者量到后面而已,故有

$$\cot\alpha_n = \cot\alpha_o \cdot \cos\lambda_s \tag{1-22}$$

1.3.2 任意剖面与正交平面内前、后角的关系

求任意剖面内前、后角的目的,是为了进一步求得其他剖面(如背平面等)内的角度。这里所谓的任意剖面是指过车刀主切削刃上选定点所作的垂直于基面的剖面。

如图1-20所示,$AGBE$为过主切削刃上选定点A的基面,P_o($\triangle AEF$)为过A点的正交平面,P_p和P_f为过A点的背平面和假定工作平面,P_i($\triangle ABC$)为过A点且垂直于基面的任意剖面,它与包括主切削刃在内的切削平面P_s的夹角为τ_i;$AHCF$为前面,AH为主切削刃。

$$\tan\gamma_i = \frac{\overline{BC}}{\overline{AB}} = \frac{\overline{BD} + \overline{DC}}{\overline{AB}} = \frac{\overline{EF} + \overline{DC}}{\overline{AB}}$$

$$= \frac{\overline{AE}\tan\gamma_o + \overline{DF}\tan\lambda_s}{\overline{AB}}$$

$$= \tan\gamma_o \cdot \frac{\overline{AE}}{\overline{AB}} + \tan\lambda_s \frac{\overline{DF}}{\overline{AB}}$$

所以

$$\tan\gamma_i = \tan\gamma_o \cdot \sin\tau_i + \tan\lambda_s \cdot \cos\tau_i \tag{1-23}$$

上式即为任意剖面内前角γ_i与正交平面内前角γ_o之间的关系式。

当$\tau_i = 0°$时,任意剖面P_i到了切削平面P_s的位置,此时

$$\tan\gamma_s = \tan\lambda_s$$

$$\gamma_s = \lambda_s \tag{1-24}$$

即切削平面中前角γ_s等于刃倾角λ_s。

当$\tau_i = 90° - \kappa_r$时,可得背平面P_p内的前角γ_p:

$$\tan\gamma_p = \tan\gamma_o \cdot \cos\kappa_r + \tan\lambda_s \cdot \sin\kappa_r \tag{1-25}$$

当$\tau_i = 180° - \kappa_r$时,可得侧前角γ_f:

$$\tan\gamma_f = \tan\gamma_o \cdot \sin\kappa_r - \tan\lambda_s \cdot \cos\kappa_r \tag{1-26}$$

变换公式形式可得γ_o、λ_s的计算式:

$$\tan\gamma_o = \tan\gamma_p \cdot \cos\kappa_r + \tan\gamma_f \cdot \sin\kappa_r \tag{1-27}$$

$$\tan\lambda_s = \tan\gamma_p \cdot \sin\kappa_r - \tan\gamma_f \cdot \cos\kappa_r \tag{1-28}$$

对式(1-23)利用微商求极值,可得几何前角(即最大前角)γ_g

$$\tan\gamma_g = \sqrt{\tan^2\gamma_o + \tan^2\lambda_s} \tag{1-29}$$

最大前角所在的剖面与主切削刃在基面上的投影,即与切削平面P_s间的夹角τ_g为:

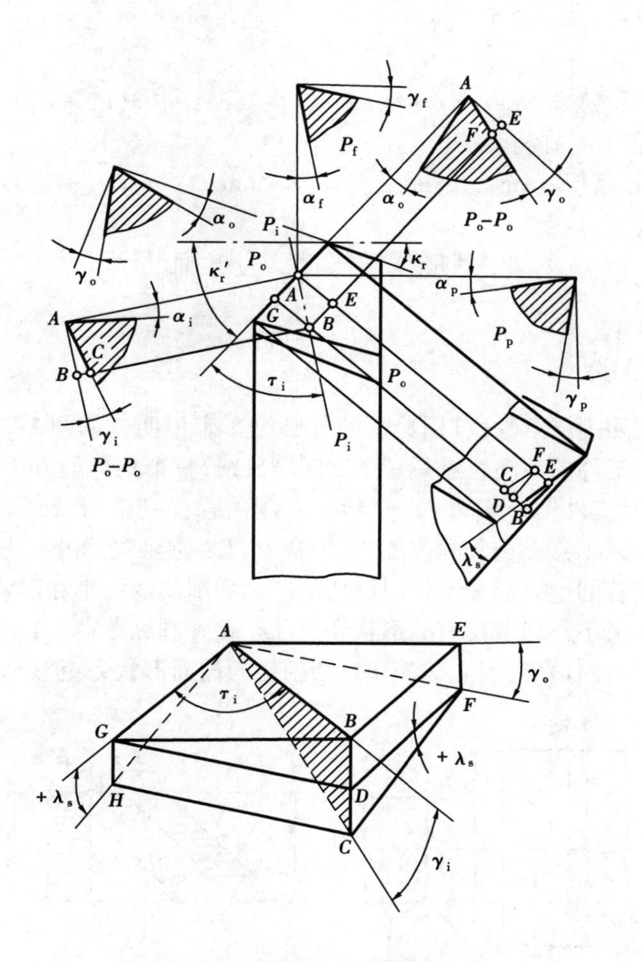

图 1-20　任意剖面内的角度换算

$$\tan\tau_g = \frac{\tan\gamma_o}{\tan\lambda_s} \tag{1-30}$$

同理,可求出任意剖面 P_i 内的后角 α_i 与正交平面内后角 α_o 的关系式:

$$\cot\alpha_i = \cot\alpha_o \cdot \sin\tau_i + \tan\lambda_s \cdot \cos\tau_i \tag{1-31}$$

当 $\tau_i = 90° - \kappa_r$时:

$$\cot\alpha_p = \cot\alpha_o \cdot \cos\kappa_r + \tan\lambda_s \cdot \sin\kappa_r \tag{1-32}$$

当 $\tau_i = 180° - \kappa_r$时:

$$\cot\alpha_f = \cot\alpha_o \cdot \sin\kappa_r - \tan\lambda_s \cdot \cos\kappa_r \tag{1-33}$$

对式(1-31)利用微商求极值,可得基后角(即最小后角)α_b:

$$\cot\alpha_b = \sqrt{\cot^2\alpha_o + \tan^2\lambda_s} \tag{1-34}$$

最小后角所在的剖面与切削平面 P_s的夹角 τ_b为:

$$\cot\tau_b = \frac{\tan\lambda_s}{\cot\alpha_o} \tag{1-35}$$

此外,当主、副切削刃在同一个平面公共前面上时,副切削刃上正交平面 P'_o内的副前角 γ'_o和副切削刃的刃倾角 λ'_s均可利用公式(1-23)计算出来。

当 $\tau_i = 90° - (\kappa_r + \kappa'_r)$ 时：

$$\tan\gamma'_o = \tan\gamma_o \cdot \cos(\kappa_r + \kappa'_r) + \tan\lambda_s \cdot \sin(\kappa_r + \kappa'_r) \tag{1-36}$$

当 $\tau_i = 180° - (\kappa_r + \kappa'_r)$ 时：

$$\tan\lambda'_s = \tan\gamma_o \cdot \sin(\kappa_r + \kappa'_r) - \tan\lambda_s \cdot \cos(\kappa_r + \kappa'_r) \tag{1-37}$$

1.4 切削层参数与切削方式

1.4.1 切削层参数

各种切削加工的切削层参数，可用典型的外圆纵车来说明。如图 1-21 所示，车刀主切削刃上任意一点相对于工件的运动轨迹是一条空间螺旋线，整个主切削刃切出的是一个螺旋面。工件每转一转，车刀沿工件轴线移动一个进给量 f 的距离，主切削刃及其对应的工件过渡表面也在连续移动中由位置Ⅰ移至相邻的位置Ⅱ，于是Ⅰ、Ⅱ螺旋面之间的一层金属被切下变为切屑。由车刀正在切削着的这一层金属就叫做切削层。切削层的大小和形状直接决定了车刀切削部分所承受的负荷大小及切下切屑的形状和尺寸。在外圆纵车中，当 $\kappa'_r = 0$、$\lambda_s = 0$ 时，切削层的截面形状为一平行四边形；当 $\kappa_r = 90°$时，切削层的截面形状为矩形。

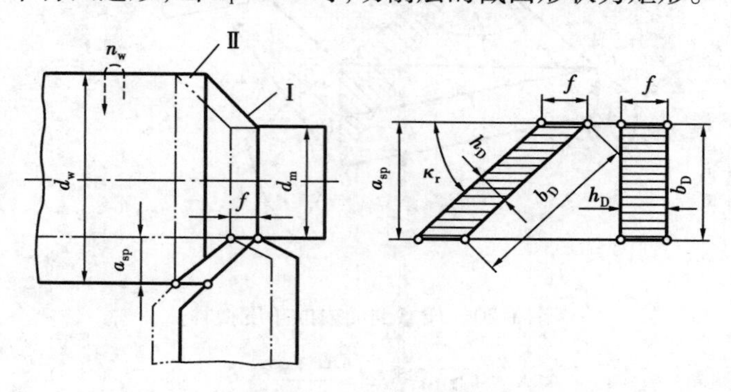

图 1-21 外圆纵车时切削层的参数

(1) 切削层

在各种切削加工中，刀具或工件沿进给运动方向每移动一个 f(mm/r) 或 a_f(mm/z) 后，由一个刀齿正在切的金属层称为切削层。a_f称为每齿进给量。对于多齿刀具，当刀具每转过一个齿，工件和刀具在进给运动方向上的相对位移量就称为每齿进给量，用 a_f(mm/z) 表示。切削层参数就是指的这个切削层的截面尺寸，它通常在过切削刃上选定点并与该点切削速度向量垂直的基面内观察和度量。

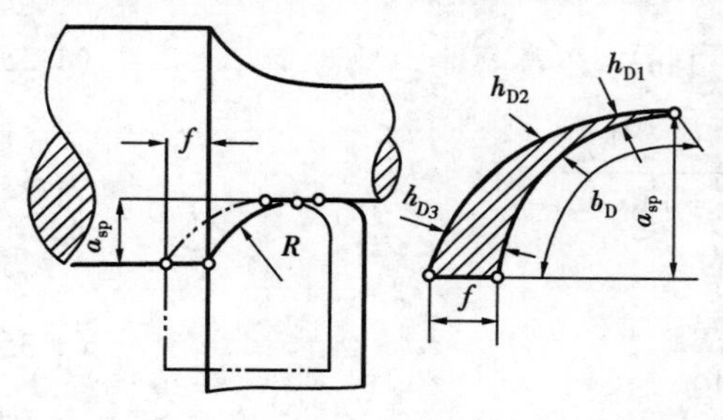

图 1-22 曲线切削刃工作时的 h_D 及 b_D

(2) 切削层公称厚度 h_D

在主切削刃选定点的基面内，垂直于过渡表面度量的切削层尺寸（图 1-21）称为切削层的公称厚度，以 h_D表示。在外圆纵车时，若车刀主切削刃为直线，则

$$h_D = f \cdot \sin\kappa_r \tag{1-38}$$

由此可见,f或κ_r增大,则h_D变厚。若车刀主切削刃为圆弧或任意曲线(图1-22),则对应于主切削刃上各点的切削层公称厚度h_D是不相等的。

(3)切削层公称宽度b_D

在主切削刃选定点的基面内,沿过渡表面度量的切削层尺寸(图1-21),称为切削层公称宽度,以b_D表示。当车刀主切削刃为直线时,外圆纵车的b_D为

$$b_D = \frac{a_{sp}}{\sin\kappa_r} \tag{1-39}$$

由上式可知,当a_{sp}减小或κ_r增大时,b_D变短。

(4)切削层公称横截面积A_D

在主切削刃选定点的基面内,切削层的横截面积称为切削层公称横截面积,以A_D表示。车削时

$$A_D = h_D \cdot b_D = f \cdot a_{sp} \tag{1-40}$$

1.4.2 切削方式

(1)自由切削与非自由切削

刀具在切削过程中,如果只有一条直线切削刃参加切削工作,这种情况称之为自由切削。其主要特征是切削刃上各点切屑流出方向大致相同,被切金属的变形基本上发生在二维平面内。图1-23的宽刃刨刀,由于主切削刃长度大于工件宽度,没有其他切削刃参加切削,因此它属于自由切削。

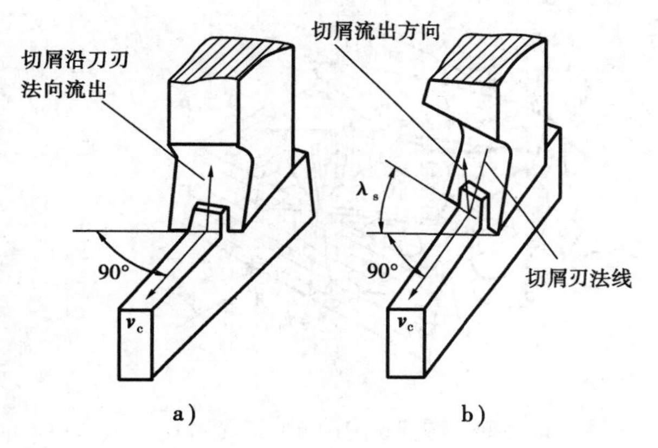

图1-23　直角切削与斜角切削

反之,若刀具上的切削刃为曲线,或有几条切削刃(包括副切削刃)都参加了切削,并且同时完成整个切削过程,则称之为非自由切削。其主要特征是各切削刃交接处切下的金属互相影响和干扰,金属变形更为复杂,且发生在三维空间内。例如外圆车削时除主切削刃外,还有副切削刃同时参加切削,所以,它属于非自由切削方式。

(2)直角切削与斜角切削

直角切削是指刀具主切削刃的刃倾角$\lambda_s = 0$的切削,此时,主切削刃与切削速度向量成直角,故又称它为正交切削。如图1-23a)所示为直角刨削简图,它是属于自由切削状态下的直角切削,其切屑流出方向是沿切削刃的法向,这也是金属切削中最简单的一种切削方式,以前的理论和实验研究工作,多采用这种直角自由切削方式。

斜角切削是指刀具主切削刃的刃倾角$\lambda_s \neq 0$的切削,此时主切削刃与切削速度向量不成直角。如图1-23b)所示即为斜角刨削,它也属于自由切削方式。一般的斜角切削,无论它是在自由切削或非自由切削方式下,主切削刃上的切屑流出方向都将偏离其切削刃的法向。实

际切削加工中的大多数情况属于斜角切削方式。

1.5 旋转刀具的角度

铣刀、钻头和丝锥等旋转类刀具，其切削刃上各点的旋转运动方向，即切削速度向量，都垂直于过该点并包含刀具旋转轴线的平面，因而，对于旋转类刀具，切削刃上选定点的基面就是过该点并包含刀具旋转轴线的平面。

由于旋转类刀具的种类非常繁多，现以螺旋齿圆柱铣刀为例来分析它们的角度。

1.5.1 螺旋齿圆柱铣刀的角度

(1)静止参考系

铣削时，铣刀旋转是主运动，工件沿进给方向相对于铣刀的运动是进给运动。如图1-24所示，铣刀正交平面静止参考系由三个参考平面P_r、P_s和P_o组成：基面P_r是过切削刃上选定点且包含铣刀轴线的平面，即垂直于主运动切削速度向量的平面；切削平面P_s是过切削刃上选定点作切削刃的切线，此切线与该点的切削速度向量所组成的平面；正交平面P_o是过切削刃上选定点，同时垂直于基面和切削平面的平面。

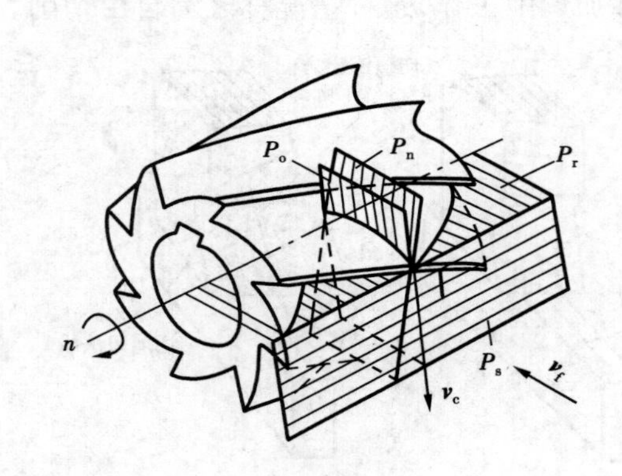

图1-24 圆柱铣刀的静止参考系

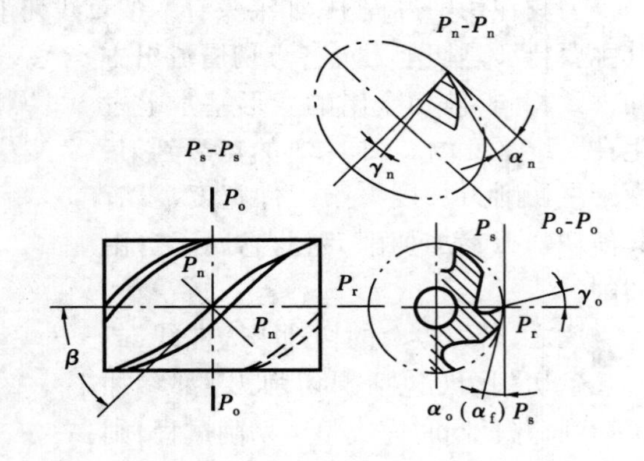

图1-25 圆柱铣刀的角度

圆柱铣刀的端平面即为铣刀的正交平面。

(2)刃倾角λ_s

螺旋齿圆柱铣刀的刃倾角λ_s与螺旋角β相等(图1-25)。β较大时，刀齿逐渐切入和切离工件的性能好，同时工作的刀齿数多，切削平稳。此外，β角大时，实际工作前角γ_{oe}较大，切削轻快，切屑也易排出。

(3)前角与后角

对于螺旋齿圆柱铣刀，为了便于制造和刃磨，前角规定在法平面P_n内测量；后角α_o规定在正交平面P_o内测量(图1-25)，所以，螺旋齿圆柱铣刀的图纸上应标出γ_n和α_o。其中γ_n和γ_o的关系为

$$\tan\gamma_n = \tan\gamma_o \cdot \cos\lambda_s = \tan\gamma_o \cdot \cos\beta \tag{1-41}$$

1.5.2　麻花钻的结构和角度

麻花钻是孔加工中用得最广泛的一种粗加工刀具,既可在实心材料上钻孔,也可将已有孔进行扩大。可加工的孔径范围为0.1~80 mm。

(1)麻花钻的结构

图1-26为麻花钻的结构图,它由三部分组成:

1)刀体:刀体是麻花钻的主要部分,它又分为切削部分和导向部分。切削部分担负主要的切削工作,导向部分在钻孔时起导向作用。随着麻花钻的刃磨变短,导向部分也是切削部分的后备部分。

2)颈部:是刀体和刀柄的连接部分,又是钻头打标记的地方。

3)刀柄:用于装夹钻头和传递动力。直径小的钻头为直柄,直径大的钻头为锥柄。为了减小麻花钻与孔壁的摩擦,导向部分做有两条窄的刃带,且外径磨有倒锥量,即外径从切削部分向刀柄逐渐减少。标准麻花钻的倒锥量是每100 mm长度上减小0.03~0.12 mm,大直径钻头取大值。

麻花钻的两个刀齿靠钻心连接,因而两个主切削刃不通过钻头中心,而相互距离一个钻心直径d_c(图1-27),$d_c=0.125d_o$。为了增大钻头的强度,把钻心做成正锥体,钻心从切削部分向刀柄逐渐增大,其增大量每100 mm长度为1.4~1.8 mm。

(2)麻花钻的角度

在分析麻花钻的角度时,同样必须首先弄清楚麻花钻的基面与切削平面的含义。

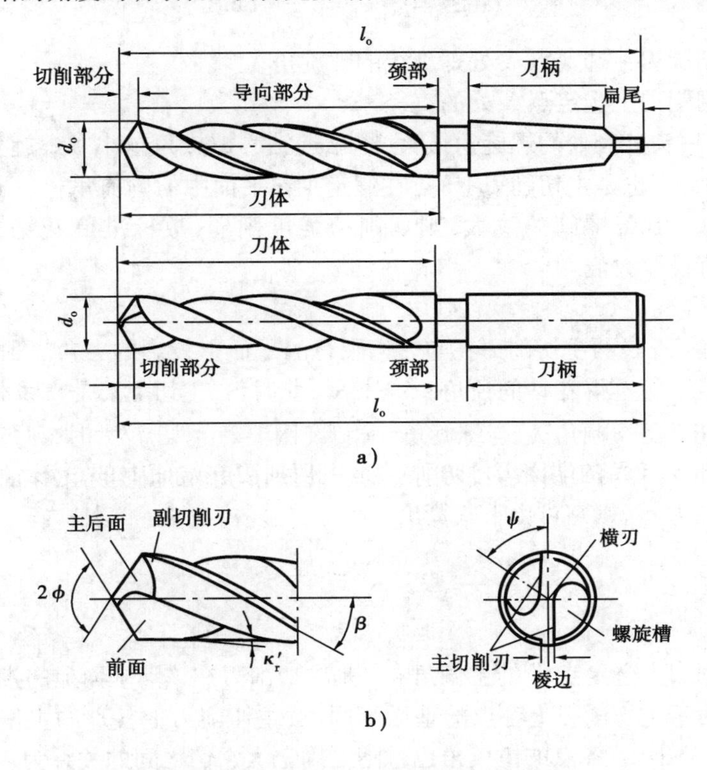

图1-26　麻花钻的结构和切削部分

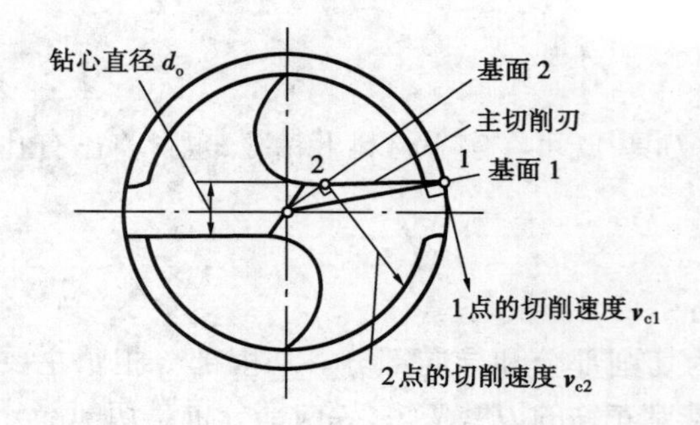

图 1-27　钻头切削刃上各点的切削速度和基面

基面:主切削刃上选定点的基面是过该点而又包含钻头轴线的平面。此平面必然与该点的切削速度向量垂直。由图 1-27 可见,由于主切削刃不过钻头中心,因此,主切削刃上各点的基面不同。

切削平面:过主切削刃上选定点作主切削刃的切线,此切线与该点的切削速度向量所组成的平面。由于主切削刃上各点的切削速度向量不同,因此主切削刃上各点的切削平面也不同。但对于主切削刃上每一点而言,该点的基面与切削平面在空间总是互相垂直的。

麻花钻的主要几何角度如图 1-28 所示。

1)螺旋角 β

螺旋角 β 是指钻头外圆柱面与螺旋槽的交线(螺旋线)上任意一点的切线和钻头轴线之间的夹角(图 1-26b))。设螺旋槽的导程为 p_z,钻头外圆直径为 d_o,则

$$\tan\beta = \frac{\pi d_o}{p_z} \tag{1-42}$$

由于螺旋槽上各点的导程相等,故在不同半径处的螺旋角就不相等,主切削刃上任意点 X 的螺旋角 β_x 为

$$\tan\beta_x = \frac{\pi d_x}{p_z} = \frac{d_x}{d_o} \cdot \tan\beta \tag{1-43}$$

式中　β_x——主切削刃上选定点 X 处螺旋线的螺旋角;

　　　d_x——主切削刃上选定点 X 处的直径。

从上式可知,钻头外径处的螺旋角最大,越靠近钻心螺旋角越小。螺旋角 β_x 的大小不仅影响排屑情况,而且它也是主切削刃上X点在假定工作平面中的侧前角γ_{fx},因此,β_x 越大则 γ_{fx} 越大,切削越锋利。但若螺旋角过大,则切削刃强度削弱,故标准麻花钻外圆上的螺旋角 $\beta = 18° \sim 30°$,大直径取大值。

2)顶角 2ϕ

麻花钻的顶角 2ϕ 是两主切削刃在与它们平行的平面上投影的夹角。顶角是钻头在刃磨时获得的几何角度。标准麻花钻的顶角 $2\phi = 118°$,此时,二主切削刃是直线。

3)端面刃倾角 λ_{stx}

主切削刃上选定点 X 的端面刃倾角 λ_{stx},是主切削刃在端面上的投影与 X 点的基面间的夹角。若钻心直径为 d_c,则它可由下式算出

$$\sin\lambda_{stx} = -\frac{d_c}{d_x} \tag{1-44}$$

4)主偏角 κ_{rx}

麻花钻主切削刃上选定点 X 的主偏角 κ_{rx},是主切削刃在该点基面上的投影与钻头进给方向之间的夹角。由于主切削刃上各点的基面不同,故主切削刃上各点的主偏角 κ_{rx} 也不相等。麻花钻的顶角 2ϕ 磨出后,各点的主偏角也就随之确定。它们之间的关系为

$$\tan\kappa_{rx} = \tan\phi \cdot \cos\lambda_{stx} \tag{1-45}$$

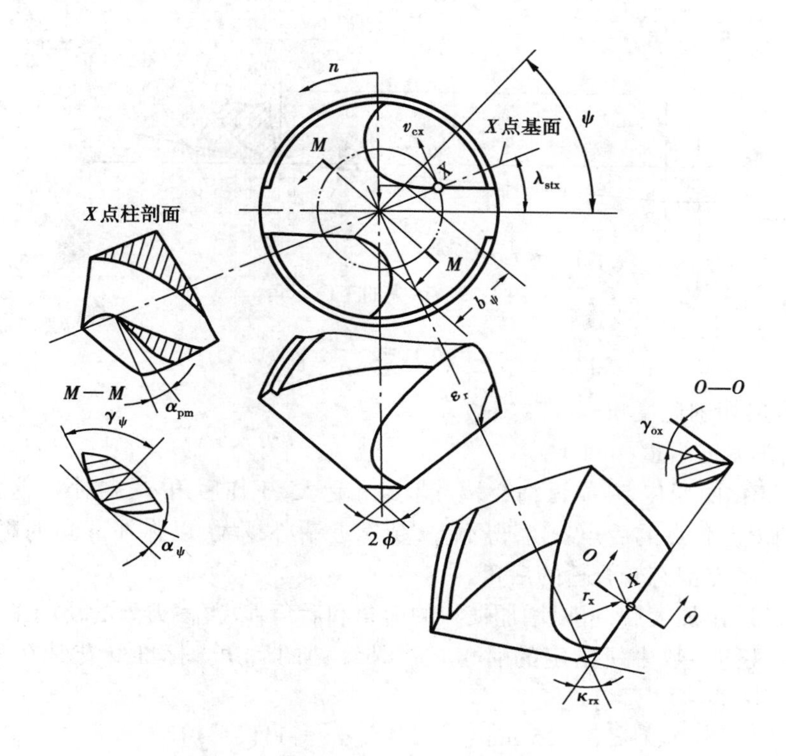

图 1-28 麻花钻的角度

由于越近钻头中心，d_x 越小，λ_{stx}的绝对值越大，κ_{rx}越小。

5）前角 γ_{ox}

麻花钻主切削刃上选定点 X 的前角 γ_{ox}，是在该点正交平面内测量的前面与基面之间的夹角。γ_{ox}可按下式求出：

$$\tan\gamma_{ox} = \frac{\tan\beta_x}{\kappa_{rx}} + \tan\lambda_{stx}\cos\kappa_{rx} \tag{1-46}$$

由上式可知，麻花钻主切削刃上选定点 X 的前角 γ_{ox}与该点的螺旋角 β_x、主偏角 κ_{rx}及端面刃倾角 λ_{stx}有关系，经分析、计算和测量，麻花钻主切削刃上各点的前角 γ_{ox}不等，越接近外缘，前角越大；越接近钻头中心，前角越小，且为负值。在麻花钻工作图上，钻头的前角不予标注，而用螺旋角表示。

6）后角 α_{fx}

麻花钻主切削刃上选定点 X 的后角，是用过该点的圆柱剖面中的后角，即过该点的假定工作平面中的后角 α_{fx}来表示。这是因为在钻削过程中实际起作用的是这个后角，同时，该角测量也方便。

麻花钻的后角是刃磨得到的。刃磨时，将主切削刃上各点的后角磨得不等：外缘处小，越接近钻心越大。这是因为：

①与前角变化相适应，使切削刃上各点的楔角不致相差太大。

②进给运动的影响，如图 1-29 所示，考虑了钻头的进给运动后，切削刃上 X 点的工作后角 α_{fex}为

$$\alpha_{fex} = \alpha_{fx} - \eta \tag{1-47}$$

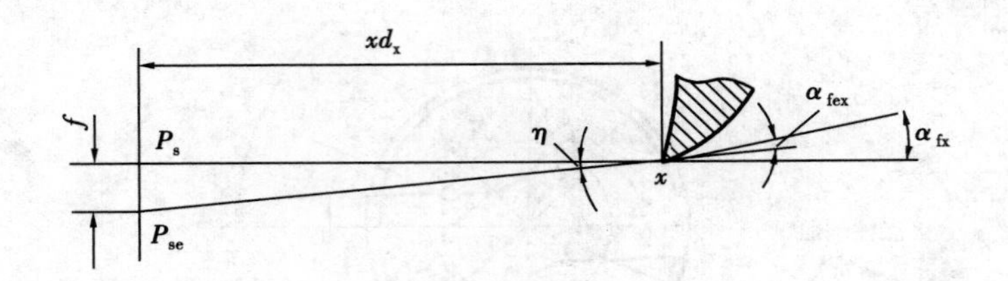

图 1-29　钻头的工作后角

$$\tan\eta = \frac{f}{\pi d_x} \tag{1-48}$$

式中　η——合成切削速度角；

f——钻头的进给量(mm/r)。

η 角随 d_x 变化而变化，越靠近钻心，d_x 越小，η 越大，工作后角 α_{fex} 越小。这就要求刃磨钻头时，将主切削刃上各点的后角 α_{fx} 磨得不等，越靠近钻心越大，以弥补 η 角的影响，从而保证钻孔时切削刃上各点都有较合适的后角。

③中心处的后角加大后，可以增加横刃的前角和后角，改善横刃处的切削条件。

通常，钻头几何参数中所给定的后角是指外缘处的后角。标准麻花钻在外缘处的后角如下：

$d_o < 15$ mm：　　$\alpha_f = 11° \sim 14°$

$d_o = 15 \sim 30$ mm：　　$\alpha_f = 9° \sim 12°$

$d_o > 30$ mm：　　$\alpha_f = 8° \sim 11°$

7）横刃斜角 ψ

横刃斜角 ψ 是在端面投影图中横刃与主切削刃之间的夹角。当钻头两个主后面磨成以后，横刃斜角即自然形成。它的大小与顶角 2ϕ 以及靠钻心处的后角有关，顶角和后角越大，ψ 越小，横刃越长，一般 $\psi = 50° \sim 55°$，如图 1-26b）所示。

8）横刃前角 γ_ψ 及横刃后角 α_ψ

如图 1-28 所示，横刃前角 γ_ψ 为负值，横刃后角 $\alpha_\psi \approx 90 - |\gamma_\psi|$。由于横刃前角是很大的负值，因此钻削时横刃处发生严重的挤压而造成很大的进给抗力。试验表明，用标准麻花钻加工时，约有 50% 的进给抗力是由横刃产生的，因此，对于直径较大的麻花钻一般都需要修磨横刃。

9）副偏角 κ'_r 与副后角 α'_o

副偏角 κ'_r 是由钻头导向部分的外径向柄部缩小而形成的，因缩小量很小，故 κ'_r 值也很小。钻头的副后面是圆柱面上的刃带，由于切削速度向量和刃带的切线方向重合，故副后角 $\alpha'_o = 0°$。

习题与思考题

1-1　由于加工方法及切削刃形状不同，机床上形成发生线的方法有几种？

1-2　试分析各种机床（车、钻、镗、铣、刨、磨、拉等）切削运动的主运动和进给运动。

1-3　试述切削用量 v_c，f，a_{sp} 的定义及计算方法。

1-4　刀具切削部分(以外圆车刀为例)包含哪些几何要素?

1-5　说明刀具工作参考系与静止参考系的区别。

1-6　简述刀具角度的作用,并以外圆车刀为例说明六个基本角度的含义。

1-7　正交平面参考系包括哪些平面?并叙述其位置关系。

1-8　刀具法平面与正交平面内前后角的关系如何?

1-9　已知刀具在正交平面参考系的标注角度,如何求任意剖面的角度?

1-10　已知平体外圆车刀切削部分的主要几何角度为:$\gamma_o = 15°$、$\alpha_o = \alpha'_o = 8°$、$\kappa_r = 75°$、$\kappa'_r = 15°$、$\lambda_s = -5°$。刀体尺寸:宽×高($H \times B$) = 30 mm × 25 mm。试绘出该刀具切削部分的工作图。

1-11　试述刀具角度与工作角度的区别。为什么切断刀切断时,横向进给量不能太大?

1-12　绘图说明切削层用哪些参数描述,它们的关系如何?

1-13　纵车时,已知主偏角 $\kappa_r = 30°$,进给量 $f = 0.1$ mm/r,背吃刀量 $a_{sp} = 0.5$ mm,则其切削层的公称厚度 h_D、公称宽度 b_D 及公称横截面积 A_D 各是多少?

1-14　试述自由切削与非自由切削、直角切削与非直角切削方式。

1-15　对于铣刀等旋转类刀具,切削刃上选定点的基面有何特点?

第2章　切削加工的理论基础

2.1　金属切削层的变形

2.1.1　切屑的形成

在材料力学课程中,已研究过金属受挤压的情况。图2-1a)为塑性金属受挤压的示意图,试件受压时,随着外力 F 的增加,金属内部应力增加,先产生弹性变形继而产生塑性变形,并使金属的晶格沿晶面发生滑移,滑移面 DA、CB 与外力 F 的方向大致成45°,滑移到最后产生破裂。

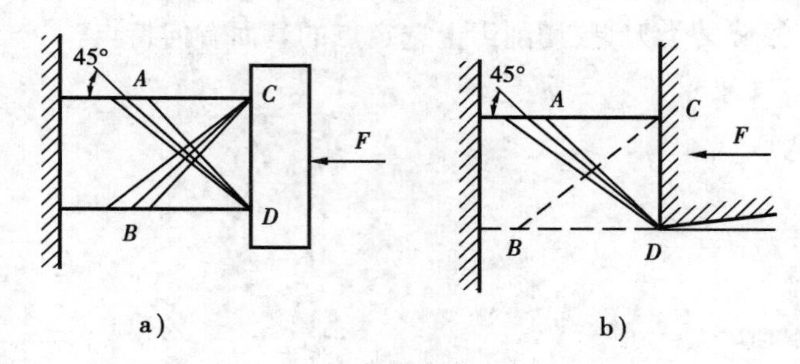

图2-1　塑性金属挤压与切削示意图

图2-1b)为金属切削过程示意图。DB 以上为切削层,与金属挤压试验相似,切削层受刀具挤压后也产生弹性变形和塑性变形,并意欲沿 DA、CB 方向滑移,因 DB 以下为工件母体,受它的阻碍,金属只能沿 DA 滑移,当其与母体金属分离时,就形成了金属切削过程中的切屑。

2.1.2　金属切削层的三个变形区

根据金属切削实验中切削层的变形图片,可绘制如图2-2所示的金属切削过程中的滑移线和流线示意图。流线即被切金属的某一点在切削过程中流动的轨迹。按照该图,可将切削刃作用部位的切削层划分为三个变形区。

(1)第一变形区　从 OA 线开始发生塑性变形,到 OM 线晶粒的剪切滑移基本完成。这一区域称为第一变形区(Ⅰ)。

(2)第二变形区　切屑沿刀具前面排出时,进一步受到前面的挤压和摩擦,使靠近前面处的金属纤维化,其方向基本上和前面相平行。这部分叫做第二变形区(Ⅱ)。

(3)第三变形区　已加工表面受到切削刃钝圆部分与刀具后面的挤压和摩擦,产生变形与回弹,造成纤维化与加工硬化。这一部分称为第三变形区(Ⅲ)。

这三个变形区汇集在切削刃附近,此处的应力比较集中而复杂,金属的被切削层就在此处与工件母体材料分离,大部分变成切屑,很小的一部分留在已加工表面上。

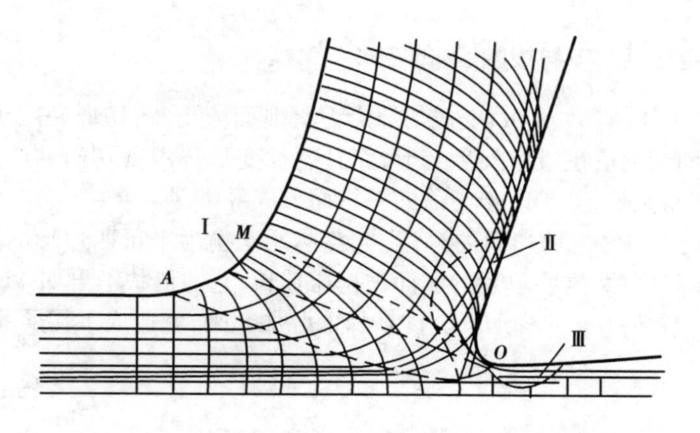

图 2-2　金属切削过程中的滑移线和流线示意图

2.1.3　第一变形区内金属的剪切变形

如图 2-3 所示，当切削层中金属某点 *P* 向切削刃逼近，到达点 1 的位置时，若通过点 1 的等切应力曲线 *OA*，其切应力达到材料的屈服强度，则点 1 在向前移动的同时，也沿 *OA* 滑移，其合成运动将使点 1 流动到点 2。2′-2 就是它的滑移量。随着滑移的产生，切应力将逐渐增加，也就是当 *P* 点向 1、2、3……各点移动时，它的切应力不断增加，直到点 4 位置，此时其流动方向与刀具前面平行，不再沿 *OM* 线滑移。所以 *OM* 叫终滑移线，*OA* 叫始滑移线。在 *OA* 到 *OM* 之间整个第一变形区内，其变形的主要特征就是沿滑移线的剪切变形，以及随之产生的加工硬化。

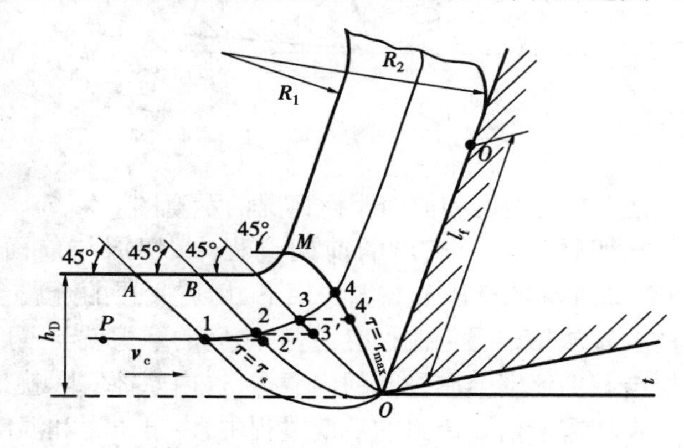

图 2-3　第一变形区金属的滑移

在一般切削速度范围内，第一变形区的宽度仅 0.2 ~ 0.02 mm，所以，可用一个面来代替它，此面称为剪切面，常用 *OM* 来表示。剪切面和切削速度方向的夹角叫做剪切角，以 ϕ 表示。

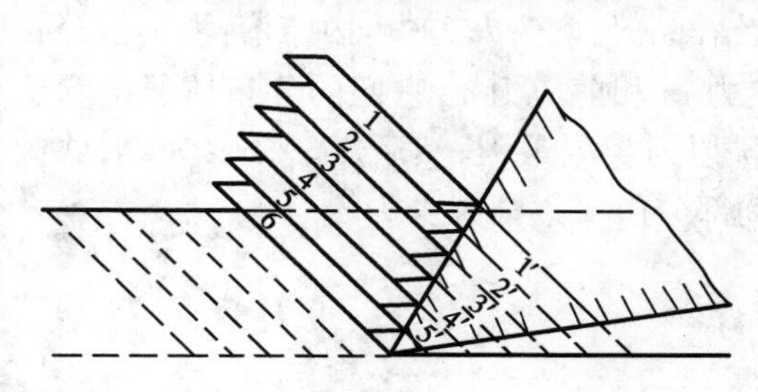

图 2-4　金属切削过程示意图

根据上述的变形过程，可以把塑性金属的切削过程粗略地模拟为如图 2-4 所示的示意图。被切材料好比一叠卡片 1′、2′、3′……，当刀具切入时，这叠卡片受力被摞到 1、2、3 等位置，卡片之间发生滑移，其滑移方向就是剪切面的方向。

2.1.4 第二变形区（刀-屑接触区）的变形和摩擦

切削层金属经过终滑移线 OM，变成切屑沿刀具前面流出时，切屑底层仍受到刀具前面的挤压和摩擦，这就使切屑底层继续发生变形，而且这种变形仍以剪切滑移为主，变形的结果使切屑底层的晶粒弯曲拉长，并趋向于与前面平行而形成纤维层。

在图 2-4 中，我们只考虑剪切面的滑移，把各单元比喻为平行四边形的薄片，实际上由于第二变形区的挤压和摩擦，这些单元的底面被挤压伸长，它的形状不再如 $aAMm$ 那样的平行四边形（图 2-5），而是像 $bAMm$ 的梯形了。许多梯形叠加起来，就造成了切屑的卷曲。

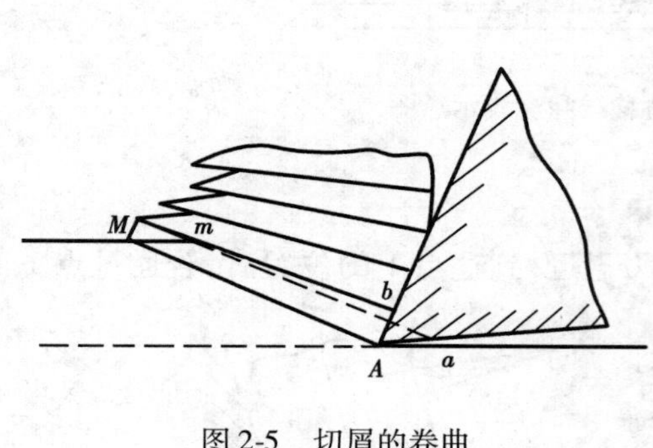

图 2-5　切屑的卷曲

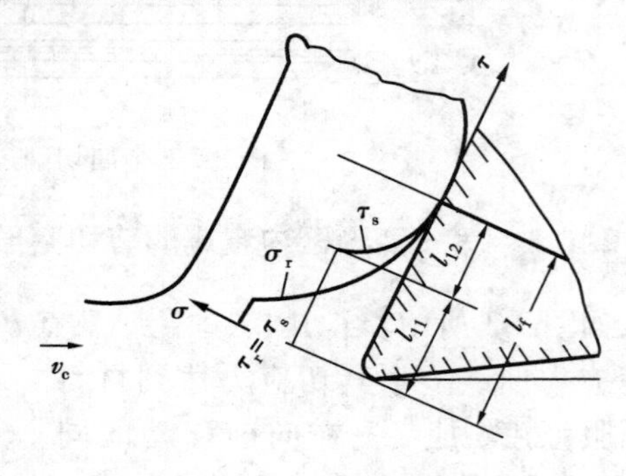

图 2-6　刀-屑接触示意图

图 2-6 为切屑和前面摩擦情况的示意图。

在切屑沿前面流出的前期过程中，切屑与前面之间压力为 2 ~ 3 GPa，温度为 400 ~ 1 000℃，在如此高压和高温作用下，切屑底层的金属会粘结在前面上，形成粘结层，粘结层以上的金属从粘结层上流过时，它们之间的摩擦就与一般金属接触面间的外摩擦不同，而成了粘结层与其上流动金属之间的内摩擦，这内摩擦实际就是金属内部的滑移剪切。

在切屑沿前面流出的后期过程中，由于压力和温度降低，因此切屑底层与前面之间的摩擦就成了一般金属接触面间的外摩擦。在外摩擦情况下，摩擦力仅与正压力及摩擦系数有关，而与接触面积无关；在内摩擦情况下，摩擦力与材料的流动应力特性及粘结面积有关。刀-屑接触区通常以内摩擦为主，内摩擦力约占总摩擦力的 85%。

如图 2-6 所示，刀-屑接触区长度为 l_f，其中粘结部分长度为 l_{f1}，产生内摩擦；滑动部分长度为 l_{f2}，产生外摩擦。通过实验测出前面上的正应力 σ 和剪应力 τ，它们的分布情况也示于图 2-6。由图可见，切屑与前面整个接触区的正应力 σ 以刀尖处最大，然后逐渐减少为零；剪应力 τ 在粘结部分等于材料的剪切屈服强度 τ_s，在滑动部分由 τ_s 逐渐减少为零。

2.1.5 表示切屑变形程度的方法

（1）剪切角 ϕ

实验证明，对于同一工件材料，用同样的刀具，切削同样大小的切削层，当切削速度高时，剪切角 ϕ 较大，剪切面积变小（图 2-7），切削比较省力，说明切屑变形较小。相反，当剪切角 ϕ 较小，则说明切屑变形较大。

（2）切屑厚度压缩比 Λ_h

在切削过程中，刀具切下的切屑厚度 h_{ch} 通常都要大于工件上切削层的公称厚度 h_D，而切

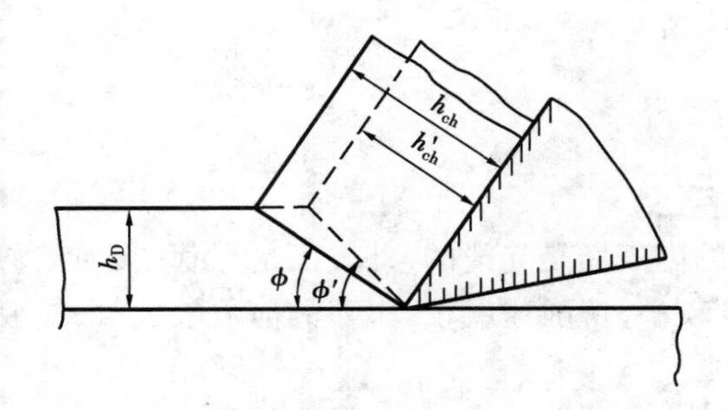

图 2-7　剪切角 ϕ 与剪切面面积的关系

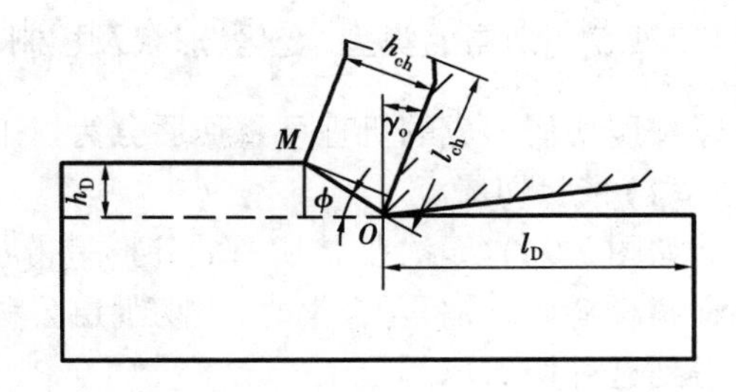

图 2-8　切屑厚度压缩比 Λ_h 的求法

屑长度 l_{ch} 却小于切削层公称长度 l_D，如图 2-8 所示。

切屑厚度 h_{ch} 与切削层公称厚度 h_D 之比称为切屑厚度压缩比 Λ_h；而切削层公称长度 l_D 与切屑长度 l_{ch} 之比称为切屑长度压缩比 Λ_L，即

$$\Lambda_h = \frac{h_{ch}}{h_D} \tag{2-1}$$

$$\Lambda_H = \frac{l_D}{l_{ch}} \tag{2-2}$$

由于工件上切削层的宽度与切屑平均宽度的差异很小，切削前、后的体积可以看做不变，故

$$\Lambda_h = \Lambda_L \tag{2-3}$$

Λ_h 是一个大于 1 的数，Λ_h 值越大，表示切下的切屑厚度越大，长度越短，其变形也就越大。由于切屑厚度压缩比 Λ_h 直观地反映了切屑的变形程度，并且容易测量，故一般常用它来度量切屑的变形。

2.1.6　几个主要因素对切屑变形的影响

(1) 工件材料对切屑变形的影响

工件材料的强度、硬度愈高，切屑变形愈小。这是因为工件材料的强度、硬度愈高，切屑与前面的摩擦愈小，切屑越易排出，故切屑变形愈小。

(2) 刀具前角对切屑变形的影响

刀具前角愈大，切屑变形愈小。

生产实践表明，采用大前角的刀具切削，刀刃锋利，切屑流动阻力小，因此，切屑变形小，切削省力。

(3) 切削速度对切屑变形的影响

在无积屑瘤的切削速度范围内，切削速度愈大，则切屑变形愈小。这有两方面的原因：一方面是因为切削速度较高时，切削变形不充分，导致切屑变形减小；另一方面是因为随着切削速度的提高，切削温度也升高，使刀-屑接触面的摩擦减小，从而也使切屑变形减小。

(4) 切削层公称厚度对切屑变形的影响

在无积屑瘤的切削速度范围内，切削层公称厚度愈大，则切屑变形愈小。这是由于切削层公称厚度增大时，刀-屑接触面上的摩擦减小的缘故。

2.1.7 切屑的类型、变化、形状及控制

按照切屑形成的机理可将切屑分为以下四类：

(1)带状切屑

如图2-9a)所示，带状切屑的外形呈带状，它的内表面是光滑的，外表面是毛茸的，加工塑性金属材料如碳钢、合金钢时，当切削层公称厚度较小，切削速度较高，刀具前角较大时，一般常得到这种切屑。

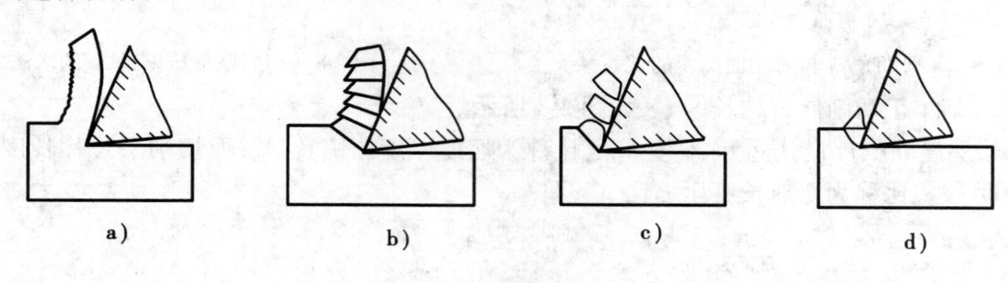

图2-9 切屑类型

a)带状切屑 b)节状切屑 c)粒状切屑 d)崩碎切屑

(2)节状切屑

如图2-9b)所示，这类切屑的外形是切屑的外表面呈锯齿形，内表面有时有裂纹，这种切屑大都在切削速度较低，切削层公称厚度较大、刀具前角较小时产生。

(3)粒状切屑

当切屑形成时，如果整个剪切面上剪应力超过了材料的破裂强度，则整个单元被切离，成为梯形的粒状切屑，如图2-9c)所示。由于各粒形状相似，因此又叫单元切屑。

(4)崩碎切屑

如图2-9d)所示，在切削脆性金属如铸铁、黄铜等时，切削层几乎不经过塑性变形就产生脆性崩裂，从而使切屑呈不规则的颗粒状。

前三种切屑是切削塑性金属时得到的。形成带状切屑时，切削过程最平衡，切削力波动小，已加工表面粗糙度小。节状切屑与粒状切屑会引起较大的切削力波动，从而产生冲击和振动。生产中切削塑性金属时最常见的是带状切屑，有时得到节状切屑，粒状切屑则很少见。如果改变节状切屑的条件：进一步增大前角，提高切削速度，减小切削层公称厚度，就可以得到带状切屑；反之，则可以得到粒状切屑。这说明切屑的形态是可以随切削条件而转化的，掌握了它的变化规律，就可以控制切屑的变形、形态和尺寸，以达到断屑和卷屑的目的。

在加工脆性材料形成崩碎切屑时，它的切削过程很不平稳，已加工表面也粗糙，其改进办法是减小切削层公称厚度，使切屑成针状和片状；同时适当提高切削速度，以增加工件材料的塑性。

前面是按切屑形成的机理将切屑分成带状、节状、粒状和崩碎四类，但是，这种分类法还不能满足切屑的处理和运输要求。影响切屑处理和运输的主要因素是切屑的外观形状，因此，还需按照切屑的外形将其分类，具体可分为带状屑、C形屑、崩碎屑、宝塔状卷屑、长紧卷屑、发条状卷屑、螺卷屑等(图2-10)。

高速切削塑性金属时，如不采取适当的断屑措施，易形成带状屑。带状屑连绵不断，经常

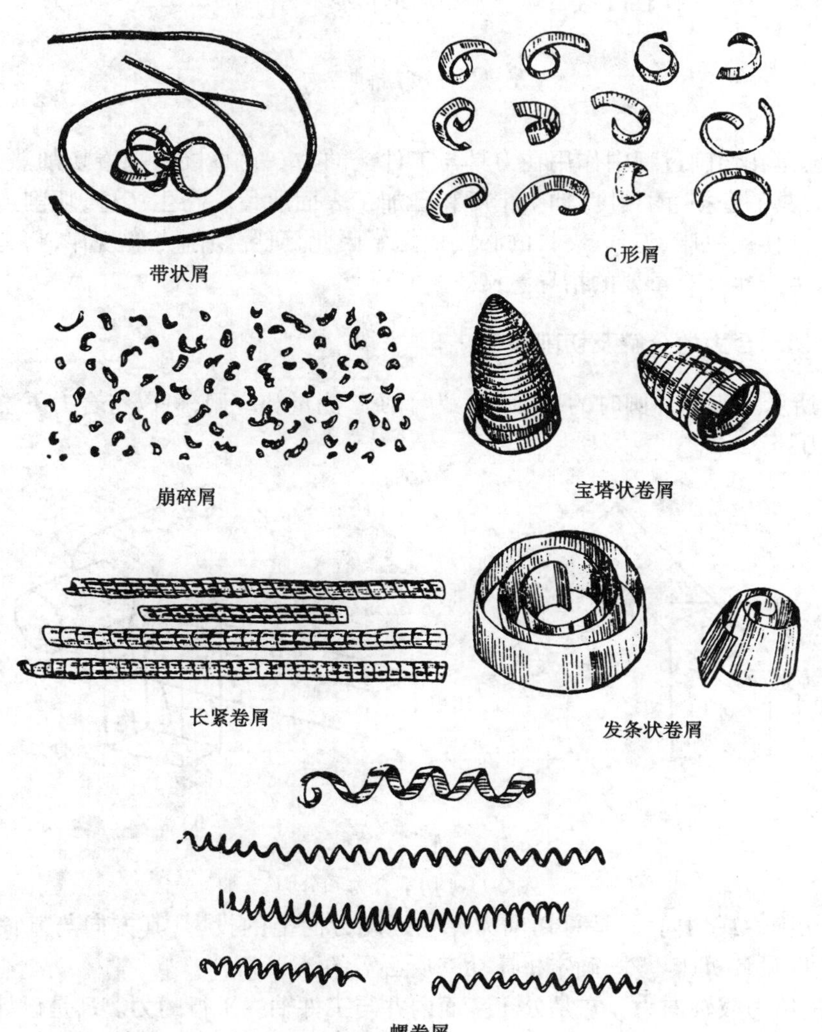

图 2-10　切屑的各种形状

会缠绕在工件或刀具上，拉伤工件表面或打坏切削刃，甚至会伤人，所以，一般情况下应力求避免。

车削一般的碳钢和合金钢工件时，采用带卷屑槽的车刀易形成 C 形屑，这是一种比较好的屑形。

长紧卷屑在普通车床上是一种比较好的屑形，但必须严格控制刀具的几何参数和切削用量才能得到。

在重型机床上用大的切深、大进给量车削钢件时，多将车刀卷屑槽的槽底圆弧半径加大，使切削卷曲成发条状。

在自动机或自动线上，宝塔状卷屑是一种比较好的屑形。

车削铸铁、脆黄铜等脆性材料时，如采用波形刃脆铜卷屑车刀，可使切屑连成螺状短卷。

由此可见，切削加工的条件不同，要求的切屑形状也不同，解决的方法一般是靠改变卷屑槽、断屑台的尺寸和切削用量,以达到控制切屑的形状和断屑的目的。

2.2 切削力

切削力就是在切削过程中作用在刀具与工件上的力。它直接影响着切削热的产生,并进一步影响着刀具的磨损、耐用度、加工精度和已加工表面质量。在生产中,切削力又是计算切削功率、设计和使用机床、刀具、夹具的必要依据。因此,研究切削力的规律,将有助于分析切削过程,并对生产实际有重要的指导意义。

2.2.1 切削合力的分解及切削功率

图2-11所示为车削外圆时的切削力。为了便于测量和应用,可以将合力 $\boldsymbol{F}$ 分解为三个互相垂直的分力:

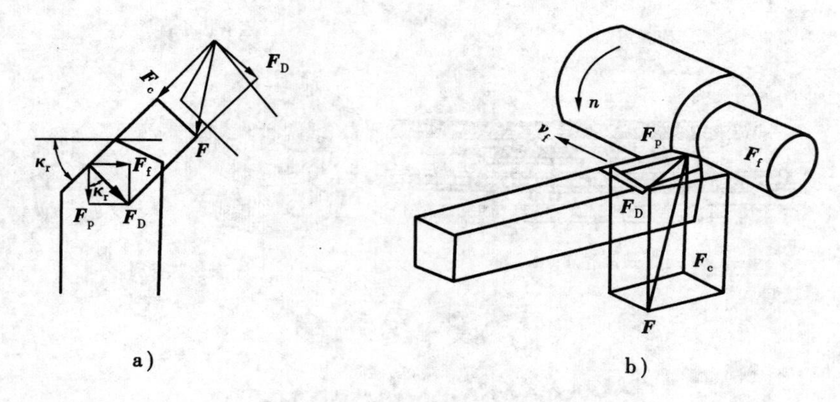

图2-11 切削合力和分力

$\boldsymbol{F}_c$——切削力或切向力,是总切削力在主运动方向上的投影,其方向与基面垂直。$\boldsymbol{F}_c$ 是计算车刀强度、设计机床零件、确定机床功率所必需的。

$\boldsymbol{F}_f$——进给力或轴向力。它是处于基面内并与工件轴线平行的力。$\boldsymbol{F}_f$ 是设计机床走刀机构强度、计算车刀进给功率所必需的。

$\boldsymbol{F}_p$——背向力或径向力。它是处于基面内并与工件轴线垂直的力。$\boldsymbol{F}_p$ 用来确定与工件加工精度有关的工件挠度,计算机床零件强度,它也是使工件在切削过程中产生振动的力。

由图2-11可以看出

$$F = \sqrt{F_c^2 + F_D^2} = \sqrt{F_c^2 + F_f^2 + F_p^2} \tag{2-4}$$

消耗在切削过程中的功率称为切削功率 P_c。切削功率为力 $\boldsymbol{F}_c$ 与 $\boldsymbol{F}_f$ 所消耗的功率之和,因 $\boldsymbol{F}_P$ 方向没有位移,所以不消耗功率。于是

$$P_c = \left(F_c \cdot v_c + \frac{F_f \cdot n_w \cdot f}{1\ 000}\right) \times 10^{-3}\ \text{kW} \tag{2-5}$$

式中 F_c——切削力(N);

v_c——切削速度(m/s);

F_f——进给力(N);

n_w——工件转速(r/s);

f——进给量(mm/r)。

上式中等号右侧的第二项是消耗在进给运动中的功率,它与 $\boldsymbol{F}_c$ 所消耗的功率相比,一般很小,故可略去不计,于是

$$P_c = F_c \cdot v_c \times 10^{-3}\ \text{kW} \tag{2-6}$$

求出 P_c 之后,如要计算机床电机功率 P_E,还应将 P_c 除以机床传动效率 η_c,即

$$P_E \geqslant \frac{P_c}{\eta_c} \tag{2-7}$$

2.2.2　切削力的测量及指数经验公式

在切削实验和生产中,可以用测力仪测量切削力。目前最常用的测力仪是电阻式测力仪,这种测力仪用的电阻元件是电阻应变片(图 2-12)。将若干电阻应变片紧贴在测力仪弹性元件的不同受力位置,分别连成电桥。在切削力的作用下,电阻应变片随着弹性元件的变形而发生变形,使应变片的电阻值改变,破坏了电桥的平衡,于是电流表中有与切削力大小相应的电流通过,经电阻应变仪放大后得电流示数,再按此电流示数从标定曲线上读出三向切削力之值。

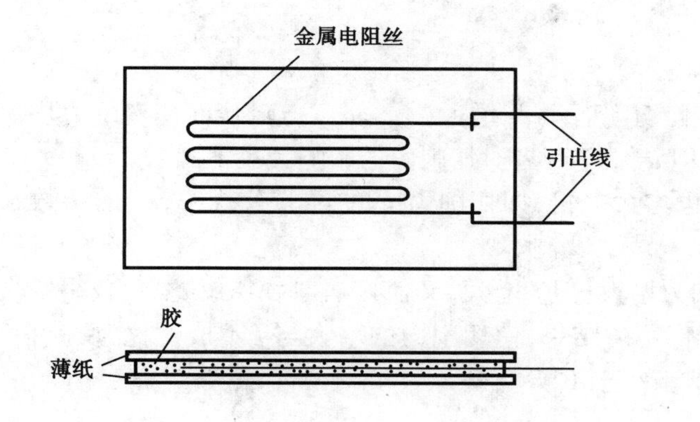

图 2-12　金属丝式电阻应变片

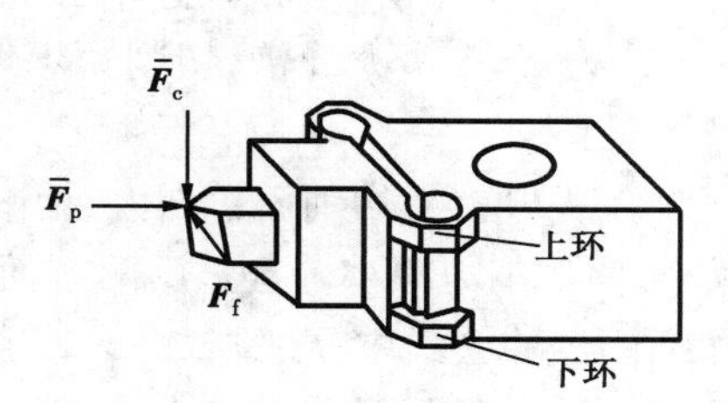

图 2-13　八角环三向车削测力仪

图 2-13 为一种常见的电阻式八角环形三向车削测力仪。

对于切削力,也可以利用公式进行计算。由于金属切削过程非常复杂,虽然人们进行了大量的试验和研究,但所得到的一些理论公式还不能用来进行比较精确的切削力计算。目前实际采用的计算公式都是通过大量的试验和数据处理而得到的经验公式。其中应用比较广泛的是指数形式的切削力经验公式,它的形式如下:

$$\left.\begin{aligned} F_c &= C_{F_c} \cdot a_{sp}^{x_{F_c}} \cdot f^{y_{F_c}} \cdot v_c^{n_{F_c}} \cdot K_{F_c} \\ F_P &= C_{F_P} \cdot a_{sp}^{x_{F_P}} \cdot f^{y_{F_P}} \cdot v_c^{n_{F_P}} \cdot K_{F_P} \\ F_f &= C_{F_f} \cdot a_{sp}^{x_{F_f}} \cdot f^{y_{F_f}} \cdot v_c^{n_{F_f}} \cdot K_{F_f} \end{aligned}\right\} \tag{2-8}$$

式中　F_c、F_p、F_f——切削力、背向力和进给力;

C_{F_c}、C_{F_p}、C_{F_f}——取决于工件材料和切削条件的系数;

x_{F_c}、y_{F_c}、n_{F_c};x_{F_p}、y_{F_p}、n_{F_p};x_{F_f}、y_{F_f}、n_{F_f}——三个分力公式中背吃刀量 a_{sp}、进给量 f 和切削速度 v_c 的指数;

K_{F_c}、K_{F_p}、K_{F_f}——当实际加工条件与求得经验公式的试验条件不符时，各种因素对各切削分力的修正系数的积。

式中各种系数和指数都可以在切削用量手册中查到。

2.2.3 影响切削力的因素

(1)被加工材料的影响

被加工材料的物理机械性质、加工硬化能力、化学成分、热处理状态等都对切削力的大小产生影响。

材料的强度愈高，硬度愈大，切削力就愈大。有的材料如奥氏体不锈钢，虽然初期强度和硬度都较低，但加工硬化大，切削时较小的变形就会引起硬度大大提高，从而使切削力增大。

材料的化学成分会影响其物理机械性能，从而影响切削力的大小。如碳钢中含碳量高，硬度就高、切削力较大。

同一材料，热处理状态不同，金相组织不同，硬度就不同，也影响切削力的大小。

铸铁等脆性材料，切削层的塑性变形小，加工硬化小。此外，切屑为崩碎切屑，且集中在刀尖，刀-屑接触面积小，摩擦也小。因此，加工铸铁时切削力比钢小。

(2)切削用量对切削力的影响

1)背吃刀量 a_{sp} 和进给量 f

背吃刀量 a_{sp} 和进给量 f 增大，都会使切削面积 A_D 增大($A_D = a_{sp} \cdot f$)，从而使变形力增大，摩擦力增大，因此切削力也随之增大。但 a_{sp} 和 f 两者对切削力的影响大小不同。

背吃刀量 a_{sp} 增大一倍，切削力 F_c 也增大一倍，即切削力 F_c 的经验公式中，a_{sp} 的指数 x_{F_c} 近似等于1。

进给量 f 增大，切削面积增大、切削力增大；但 f 增大，又使切屑厚度压缩比 Λ_h 减小，摩擦力减小，使切削力减小。这正反两方面作用的结果，使切削力的增大与 f 不成正比，反映在切削力 F_c 的经验公式中，f 的指数 y_{F_c} 一般都小于1。

2)切削速度 v_c

在无积屑瘤的切削速度范围内，随着切削速度 v_c 的增大，切削力减小。这是因为 v_c 增大后，摩擦减小，剪切角 ϕ 增大，切屑厚度压缩比 Λ_h 减小，切削力减小。另一方面，切削速度 v_c 增大，切削温度增高，使被加工金属的强度、硬度降低，也会导致切削力减小。故只要条件允许，宜采用高速切削，同时还可以提高生产率。

切削铸铁等脆性材料时，由于形成崩碎切屑，塑性变形小，刀-屑接触面间摩擦小，因此切削速度 v_c 对切削力的影响不大。

(3)刀具几何参数对切削力的影响

在刀具几何参数中，前角 γ_o 对切削力的影响最大。加工塑性材料时，前角 γ_o 增大，切削力降低；加工脆性材料时，由于切屑变形很小，因此前角对切削力的影响不显著。

主偏角 κ_r 对切削力 F_c 的影响较小，但它对背向力 F_p 和进给力 F_f 的影响较大，由图2-14可知

$$\left.\begin{aligned} F_P &= F_D \cdot \cos\kappa_r \\ F_f &= F_D \cdot \sin\kappa_r \end{aligned}\right\} \tag{2-9}$$

式中 F_D——切削合力 F 在基面内的分力。

可见 F_p随 κ_r的增大而减小，F_f随 κ_r的增大而增大。

实验证明，刃倾角 λ_s 在很大范围（$-40° \sim +40°$）内变化时对切削力 F_c没有什么影响，但对 F_p和 F_f的影响较大。随着 λ_s 的增大，F_p减小，而 F_f增大。

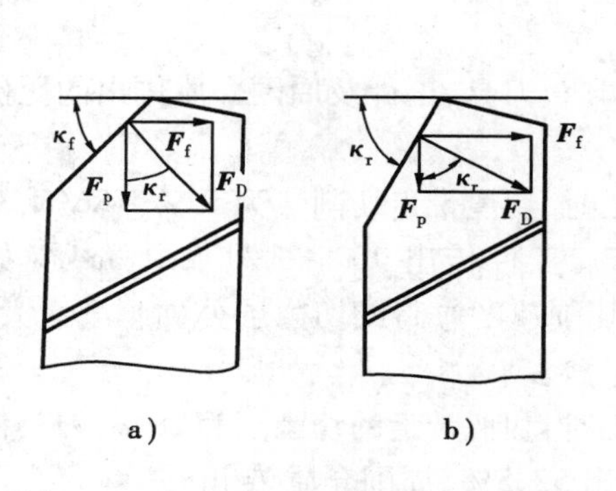

图 2-14　主偏角不同时，F_p和 F_f的变化

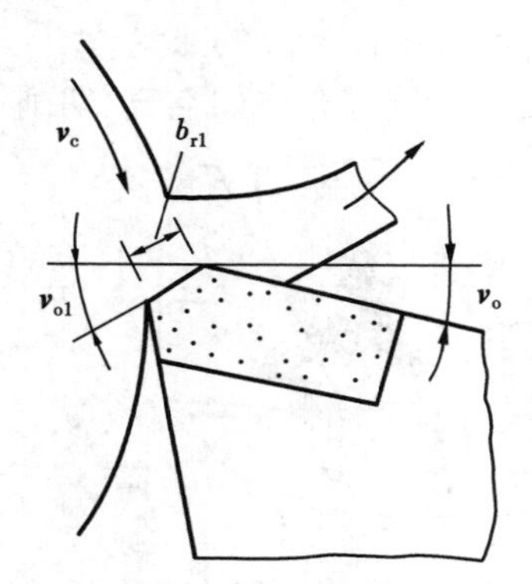

图 2-15　正前角倒棱车刀的切屑流出情况

在刀具前面上磨出负倒棱 b_{r1}（图 2-15）对切削力有一定的影响。负倒棱宽度 b_{r1}与进给量 f之比（b_{r1}/f）增大，切削力随之增大，但当切削钢 $b_{r1}/f \geq 5$，或切削灰铸铁 $b_{r1}/f \geq 3$ 时，切削力趋于稳定，这时就接近于负前角 γ_{o1}刀具的切削状态。

（4）刀具材料对切削力的影响

刀具材料与被加工材料间的摩擦系数，影响到摩擦力的变化，直接影响着切削力的变化。在同样的切削条件下，陶瓷刀的切削力最小，硬质合金次之，高速钢刀具的切削力最大。

（5）切削液对切削力的影响

切削液具有润滑作用，使切削力降低。切削液的润滑作用愈好，切削力的降低愈显著。在较低的切削速度下，切削液的润滑作用更为突出。

（6）刀具后面的磨损对切削力的影响

后面的磨损增加，摩擦加剧，切削力增加。因此要及时更换刃磨刀具。

2.3　切削热及切削温度

切削热是切削过程中重要的物理现象之一。大量的切削热使得切削温度升高，这将直接影响刀具前面上的摩擦系数、积屑瘤的形成和消退、刀具的磨损以及工件材料的性能、工件加工精度和已加工表面质量等。

2.3.1　切削热的产生与传出

切削过程中所消耗的能量绝大多数转变为热量。三个变形区就是三个发热区（图 2-16），因此，切削热的来源就是切屑变形功和刀具前、后面的摩擦功。

根据热力学平衡原理，产生的热量和散出的热量应相等，即

$$Q_s + Q_r = Q_c + Q_t + Q_w + Q_m \tag{2-10}$$

式中　Q_s——工件材料弹、塑性变形所产生的热量；

Q_r——切屑与前面、加工表面与后面摩擦所产生的热量；

Q_c——切屑带走的热量；

Q_t——刀具传散的热量；

Q_w——工件传散的热量；

Q_m——周围介质如空气、切削液带走的热量。

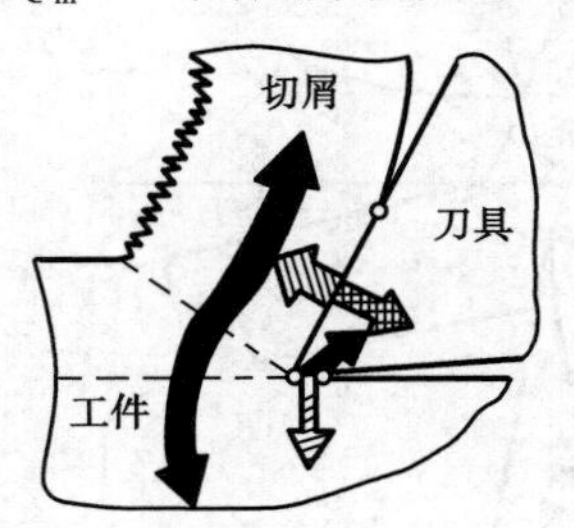

图 2-16　切削热的产生与传出

切削热由切屑、刀具、工件及周围介质传出的比例大致如下：

①车削加工时，切屑带走切削热为 50% ~86%，车刀传出 40% ~10%，工件传出 9% ~3%，周围介质（如空气）传出 1%。切削速度愈高或切削层公称厚度愈大，则切屑带走的热量愈多。

②钻削加工时，切屑带走的切削热为 28%，刀具传出 14.5%，工件传出 52.5%，周围介质传出 5%。

③磨削加工时，约有 70% 以上的热量瞬时进入工件，只有小部分通过切屑、砂轮、冷却液和大气带走。

2.3.2　影响切削温度的主要因素

所谓切削温度，是指刀具前面上刀-屑接触区的平均温度，可用自然热电偶法测出。

(1) 切削用量对切削温度的影响

通过实验得出的切削温度的经验公式为

$$\theta = C_\theta \cdot v_c^{z_\theta} \cdot f^{y_\theta} \cdot a_{sp}^{x_\theta} \tag{2-11}$$

式中　θ——刀具前面上刀-屑接触区的平均温度（℃）；

C_θ——切削温度系数；

v_c——切削速度（m/min）；

f——进给量（mm/r）；

a_{sp}——背吃刀量（mm）；

z_θ、y_θ、x_θ——相应的指数。

实验得出，用高速钢或硬质合金刀具切削中碳钢时，系数 C_θ、指数 z_θ、y_θ、x_θ 见表 2-1。

由式(2-11)及表 2-1 可知，v_c、f、a_{sp} 增大，切削温度升高，但切削用量三要素对切削温度的影响程度不一，以 v_c 的影响最大，f 次之，a_{sp} 最小。因此，为了有效地控制切削温度以提高刀具耐用度，在机床允许的条件下，选用较大的背吃刀量 a_{sp} 和进给量 f，比选用大的切削速度 v_c 更为有利。

(2) 刀具几何参数的影响

前角 γ_o 增大，使切屑变形程度减小，产生的切削热减小，因而切削温度下降。但前角大于 18°~20°时，对切削温度的影响减小，这是因为楔角减小而使散热体积减小的缘故。

主偏角 κ_r 减小，使切削层公称宽度 b_D 增大，散热增大，故切削温度下降。负倒棱及刀尖圆弧半径增大，能使切屑变形程度增大，产生的切削热增加；但另一方面这两者都能使刀具的散热条件改善，使传出的热量增加，两者趋于平衡，所以，对切削温度影响很小。

表 2-1 切削温度的系数及指数

<table>
<tr><th>刀具材料</th><th>加工方法</th><th>C_θ</th><th colspan="2">z_θ</th><th>y_θ</th><th>x_θ</th></tr>
<tr><td rowspan="3">高速钢</td><td>车 削</td><td>140 ~ 170</td><td rowspan="3" colspan="2">0. 35 ~ 0. 45</td><td rowspan="3">0. 2 ~ 0. 3</td><td rowspan="3">0. 08 ~ 0. 10</td></tr>
<tr><td>铣 削</td><td>80</td></tr>
<tr><td>钻 削</td><td>150</td></tr>
<tr><td rowspan="2">硬质合金</td><td rowspan="2">车 削</td><td rowspan="2">320</td><td>f(mm/r)</td><td></td><td rowspan="2">0. 15</td><td rowspan="2">0. 05</td></tr>
<tr><td>0. 1
0. 2
0. 3</td><td>0. 41
0. 31
0. 26</td></tr>
</table>

(3)工件材料的影响

工件材料的强度、硬度增大时,产生的切削热增多,切削温度升高;工件材料的导热系数愈大,通过切屑和工件传出的热量愈多,切削温度下降愈快。

(4)刀具磨损的影响

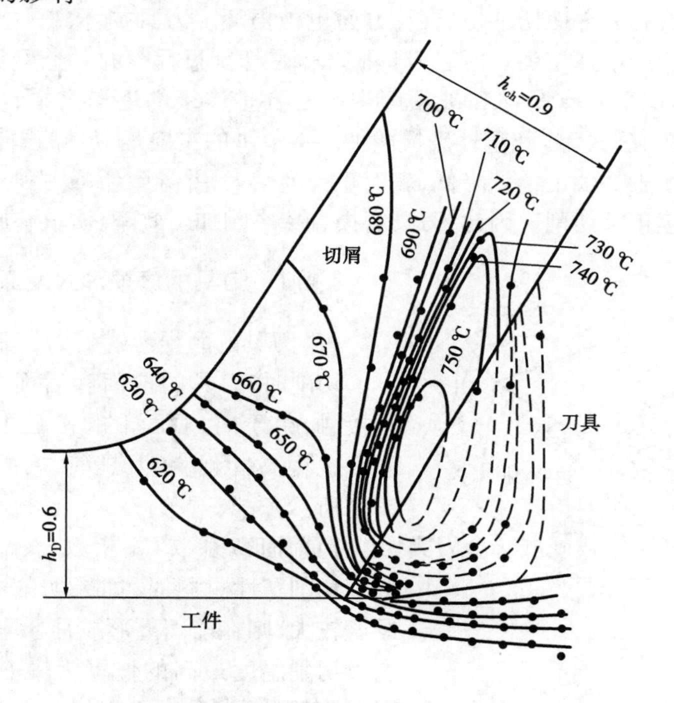

图 2-17 二维切削中的温度分布

工件材料:低碳易切钢;刀具:$\gamma_o = 30°$,$\alpha_o = 7°$;

切削用量:$h_D = 0.6$ mm $v_c = 22.86$ m/min;

切削条件:干切削,预热 611 ℃

刀具后面磨损量增大,切削温度升高,磨损量达到一定值后,对切削温度的影响加剧;切削速度愈高,刀具磨损对切削温度的影响就愈显著。

(5)切削液的影响

切削液对降低切削温度、减少刀具磨损和提高已加工表面质量有明显的效果。切削液对切削温度的影响与切削液的导热性能、比热、流量、浇注方式以及本身的温度有很大关系。

2.3.3 切削温度的分布

前面分析的为刀-屑接触区的平均温度。为了深入研究,还应该知道工件、切屑和刀具上各点的温度分布,这种分布称为温度场。

切削温度场可用人工热电偶法或其他方法测出。

图2-17是切削钢料时,实验测出的正交平面内的温度场。由此可分析归纳出一些切削温度分布的规律:

1)剪切面上各点的温度几乎相同,说明剪切面上各点的应力应变规律基本相同。

2)刀具前、后面上最高温度都不在切削刃上,而是在离切削刃有一定距离的地方。这是摩擦热沿着刀面不断增加的缘故。

2.4 刀具磨损和刀具耐用度

切削过程中,刀具一方面切下切屑,一方面也被损坏。刀具损坏到一定程度,就要换刀或更换新的切削刃,才能继续切削。所以刀具损坏也是切削过程中的一个重要现象。

刀具损坏的形式主要有磨损和破损两类。前者是连续的逐渐磨损;后者包括脆性破损(如崩刃、碎断、剥落、裂纹等)和塑性破损两种。本节讲的主要是刀具的磨损。

刀具磨损后,使工件加工精度降低,表面粗糙度增大,并导致切削力和切削温度增加,甚至产生振动,不能继续正常切削。因此,刀具磨损直接影响加工效率、质量和成本。

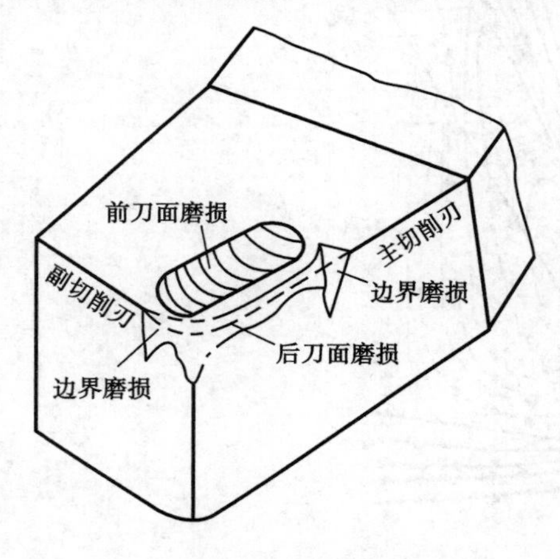

图2-18 刀具的磨损形态

2.4.1 刀具的磨损形式及原因

(1)刀具的磨损形式

切削时,刀具的前面和后面分别与切屑和工件相接触,由于前、后面上的接触压力很大,接触面的温度也很高,因此在刀具前、后面上发生磨损,如图2-18所示。

1)前面磨损

切削塑性材料时,如果切削速度和切削层公称厚度较大,则在前面上形成月牙洼磨损(图2-19c))。它以切削温度最高的位置为中心开始发生,然后逐渐向前后扩展,深度不断增加。当月牙洼发展到其前缘与切削刃之间的棱边变得很窄时,切削刃强度降低,容易导致切削刃破损。刀具前面月牙洼磨损值以其最大深度 KT 表示(图2-19b))。

2)后面磨损

切削时,工件的新鲜加工表面与刀具后面接触,相互摩擦,引起后面磨损。后面的磨损形式是磨成后角等于零的磨损棱带。切削铸铁和以较小的切削层公称厚度切削塑性材料时,主要发生这种磨损。后面上的磨损棱带往往不均匀,如图2-19a)所示。刀尖部分(C 区)强度较低,散热条件又差,磨损比较严重,其最大值为 VC。主切削刃靠近工件待加工表面处的后面

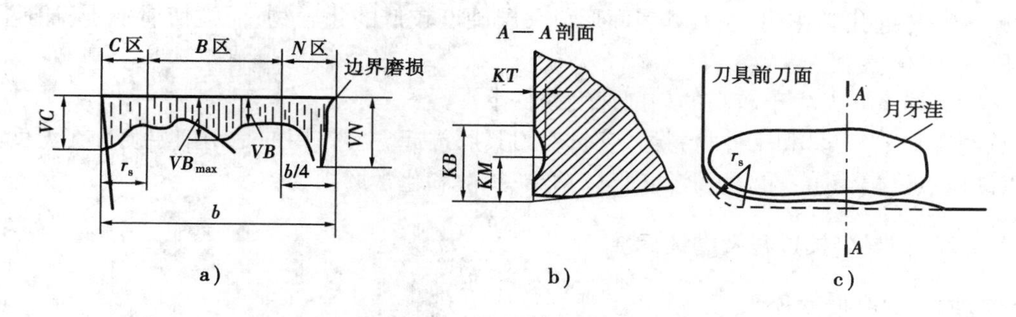

图 2-19　刀具磨损的测量位置

(N 区)磨成较深的沟,以 VN 表示。在后面磨损棱带的中间部位(B 区),磨损比较均匀,其平均宽度以 VB 表示,而且最大宽度以 VB_{max} 表示。

3)前后面同时磨损或边界磨损

切削塑性材料,h_D = 0.1 ~ 0.5 mm 时,会发生前后面同时磨损。

在切削铸钢件和锻件等外皮粗糙的工件时,常在主切削刃靠近工件外皮处以及副切削刃靠近刀尖处的后面上,磨出较深的沟纹,这种磨损称为边界磨损,如图 2-18 所示。

(2)刀具磨损的原因

1)硬质点磨损

是由工件材料中的杂质、材料基体组织中所含的碳化物、氮化物和氧化物等硬质点以及积屑瘤的碎片等在刀具表面上擦伤,划出一条条的沟纹造成的机械磨损。各种切削速度下的刀具都存在这种磨损,但它是低速刀具磨损的主要原因,因低速时温度低,其他形式的磨损还不显著。

2)粘结磨损

在一定的压力和温度作用下,切屑同前面、已加工表面与后面的摩擦面上,产生塑性变形而使工件的原子或晶粒冷焊在刀面上形成粘结点,这些粘结点又因相对运动而破裂,其原子或晶粒被对方带走,一般说来,粘结点的破裂多发生在硬度较低的一方,即工件材料上,刀具材料往往有组织不均、存在内应力、微裂纹以及空隙、局部软点等缺陷,所以,粘结点的破裂也常常发生在刀具一方被工件材料带走,从而形成刀具的粘结磨损。高速钢、硬质合金等各种刀具都会因粘结而发生磨损。

3)扩散磨损

切削过程中,刀具表面始终与工件上被切出的新鲜表面相接触,由于高温与高压的作用,两摩擦表面上的化学元素有可能互相扩散到对方去,使两者的化学成分发生变化,从而削弱了刀具材料的性能,加速了刀具的磨损。例如,用硬质合金刀具切削钢件时,切削温度常达到 800 ~1 000 ℃以上,自 800 ℃开始,硬质合金中的 Co、C、W 等元素会扩散到切屑中而被带走;切屑中的 Fe 也会扩散到硬质合金中,形成新的低硬度、高脆性的复合碳化物。同时,由于 Co 的扩散,还会使刀具表面上 WC、TiC 等硬质相的粘结强度降低,这一切都加剧了刀具的磨损。所以,扩散磨损是硬质合金刀具的主要磨损原因之一。

扩散速度随切削温度的升高而增加,而且愈增愈烈。

4)化学磨损

化学磨损是在一定温度下,刀具材料与某些周围介质(如空气中的氧、切削液中的极压添加剂硫、氯等)起化学作用,在刀具表面形成一层硬度较低的化合物,而被切屑带走,加速了刀具的磨损。

化学磨损主要发生于较高的切削速度条件下。

总的说来,当刀具和工件材料给定时,对刀具磨损起主导作用的是切削温度。在温度不高时,以硬质点磨损为主;在温度较高时,以粘结、扩散和化学磨损为主。

2.4.2　刀具磨损过程及磨钝标准

(1)刀具的磨损过程

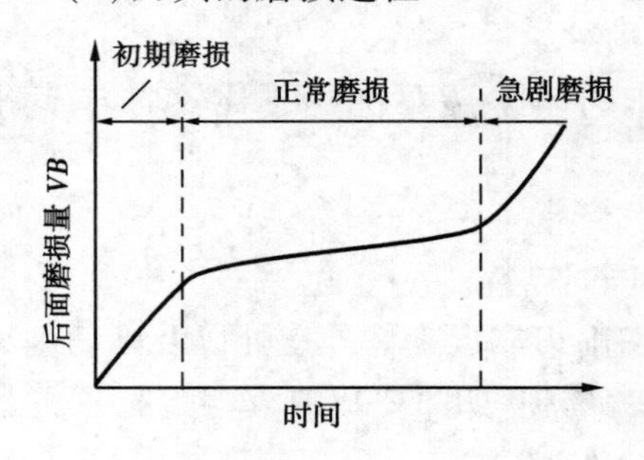

图 2-20　刀具磨损的典型曲线

根据切削实验,可得图 2-20 所示的刀具磨损过程的典型曲线。由图可见,刀具的磨损过程分为三个阶段:

1)初期磨损阶段　因为新刃磨的刀具后面存在粗糙不平以及显微裂纹、氧化或脱碳等缺陷,而且切削刃较锋利,后面与加工表面接触面积较小,压应力较大,所以,这一阶段的磨损较快。

2)正常磨损阶段　经过初期磨损后,刀具后面粗糙表面已经磨平,单位面积压力减小,磨损比较缓慢且均匀,进入正常磨损阶段。在这个阶段,后面的磨损量与切削时间近似地成正比增加。正常切削时,这个阶段时间较长。

3)急剧磨损阶段　当磨损量增加到一定限度后,加工表面粗糙度增加,切削力与切削温度迅速升高,刀具磨损量增加很快,甚至出现噪音、振动,以致刀具失去切削能力。在这个阶段到来之前,就要及时换刀。

(2)刀具的磨钝标准

刀具磨损到一定限度就不能继续使用,这个磨损限度就称为刀具的磨钝标准。

因为一般刀具的后面都发生磨损,而且测量也比较方便,因此,国际标准 ISO 统一规定以 1/2 切削深度处后面上测量的磨损带宽度 *VB* 作为刀具的磨钝标准,如图 2-21 所示。

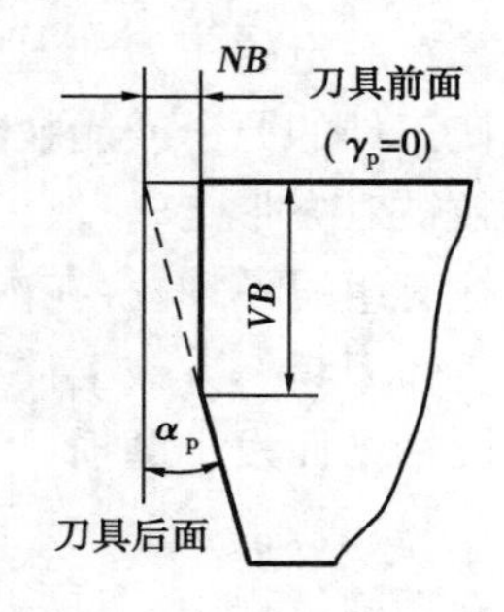

图 2-21　刀具磨钝标准

自动化生产中用的精加工刀具,常以沿工件径向的刀具磨损尺寸作为衡量刀具的磨钝标准,称为刀具的径向磨损量 *NB*(图 2-21)。

由于加工条件不同,所规定的磨钝标准也有变化。例如精加工的磨钝标准取得小,粗加工的磨钝标准取得大。

磨钝标准的具体数值可参考有关手册,一般取 $VB = 0.3$ mm。

2.4.3　刀具耐用度的经验公式

刀具耐用度的定义为:刀具由刃磨后开始切削一直到磨损量达到刀具磨钝标准所经过的总切削时间。刀具耐用度以 T 表示,单位为 min。

刀具寿命是表示一把新刀从投入切削起,到报废为止总的实际切削时间。因此,刀具寿命等于这把刀的刃磨次数(包括新刀开刃)乘以刀具的耐用度。

(1)切削速度与刀具耐用度的关系

当工件、刀具材料和刀具的几何参数确定之后，切削速度对刀具耐用度的影响最大。增大切削速度，刀具耐用度就降低。目前，用理论分析方法导出的切削速度与刀具耐用度之间的数学关系，与实际情况不尽相符，所以还是通过刀具耐用度实验来建立它们之间的经验公式，其一般形式为

$$v_c \cdot T^m = C_0 \tag{2-12}$$

式中 v_c——切削速度(m/min)；

T——刀具耐用度(min)；

m——指数，表示 v_c 对 T 的影响程度；

C_0——系数，与刀具、工件材料和切削条件有关。

上式为重要的刀具耐用度公式，指数 m 表示 v_c 对 T 的影响程度，耐热性愈低的刀具材料，其 m 值愈小，切削速度对刀具耐用度的影响愈大，也就是说，切削速度稍稍增大一点，则刀具耐用度的降低就很大。

应当指出，在常用的切削速度范围内，式(2-12)完全适用；但在较宽的切削速度范围内进行实验，特别是在低速区内，式(2-12)就不完全适用了。

(2)进给量和背吃刀量与刀具耐用度的关系

切削时，增大进给量 f 和背吃刀量 a_{sp}，刀具耐用度将降低。经过实验，可以得到与式(2-12)类似的关系式：

$$\left.\begin{aligned} f \cdot T^{m_1} &= C_1 \\ a_{sp} \cdot T^{m_2} &= C_2 \end{aligned}\right\} \tag{2-13}$$

(3)刀具耐用度的经验公式

综合式(2-12)和式(2-13)，可得到切削用量与刀具耐用度的一般关系式

$$T = \frac{C_T}{v_c^{\frac{1}{m}} \cdot f^{\frac{1}{m_1}} \cdot a_{sp}^{\frac{1}{m_2}}}$$

令 $x = \frac{1}{m}, y = \frac{1}{m_1}, z = \frac{1}{m_2}$，则

$$T = \frac{C_T}{v_c^x \cdot f^y \cdot a_{sp}^z} \tag{2-14}$$

式中 C_T——耐用度系数，与刀具、工件材料和切削条件有关；

x、y、z——指数，分别表示各切削用量对刀具耐用度的影响程度。

用 YT_5 硬质合金车刀切削 $\sigma_b = 0.637$ GPa 的碳钢时，切削用量($f > 0.7$ mm/r)与刀具耐用度的关系为：

$$T = \frac{C_T}{v_c^5 \cdot f^{2.25} \cdot a_{sp}^{0.75}} \tag{2-15}$$

由上式可以看出，切削速度 v_c 对刀具耐用度影响最大，进给量 f 次之，背吃刀量 a_{sp} 最小。这与三者对切削温度的影响顺序完全一致，反映出切削温度对刀具耐用度有着最重要的影响。

习题与思考题

2-1　切削塑性材料工件时，金属变形区是如何划分的？

2-2　有哪些指标可用来衡量切削层的变形程度？各衡量指标之间的关系如何？

2-3　切削塑性金属时，前刀面的摩擦有何特点？

2-4　试分析各个因素对切削力的影响，特别是背吃刀量 a_{sp} 及进给量 f 对切削力的影响。

2-5　车削外圆时，为了方便测量和应用，一般是怎样对切削合力进行分解的？

2-6　切削塑性金属时，影响切削变形的因素有哪些？

2-7　简述切削热的来源及切削热的传出途径。

2-8　试述影响切削温度的主要因素。

2-9　试述刀具的磨损形式及原因。

2-10　试述刀具磨损过程及磨钝标准。

2-11　何谓刀具耐用度？试分析切削用量对刀具耐用度的影响。

第3章　金属切削基本条件的合理选择

3.1　刀具材料、类型及结构的合理选择

在金属切削过程中,刀具担负着直接切除余量和形成已加工表面的任务。刀具切削部分的材料、几何形状和刀具结构决定了刀具的切削性能,它们对刀具的使用寿命、切削效率、加工质量和加工成本影响极大,因此,应当重视刀具材料的正确选择和合理使用,重视新型刀具材料的研制。

3.1.1　刀具材料应具备的性能

在切削加工时,刀具切削部分与切屑、工件相互接触的表面上承受很大的压力和强烈的摩擦,刀具在高温下进行切削的同时,还承受着冲击和振动,因此作为刀具材料应具备以下基本性能:

(1)高的硬度和耐磨性　即刀具材料要比工件材料硬,并具有高的抵抗磨损的能力;

(2)足够的强度和韧性　以承受切削中的切削力、冲击和振动,避免崩刃和折断;

(3)高的耐热性　即高温下保持硬度、耐磨性、强度和韧性的能力;

(4)良好的工艺性　如锻造性能、热处理性能、切削加工性能等,以便于刀具的制造;

(5)经济性　即价格低经济效果好。

3.1.2　常用刀具材料的种类、特点及适用范围

刀具材料的种类很多,常用的有碳素工具钢、合金工具钢、高速钢、硬质合金、陶瓷、金刚石和立方氮化硼等。碳素工具钢(如T10A、T12A)和合金工具钢(如9CrSi、CrWMn),因其耐热性较差,仅用于手工工具及切削速度较低的刀具。陶瓷、金刚石和立方氮化硼则由于性质脆、工艺性差等原因,目前尚只在较小的范围内使用。目前,用得最多的刀具材料仍为高速钢和硬质合金。

(1)高速钢

高速钢是加入了钨、钼、铬、钒等合金元素的高合金工具钢。它有较高的热稳定性,切削温度达500~650 ℃时仍能进行切削;有较高的强度、韧性、硬度和耐磨性,适合于各类刀具的要求。其制造工艺简单,容易磨成锋利的切削刃,可锻造,这对一些形状复杂的刀具如钻头、成形刀具、拉刀、齿轮刀具等尤为重要,是制造这类刀具的主要材料。

按基本化学成分,高速钢可分为钨系和钨钼系;按切削性能分,则有普通高速钢和高性能高速钢;按制造方法分,则有熔炼高速钢和粉末冶金高速钢。

1)普通高速钢

普通高速钢的特点是工艺性好,切削性能可满足一般工程材料的常规加工要求,常用品种有:

①W18Cr4V

属钨系高速钢,其综合性能和可磨削性好,可用以制造包括复杂刀具在内的各类刀具。

②W6Mo5Cr4V2

属钨钼系高速钢,其碳化物分布的均匀性、韧性和高温塑性均超过 W18Cr4V,但是,可磨性比 W18Cr4V 略差,切削性能则大致相同。国外由于资源关系,已淘汰所谓传统的高速钢 W18Cr4V,而以 W6Mo5Cr4V2 代替。这一钢种目前我国主要用于热轧刀具(如麻花钻),也可用于制作大尺寸刀具。

2)高性能高速钢

调整普通高速钢的基本化学成分和添加其他合金元素,使其机械性能和切削性能有显著提高,这就是高性能高速钢。高性能高速钢的常温硬度可达 HRC67 ~ 70,高温硬度也相应提高,可用于高强度钢、高温合金、钛合金等难加工材料的切削加工。典型牌号有高钒高速钢 W6Mo5Cr4V3、钴高速钢 W6Mo5Cr4V2Co5、超硬高速钢 W2Mo9Cr4VCo8 等。

3)粉末冶金高速钢

粉末冶金高速钢是用高压氩气或纯氮气雾化熔融的高速钢钢水,直接得到细小的高速钢粉末,然后将这种粉末在高温高压下压制成致密的钢坯,最后将钢坯锻轧成钢材或刀具形状的一种高速钢。

粉末冶金高速钢与熔炼高速钢相比,有很多优点:如韧性与硬度较高,可磨削性能显著改善,材质均匀,热处理变形小,质量稳定可靠,故刀具耐用度较高。粉末冶金高速钢可以切削各种难加工材料,特别适合于制造各种精密刀具和形状复杂的刀具。

(2)硬质合金

硬质合金是高硬度、难熔的金属化合物(主要是 WC、TiC 等,又称高温碳化物)微米级的粉末,用钴或镍等金属作粘结剂烧结而成的粉末冶金制品。因含有大量熔点高、硬度高、化学稳定性好、热稳定性好的金属碳化物,其硬度、耐磨性、耐热性都很高。常用硬质合金的硬度为 HRA89 ~ 93,在 800 ~ 1 000 ℃还能承担切削,刀具耐用度较高速钢高几倍到几十倍,当耐用度相同时,切削速度可提高 4 ~ 10 倍。它的抗弯强度较高速钢低,冲击韧性差,切削时不能承受大的振动和冲击负荷。硬质合金中碳化物含量较高时,硬度高,但抗弯强度低;粘结剂含量较高时,抗弯强度高,但硬度低。硬质合金以其切削性能优良被广泛用作刀具材料。如大多数的车刀、端铣刀以及深孔钻、铰刀、拉刀、齿轮滚刀等。

国际标准化组织 ISO 将切削用的硬质合金分为三类:

1)YG 类,即 WC-Co 类硬质合金,此类合金有较高的抗弯强度和冲击韧性,磨削性、导热性较好,适于加工产生崩碎切屑、有冲击性切削力作用在刃口附近的脆性材料,如铸铁、有色金属及其合金,并适合加工导热系数低的不锈钢等难加工材料。

2)YT 类,即 WC-TiC-Co 类硬质合金。此类合金有较高的硬度和耐磨性,特别是有高的耐热性,抗粘结扩散能力和抗氧化能力也很好;但抗弯强度、磨削性和导热性低,低温脆性大、韧性差,适用于高速切削钢料。

3)YW 类,即 WC-TiC-TaC(NbC)-Co 类硬质合金。在 YT 类中加入 TaC(NbC)可提高其抗弯强度、疲劳强度、冲击韧性、高温硬度和强度、抗氧化能力、耐磨性等。既可用于加工铸铁及有色金属,也可加工钢。

表 3-1 列出各种硬质合金的牌号及应用范围。

表 3-1　各种硬质合金的牌号及应用范围

牌　号	应　用　范　围	
YG3X	硬度、耐磨性、切削速度 ↑ 抗弯强度、韧性、进给量 ↓	铸铁、有色金属及其合金的精加工、半精加工,不能承受冲击载荷
YG3		铸铁、有色金属及其合金的精加工、半精加工,不能承受冲击载荷
YG6X		普通铸铁、冷硬铸铁、高温合金的精加、半精加工
YG6		铸铁、有色金属及其合金的半精加工和粗加工
YG8		铸铁、有色金属及其合金、非金属材料的粗加工,也可用于断续切削
YG6A		冷硬铸铁、有色金属及其合金的半精加工,亦可用于高锰钢、淬火钢及合金钢的半精加工和精加工
YT30	硬度、耐磨性、切削速度 ↑ 抗弯强度、韧性、进给量 ↓	碳素钢、合金钢、淬硬钢的精加工
YT15		碳素钢、合金钢在连续切削时的粗加工、半精加工,亦可用于断续切削时精加工
YT14		同 YT15
YT5		碳素钢、合金钢的精加工,可用于断续切削
YW1	硬度、耐磨性、切削速度 ↑ 抗弯强度、韧性、进给量 ↓	高温合金、高锰钢、不锈钢等难加工材料及普通钢料、铸铁、有色金属及其合金的粗加工和半精加工
YW2		高温合金、高锰钢、不锈钢等难加工材料及普通钢料、铸铁、有色金属及其合金的粗加工和精加工

(3)其他刀具材料

1)陶瓷　陶瓷的主要成分是 Al_2O_3,加少量添加剂,压制高温烧结而成,它的硬度、耐磨性和热硬性均比硬质合金好,适于加工高硬度的材料。硬度为 HRA93 ~ 94,在 1 200 ℃的高温下仍能继续切削。陶瓷与金属的亲和力小,切削不易粘刀,不易产生积屑瘤,加工表面光洁。但陶瓷刀片性脆,抗弯强度与冲击韧性低,一般用于钢、铸铁以及高硬度材料(如淬硬钢)的半精加工和精加工。

为了提高陶瓷刀片的强度和韧性,可在矿物陶瓷中添加高熔点、高硬度的碳化物(TiC)和一些其他金属(如镍、钼)以构成复合陶瓷。

我国的陶瓷刀片牌号有:AM、AMF、AT6、SG4、LT35、LT55 等。

2)金刚石　金刚石分天然和人造两种,是碳的同素异形体。金刚石是目前已知的最硬材料,其硬度为 HV10000,精车有色金属时,加工精度可达 IT5,表面粗糙度 R_a 可达 0.012 μm。

耐磨性好,在切削耐磨材料时,刀具耐用度通常为硬质合金的 10 ~ 100 倍。

金刚石的耐热性较差,一般低于 800 ℃,而且由于金刚石是碳的同素异形体,在高温条件下,与铁原子反应,刀具易产生粘接磨损,因此不适于加工钢铁材料。它适用于硬质合金、陶瓷、高硅铝合金等耐磨材料的加工,以及有色金属和玻璃强化塑料等的加工。用金刚石粉制成的砂轮磨削硬质合金,磨削能力大大超过了碳化硅砂轮。

3)立方氮化硼(CBN)　立方氮化硼是六方氮化硼的同素异形体,是人类已知的硬度仅次于金刚石的物质,立方氮化硼的热稳定性和化学惰性大大优于金刚石。可耐 1 300 ~ 1 500℃ 的高温,且 CBN 不与铁原子起作用,因此它适于加工不能用金刚石加工的铁基合金,如高速钢、淬火钢、冷硬铸铁等,此外还适于切削钛合金和高硅铝合金。用于加工高温合金(如镍基合金)等难加工材料时,可大大提高生产率。

虽然 CBN 价格高昂,但随着难加工材料的应用日益广泛,它是一种大有前途的刀具材料。

3.1.3　刀具类型及结构的选择

根据刀具的用途和加工方法的不同,通常把刀具分为切刀(包括车刀、刨刀、插刀、镗刀和成形车刀等)、孔加工刀具(如钻头、扩孔钻、铰刀等)、拉刀、铣刀(如圆柱形铣刀、端铣刀、立铣刀、槽铣刀和锯片铣刀等)、螺纹刀具(如丝锥、板牙和螺纹切头等)、齿轮刀具、磨具(包括砂轮、砂带和油石等)。此外,还有数控机床用刀具和自动线刀具等。

刀具也可分为:单刃(单齿)刀具和多刃(多齿)刀具;一般通用刀具(如车刀、镗刀、孔加工刀具、铣刀和螺纹刀具等)和复杂刀具(如拉刀和齿轮刀具等);定尺寸刀具(工件的加工尺寸取决于刀具本身的尺寸,如钻头、扩孔钻和铰刀等)和非定尺寸刀具(如车刀、刨刀和插刀等);整体式刀具、装配式刀具(如机夹、可转位刀具)和复合刀具等。

尽管各种刀具的结构和形状各不相同,但都有其共同的部分,即都是由工作部分和夹持部分组成的。工作部分是指担负切削的部分;夹持部分是指使工作部分与机床连接在一起,保证刀具有正确的工作位置,并传递切削运动和动力的部分。

先进的刀具结构能有效地减少换刀和重磨时间,大大提高切削效率和加工质量,为此,须根据不同的类型选用合适的结构。通常,一般尺寸的高速钢刀具大多做成整体式的;而大尺寸的高速钢刀具则应尽量用装配式结构,这样可节约贵重的刀具材料,刀齿或刀片可单独更换与调整,刀体(刀杆)也可重复使用,并且单个高速钢刀齿尺寸较小,易于锻造和热处理。硬质合金刀具通常做成焊接装配式结构,并应尽量采用机夹式、可转位式、积木模块式、成组快换式等新结构。在数控机床和自动线上,为集中工序,常采用各种形式的复合刀具。

3.2　刀具合理几何参数的选择

3.2.1　概 述

刀具几何参数包括:刀具角度、刀面形式、切削刃形状等。它们对切削时金属的变形、切削力、切削温度、刀具磨损、已加工表面质量等都有显著的影响。

刀具合理的几何参数,是指在保证加工质量的前提下,能够获得最高刀具耐用度,从而达到提高切削效率或降低生产成本目的的几何参数。

刀具合理几何参数的选择主要决定于工件材料、刀具材料、刀具类型及其他具体工艺条件，如切削用量、工艺系统刚性及机床功率等。

3.2.2 前角及前面形状的选择

(1)前角的功用及合理前角的选择

1)前角的主要功用

①影响切削区的变形程度　增大刀具前角，可减小切削层的塑性变形，减小切屑流经前面的摩擦阻力，从而减小切削力、切削热和切削功率。

②影响切削刃与刀头的强度、受力性质和散热条件　增大刀具前角，会使切削刃与刀头的强度降低，导热面积和容热体积减小，过分增大前角，有可能导致切削刃处出现弯曲应力，造成崩刃。

③影响切屑形态和断屑效果　若减小前角，可增大切屑的变形，使之易于脆化断裂。

④影响已加工表面质量　主要通过积屑瘤、鳞刺、振动等施加影响。

2)合理前角的概念

从上述前角的功用可知，增大或减小前角各有利弊，在一定的条件下，前角有一个合理的数值，如图3-1为刀具前角对刀具耐用度影响的示意曲线，可见前角太大、太小都会使刀具耐用度显著降低。对于不同的刀具材料，各有其对应着刀具最大耐用度的前角，称为合理前角γ_{opt}。由于硬质合金的抗弯强度较低，抗冲击韧性差，其γ_{opt}小于高速钢刀具的γ_{opt}。工件材料不同时也是这样(图3-2)。

3)合理前角的选择原则

①工件材料的强度、硬度低，可以取较大的甚至很大的前角；工件材料强度、硬度高，应取较小的前角；加工特别硬的工件(如淬硬钢)时，前角很小甚至取负值。

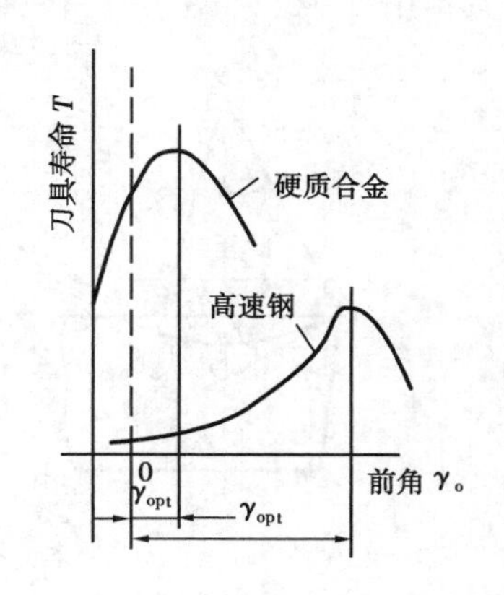

图3-1　前角的合理数值

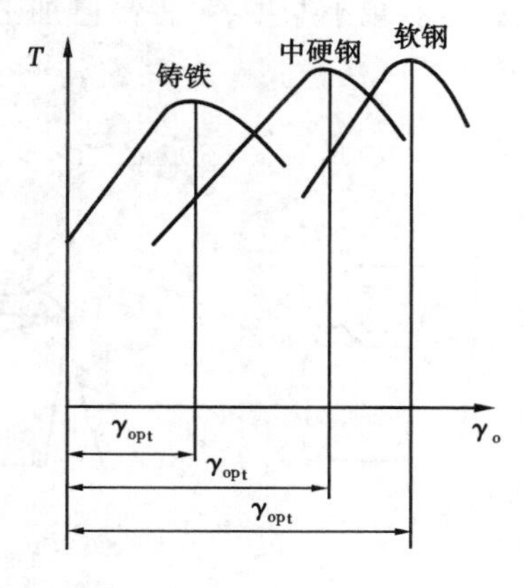

图3-2　加工材料不同时的合理前角

②加工塑性材料(如钢)时，应取较大的前角；加工脆性材料(如铸铁)时，可取较小的前角。用硬质合金刀具加工一般钢料时，前角可选10°～20°；加工一般灰铸铁时，前角可选5°～15°。

③粗加工，特别是断续切削，承受冲击性载荷，或对有硬皮的铸锻件粗切时，为保证刀具有足够的强度，应适当减小前角。但在采取某些强化切削刃及刀尖的措施之后，也可增大前角。

④成形刀具和前角影响刀刃形状的其他刀具，为防止刃形畸变，常取较小的前角，甚至取 $\gamma_o=0$，但这些刀具的切削条件不好，应在保证切削刃成形精度的前提下，设法增大前角。

⑤刀具材料的抗弯强度较大、韧性较好时，应选用较大的前角。

⑥工艺系统刚性差和机床功率不足时，应选取较大的前角。

⑦数控机床和自动机、自动线用刀具，为使刀具的切削性能稳定，宜取较小的前角。

(2)带卷屑槽的刀具前面形状

加工韧性材料时，为使切屑卷成螺旋形，或折断成 C 形，使之易于排出和清理，常在前刀面磨出卷屑槽，它可做成直线圆弧形、直线形、全圆弧形（见图 3-3）等不同形式。直线圆弧形的槽底圆弧半径 R_n 和直线形的槽底角（$180°-\sigma$）对切屑的卷曲变形有直接的影响，较小时，切屑卷曲半径较小、切屑变形大、易折断；但过小时，又易使切屑堵塞在槽内、增大切削力，甚至崩刃。一般条件下，常取 $R_n=(0.4\sim0.7)W_n$；槽底角为 $110°\sim130°$。这两种槽形较适于加工碳素钢、合金结构钢、工具钢等，一般 γ_o 为 $5°\sim15°$。全圆弧槽形，可获得较大的前角，且不致使刃部过于削弱，较适于加工紫铜、不锈钢等高塑性材料，γ_o 可增至 $25°\sim30°$。

卷屑槽宽 W_n 愈小，切屑卷曲半径愈小，切屑愈易折断；但太小，切屑变形很大，易产生小块的飞溅切屑也不好。过大的 W_n 不能保证有效的卷屑或折断。卷屑槽宽度根据工件材料和切削用量决定，一般可取 $W_n=(7\sim10)f$。

3.2.3 后角的选择

(1)后角的功用

1)后角的主要功用是减小后面与过渡表面之间的摩擦。由于切屑形成过程中的弹性、塑性变形和切削刃钝圆半径 r_n 的作用，在过渡表面上有一个弹性恢复层。后角越小，弹性恢复层同后面的摩擦接触长度越大，它是导致切削刃及后面磨损的直接原因之一。从这个意义上来看，增大后角能减小摩擦，可提高已加工表面质量和刀具耐用度。

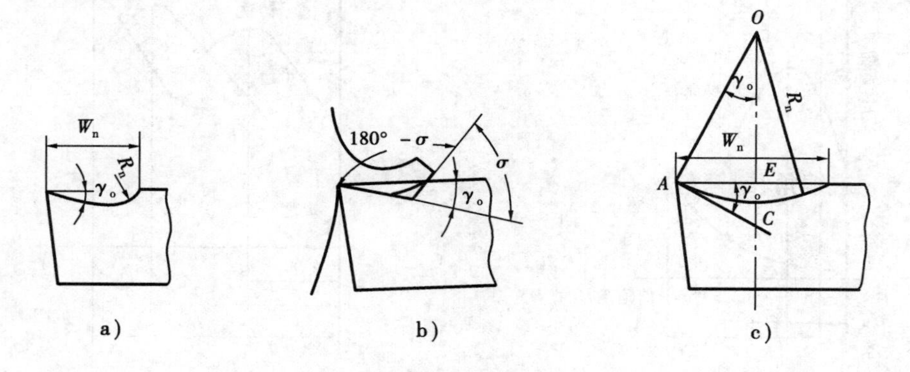

图 3-3 刀具前面上卷屑槽的形状

a)直线圈弧形 b)直线形 c)全圆弧形

2)后角越大，切削刃钝圆半径 r_n 值越小，切削刃越锋利。

3)在同样的磨钝标准 VB 下，后角大的刀具由新用到磨钝，所磨去的金属体积较大（图 3-4），这也是增大后角可延长刀具耐用度的原因之一。但带来的问题是刀具径向磨损值 NB 大，当工件尺寸精度要求较高时，就不宜采用大后角。

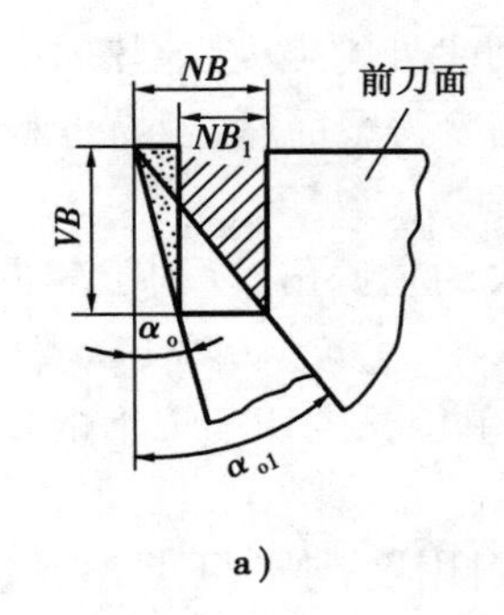

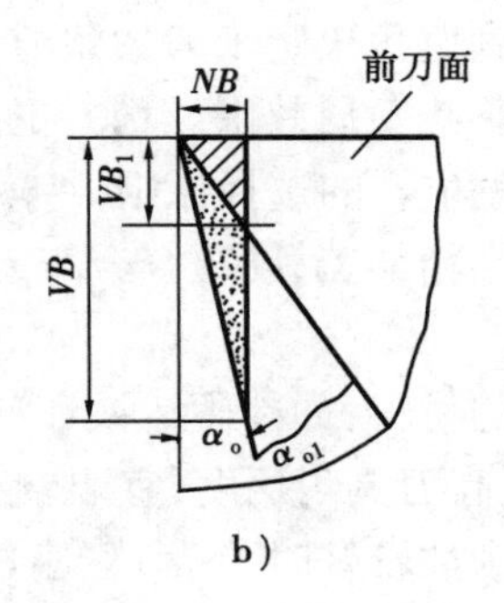

图 3-4　后角与磨损体积的关系

a) VB 一定　b) NB 一定

4）增大后角将使切削刃和刀头的强度削弱，导热面积和容热体积减小；且 NB 一定时的磨耗体积小，刀具耐用度抵低（图 3-4b）），这些是增大后角的不利方面。

因此，同样存在一个后角合理值 α_{opt}。

（2）合理后角的选择原则

1）粗加工、强力切削及承受冲击载荷的刀具，要求切削刃有足够强度，应取较小的后角；精加工时，刀具磨损主要发生在切削刃区和后面上，为减小后面磨损和增加切削刃的锋利程度，应取较大的后角。车刀合理后角在 $f \leqslant 0.25$ mm/r 时，可取为 $\alpha_o = 10° \sim 12°$；在 $f > 0.25$ mm/r 时，$\alpha_o = 5° \sim 8°$。

2）工件材料硬度、强度较高时，为保证切削刃强度，宜取较小的后角；工件材质较软、塑性较大或易加工硬化时，后面的摩擦对已加工表面质量及刀具磨损影响较大，应适当加大后角；加工脆性材料，切削力集中在刃区附近，宜取较小的后角；但加工特别硬而脆的材料，在采用负前角的情况下，必须加大后角才能造成切削刃切入的条件。

3）工艺系统刚性差，容易出现振动时，应适当减小后角。

4）各种有尺寸精度要求的刀具，为了限制重磨后刀具尺寸的变化，宜取较小的后角。

5）车刀的副后角一般取其等于后角。切断刀的副后角，由于受其结构强度的限制，只能取得很小，$\alpha_o = 1° \sim 2°$。

3.2.4　主编角、副偏角及刀尖形状的选择

（1）主偏角和副偏角的功用

1）影响切削加工残留面积高度。从这个因素看，减小主偏角和副偏角，可以减小已加工表面粗糙度，特别是副偏角对已加工表面粗糙度的影响更大。

2）影响切削层的形状，尤其是主偏角直接影响同时参与工作的切削刃长度和单位切削刃上的负荷。在背吃刀量和进给量一定的情况下，增大主偏角时，切削层公称宽度将减小，切削层公称厚度将增大，切削刃单位长度上的负荷随之增大。因此，主偏角直接影响刀具的磨损和刀具耐用度。

3）影响三个切削分力的大小和比例关系。在刀尖圆弧半径 r_ε 很小的情况下，增大主偏角，可使背向力减小，进给力增大。同理，增大副偏角也可使得背向力减小。而背向力的减小，有利于减小工艺系统的弹性变形和振动。

4）主偏角和副偏角决定了刀尖角 ε_r，故直接影响刀尖处的强度、导热面积和容热体积。

5）主偏角还影响断屑效果。增大主偏角，使得切屑变得窄而厚，容易折断。

（2）合理主偏角 κ_r 的选择原则

1）粗加工和半精加工，硬质合金车刀一般选用较大的主偏角，以利于减少振动，提高刀具耐用度和断屑。

2）加工很硬的材料，如冷硬铸铁和淬硬钢，为减轻单位长度切削刃上的负荷，改善刀头导热和容热条件，提高刀具耐用度，宜取较小的主偏角。

3）工艺系统刚性较好时，减小主偏角可提高刀具耐用度；刚性不足时，应取大的主偏角，甚至主偏角 $\kappa_r \geqslant 90°$，以减小背向力，减少振动。

4）单件小批生产，希望一两把刀具加工出工件上所有的表面，则选取通用性较好的45°车刀或90°偏刀。

（3）合理副偏角的选择原则

1）一般刀具的副偏角，在不引起振动的情况下可选取较小的数值，如车刀、端铣刀、刨刀，均可取 $\kappa'_r = 5° \sim 10°$。

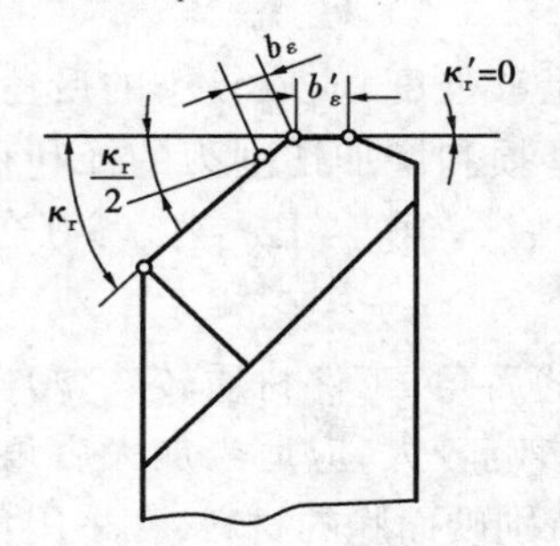

图3-5　修光刃

2）精加工刀具的副偏角应取得更小一些，必要时，可磨出一段 $\kappa'_r = 0$ 的修光刃（图3-5），修光刃长度 b'_ε 应略大于进给量，即 $b'_\varepsilon \approx (1.2 \sim 1.5)f$。

3）加工高强度高硬度材料或断续切削时，应取较小的副偏角，$\kappa'_r = 4° \sim 6°$，以提高刀尖强度。

4）切断刀、锯片铣刀和槽铣刀等，为保证刀头强度和重磨后刀头宽度变化较小，只能取很小的副偏角，即 $\kappa'_r = 1° \sim 2°$。

（4）刀尖形状

按形成方法的不同，刀尖可分为三种：交点刀尖、修圆刀尖和倒角刀尖（见图1-8）。交点刀尖是主切削刃和副切削刃的交点，无所谓形状，故无须用几何参数去描述。将修圆刀尖投影于基面上，刀尖成为一段圆弧，因此，可用刀尖圆弧半径 r_ε 来确定刀尖的形状。而倒角刀尖在基面上投影后，成为一小段直线切削刃，这段直线切削刃称为过渡刃，可用两个几何参数来确定，即过渡刃长度 b_ε 以及过渡刃偏角 κ_{re}。

1）圆弧刀尖　高速钢车刀 $r_\varepsilon = 1 \sim 3$ mm；硬质合金和陶瓷车刀 $r_\varepsilon = 0.5 \sim 1.5$ mm；金刚石车刀 $r_\varepsilon = 1.0$ mm；立方氮化硼车刀 $r_\varepsilon = 0.4$ mm。

2）倒角刀尖　过渡刃偏角 $\kappa_{re} \approx \frac{1}{2}\kappa_r$；过渡刃长度 $b_e = 0.5 \sim 2$ mm 或 $b_e = (\frac{1}{4} \sim \frac{1}{5})a_{sp}$。

3.2.5　刃倾角的选择

（1）刃倾角的功用

1）控制切屑流出方向　$\lambda_s = 0°$时（图3-6a）），即直角切削，切屑在前刀面上近似沿垂直于主切削刃的方向流出；λ_s 为负值时（图3-6b）），切屑流向与 $\boldsymbol{v}_f$ 方向相反，可能缠绕、擦伤已加工表面，但刀头强度较好，常用在粗加工；λ_s 为正值时（图3-6c）），切屑流向与 $\boldsymbol{v}_f$ 方向一致，但刀头强度较差，适用于精加工。

2）影响切削刃的锋利性　由于刃倾角造成较小的切削刃实际钝圆半径，使切削刃显得锋

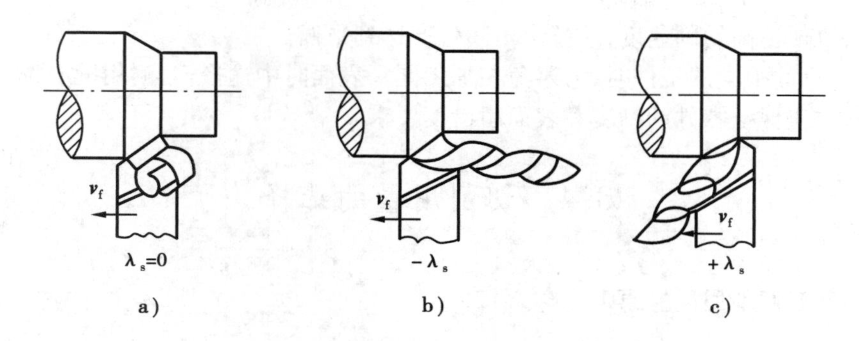

图 3-6　刃倾角 λ_s 对切屑流出方向的影响

利，故以大刃倾角刀具工作时，往往可以切下很薄的切削层。

3）影响刀尖强度、刀尖导热和容热条件　在非自由不连续切削时，负的刃倾角使远离刀尖的切削刃处先接触工件，可使刀尖避免受到冲击；而正的刃倾角将使冲击载荷首先作用于刀尖。同时，负的刃倾角使刀头强固，刀尖处导热和容热条件较好，有利于延长刀具耐用度。

4）影响切削刃的工作长度和切入切出的平稳性　当 $\lambda_s=0$ 时，切削刃同时切入切出，冲击力大；当 $\lambda_s\neq0$ 时，切削刃逐渐切入工件，冲击小，而且刃倾角越大，切削刃工作长度越长，切削过程越平稳。

（2）合理刃倾角的选择原则和参考值

1）加工一般钢料和灰铸铁，无冲击的粗车取 $\lambda_s=0°\sim-15°$，精车取 $\lambda_s=0°\sim+5°$；有冲击时，取 $\lambda_s=-5°\sim-15°$；冲击特别大时，取 $\lambda_s=-30°\sim-45°$。

2）加工淬硬钢、高强度钢、高锰钢，取 $\lambda_s=-20°\sim-30°$。

3）工艺系统刚性不足时，尽量不用负刃倾角。

4）微量精车外圆、精车孔和精刨平面时，取 $\lambda_s=45°\sim75°$。

3.3　刀具耐用度的选择

刀具的磨损达到磨钝标准后即需重磨或换刀。究竟刀具切削多长时间换刀比较合适，即刀具耐用度应取什么数值才算合理呢？一般有两种方法：一是根据单件工时最短的观点来确定耐用度，这种耐用度称为最大生产率耐用度 t_p；二是根据工序成本最低的观点来确定的耐用度，称为经济耐用度 t_c。

在一般情况下均采用经济耐用度，当任务紧迫或生产中出现不平衡环节时，则采用最大生产率耐用度。生产中一般常用的耐用度的参考值为：高速钢车刀 $T=60\sim90$ min；硬质合金、陶瓷车刀 $T=30\sim60$ min；加工有色金属的金刚石车刀 $T=10\sim20$ h；加工淬硬钢的立方氮化硼车刀 $T=120\sim150$ min；在自动机上多刀加工的高速钢车刀 $T=180\sim200$ min。

在选择刀具耐用度时，还应注意：

①简单的刀具如车刀、钻头等，耐用度选得低一些；结构复杂和精度高的刀具，如拉刀、齿轮刀具等，耐用度选得高一些；同一类刀具，尺寸大的，制造和刃磨成本均较高的，耐用度选得高一些；可转位刀具的耐用度比焊接式刀具选得低一些。

②装卡、调整比较复杂的刀具，耐用度选得高一些；

③车间内某台机床的生产率限制了整个车间生产率提高时，该台机床上的刀具耐用度要

选得低一些，以便提高切削速度，使整个车间生产达到平衡。

④精加工尺寸很大的工件时，为避免在加工同一表面时中途换刀，耐用度应选得至少能完成一次走刀，并应保证零件的精度和表面粗糙度要求。

3.4 切削用量的选择

3.4.1 制订切削用量的原则

正确地选择切削用量，对于保证加工质量、降低加工成本和提高劳动生产率都具有重要意义。所谓合理的切削用量，是指充分利用刀具的切削性能和机床性能（功率、扭矩等），在保证加工质量的前提下，获得高的生产率和低的加工成本的切削用量。

对于粗加工，要尽可能保证较高的金属切除率和必要的刀具耐用度。

提高切削速度、增大进给量和背吃刀量，都能提高金属切除率。但是，这三个因素中，对刀具耐用度影响最大的是切削速度，其次是进给量，影响最小的则是背吃刀量。所以，在选择粗加工切削用量时，应优先考虑采用大的背吃刀量，其次考虑采用大的进给量，最后才能根据刀具耐用度的要求，选定合理的切削速度。

半精加工、精加工时首先要保证加工精度和表面质量，同时应兼顾必要的刀具耐用度和生产效率，此时的背吃刀量根据粗加工留下的余量确定。为了减小工艺系统的弹性变形，减小已加工表面的残留面积，半精加工尤其是精加工，一般多采用较小的背吃刀量和进给量。为抑制积屑瘤和鳞刺的产生，用硬质合金刀具进行精加工时一般多采用较高的切削速度；高速钢刀具则一般多采用较低的切削速度。

3.4.2 切削用量三要素的确定

(1)背吃刀量的选择

背吃刀量根据加工余量确定。

1)在粗加工时，一次走刀应尽可能切去全部加工余量，在中等功率机床上，a_{sp}可达8～10 mm。

2)下列情况可分几次走刀：

①加工余量太大，一次走刀切削力太大，会产生机床功率不足或刀具强度不够时。

②工艺系统刚性不足或加工余量极不均匀，引起很大振动时，如加工细长轴或薄壁工件。

③断续切削，刀具受到很大的冲击而造成打刀时。

在上述情况下，如分二次走刀，第一次的 a_{sp} 也应比第二次大，第二次的 a_{sp} 可取加工余量的1/3～1/4。

3)切削表层有硬皮的铸锻件或切削不锈钢等冷硬较严重的材料时，应尽量使背吃刀量超过硬皮或冷硬层厚度，以防刀刃过早磨损或破损。

4)在半精加工时，$a_{sp}=0.5\sim2$ mm。

5)在精加工时，$a_{sp}=0.1\sim0.4$ mm。

(2)进给量的选择

粗加工时，对工件表面质量没有太高要求，这时切削力往往很大，合理的进给量应是工艺系统所能承受的最大进给量。这一进给量要受到下列一些因素的限制：机床进给机构的强度、车刀刀杆的强度和刚度、硬质合金或陶瓷刀片的强度及工件的装夹刚度等。

精加工时,最大进给量主要受加工精度和表面粗糙度的限制。

工厂生产中,进给量常常根据经验选取。粗加工时,根据加工材料、车刀刀杆尺寸、工件直径及已确定的背吃刀量从《切削用量手册》中查取进给量。

在半精加工和精加工时,则按粗糙度要求,根据工件材料、刀尖圆弧半径、切削速度,从《切削用量手册》中查得进给量。

然而,按经验确定的粗车进给量在一些特殊情况下,如切削力很大、工件长径比很大、刀杆伸出长度很大时,有时还需对选定的进给量进行校验(一项或几项)。

(3)切削速度的确定

根据已选定的背吃刀量 a_{sp}、进给量 f 及刀具耐用度 T,就可按下列公式计算切削速度 v_c 和机床转速 n。

$$v_c = \frac{C_v}{T^m \cdot a_{sp}^{x_v} \cdot f^{y_v}} \cdot K_v (\mathrm{m/min})$$

式中 C_v、x_v、y_v——根据工件材料、刀具材料、加工方法等在切削用量手册中查得;

K_v——切削速度修正系数。

实际生产中也可从《切削用量手册》中选取 v_c 的参考值,通过 v_c 的参考值可以看出:

①粗车时,a_{sp}、f 均较大,所以 v_c 较低;精加工时,a_{sp}、f 均较小,所以 v_c 较高。

②工件材料强度、硬度较高时,应选较低的 v_c;反之,v_c 较高。材料加工性越差,v_c 越低。

③刀具材料的切削性能愈好,v_c 愈高。

此外,在选择 v_c 时,还应考虑以下几点:

①精加工时,应尽量避免积屑瘤和鳞刺产生的区域。

②断续切削时,为减小冲击和热应力,宜适当降低 v_c。

③在易发生振动的情况下,v_c 应避开自激振动的临界速度。

④加工大件、细长件、薄壁件以及带硬皮的工件时,应选用较低的 v_c。

3.5 切削液的选择

在金属切削过程中,合理选用切削液,可以改善金属切削过程的界面摩擦情况,减少刀具和切屑的粘结,抑制积屑瘤和鳞刺的生长,降低切削温度,减小切削力,提高刀具耐用度和生产效率。所以,对切削液的研究和应用应当予以重视。

3.5.1 切削液的作用

(1)冷却作用 切削液能够降低切削温度,从而可以提高刀具耐用度和加工质量。在刀具材料的耐热性较差、工件材料的热膨胀系数较大以及两者的导热性较差的情况下,切削液的冷却作用显得更为重要。

(2)润滑作用 切削液渗入到切屑、刀具、工件的接触面间,粘附在金属表面上形成润滑模,减小它们之间的摩擦系数,减轻粘结现象、抑制积屑瘤,改善加工表面质量,提高刀具耐用度。

(3)清洗作用 在金属切屑过程中,有时产生一些细小的切屑(如切削铸铁)或磨料的细粉(如磨削)。为了防止碎屑或磨粉粘附在工件、刀具和机床上,影响工件已加工表面质量、刀具耐用度和机床精度,要求切削液具有良好的清洗作用。为了增强切削液的渗透性、流动性,往往加入剂量较大的表面活性剂和少量矿物油,用大的稀释比(水占 95% ~98%)制成乳化液,可以大大提高其清洗效果。为了提高其冲刷能力,及时冲走碎屑及磨粉,在使用中往往给予一定的压力,并保持足够的流量。

(4)防锈作用　为了减小工件、机床、刀具受周围介质(空气、水分等)的腐蚀,要求切削液具有一定的防锈作用。防锈作用的好坏,取决于切削液本身的性能和加入的防锈添加剂。在气候潮湿地区,对防锈作用的要求显得更为突出。

3.5.2　切削液的选用

切削液的使用效果除取决于切削液的性能外,还与刀具材料、加工要求、工件材料、加工方法等因素有关,应综合考虑,合理选用。

(1)根据刀具材料、加工要求选用切削液　高速钢刀具耐热性差,粗加工时,切削用量大,切削热多,容易导致刀具磨损,应选用以冷却为主的切削液;精加工时,主要是获得较好的表面质量,可选用润滑性好的极压切削油或高浓度极压乳化液。硬质合金刀具耐热性好,一般不用切削液,如有必要,也可用低浓度乳化液或水溶液,但应连续地、充分地浇注,不宜断续浇注,以免处于高温状态的硬质合金刀片在突然遇到切削液时,产生巨大的内应力而出现裂纹。

(2)根据工件材料选用切削液　加工钢等塑性材料时,需用切削液;而加工铸铁等脆性材料时,一般则不用,原因是作用不如钢明显,又易搞脏机床、工作地;对于高强度钢、高温合金等,加工时均处于极压润滑摩擦状态,应选用极压切削油或极压乳化液;对于铜、铝及铝合金,为了得到较好的表面质量和精度,可采用 10% ~20%乳化液、煤油或煤油和矿物油的混合液;切削铜时不宜用含硫的切削液,因硫会腐蚀铜。

(3)根据加工性质选用切削液　钻孔、攻丝、铰孔、拉削等,排屑方式为半封闭、封闭状态,导向部、校正部与已加工表面的摩擦严重,对硬度高、强度大、韧性大、冷硬严重的难切削材料尤为突出,宜用乳化液、极压乳化液和极压切削油;成形刀具、齿轮刀具等,要求保持形状、尺寸精度等,应采用润滑性好的极压切削油或高浓度极压切削液;磨削加工温度很高,且细小的磨屑会破坏工件表面质量,要求切削液具有较好的冷却性能和清洗性能,常用半透明的水溶液和普通乳化液,磨削不锈钢、高温合金宜用润滑性能较好的水溶液和极压乳化液。

3.5.3　切削液的使用方法

切削液不仅要合理选择,而且要正确使用,才能取得更好的效果,切削液的使用方法很多,常见的有:浇注法、高压冷却法和喷雾冷却法等。

(1)浇注法　切削液的使用以浇注法最方便,应用也最广泛。浇注时,应使切削液尽量浇注在切削区。该法虽使用方便,但流量慢、压力低,难直接渗透入刀具最高温度处,效果较差。

(2)高压冷却法　深孔加工时,以工作压力为 1 ~10 MPa、流量为 50 ~150 L/min 的高压切削液,将碎断的切屑冲离切削区随液流带出孔外,同时起冷却、润滑作用。

(3)喷雾冷却法　喷雾冷却法是以压力为 0.3 ~0.6 MPa 的压缩空气,借喷雾装置使切削液雾化,并以很高的速度喷向高温的切削区。切削液经雾化后,其微小的液滴,能渗入到切屑、工件与刀具之间,在遇到灼热的表面时,液滴很快汽化,所以能带走大量的热量,有效地降低切削温度。喷雾冷却的优点是能降低整个切削区的温度,同时工作地也比较清洁。

习题与思考题

3-1　金属切削刀具材料应具备哪些基本性能?

3-2　常用刀具材料的种类有哪些?试述各种刀具材料的特点及适用范围。

3-3　常用硬质合金的分类、牌号及其性能特点如何?不同的加工方式(如车削、铣削或刨削),不同的加工要求(如粗加工或精加工),不同的加工材料(钢或加工铸铁),应如何选择硬质合金刀片牌号?

3-4　刀具几何参数包含哪些基本内容?刀具合理几何参选择主要取决于哪些因素?

3-5　刀具前角有哪些功用?合理前角是怎样定义的?合理前角的选择原则有哪些?

3-6　刀具后角有哪些功用?合理后角的选择原则有哪些?

3-7　刀具主偏角和副偏角有哪些功用?合理主偏角和副偏角的选择原则有哪些?

3-8　刀具刃倾角有哪些功用?合理刃倾角的选择原则有哪些?

3-9　确定刀具耐用度有哪些方法?

3-10　试述选择切削用量的一般原则,以车削外圆为例,说明如何选择切削用量。

3-11　切削液有哪些作用?切削加工使用切削液时,刀-屑之间一般属于哪种润滑条件?

第4章　机械加工方法及设备

4.1　金属切削机床的基本知识

金属切削机床简称机床，是用切削的方法将金属毛坯（或半成品）加工成机器零件设备，它是制造机器的机器，所以又称工作母机或工具机。

金属切削机床是加工机器零件的主要设备，它所担负的工作量，通常情况下占机器制造总工作量的40%～60%。因此，机床的技术性能直接影响机械制造业产品的质量、成本和生产率。

一个现代化的国家必须有一个现代化的机械制造业，而现代化的机械制造业必须有一个现代化的机床工业做后盾。因此，机床工业的技术水平、自动化程度、加工精度在很大程度上标志着这个国家的工业生产能力和现代化水平。

4.1.1　金属切削机床的分类

金属切削机床的品种、规格繁多，为了便于区别、使用和管理，需要进行分类并编制型号。

机床主要按加工性质和所用刀具进行分类的，根据国家制定的机床型号编制办法，机床共分11大类：

车床、钻床、镗床、磨床、齿轮加工机床、螺纹加工机床、铣床、刨插床、拉床、锯床和其他加工机床。

在每一类机床中，又按工艺特点、布局形式、结构特性等分成若干组，每一组中又分为若干系（系列）。

除了上述基本分法外，还有其他分类方法：

按照万能程度分，机床可分为：

（1）通用机床（或称万能机床）　工艺范围较宽，通用性较强，可以加工多种工件，完成多种工序，但结构比较复杂。例如卧式车床、万能升降台铣床、万能外圆磨床等。通用机床自动化程度低，生产率低，主要适合于单件、小批量生产。

（2）专门化机床　工艺范围较窄，专门用于加工某一类或几类零件的某一道（或几道）特定工序，如曲轴车床、凸轮轴车床等。

（3）专用机床　工艺范围较窄，只能用于加工某一种零件的某一道特定工序，适用于大批量生产。加工车床导轨的导轨磨床，大批大量生产中使用的各种组合机床也属于专用机床。

同类型机床按工作精度又可分为：普通精度机床、精密机床和高精度机床。

机床还可按自动化程度分为：手动、机动、半自动和自动机床。

机床还可按重量与尺寸分为：仪表机床、中型机床（一般机床）、大型机床（质量达10 t）、重型机床（大于30 t）和超重型机床（大于100 t）。

按机床主要工作部件的数目，可分为单轴、多轴或单刀、多刀机床等。

通常,机床根据加工性质进行分类,再根据其某些特点进一步描述,如多刀半自动车床、高精度外圆磨床等。

随着机床的发展,其分类方法也将不断发展,现代机床正向数控化方向发展,数控机床的功能日趋多样化,工序更加集中。现在一台数控机床集中了越来越多的传统机床的功能。例如,数控车床在卧式车床功能的基础上,又集中了转塔车床、仿形车床、自动车床等多种车床的功能,车削中心出现以后,在数控车床功能的基础上,又加入了钻、铣、镗等类机床的功能。又如,具有自动换刀功能的镗铣加工中心机床(习惯上所称的“加工中心”,Machining Center)集中了钻、镗、铣等多种类型机床的功能,有的加工中心的主轴既能立式又能卧式,又集中了立式加工中心和卧式加工中心的功能。可见,机床数控化引起机床传统分类方法的变化,这种变化主要表现在机床品种不是越分越细,而应是趋向综合。

4.1.2 金属切削机床型号的编制方法

机床的型号是赋予每种机床的一个代号,用以简明地表示机床的类型、通用性和结构特性、主要技术参数等。现在我国的机床型号,是按1994年颁布的标准GB/T15375—94《金属切削机床型号编制方法》编制的。此标准规定,机床型号由汉语拼音字母和阿拉伯数字按一定的规律组合而成,它适用于新设计的各类通用机床、专用机床和回转体加工自动线(不包括组合机床、特种加工机床)。本节仅介绍各类通用机床型号的编制方法。

(1)通用机床型号

通用机床的型号由基本部分和辅助部分组成,中间用“/”隔开,读作“之”。基本部分需统一管理,辅助部分纳入型号与否由厂家自定。型号的构成如下:

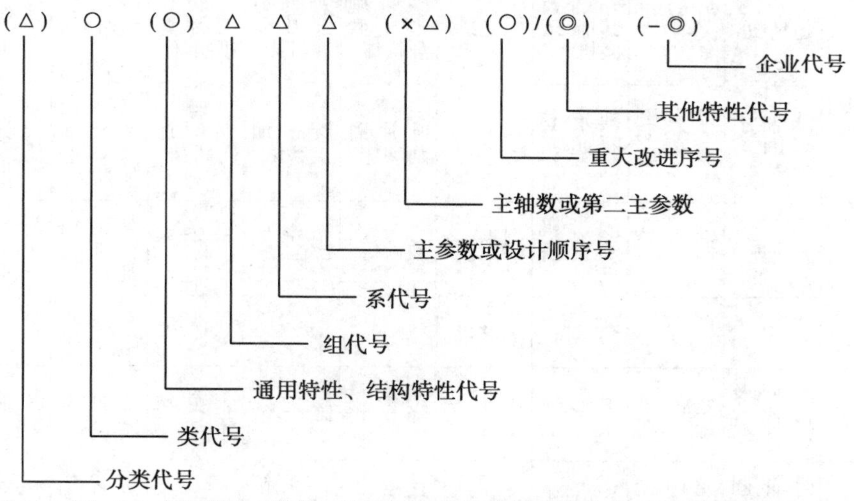

其中: 1)有“( )”的代号或数字,当无内容时则不表示,若有内容则不带括号;

2)有“ ○ ”符号者,为大写的汉语拼音字母;

3)有“ △ ”符号者,为阿拉伯数字;

4)有“ ◎ ”符号者,为大写的汉语拼音字母或阿拉伯数字,或两者兼有之。

(2)机床类、组、系的划分及其代号

机床的类代号,用大写的汉语拼音字母表示。必要时,每类可分为若干分类,分类代号用阿拉伯数字代表,作为型号的首位。例如磨床分为M、2M、3M三个分类。机床类别代号见表4-1。

表 4-1　普通机床类别代号

类别	车床	钻床	镗床	磨床			齿轮加工机床	螺纹加工机床	铣床	刨插床	拉床	锯床	其他机床
代号	C	Z	T	M	2M	3M	Y	S	X	B	L	G	Q
读音	车	钻	镗	磨	二磨	三磨	牙	丝	铣	刨	拉	割	其他

表 4-2　金属切削机床类、组划分表

类别＼组别		0	1	2	3	4	5	6	7	8	9
车床 C		仪表车床	单轴自动车床	多轴自动、半自动车床	回轮、转塔车床	曲轴及凸轮轴车床	立式车床	落地及卧式车床	仿形及多刀车床	轮、轴、辊、锭及铲齿车床	其他车床
钻床 Z			坐标镗钻床	深孔钻床	摇臂钻床	台式钻床	立式钻床	卧式钻床	铣钻床	中心孔钻床	其他钻床
镗床 T				深孔镗床		坐标镗床	立式镗床	卧式铣镗床	精镗床	汽车、拖拉机修理用镗床	其他镗床
磨床	M	仪表磨床	外圆磨床	内圆磨床	砂轮机	坐标磨床	导轨磨床	刀具刃磨床	平面及端面磨床	曲轴、凸轮轴、花键轴及轧辊磨床	工具磨床
	2M		超精机	内圆珩磨床	外圆及其他珩磨机	抛光机	砂带抛光及磨削机床	刀具刃磨及研磨机床	可转位刀片磨削机床	研磨机	其他磨床
	3M		球轴承套圈沟磨床	滚子轴承套圈滚道磨床	轴承套圈超精机		叶片磨削磨床	滚子加工磨床	钢球加工机床	气门、活塞及活塞环磨削机床	汽车、拖拉机修磨机床
齿轮加工机床 Y		仪表齿轮加工机		锥齿轮加工机	滚齿及铣齿机	剃齿及珩齿机	插齿机	花键轴铣床	齿轮磨齿机	其他齿轮加工机	齿轮倒角及检查机
螺纹加工机床 S					套丝机	攻丝机		螺纹铣床	螺纹磨床	螺纹车床	
铣床 X		仪表铣床	悬臂及滑枕铣床	龙门铣床	平面铣床	仿形铣床	立式升降台铣床	卧式升降台铣床	床身铣床	工具铣床	其他铣床
刨插床 B			悬臂刨床	龙门刨床			插床	牛头刨床		边缘及模具刨床	其他刨床
拉床 L				侧拉床	卧式外拉床	连续拉床	立式内拉床	卧式内拉床	立式外拉床	键槽、轴瓦及螺纹拉床	其他拉床
锯床 G				砂轮片锯床		卧式带锯床	立式带锯床	圆锯床	弓锯床	锉锯床	
其他机床 Q		其他仪表机床	管子加工机床	木螺钉加工机		刻线机	切断机	多功能机床			

每类机床划分为十个组，每组又划分为十个系（系列）。在同类机床中，主要布局或使用范围基本相同的机床，即为同一组；在同一组机床中，其主要参数相同，主要结构及布局形式相同的机床，即为同一系。

机床的组用一位阿拉伯数字表示，位于类代号或通用特性代号、结构特性代号之后；机床的系，用一位阿拉伯数字表示，位于组代号之后。

各类机床组的代号及划分见表4-2。

（3）通用特性代号、结构特性代号

通用特性代号有统一的固定含义，它在各类机床型号中所表示的意义相同。当某类机床除有普通式外，还有某种通用特性，则在类代号之后加通用特性代号予以区分。通用特性代号见表4-3。如某类机床仅有某种通用特性，而无普通形式者，则通用特性不予表示。

对于主参数相同而结构、性能不同的机床，在型号中加结构特性代号予以区分。它在型号中没有统一的含义。结构特性代号用汉语拼音字母表示，排在类代号之后。当型号中有通用特性代号时，应排在通用特性代号之后。

表4-3　通用特性代号

通用特性	高精度	精度	自动	半自动	数控	加工中心（自动换刀）	仿形	轻形	加重型	简式或经济形	柔性加工单元	数显	高速
代　号	G	M	Z	B	K	H	F	Q	C	J	R	X	S
读　音	高	密	自	半	控	换	仿	轻	重	简	柔	显	速

（4）主参数、主轴数和第二主参数的表示方法

机床主参数代表机床规格大小，用折算值表示，位于系代号之后。某些通用机床，当无法用一个主参数表示时，则在型号中用设计序号表示。

机床的主轴数应以实际数值列入型号，置于主参数之后，用“×”分开。主轴数是必须表示的。

第二主参数（多轴机床的主轴除外）一般不予表示，它是指最大模数、最大跨距、最大工件长度等。在型号中表示第二主参数，一般折算成两位数为宜。

（5）机床的重大改进顺序号

当机床的结构、性能有更高的要求，需按新产品重新设计、试制和鉴定时，按改进的先后顺序选用A、B、C……汉语拼音加在基本部分的尾部，以区别原机床型号。

（6）其他特性代号

其他特性代号，置于辅助部分之首。其中同一型号机床的变型代号一般应放在其他特性代号之首位。

其他特性代号主要用以反映各类机床的特性。如对数控机床，可用它来反映不同控制系统。对于一般机床，可以反映同一型号机床的变型等。

其他特性代号可用汉语拼音字母表示，也可用阿拉伯数字表示，还可用两者组合表示。

（7）企业代号及其表示方法

企业代号包括机床生产厂及研究所单位代号，置于辅助部分的尾部，用“—”分开，若辅助

部分仅有企业代号,则可不加“—”。

通用机床型号示例:

例 1. 北京机床研究所生产的精密卧式加工中心,其型号为:THM6350/JCS。

例 2. 沈阳第二机床厂生产的最大钻孔直径为 40 mm,最大跨距为 1 600 mm 的摇臂钻床,其型号为:Z3040 × 16/S2。

例 3. 某机床厂生产的最大磨削直径为 320 mm 的半自动高精度万能外圆磨床,其型号为:MBG1432。

新标准颁布实施以前的机床型号,仍沿用 JB 1838—85 标准。

4.1.3 机床的传动系统及传动系统图与运动计算

(1)机床的传动系统

实现机床加工过程中全部成形运动和辅助运动的各传动链,组成一台机床的传动系统。根据执行件所完成的运动的作用不同,传动系统中各传动链相应地称为主运动传动链、进给运动传动链、范成运动传动链、分度运动传动链等。

(2)传动系统图

为便于了解和分析机床运动的传递、联系情况,常采用传动系统图。它是表示实现机床全部运动的传动示意图,图中将每条传动链中的具体传动机构用简单的规定符号表示,规定符号详见国家标准《机械制图(GB4460—84)》中的机构运动简图符号,并标明齿轮和蜗轮的齿数、蜗杆头数、丝杠导程、带轮直径、电动机功率和转速等。传动链中的传动机构,按照运动传递或联系顺序依次排列,以展开图形式画在能反映主要部件相互位置的机床外形轮廓中。传动系统图只表示传动关系,不代表各传动件的实际尺寸和空间位置。例如,图 4-1 所示为 XA6132 万能升降台铣床的传动系统图。

了解分析一台机床的传动系统时,首先应根据被加工表面的形状、采用的加工方法及刀具结构形式,获得表面的成形方法和所需成形运动,同时根据机床布局及其工作方法,了解机床需要哪些辅助运动,实现各个运动的执行件和动力源是什么;进而分析实现各运动的传动原理,即确定机床需有哪些传动链及其传动联系情况;然后根据传动系统图逐一分析各传动链,其一般方法是:首先找到传动链所联系的两个端件(动力源和某一执行件,或者一个执行件和另一执行件),然后按照运动传递或联系顺序,从一个端件向另一端件,依次分析各传动轴之间的传动结构和运动传递关系。在分析传动结构时,应特别注意齿轮、离合器等传动件与传动轴之间的连接关系(如固定、空套或滑移),从而找出运动的传递关系,查明该传动链的传动路线以及变速、换向、接通和断开的工作原理。

以图 4-1 所示 XA6132 万能升降台铣床的传动系统为例进行分析。由于万能升降台铣床是通用机床,需完成多种不同的加工工序,要求工件能在相互垂直的三个方向上作直线运动,因此传动系统实际包含有四条传动链:一条是联系动力源和主轴,使主轴获得旋转主运动的主运动传动链,三条是联系动力源和工作台,使工作台获得三个方向直线进给运动的进给运动传动链。三条进给传动链共用一个动力源和一套变速机构,大部分传动路线是重合的,只是在后面部分才分开,成为三个传动分支,把进给运动分别传给工作台(实现纵向进给运动)、支承工作台的床鞍(实现横向进给运动)和支承床鞍的升降台(实现垂直进给运动)。此外,还有一条快速空行程传动链,用于传动工作台快速移动,以便快速调整工件与刀具的相对位置,减少辅

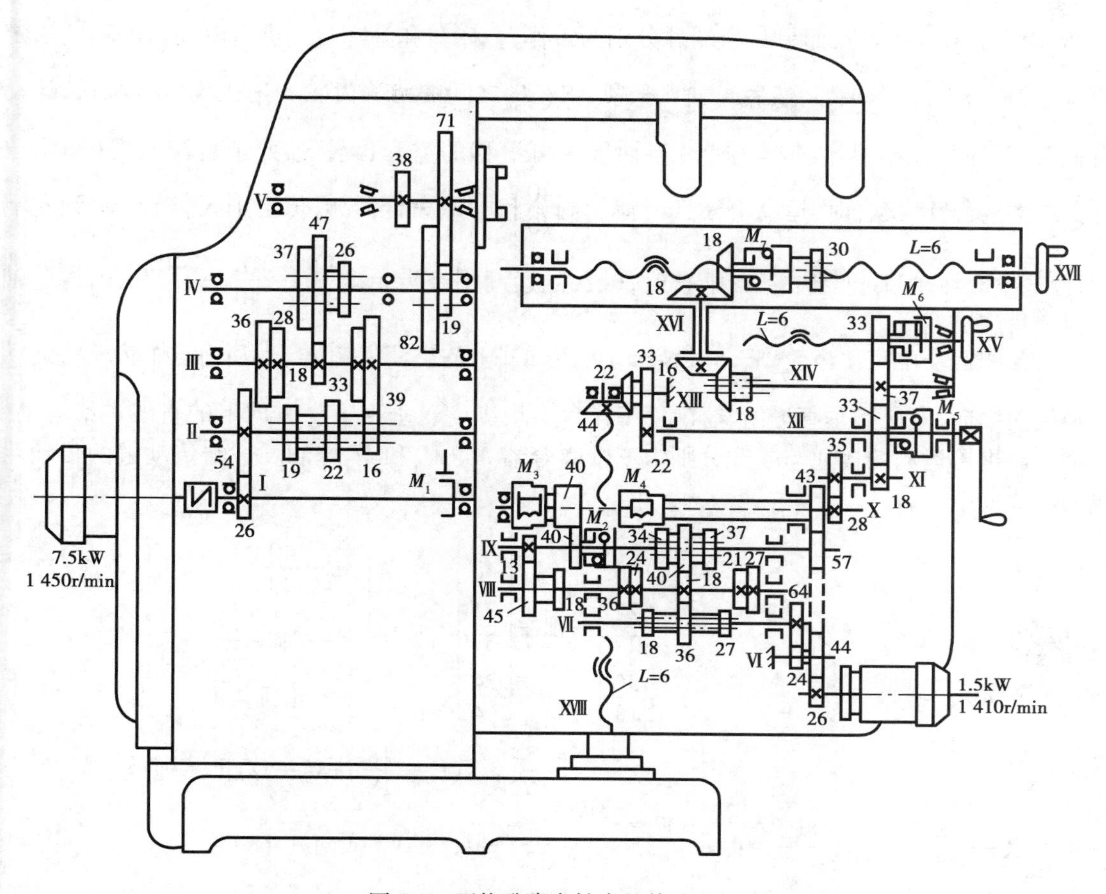

图 4-1　万能升降台铣床的传动系统

助时间。下面根据传动系统图逐一分析各传动链。

1)主运动传动链

主运动传动链的两端件是主电动机(7.5 kW,1 450 r/min)和主轴,其传动路线为:运动由电动机经弹性联轴器传给轴Ⅰ,然后经轴Ⅰ—Ⅱ之间的定比齿轮副$\frac{26}{54}$以及轴Ⅱ—Ⅲ、Ⅲ—Ⅳ和Ⅳ—Ⅴ之间的三个滑移齿轮变速机构,传动主轴Ⅴ旋转,并使其可变换 3×3×2=18 级不同的转速。主轴旋转运动的开停以及转向的改变由电动机开停和正反转实现。轴Ⅰ右端有多片式电磁制动器 M_1,用于主轴停车时进行制动,使主轴迅速而平稳地停止转动。为了便于表示机床的传动路线,通常采用传动路线表达式,主运动传动链的传动路线表达式如下:

$$\begin{matrix}\text{电动机}\\ \begin{pmatrix}7.5\ \text{kW}\\ 1\ 450\ \text{r/min}\end{pmatrix}\end{matrix} - \text{Ⅰ} - \frac{26}{54} - \text{Ⅱ} - \begin{bmatrix}\frac{16}{39}\\ \frac{19}{36}\\ \frac{22}{33}\end{bmatrix} - \text{Ⅲ} - \begin{bmatrix}\frac{18}{47}\\ \frac{28}{37}\\ \frac{39}{26}\end{bmatrix} - \text{Ⅳ} - \begin{bmatrix}\frac{19}{71}\\ \frac{82}{38}\end{bmatrix} - \text{Ⅴ(主轴)}$$

2)进给传动链

纵向进给传动链、横向进给传动链和垂直进给传动链的一个端件都是进给运动电动机

(1.5 kW,1 410 r/min),而另一个端件分别为工作台、床鞍和升降台。进给电动机的运动由定比齿轮副$\frac{26}{44}$和$\frac{24}{64}$传至轴Ⅶ,然后经轴Ⅶ—Ⅷ、Ⅷ—Ⅸ之间的滑移齿轮变速机构传至轴Ⅸ;运动由轴Ⅸ可经两条不同路线传至轴Ⅹ:当轴Ⅸ上可滑移的空套齿轮z_{40}处于右端位置(图示位置),与离合器M_2接合时,运动由轴Ⅸ经齿轮副$\frac{40}{40}$和电磁离合器M_3传至轴Ⅹ,当z_{40}移到左端位置,与空套在轴Ⅷ上的齿轮z_{18}啮合时,轴Ⅸ的运动则经齿轮副$\frac{13}{45}$ — $\frac{18}{40}$ — $\frac{40}{40}$和M_3传至轴Ⅹ。轴Ⅹ的运动由定比齿轮副$\frac{28}{35}$和齿轮z_{18}传至轴Ⅻ上的空套齿轮z_{33},然后由这个齿轮将运动分别传向纵向、横向和垂直进给丝杠,使工作台实现纵、横、垂直三个方向上的直线进给运动。三个方向进给运动的接通与断开分别由三个离合器M_7、M_6和M_5控制。进给传动链的传动路线表达式如下:

$$\begin{matrix}\text{电动机}\\ \left(\begin{matrix}1.5\ \text{kW}\\ 1\ 410\ \text{r/min}\end{matrix}\right)\end{matrix} - \frac{26}{44} - \mathrm{VI} - \frac{24}{64} - \mathrm{VII} - \begin{bmatrix}\frac{18}{36}\\ \frac{27}{27}\\ \frac{36}{18}\end{bmatrix} - \mathrm{VIII} - \begin{bmatrix}\frac{18}{40}\\ \frac{21}{37}\\ \frac{24}{34}\end{bmatrix} - \mathrm{IX} - \begin{bmatrix}M_2 - \frac{40}{40}\\ \frac{13}{45} - \mathrm{VIII} - \frac{18}{40} - \frac{40}{40}\\ (\text{背轮机构})\end{bmatrix}$$

$$- M_3 - \mathrm{X} - \frac{28}{35} - \mathrm{XI} - \frac{18}{33} - \mathrm{XII} - \left[\begin{matrix}\frac{33}{37} - \mathrm{XIV}\left[\begin{matrix}\frac{18}{16} - \mathrm{XVI} - \frac{18}{18} - M_7 - \mathrm{XVII}\,(\text{纵向})\\ \frac{37}{33} - M_6 - \mathrm{XV}\,(\text{横向})\end{matrix}\right.\\ M_5 - \mathrm{XII} - \frac{22}{33} - \mathrm{XIII} - \frac{22}{44} - \mathrm{XVIII}\,(\text{垂直})\end{matrix}\right.$$

利用轴Ⅶ—Ⅷ、Ⅷ—Ⅸ之间的两个滑移齿轮变速机构和轴Ⅸ—Ⅷ—Ⅹ之间的背轮机构,可使工作台变换$3 \times 3 \times 2 = 18$级不同的进给速度。工作台进给运动的换向,由改变电动机旋转方向实现。

3)快速空行程传动链

属辅助运动传动链,其两端件与进给传动链相同。由图4-1可以看到,接合电磁离合器M_4而脱开M_3,进给电动机的运动便由定比齿轮副$\frac{26}{44}$ — $\frac{44}{57}$ — $\frac{57}{43}$和M_4传给轴Ⅹ,以后,再沿着与进给运动相同的传动路线传至工作台、床鞍和升降台。由于这一传动路线的传动比大于进给传动路线的传动比,因而获得快速运动。利用离合器M_7、M_8和M_5可接通纵、横和垂直三个方向中任一方向的快速运动。快速运动方向的变换(左右、前后、上下)同样由电动机改变旋转方向实现。

(3)机床运动的调整计算

机床的运动计算通常有两种情况:一种是根据传动系统图提供的有关数据,确定某些执行件的运动速度或位移量;另一种是根据执行件所需的运动速度、位移量,或有关执行件之间所需保持的运动关系,确定相应传动链中换置机构(通常为挂轮变速机构)的传动比,以便进行必要的调整。

机床运动计算按每一传动链分别进行,其步骤如下:

1)确定传动链的两端件,如电动机—主轴,主轴—刀架等。

2)根据传动链两端件的运动关系,确定它们的计算位移,即在指定的同一时间间隔内两端件的位移量。例如,主运动传动链的计算位移为:电动机 $n_{电}$(单位为 r/min),主轴 $n_{主}$(单位为 r/min),车床螺纹进给传动链的计算位移为:主轴转 1 转,刀架移动工件螺纹一个导程 L(单位为 mm)。

3)根据计算位移以及相应传动链中各个顺序排列的传动副的传动比,列出运动平衡式。

4)根据运动平衡式,计算出执行件的运动速度(转速、进给量等)或位移量,或者整理出换置机构的换置公式,然后按加工条件确定挂轮变速机构所需采用的配换齿轮齿数,或确定对其他变速机构的调整要求。

4.1.4 机床的传动联系及传动原理图

(1) 机床的传动联系

为了实现加工过程中所需的各种运动,机床必须具备以下三个基本部分:

1)执行件——执行机床运动的部件,如主轴、刀架、工作台等,其任务是带动工件或刀具完成一定形式的运动(旋转或直线运动)并保持准确的运动轨迹。

2)动力源——提供运动和动力的装置,是执行件的运动来源。普通机床通常都采用三相异步电动机作动力源,现代数控机床的动力源采用直流或交流调速电机和伺服电机。

3)传动装置——传递运动和动力的装置,通过它把动力源的运动和动力传给执行件。通常,传动装置同时还需完成变速、换向、改变运动形式等任务,使执行件获得所需要的运动速度、运动方向和运动形式。

传动装置把执行件和动力源或者把有关的执行件之间连接起来,构成传动联系。

(2)传动链

如上所述,机床上为了得到所需要的运动,需要通过一系列的传动件把执行件和动力源(例如把主轴和电动机),或者把执行件和执行件(例如把主轴和刀架)之间连接起来,以构成传动联系。构成一个传动联系的一系列传动件,称为传动链。根据传动联系的性质,传动链可以区分为两类:

1)外联系传动链

它是联系动力源(如电动机)和机床执行件(如主轴、刀架、工作台等)之间的传动链,使执行件得到运动,而且能改变运动的速度和方向,但不要求动力源和执行件之间有严格的传动比关系。例如,车削螺纹时,从电动机传到车床主轴的传动链就是外联系传动链,它只决定车螺纹速度的快慢,而不影响螺纹表面的成形。再如,在卧式车床上车削外圆柱表面时,由于工件旋转与刀具移动之间不要求严格的传动比关系,两个执行件的运动可以互相独立调整,所以,传动工件和传动刀具的两条传动链都是外联系的传动链。

2)内联系传动链

内联系传动链联系复合运动之内的各个分解部分,因而传动链所联系的执行件相互之间的相对速度(及相对位移量)有严格的要求,用来保证运动的轨迹。例如,在卧式车床上用螺纹车刀车螺纹时,为了保证所需螺纹的导程大小,主轴(工件)转一转时,车刀必须移动一个导程。联系主轴—刀架之间的螺纹传动链,就是一条传动比有严格要求的内联系传动链。再如,用齿轮滚刀加工直齿圆柱齿轮时，为了得到正确的渐开线齿形，滚刀转 $1/K$ 转（K 是滚刀头数）时，工件就必须转 $1/z_{工}$ 转（$z_{工}$ 为齿轮齿数）。联系滚刀旋转 B_{11} 和工件旋转 B_{12}（见图 4-36）的传动链，必须保证两者的严格运动关系。这条传动链的传动比若不符合要求，就不可能形成正确的渐开线齿形。所以这条传动链也是用来保证运动轨迹的内联系传动链。由此可见，在内联系传动链中，各传动副的传动比必须准确不变，不应有摩擦传动或是瞬时传动比变化的传动件（如链传动）。

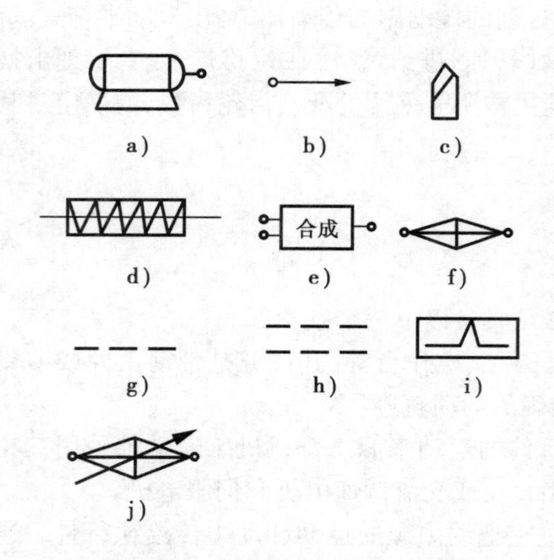

图 4-2　传动原理图常用的一些示意符号

a）电动机　b）主轴　c）车刀　d）滚刀　e）合成机构　f）传动比可变换的换置机构　g）传动比不变的机构联系　h）电的联系　i）脉冲发生器　j）快调换器官——数控系统

（3）传动原理图

通常传动链中包括有各种传动机构，如带传动、定比齿轮副、齿轮齿条、丝杠螺母、蜗轮蜗杆、滑移齿轮变速机构、离合器变速机构、交换齿轮或挂轮架以及各种电气的、液压的、机械的无级变速机构等。在考虑传动路线时，可以先撇开具体机构，把上述各种机构分成两大类：固定传动比的传动机构，简称“定比机构”；变换传动比的传动机构，简称“换置器官”。定比传动机构有定比齿轮副、丝杠螺母副、蜗轮蜗杆副等，换置器官有变速箱、挂轮架、数控机床中的数控系统等。

为了便于研究机床的传动联系，常用一些简明的符号把传动原理和传动路线表示出来，这就是传动原理图。图 4-2 为传动原理图常使用的一部分符号。其中，表示执行件的符号，还没有统一的规定，一般采用较直观的图形表示。为了把运动分析的理论推广到数控机床，图中引入了画数控机床传动原理图时所要用到的一些符号，如脉冲发生器等的符号。

下面举例说明传动原理图的画法和所表示的内容。

例 1.　卧式车床的传动原理图（图 4-3）

卧式车床在形成螺旋表面时需要一个运动——刀具与工件间相对的螺旋运动。这个运动是复合运动，可分解为两部分：主轴的旋转 B 和车刀的纵向移动 A。联系这两个运动的传动链 4 — 5 — u_s — 6 — 7 是复合运动内部的传动链，所以是内联系传动链。这个传动链为了保证主轴旋转 B 与刀具移动 A 之间严格的比例关系，主轴每转一转，刀具应移动一个导程。此外，这个复合运动还应有一个外联系传动链，与动力源相连系，即传动链 1 — 2 — u_v — 3 — 4。

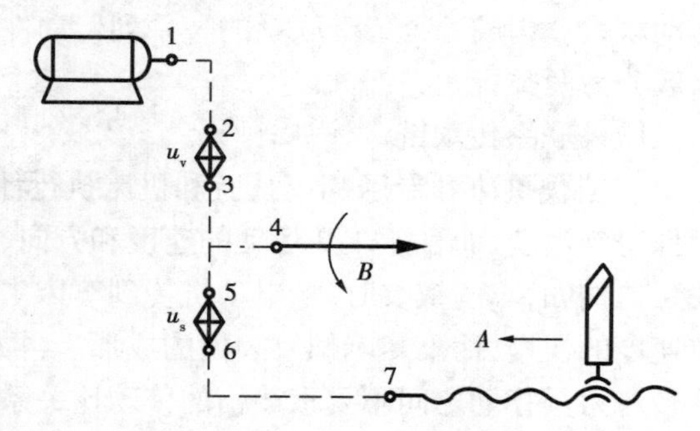

图 4-3　卧式车床的传动原理图

车床在车削圆柱面或端面时，主轴的旋转 B 和刀具的移动 A（车端面时为横向移动）是两个互相独立的简单运动。不需保持严格的比例关系，运动比例的变化不影响表面的性质，只是影响生产率或表面粗糙度。两个简单运动各有自己的外联系传动链与动力源相联系。一条是电动机— 1 — 2 — u_v — 3 — 4 —主轴，另一条是电动机— 1 — 2 — u_v — 3 — 5 — u_s — 6 — 7 —丝杠。其中 1 — 2 — u_v — 3 是公共段。这样的传动原理图的优点既可用于车螺纹，也可用于车削圆柱面等。

如果车床仅用于车削圆柱面和端面，不用来车削螺纹，则传动原理图也可如图 4-4a）所示。进给也可用液压传动，如图 4-4b）所示，如某些多刀半自动车床。

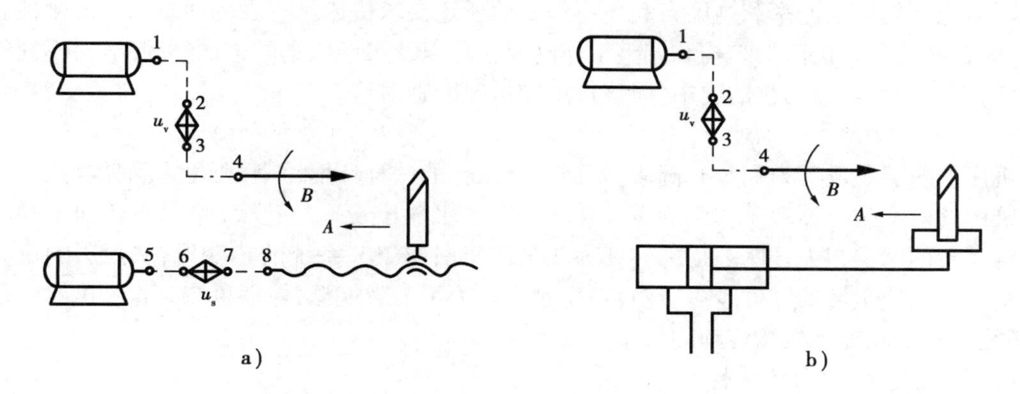

图 4-4　车削圆柱面时传动原理图

4.1.5　机床的基本要求

机床的基本要求如下：

（1）工艺范围

工艺范围是指机床适应不同生产要求的能力，包括在机床上能完成的工序种类、可加工零件的类型、材料和毛坯种类以及尺寸范围等。

在单件小批生产中使用的通用机床，由于要完成不同形状和结构的工件上多种几何表面的加工，因此要求它具有广泛的工艺范围。例如卧式万能升降台铣床，不仅要求它能铣平面、台阶面、沟槽、特形面、直齿和斜齿圆柱齿轮的齿廓面，而且还要求它能铣螺旋槽、平面凸轮的廓面。如此广泛工艺范围的获得，除了机床本身的因素外，还需借助于多种机床附件，如分度头、回转工作台、立铣头等。

专门化机床和专用机床系为某一类零件和特定零件的特定工序设计的，因此工艺范围不要求宽。

数控机床，尤其是加工中心，加工精度和自动化程度都很高，在一次安装后可以对多个表面进行多工位加工，因此具有较大的加工工艺范围。目前加工中心一般都具有多种加工能力，如铣镗加工中心上可以进行铣平面、铣沟槽、钻孔、镗孔、扩孔、攻螺纹等多种加工。

（2）加工精度和表面粗糙度

由于机床是“制造机器的机器”，因此机床的精度和机床零件的表面粗糙度值，一般应该比其他机械产品高和小。此外，对机床的热变形、振动、磨损等，也应该提出控制指标或技术要求，以防止机床在使用时，由于这些因素的作用，使被加工工件的加工误差超差和表面粗糙度值超差。

(3)生产率和自动化程度

生产率是反映机械加工经济效益的一个重要指标,在保证机床的加工精度的前提下,应尽可能提高生产率,机床的自动化有助于提高生产率,同时,还可以改善劳动条件以及减少操作者技术水平对加工质量的影响,使加工质量保持稳定。特别是大批大量生产的机床和精度要求高的机床,提高其自动化程度更为重要。

对机床的生产率和自动化的要求,是一个相对的概念,而并非对任何机床这二者都越高越好。因为机床的高生产率和高度自动化不仅如前所述要求机床具有大的功率和高的刚性和抗振性,而且必然导致机床的结构和调整工作的复杂化以及机床成本的增加。因此,对不同类型的机床,其生产率和自动化的要求,应该按不同情况区别对待。

(4)噪声和效率

机床的噪声是危害人们身心健康,妨碍正常工作的一种环境污染,要尽力降低噪声。

机床的效率是指消耗于切削的有效功率和电动机输出功率之比,反映了空转功率的消耗和机构运转的摩擦损失。摩擦损失转变为热量后将引起工艺系统的热变形,从而影响机床的加工精度。高速运转的零件越多,空转功率越大。为了节省能源,保证机床工作精度和降低噪声,必须采取措施提高机床传动的效率。

(5)人机关系(又称宜人性)

机床的操作应当方便省力和安全可靠,操纵机床的动作应符合人的生理习惯,不易发生误操作和故障,减少工人的疲劳,保证工人和机床的安全。

4.2 车削加工与车床(CA6140型)

4.2.1 车床的用途及分类

(1)车床的用途

车床是机械制造中使用最广泛的一类机床,主要用于加工各种回转表面(内外圆柱面、圆锥面、回转体成形面等)和回转体的端面,有些车床还能加工螺纹。

(2)车床的分类

车床的种类很多,按其用途和结构不同,主要分为:

1)卧式车床及落地车床;

2)回轮车床及转塔车床;

3)立式车床;

4)仿形车床及多刀车床;

5)单轴自动车床;

6)多轴自动、半自动车床等。

此外,还有各种专门化车床,如曲轴与凸轮轴车床,轮、轴、辊、锭及铲齿车床等,在大批大量生产中还使用各种专用车床。

在所有车床类机床中,以卧式车床应用最为广泛。

4.2.2 CA6140 型卧式车床的工艺范围及其组成

CA6140 型车床是沈阳第一机床厂设计制造的典型卧式车床,在我国机械制造类工厂使用极为广泛。本节将以此型号机床为典型机床,进行工艺范围、传动系统和机床结构等方面的分析。

(1) 工艺范围

CA6140 型卧式车床的工艺范围很广,能车削内外圆柱面、圆锥面、回转体成形面和环形槽、端面及各种螺纹,还可以进行钻孔、扩孔、铰孔、攻丝、套丝和滚花等(见图 4-5)。

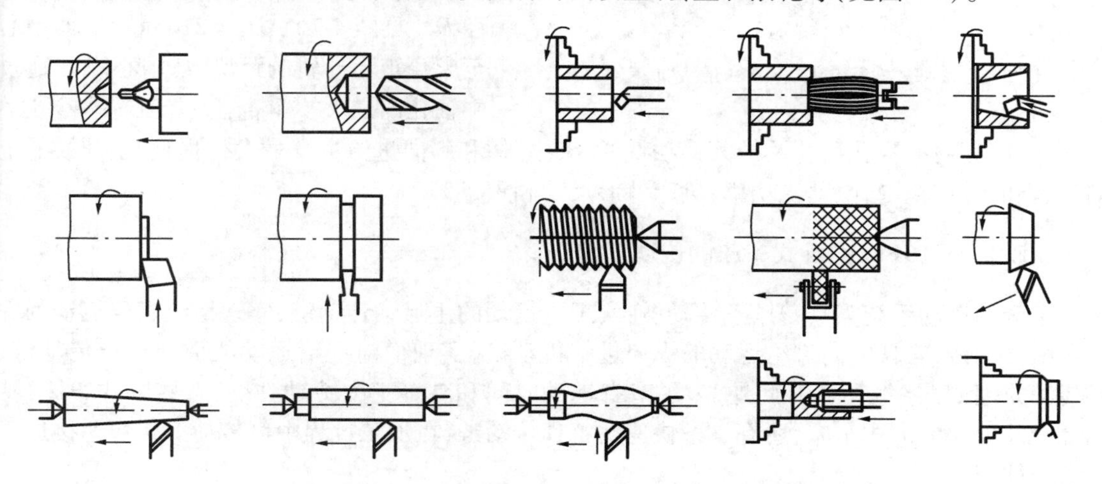

图 4-5 卧式车床所能加工的典型表面

CA6140 型卧式车床的通用性较大,生产率低,适用于单件、小批生产及修理车间。

(2) 组成部件

CA6140 型卧式车床的外形如图 4-6 所示。

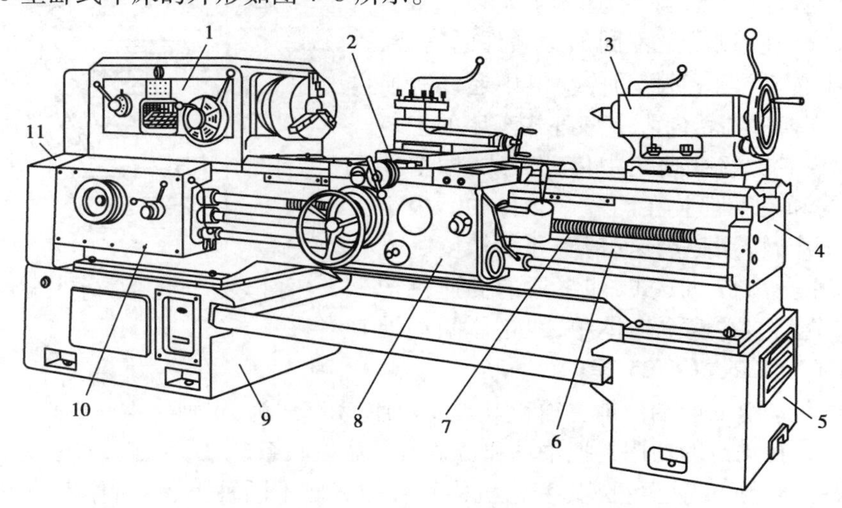

图 4-6 卧式车床的外形

1 —主轴箱 2 —刀架 3 —尾座 4 —床身 5、9 —床腿 6 —光杠
7 —丝杠 8 —溜板箱 10 —进给箱 11 —挂轮变速机构

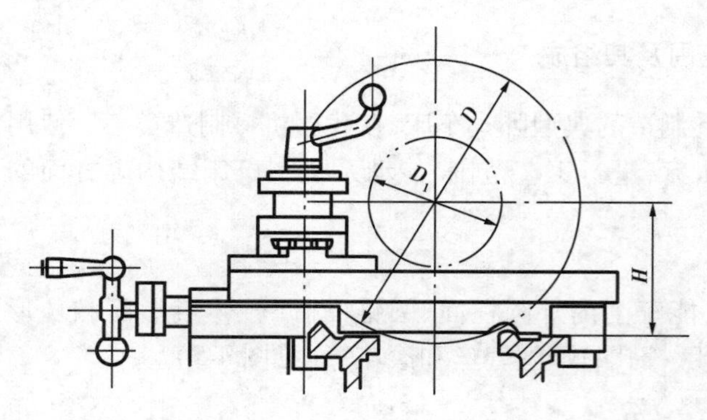

图 4-7　卧式车床的中心高和最大加工直径

(3) 主要技术参数

CA6140 型卧式车床的主参数为 400 mm,表示床身上最大工件回转直径 D(图 4-7),第二主参数有 750,1 000,1 500,2 000(单位为 mm)四种,表示床身长度。

除主参数和第二主参数外,卧式车床的技术参数还有:刀架上最大工件回转直径 D_1(见图 4-7),D_1 = 210mm,主轴中心至床身矩形导轨的距离 H(中心高),通过主轴孔的最大棒料直径,主轴前端锥孔的尺寸,尾座套筒的锥孔尺寸及最大移动量,刀架纵、横和斜向进给量及最大行程,加工螺纹的范围,主轴的转速范围,电动机功率,机床外形尺寸和重量等。

4.2.3　CA6140 型卧式车床的传动系统

车床的传动系统需具备以下传动链:实现主运动的主运动传动链,实现螺纹进给运动的螺纹进给传动链,实现纵向进给运动的纵向进给传动链,实现横向进给运动的横向进给传动链,其传动原理如图 4-8 所示。此外,为了节省辅助时间和减轻工人劳动强度,有些卧式车床,特别是尺寸较大的卧式车床,还有一条快速空行程传动链,在加工过程中可传动刀架快速接近或退离工件。

主运动传动链的两端件是主电动机和主轴,运动传动路线是:主电动机— 1 — 2 — u_v— 3 — 4 —主轴。该传动链的功用是把电动机的运动和动力传给主轴,并通过换置机构(变速机构)u_v使主轴获得各种不同的转速,以满足不同加工条件的需要,它属于外联系传动链。主运动传动链中还设有换向机构,用于变换主轴转向。中型卧式车床的主传动,大多采用齿轮分级变速集中传动方式,即全部齿轮变速机构和主轴都装在同一个箱体中。中小尺寸的卧式车床,特别是高速、精密和高精度卧式车床,则常采用分离传动方式,即主要的变速机构和主轴分开,分别装在两个箱体中,两箱体间用带传动联系,如 CM6132,CG6125 等。

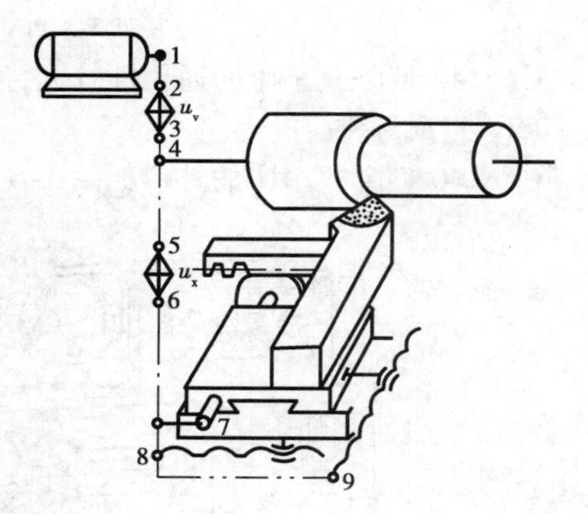

图 4-8　卧式车床的传动原理图

螺纹进给传动链的两端件是主轴和刀架,运动传动路线为:主轴— 4 — 5 — u_x— 6 — 8 —丝杠—刀架。该传动链的功用是把主轴和刀架纵向溜板联系起来,保证工件和刀具之间的严格运动关系,并通过调整换置机构(变速机构)u_x,加工出不同种类、不同导程的螺纹。显然,这一传动链属于内联系传动链。为了保证被加工螺纹导程的精度,该传动链末端采用丝杠螺母机构实现直线运动,因为丝杠可制造得比较精密。螺纹进给传动链中设有换向机构,通常放在主轴与挂轮变速机构之间,其功用是在主轴转向不变时,改变刀架的运动方向(向左或向右），以便车削右旋螺纹或左旋螺纹。

纵向和横向进给传动链的任务是实现一般车削时的纵向和横向机动进给运动及其变速与换向。这两个运动的动力源从本质上说也是主电动机，因为运动是经下列路线传到刀架的：

主电动机—1—2—u_v—3—4—主轴—5—u_x—6—7—齿轮齿条 — 刀架（纵向进给）

└—8—9— 横向进给丝杠 — 刀架（横向进给）

但由于刀架进给量是以主轴每转一转时，刀架的移动量来表示的，因此分析这两条传动链时，仍然把主轴和刀架作为两端末件。但需注意，由于一般车削时的纵、横向进给运动，从表面成形原理来说是独立的简单成形运动，不要求与主轴的旋转运动保持严格的运动关系，因此纵、横向进给传动链都是外联系传动链，而主轴则可以看做该两个传动链的间接动力源。

从以上分析可以看出，从主轴到进给箱的一段传动是三条进给传动链的公用部分，在进给箱之后分为两个分支：丝杠传动实现螺纹进给运动，光杠传动实现纵、横向进给运动。这样既可大大减轻丝杠的磨损，有利于长期保持丝杠的传动精度，又可获得一般车削所需的纵、横进给量（因一般车削进给量的数值小于螺纹的导程数值）。

图 4-9 为 CA6140 型卧式车床的传动系统图，下面逐一分析其各条传动链。

（1）主运动传动链

主运动传动链的两末端件是主电机和主轴，它的功用是把动力源（电动机）的运动及动力传给主轴，使主轴带动工件旋转实现主运动，并满足主轴变速和换向的要求。

1）传动路线

CA6140 型卧式车床的主传动链可使主轴获得 24 级正转转速（10 ~ 1 400 r/min）及 12 级反转转速（14 ~ 1 580 r/min）。运动由主电动机（7.5 kW，1 450 r/min）经三角皮带传至主轴箱中的轴Ⅰ，轴Ⅰ上装有一个双向多片式摩擦离合器 M_1，它的作用是控制主轴的起动、停止和换向。离合器 M_1 向左接合时，主轴正转，向右接合时，主轴反转；左、右都不接合时，主轴停转。轴 I 的运动经离合器 M_1 和轴Ⅰ—Ⅲ 间变速齿轮传至轴Ⅲ，然后分两路传给主轴。当主轴Ⅵ上的滑移齿轮 z_{50} 处于左边（图示位置）时，运动经齿轮副$\frac{63}{50}$直接传给主轴，使主轴得到 450 ~ 1 400 r/min的 6 种高转速；当滑移齿轮 z_{50} 处于右边位置，使齿式离合器 M_2 接合时，则运动经轴Ⅲ—Ⅳ—Ⅴ间的齿轮副$\frac{26}{58}$传给主轴，使主轴获得 10 ~ 500 r/min 的中、低转速。主运动传动链的传动路线表达式如下：

$$\begin{pmatrix}\text{电动机}\\ 7.5\ \text{kW}\\ 1\ 450\ \text{r/min}\end{pmatrix} \text{—}\frac{\phi130}{\phi230}\text{—Ⅰ—}\begin{bmatrix} M_{1(\text{左})(\text{正转})}\text{—}\begin{bmatrix}\frac{51}{43}\\ \frac{56}{38}\end{bmatrix}\text{—} \\ M_{1(\text{右})(\text{反转})}\text{—}\frac{50}{34}\text{—Ⅶ—}\frac{34}{30}\end{bmatrix}\text{—Ⅱ—}\begin{bmatrix}\frac{22}{58}\\ \frac{30}{50}\\ \frac{39}{41}\end{bmatrix}\text{—Ⅲ—}\begin{bmatrix}\begin{bmatrix}\frac{20}{80}\\ \frac{50}{50}\end{bmatrix}\text{—Ⅳ—}\begin{bmatrix}\frac{20}{80}\\ \frac{51}{50}\end{bmatrix}\text{—Ⅴ—}\frac{26}{58}\text{—}M_2 \\ \text{———}\frac{63}{50}\text{———}\end{bmatrix}$$

—Ⅵ（主轴）

由传动路线表达式可以清楚看出从电动机至主轴的各种转速的传动关系。

2）主轴的转速级数与转速值计算

根据传动系统图和传动路线表达式，主轴正转时，利用各滑移齿轮轴向位置的各种不同组合，共可以得 2 × 3 × (1 + 2 × 2) = 30 级转速，但经计算可知，由于轴Ⅲ—Ⅴ间的四种传动比为：

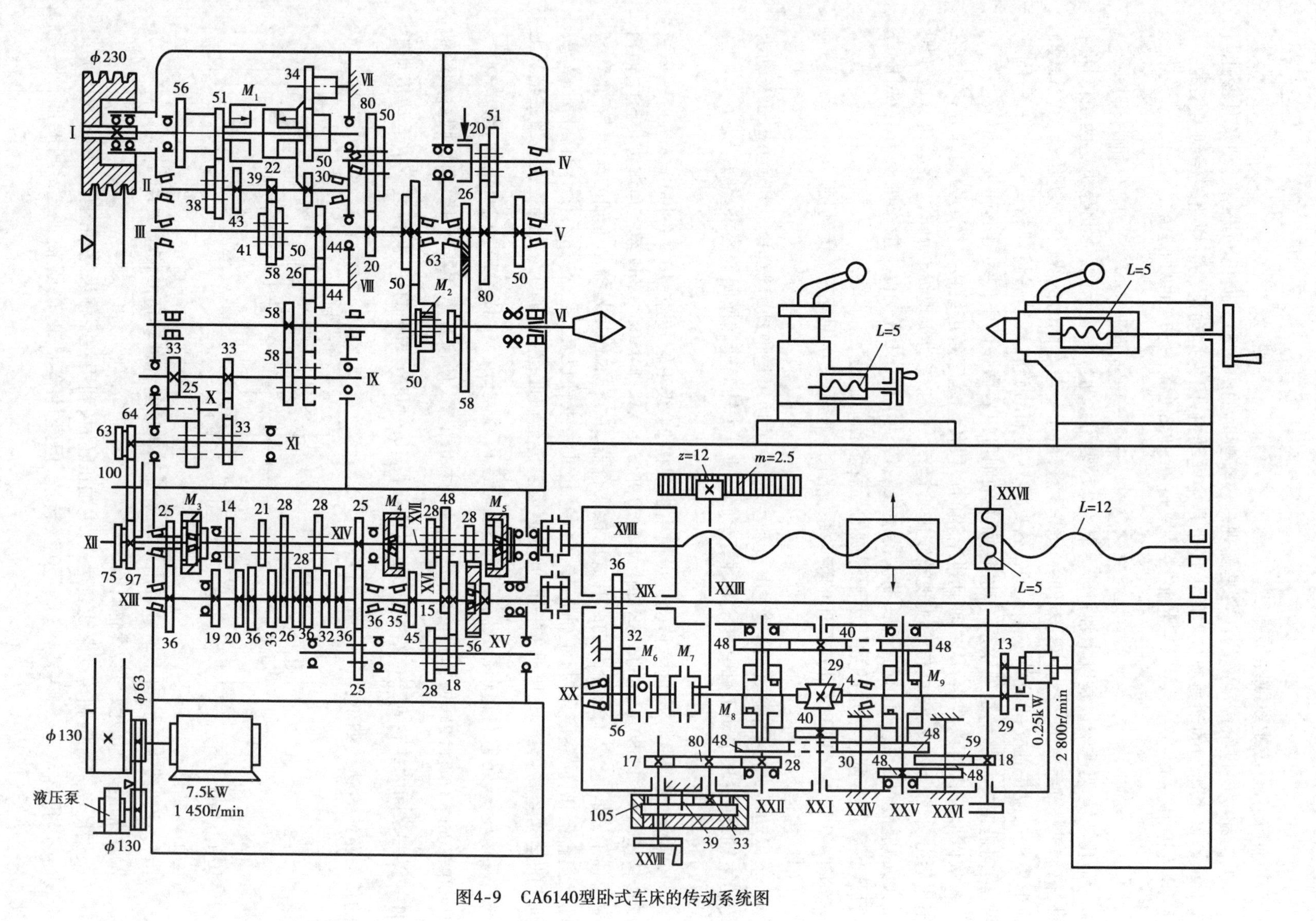

图4-9 CA6140型卧式车床的传动系统图

$$u_1=\frac{50}{50}\times\frac{51}{50}\approx 1 \qquad u_3=\frac{20}{80}\times\frac{51}{50}\approx\frac{1}{4}$$

$$u_2=\frac{50}{50}\times\frac{20}{80}=\frac{1}{4} \qquad u_4=\frac{20}{80}\times\frac{20}{80}=\frac{1}{16}$$

其中u_2和u_3近似相等，因此运动经由中、低速这条路线传动时，主轴实际上只能得到$2\times3\times(2\times2-1)=18$级不同的转速，加上高速路线由齿轮副$\frac{63}{50}$直接传动时获得的6级高转速，主轴实际上只能获得$2\times3\times(1+3)=24$级不同转速。

同理，主轴反转时也只能获得$3+3(2\times2-1)=12$级不同转速。

主轴的转速可按下列运动平衡式计算：

$$n_{主}=1\ 450\times\frac{130}{230}\times(1-\varepsilon)U_{\text{I}-\text{II}}U_{\text{II}-\text{III}}U_{\text{III}-\text{IV}}$$

式中　$n_{主}$——主轴转速，单位为 r/min；

ε——三角带传动的滑动系数，$\varepsilon=0.02$；

$u_{\text{I}-\text{II}}$、$u_{\text{II}-\text{III}}$、$u_{\text{III}-\text{VI}}$——轴Ⅰ—Ⅱ、轴Ⅱ—Ⅲ、轴Ⅲ—Ⅵ间的可变传动比。

主轴反转时，轴Ⅰ—Ⅱ间的传动比大于正转时的传动比，所以反转转速高于正转。主轴反转主要用于车削螺纹时，在不断开主轴和刀架间传动联系的情况下，采用较高转速使刀架快速退至起始位置，可节省辅助时间。

(2)螺纹进给传动链

CA6140型卧式车床的螺纹进给传动链保证机床可车削米制、英制、模数制和径节制四种标准的常用螺纹，此外，还可以车削大导程、非标准和较精密的螺纹。这些螺纹可以是右旋的，也可以是左旋的。

不同标准的螺纹用不同的参数表示其螺距，表4-4列出了米制、英制、模数制和径节制四种标准螺纹的螺距参数及其与螺距、导程之间的换算关系。

表4-4　螺距参数及其与螺距、导程的换算关系

螺纹种类	螺距参数	螺　距/mm	导　程/mm
公制	螺距 P/mm	P	$L=kP$
模数制	模数 m/mm	$P_m=\pi m$	$L_m=kP_m=k\pi m$
英制	每英寸牙数 a/(牙·in^{-1})	$P_a=\frac{25.4}{a}$	$L_a=kP_a=\frac{25.4k}{a}$
径节制	径节 DP/(牙·in^{-1})	$P_{DP}=\frac{25.4}{DP}\pi$	$L_{DP}=kP_{DP}=\frac{25.4k}{DP}\pi$

注：表中k为螺纹头数。

无论车削哪一种螺纹，都必须在加工中形成母线(螺纹面型)和导线(螺旋线)。用螺纹车刀形成母线(成形法)不需要成形运动，形成螺旋线采用轨迹法。螺纹的形成需要一个复合的成形运动。为了形成一定导程的螺旋线，必须保证主轴每转一转，刀具准确地移动被加工螺纹一个导程的距离，根据这个相对运动关系，可列出车螺纹时的运动平衡式如下：

$$1_{(\text{主轴})} \times u_o \times u_x \times L_{丝} = L_{工}$$

式中 u_o——主轴至丝杠之间全部定比传动机构的固定传动比,是一个常数;

u_x——主轴至丝杠之间换置机构的可变传动比;

$L_{丝}$——机床丝杠的导程,CA6140 型车床的 $L_{丝} = 12$ mm;

$L_{工}$——被加工螺纹的导程,单位为 mm。

由上式可知,被加工螺纹的导程正比于传动链中换置机构的可变传动比 u_x。为此,车削不同标准和不同导程的各种螺纹时,必须对螺纹进给传动链进行适当调整,使传动比 u_x 根据各种螺纹的标准数列作相应改变。

1)车削米制螺纹

米制螺纹(也称公制螺纹)是我国常用的螺纹,其标准螺距值在国家标准中已规定。表4-5所示为 CA6140 型车床米制螺纹表。由此表可以看出,表中的螺距值是按分段等差数列的规律排列的,行与行之间成倍数关系。

表 4-5 CA6140 型车床米制螺纹表

$u_{倍}$ \ L/mm \ $u_{基}$	$\frac{26}{28}$	$\frac{28}{28}$	$\frac{32}{28}$	$\frac{36}{28}$	$\frac{19}{14}$	$\frac{20}{14}$	$\frac{23}{21}$	$\frac{36}{21}$
$\frac{18}{45} \times \frac{15}{48} = \frac{1}{8}$	—	—	1	—	—	1.25	—	1.5
$\frac{28}{35} \times \frac{15}{48} = \frac{1}{4}$	—	1.75	2	2.25	—	2.5	—	3
$\frac{18}{45} \times \frac{35}{28} = \frac{1}{2}$	—	3.5	4	4.5	—	5	5.5	6
$\frac{28}{35} \times \frac{35}{28} = 1$	—	7	8	9	—	10	11	12

车削米制螺纹时,进给箱中的齿式离合器 M_3 和 M_4 脱开,M_5 接合,这时的传动路线为:运动由主轴Ⅵ经齿轮副$\frac{58}{58}$、轴Ⅸ至轴Ⅺ间的左右螺纹换向机构(车削右螺纹为$\frac{33}{33}$;车削左螺纹时经$\frac{33}{25} \times \frac{25}{33}$)、挂轮$\frac{63}{100} \times \frac{100}{75}$、传至进给箱的轴Ⅻ,然后再由移换机构的齿轮副$\frac{25}{36}$传至轴 XIII,由轴 XIII 经两轴滑移变速机构(基本螺距机构)的齿轮副传至轴 XIV,然后再由移换机构的齿轮副$\frac{25}{36} \times \frac{36}{25}$传至轴 XV,再经过轴 XV 与轴 XVII 间的两组滑移齿轮变速机构(增倍机构)传至 XVII,最后由齿式离合器 M_5 传至丝杠 XVIII,当溜板箱中的开合螺母与丝杠啮合时,就可以带动刀架车削米制螺纹。

车削米制螺纹时传动链的传动路线表达式如下:

$$\text{主轴 VI}-\frac{58}{58}-\text{IX}-\left[\begin{array}{c}\frac{33}{33}\\(\text{右旋螺纹})\\ \frac{33}{25}\times\frac{25}{33}\\(\text{左旋螺纹})\end{array}\right]-\text{XI}-\frac{63}{100}\times\frac{100}{75}-\text{XII}-\frac{25}{36}-\text{XIII}-u_{基}-$$

$$-\text{XIV}-\frac{25}{36}\times\frac{36}{25}-\text{XV}-u_{倍}-\text{XVII}-M_5-\text{XVIII}(\text{丝杠})-\text{刀架}$$

$u_{基}$为轴 XIII — XIV 间变速机构的可变传动比,共 8 种:

$u_{基1}=\frac{26}{28}=\frac{6.5}{7}$　　$u_{基2}=\frac{28}{28}=\frac{7}{7}$　　$u_{基3}=\frac{32}{28}=\frac{8}{7}$　　$u_{基4}=\frac{36}{28}=\frac{9}{7}$

$u_{基5}=\frac{19}{14}=\frac{9.5}{7}$　　$u_{基6}=\frac{20}{14}=\frac{10}{7}$　　$u_{基7}=\frac{33}{21}=\frac{11}{7}$　　$u_{基8}=\frac{36}{21}=\frac{12}{7}$

这些传动比近似按等差数列的规律排列,改变轴 XIII 到轴 XIV 的传动副,就能车削出各种按等差数列排列的导程值。上述变速机构是获得各种螺纹导程的基本机构,故通常称其为基本螺距机构,简称基本组。

$u_{倍}$为轴 XV — XVII 间变速机构的可变传动比,共 4 种:

$u_{倍1}=\frac{28}{35}\times\frac{35}{28}=1$　　$u_{倍3}=\frac{28}{35}\times\frac{15}{48}=\frac{1}{4}$

$u_{倍2}=\frac{18}{45}\times\frac{35}{28}=\frac{1}{2}$　　$u_{倍4}=\frac{18}{45}\times\frac{15}{48}=\frac{1}{8}$

上述四种传动比基本上按倍数关系排列,因此,改变 $u_{倍}$ 就可使车削出来的螺纹导程值成倍数关系地变化,扩大了机床车削螺纹的导程的种数。这种变速机构称为增倍机构,简称增倍组。

根据传动系统图或传动链的传动路线表达式,可列出车削米制螺纹时的运动平衡式如下:

$$L=kP=1_{(主轴)}\times\frac{58}{58}\times\frac{33}{33}\times\frac{63}{100}\times\frac{100}{75}\times\frac{25}{36}\times u_{基}\times\frac{25}{36}\times\frac{36}{25}\times u_{倍}\times 12$$

式中　L——螺纹导程(对于单头螺纹为螺距 P),单位为 mm;

　　$u_{基}$——轴 XIII — XIV 间基本螺距机构的传动比;

　　$u_{倍}$——轴 XV — XVII 间增倍机构的传动比。

将上式化简后得:

$$L=7u_{基}u_{倍}$$

把 $u_{基}$ 和 $u_{倍}$ 的数值代入上式,可得 $8\times4=32$ 种导程值,其中符合标准的只有 20 种(见表 4-5)。

2)车削模数螺纹

模数螺纹主要用在米制蜗杆中,如 Y3150E 型滚齿机的垂直进给丝杠就是模数螺纹。

模数螺纹的螺距参数为模数 m(见表 4-4),国家标准规定的标准 m 值也是分段等差数列,因此,标准模数螺纹的导程(或螺距)排列规律和米制螺纹相同,但导程(或螺距)的数值不一样,且数值中还含有特殊因子 π。所以车削模数螺纹时的传动路线与米制螺纹基本相同,而为了得到模数螺纹的导程(或螺距)数值,必须将挂轮换成$\frac{64}{100} \times \frac{100}{97}$,移换机构的滑移齿轮传动比为$\frac{25}{36}$,使螺纹进给传动链的传动比作相应变化,以消除特殊因子 π(因为$\frac{64}{97} \times \frac{25}{36} \approx \frac{7\pi}{48}$)。化简后的运动平衡式为:

$$L = \frac{7\pi}{4} u_{基} u_{倍}$$

因为 $L = k\pi m$,从而得:

$$m = \frac{7}{4k} u_{基} u_{倍}$$

变换 $u_{基}$ 和 $u_{倍}$,便可车削各种不同模数的螺纹。

3)车削英制螺纹

英制螺纹又称英寸制螺纹,在采用英寸制的国家中应用较广泛。我国的部分管螺纹目前也采用英制螺纹。

英制螺纹的螺距参数为每英寸长度上螺纹牙(扣)数,以 a 表示。

标准的 a 值也是按分段等差数列的规律排列的,所以英制螺纹的螺距和导程值是分段调和数列(分母是分段等差数列),将以英寸为单位的螺距和导程值换算成以毫米为单位的螺距和导程值时,含有特殊因子 25.4。由此可知,为了车削出各种螺距的英制螺纹,螺纹进给传动链必须作如下变动:

①将车削米制螺纹时基本组的主、被动传动关系颠倒过来,即轴 XIV 为主动,轴 XIII 为被动,这样基本组的传动比数列变成了调和数列,与英制螺纹螺距数列的排列规律相一致。

②改变传动链中部分传动副的传动比,使螺纹进给传动链总传动比满足英制螺纹螺距数值上的要求,使其中包含特殊因子 25.4。

车削英制螺纹时传动链的具体调整情况为,挂轮用$\frac{63}{100} \times \frac{100}{75}$,进给箱中离合器 M_3 和 M_5 接合,M_4 脱开,同时轴 XV 左端的滑移齿轮 z_{25} 左移,与固定在轴 XIII 上的齿轮 z_{36} 啮合。运动由轴 XII 经离合器 M_3 传至轴 XIV,然后由轴 XIV 传至轴 XIII,再经齿轮副$\frac{36}{25}$传到轴 XV,从而使基本组的运动传动方向恰好与车削米制螺纹时相反,同时轴 XII 与轴 XV 之间定比传动机构也由$\frac{25}{36} \times \frac{25}{36} \times \frac{36}{25}$改变为$\frac{36}{25}$,其余部分传动路线与车削米制螺纹时相同,此时传动路线表达式如下:

$$\text{主轴}-\frac{58}{58}-\text{IX}-\begin{bmatrix} \frac{33}{33} \\ (\text{右旋螺纹}) \\ \frac{33}{25} \times \frac{25}{33} \\ (\text{左旋螺纹}) \end{bmatrix}-\frac{63}{100} \times \frac{100}{75}-\text{XII}-M_3-\text{XIV}-u'_{基}-\text{XIII}-\frac{36}{25}-\text{XV}-u_{倍}-\text{XVII}-M_5-\text{XVIII}(\text{丝杠})-\text{刀架}$$

运动平衡式为:

$$L_a=\frac{25.4k}{a}=1_{r(主轴)}\times\frac{58}{58}\times\frac{33}{33}\times\frac{63}{100}\times\frac{100}{75}\times u'_{基}\times\frac{36}{25}\times u_{倍}\times 12$$

上式中，$\frac{63}{100}\times\frac{100}{75}\times\frac{36}{25}\approx\frac{25.4}{21}$，将 $u'_{基}=\frac{1}{u_{基}}$代入化简得：

$$L_a=\frac{25.4k}{a}=\frac{4}{7}\times 25.4\frac{u_{倍}}{u_{基}}$$

$$a=\frac{7k}{4}\frac{u_{倍}}{u_{基}}$$

改变 $u_{基}$和 $u_{倍}$，就可以车削各种规格的英制螺纹。表4-6 列出了 $k=1$ 时，a 值与 $u_{基}$、$u_{倍}$的关系。

表 4-6　CA6140 型车床英制螺纹表

a/(牙·in^{-1}) $u_{基}$ / $u_{倍}$	$\frac{26}{28}$	$\frac{28}{28}$	$\frac{32}{28}$	$\frac{36}{28}$	$\frac{19}{14}$	$\frac{20}{14}$	$\frac{23}{21}$	$\frac{36}{21}$
$\frac{18}{45}\times\frac{15}{48}=\frac{1}{8}$	—	14	16	18	19	20	—	24
$\frac{28}{35}\times\frac{15}{48}=\frac{1}{4}$	—	7	8	9	—	10	11	12
$\frac{18}{45}\times\frac{35}{28}=\frac{1}{2}$	3.25	3.5	4	4.5	—	5	—	6
$\frac{28}{35}\times\frac{35}{28}=1$	—	—	2	—	—	—	—	3

4）车削径节螺纹

径节螺纹主要用于英制蜗杆，其螺距参数以径节 DP 表示。径节 $DP=z/D$（z 为齿轮齿数，D 为分度圆直径，单位为 in），即蜗轮或齿轮折算到每 1 in 分度圆直径上的齿数。标准径节的数列也是分段等差数列，而螺距和导程的数列则是分段调和数列，螺距和导程值中有特殊因子 25.4，和英制螺纹类似，故可采用英制螺纹的传动路线；但因螺距和导程值中还有特殊因子 π，又和模数螺纹相同，所以需将挂轮换成$\frac{64}{100}\times\frac{100}{97}$，此时运动平衡式为：

$$L_{DP}=\frac{25.4k\pi}{DP}=1_{(主轴)}\times\frac{58}{58}\times\frac{33}{33}\times\frac{64}{100}\times\frac{100}{97}\times u'_{基}\times\frac{36}{25}\times u_{倍}\times 12$$

上式中$\frac{64}{100}\times\frac{100}{97}\times\frac{36}{25}\approx\frac{25.4\pi}{84}$，将 $u'_{基}=\frac{1}{u_{基}}$代入化简后得：

$$L_{DP}=\frac{25.4k\pi}{DP}=\frac{25.4\pi}{7}\frac{u_{倍}}{u_{基}}$$

$$DP=7k\frac{u_{基}}{u_{倍}}$$

由前述可知，加工米制螺纹和模数螺纹时，轴 XIII 是主动轴；加工英制螺纹和径节螺纹时，轴 XIV 是主动轴。主动轴与被动轴的对调，是通过离合器 M_3（米制、模数制，M_3 开即轴 XII 上滑移齿轮 z_{25} 向左；英制、径节制，M_3 合，即轴 XII 上滑移齿轮 z_{25} 向右）和轴 XV 上滑移齿轮 z_{25} 实现的，而螺纹进给传动链传动比数值中包含的25.4、π、25.4π 等特殊因子，则由轴Ⅻ－ⅩⅢ间齿轮副$\frac{25}{36}$，轴ⅩⅣ－ⅩⅢ－ⅩⅤ间齿轮副$\frac{25}{36}\times\frac{36}{25}$、轴ⅩⅢ－ⅩⅤ间齿轮副$\frac{36}{25}$与挂轮适当组合获得的。进给箱中具有上述功能的离合器、滑移齿轮和定比齿轮传动机构，称为移换机构。

5）车削大导程螺纹

当需要车削导程超过标准螺纹螺距范围，例如大导程多头螺纹、油槽等，则必须将轴Ⅸ右端滑移齿轮 z_{58} 向右移动，使之与轴Ⅷ上的齿轮 z_{26} 啮合，于是主轴Ⅵ与丝杠通过下列传动路线实现传动联系：

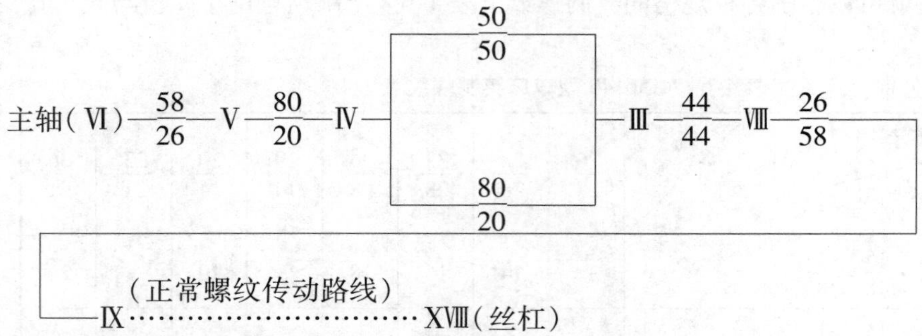

$$\text{主轴(Ⅵ)}-\frac{58}{26}-\text{Ⅴ}-\frac{80}{20}-\text{Ⅳ}-\begin{bmatrix}\frac{50}{50}\\[2ex]\frac{80}{20}\end{bmatrix}-\text{Ⅲ}-\frac{44}{44}-\text{Ⅷ}-\frac{26}{58}-\text{Ⅸ}\underset{\text{(正常螺纹传动路线)}}{\cdots\cdots\cdots}\text{ⅩⅧ(丝杠)}$$

此时，主轴Ⅵ至轴Ⅸ间的传动比 $u_{扩}$ 为：

$$u_{扩1}=\frac{58}{26}\times\frac{80}{20}\times\frac{50}{50}\times\frac{44}{44}\times\frac{26}{58}=4$$

$$u_{扩2}=\frac{58}{26}\times\frac{80}{20}\times\frac{80}{20}\times\frac{44}{44}\times\frac{26}{58}=16$$

车削正常螺纹时，主轴Ⅵ至轴Ⅸ间的传动比 $u_{常}=\frac{58}{58}=1$。这表明，当螺纹进给传动链其他调整情况不变时，作上述调整可使主轴与丝杠间的传动比增大4倍或16倍，从而车削的螺纹导程也相应地扩大4倍或16倍。因此，一般把上述传动机构称为扩大螺距机构。通过扩大螺距机构，再配合进给箱中的基本螺距机构和增倍机构，机床可以车削导程为14～192 mm的米制螺纹24种，模数为3.25～48 mm的模数螺纹28种，径节为1～6牙/in的径节螺纹13种。

必须指出，由于扩大螺距机构的传动齿轮就是主运动的传动齿轮，因此只有当主轴上的 M_2 合上，主轴处于低速状态时，才能用扩大螺距机构。具体地说，主轴转速为10～32 r/min时，导程可扩大16倍，主轴转速为40～125 r/min时，可以扩大4倍；主轴转速更高时，导程不能扩大。大导程螺纹只能在主轴低速时车削，这也正好符合实际工艺上的需要。

6）车削非标准和较精密螺纹

当需要车削非标准螺纹，用进给箱中的变速机构无法得到所要求的螺纹导程，或者虽然是标准螺纹，但精度要求较高时，可将进给箱中三个离合器 M_3、M_4 和 M_5 全部接合，使轴Ⅻ、轴ⅩⅣ、轴ⅩⅦ和丝杠ⅩⅧ联成一体。这时运动直接从轴Ⅻ传至丝杠，所要求的工件螺纹导程可通过选择挂轮的传动比 $u_{挂}$ 得到。在这种情况下，由于主轴至丝杠的传动路线大为缩短，减少了传动件制造和装配误差对螺纹螺距精度的影响，因此可车削出精度较高的螺纹。此时螺纹进给传动链的运动平衡式为：

$$L=1_{(主轴)}\times\frac{58}{58}\times\frac{33}{33}\times u_{挂}\times 12$$

化简后得挂轮换置公式为：

$$U_{挂} = \frac{a}{b} \times \frac{c}{d} = \frac{L}{12}$$

(3)纵向和横向进给传动链

实现一般车削时刀架机动进给的纵向和横向进给传动链，由主轴至进给箱轴 X × Ⅶ的传动路线与车削米制或英制常用螺纹时的传动路线相同，其后运动经齿轮副$\frac{28}{56}$传至光杠 XIX(此时离合器 M_5脱开，齿轮 z_{28}与轴 XIX 上的齿轮 z_{56}啮合)，再由光杠经溜板箱中的传动机构，分别传至齿轮齿条机构和横向进给丝杠 XXVII，使刀架作纵向或横向机动进给，其传动路线表达式如下：

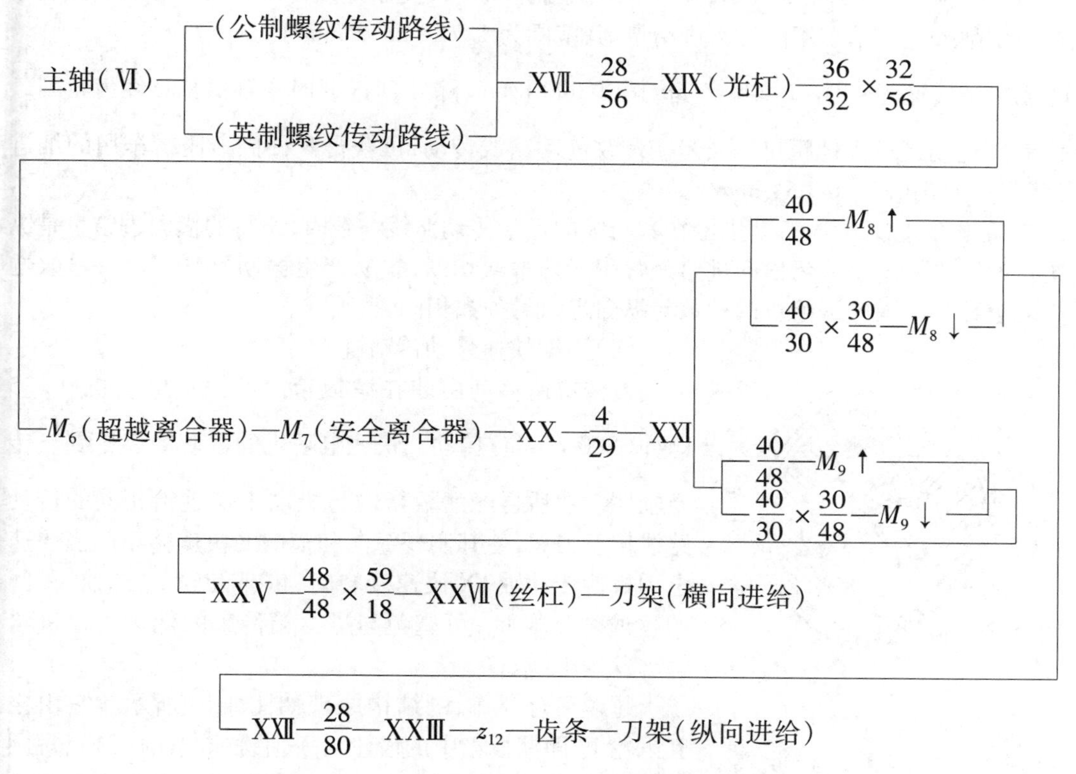

溜板箱中由双向牙嵌式离合器 M_8、M_9和齿轮副$\frac{40}{48}$、$\frac{40}{30} \times \frac{30}{48}$组成的两个换向机构，分别用于变换纵向和横向进给运动的方向。利用进给箱中的基本螺距机构和增倍机构，以及进给传动链的不同传动路线，可获得纵向和横向进给量各 64 种。

纵向和横向进给传动链两端件的计算位移为：

纵向进给：主轴转 1 转——刀架纵向移动 $f_{纵}$(单位为 mm)；

横向进给：主轴转 1 转——刀架横向移动 $f_{横}$(单位为 mm)。

下面以纵向进给为例，说明按不同路线传动时进给量的计算。

①当运动经正常螺距的米制螺纹传动路线传动时，可得到从 0. 08 ~ 1. 22 mm/r 的 32 种进给量，其运动平衡式为：

$$f_{纵}=1_{(主轴)}\times\frac{58}{58}\times\frac{33}{33}\times\frac{63}{100}\times\frac{100}{75}\times\frac{25}{36}\times u_{基}\times\frac{25}{36}\times\frac{36}{25}\times u_{倍}\times\frac{28}{56}\times\frac{36}{32}\times\frac{32}{56}\times\frac{4}{29}\times\frac{40}{48}\times\frac{28}{80}\times\pi\times 2.5\times 12$$

化简后得：

$$f_{纵}=0.71u_{基}u_{倍}$$

②当运动经正常螺距的英制螺纹传动路线传动时，类似地有：

$$f_{纵}=1.474\frac{u_{倍}}{u_{基}}$$

变换 $u_{基}$，并使 $u_{倍}=1$，可得到 0.86 ~ 1.59 mm/r 的 8 种较大进给量。

③当主轴为 10 ~ 125 r/min 时，运动经扩大螺距机构及英制螺纹传动路线传动，可获得 16 种供强力切削或宽刀精车用的加大进给量，其范围为 1.71 ~ 6.33 mm/r。

④当主轴转速为 450 ~ 1 400 r/min（其中 500 r/min 除外）时（此时主轴由轴Ⅲ经齿轮副$\frac{63}{50}$直接传动），运动经扩大螺距机构及米制螺纹传动路线传动，可获得 8 种供高速精车用的细进给量，其范围为 0.028 ~ 0.054 mm/r。

由传动分析可知，横向机动进给在其与纵向进给传动路线一致时，所得的横向进给量是纵向进给量的一半。这是因为横向进给经常用于切槽或切断，容易产生振动，切削条件差，故选用较小的进给量。横向进给量的种数与纵向进给量种数相同。

（4）刀架快速移动传动链

刀架快速移动由装在溜板箱内的快速电动机（0.25 kW，2 800 r/min）传动。快速电动机的运动经齿轮副$\frac{13}{29}$传至轴XX，然后再经溜板箱内与机动工作进给相同的传动路线传至刀架，使其实现纵向和横向的快速移动。当快速电动机使传动轴XX快速旋转时，依靠齿轮 z_{56} 与轴XX间的超越离合器 M_6，可避免与进给箱传来的低速工作进给运动发生干涉。

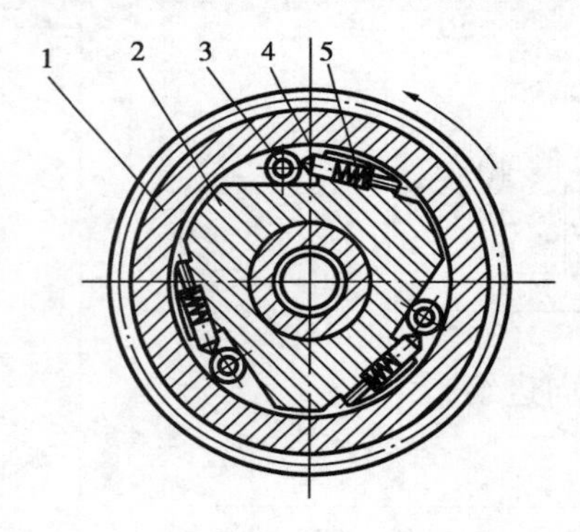

图 4-10 超越离合器

1—空套齿轮 2—星轮 3—滚柱 4—顶销 5—弹簧

超越离合器 M_6 的结构原理如图 4-10 所示。它由空套齿轮 1（即溜板箱中的齿轮 z_{56}）、星形体 2（轴XX），短圆柱滚子 3，顶销 4 和弹簧 5 组成。当空套齿轮 1 为主动并逆时针旋转时，三个短圆柱滚子 3 分别在弹簧 5 的弹力和摩擦力的作用下，被楔紧在空套齿轮 1 和星形体 2 之间，齿轮 1 通过滚子 3 带动星形体 2 一起转动，于是运动便经安全离合器 M_7 带动轴XX转动（见图 4-9），实现机动工作进给。当快速电动机起动时，星形体 2 由轴XX带动逆时针方向快速旋转。由于星形体 2 得到一个与空套齿轮 1（z_{56}）转向相同而转速却快得多的旋转运动。这时，由于摩擦力作用，使滚子 3 压缩弹簧 5 而退出楔缝窄端，使星形体 2 和齿轮 1 自动脱开联系，因而由进给箱光杠（XIX）传给空套齿轮 1（z_{56}）的低速转动虽照常进行，却不再传给轴XX。此时轴XX由快速电动机传动作快速转动，使刀架实现快速运动，一旦快速电动机停止转动，超越离合器 M_6 自动接合，刀架立即恢复正常的工作进给运动。

4.2.4 CA6140 型卧式车床的主要结构

(1)主轴箱

主轴箱的功用是支承主轴和传动其旋转,并使其实现起动、停止、变速和换向等。因此,主轴箱中通常包含有主轴及其轴承,传动机构,起动、停止以及换向装置,制动装置,操纵机构和润滑装置等。

1)传动机构

主轴箱中的传动机构包括定比传动机构和变速机构两部分。定比传动机构仅用于传递运动和动力,一般采用齿轮传动副,变速机构一般采用滑移齿轮变速机构,其结构简单紧凑,传动效率高,传动比准确。但当变速齿轮为斜齿或尺寸较大时,则采用离合器变速。

2)主轴及其轴承

主轴及其轴承是主轴箱最重要的部分。图中 4-11 是其主轴组件图。主轴前端可装卡盘,用于夹持工件,并由其带动旋转。主轴的旋转精度、刚度和抗振性等对工件的加工精度和表面粗糙度有直接影响,因此,对主轴及其轴承要求较高。

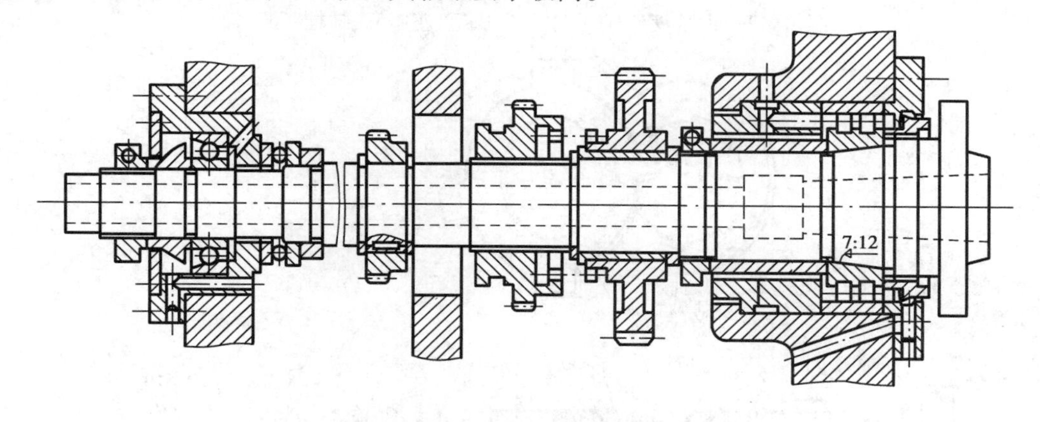

图 4-11　CA6140 卧式车床主轴组件

CA6140 型卧式车床的主轴是空心阶梯轴。其内孔用于通过长棒料及气动、液压或电气等夹紧装置的管道、导线,也用于穿入钢棒卸下顶尖。主轴前端的莫氏 6 号锥孔,用于安装顶尖或心轴,利用锥孔配合的摩擦力直接带动顶尖或心轴转动。主轴前端部采用短锥法兰式结构,用于安装卡盘或拨盘,如图 4-12 所示。拨盘或卡盘座 4 以主轴 3 的短圆锥面定位。卡盘、拨盘等夹具通过卡盘座 4,用四个螺栓 5 固定在主轴上,由装在主轴轴肩端面上的圆柱形端面键传递扭矩。安装卡盘时,只需将预先拧紧在卡盘座上的螺栓 5 连同螺母 6 一起,从主轴轴肩和锁紧盘 2 上的孔中穿过,然后将锁紧盘转过一个角度,使螺栓进入锁紧盘上宽度较窄的圆弧槽内,把螺母卡住(如图中所示位置),接着再把螺母 6 拧紧,就可把卡盘等夹具紧固在主轴上。这种主轴轴端结构的定心精度高,连接刚度好,卡盘悬伸长度小,装卸卡盘也非常方便,因此得到了广泛的应用。

3)开停和换向装置

开停装置用于控制主轴的起动和停止,换向装置用于改变主轴旋转方向。

CA6140 型卧式车床采用双向多片式摩擦离合器控制主轴的开停和换向,如图 4-13 所示。它由结构相同的左、右两部分组成,左离合器传动主轴正转,右离合器传动主轴反转。下面以

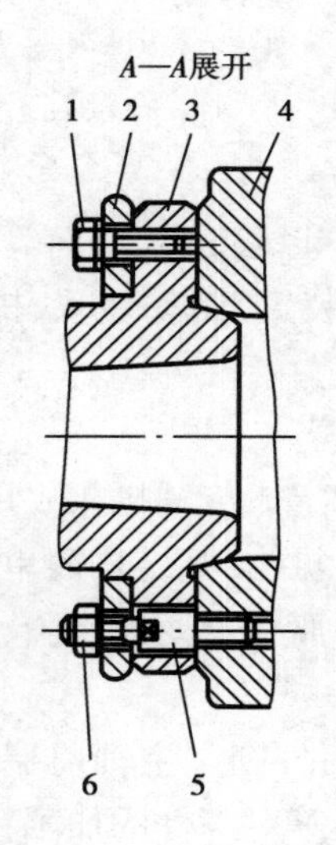

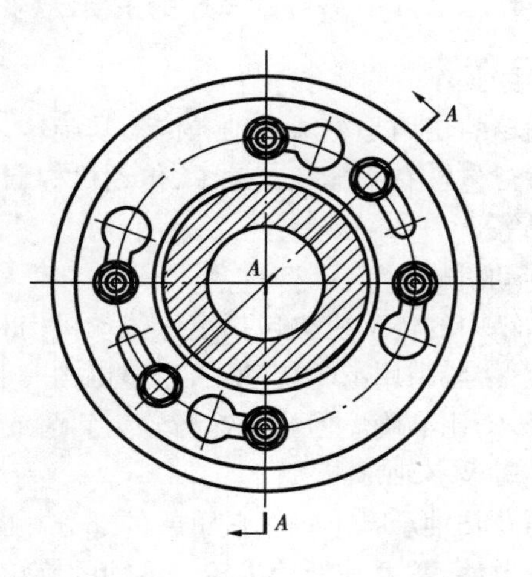

图 4-12　主轴前端短锥法兰式结构

1—螺钉　2—锁紧盘　3—主轴　4—卡盘座　5—螺栓　6—螺母

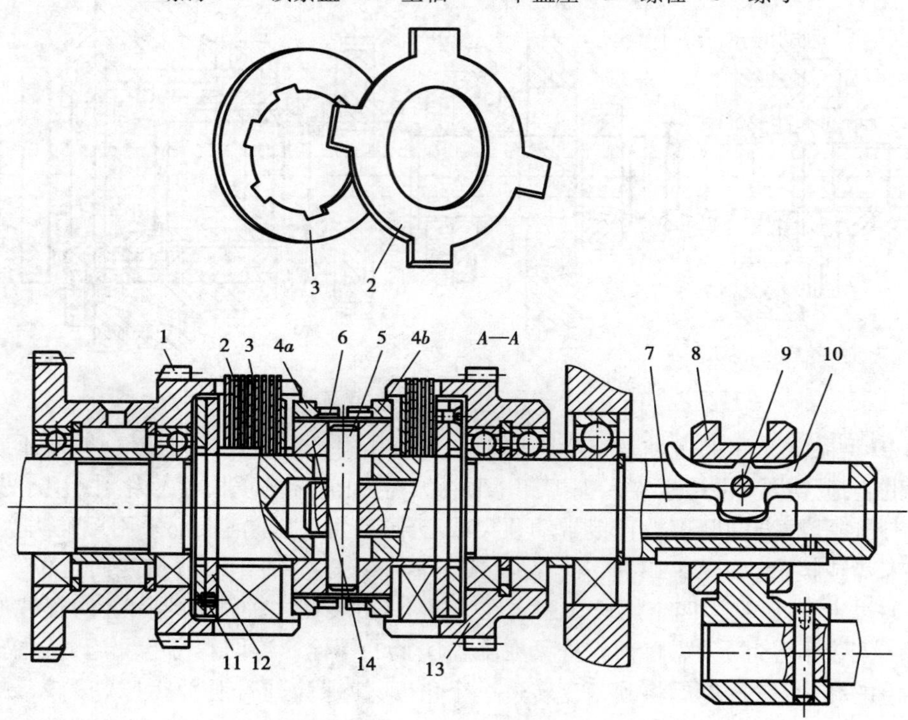

图 4-13　双向片式摩擦离合器机构(CA6140)

1—双联齿轮　2—外摩擦片　3—内摩擦片　4a、4b—螺母　5—圆销　6—弹簧销　7—拉杆　8—滑套　9—销轴　10—羊角形摆块、11、12—止推片 13—齿轮　14—压套

左离合器为例说明其结构原理。多个内摩擦片 3 和外摩擦片 2 相间安装，内摩擦片 3 以花键与轴Ⅰ相连接，外摩擦片 2 以其四个凸齿与空套双联齿轮 1 相连接。内外摩擦片未被压紧时，彼此互不联系，轴Ⅰ不能带动双联齿轮转动。当用操纵机构拨动滑套 8 至右边位置时，滑套将

羊角形摆块10的右角压下，使它绕销轴9顺时针摆动，其下端凸起部分推动拉杆7向左，通过固定在拉杆左端的圆销5，带动压套14和螺母4*a*，将左离合器内外摩擦片压紧在止推片10和11上，通过摩擦片间的摩擦力，使轴Ⅰ和双联齿轮连接，于是主轴正向旋转。右离合器的结构和工作原理同左离合器一样，只是内外摩擦片数量少一些。当拨动滑套8至左边位置时，压套14右移，将右离合器的内外摩擦片压紧，空套齿轮13与轴Ⅰ连接，主轴反转。滑套8处于中间位置时，左右两离合器的摩擦片都松开，主轴的传动断开，停止转动。

摩擦离合器除了靠摩擦力传递运动和扭矩外，还能起过载保护作用。当机床过载时，摩擦片打滑，可避免损坏机床。摩擦片间的压紧力是根据离合器应传递的额定扭矩来确定的。当摩擦片磨损以后，压紧力减小，这时可用拧在压套上的螺母4*a*和4*b*来调整。

4）制动装置

制动装置的功用是在车床停车过程中克服主轴箱中各运动件的惯性，使主轴迅速停止转动，以缩短辅助时间。

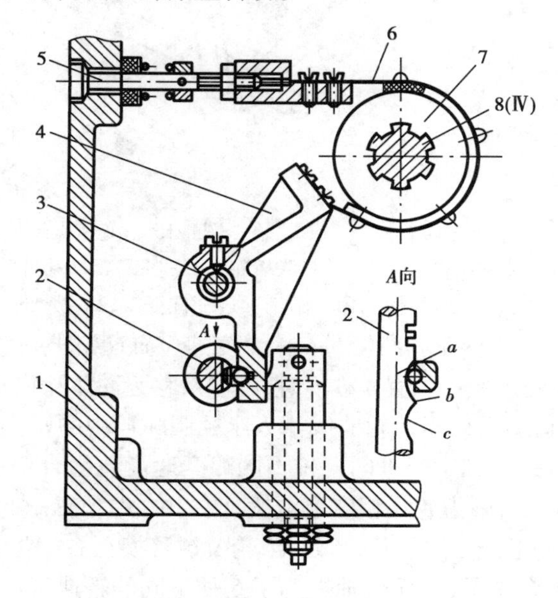

图4-14　制动器

1—箱体　2—齿条轴　3—杠杆支承轴　4—杠杆
5—调节螺钉　6—制动带　7—制动轮　8—传动轴

图4-14为CA6140型车床上采用的闸带式制动器，它由制动轮7，制动带6和杠杆4等组成。制动轮7是一个钢制圆盘，与传动轴8（Ⅳ轴）用花键连接。制动带绕在制动轮上，一端通过调节螺钉5与主轴箱体1连接，另一端固定在杠杆4的上端。杠杆4可绕轴3摆动，当它的下端与齿条轴2上的圆弧形凹部*a*或*c*接触时，制动带处于放松状态，制动器不起作用；移动齿条轴2，其上凸起部分*b*与杠杆4下端接触时，杠杆绕轴3逆时针摆动，使制动带抱紧制动轮，产生摩擦制动力矩，轴8（Ⅳ轴）通过传动齿轮使主轴迅速停止转动。制动时制动带的拉紧程度，可用螺钉5进行调整。在调整合适的情况下，应是停车时主轴能迅速停止，而开车时制动带能完全松开。

5）操纵机构

主轴箱中的操纵机构用于控制主轴起动、停止、制动、变速、换向以及变换左、右螺纹等。为使操纵方便，常采用集中操纵方式，即用一个手柄操纵几个传动件（滑移齿轮、离合器等），以控制几个动作。

图4-15为CA6140型车床主轴箱中的一种变速操纵机构，它用一个手柄同时操纵轴Ⅱ、Ⅲ上的双联滑移齿轮和三联滑移齿轮，变换轴Ⅰ—Ⅲ间的六种传动比。转动手柄9，通过链条8可传动装在轴7上的曲柄5和盘形凸轮6转动，手柄轴和轴7的传动比为1∶1。曲柄5上装有拨销4，其伸出端上套有滚子，嵌入拨叉3的长槽中。曲柄带着拨销作偏心运动时，可带动拨叉拨动轴Ⅲ上的三联滑移齿轮2沿轴Ⅲ左右移换位置。盘形凸轮6的端面上有一条封闭的曲线槽，它由不同半径的两段圆弧和过渡直线组成，每段圆弧的中心角稍大于120°。凸轮曲线槽经圆销10通过杠杆11和拨叉12，可拨动轴Ⅱ上的双联滑移齿轮1移换位置。

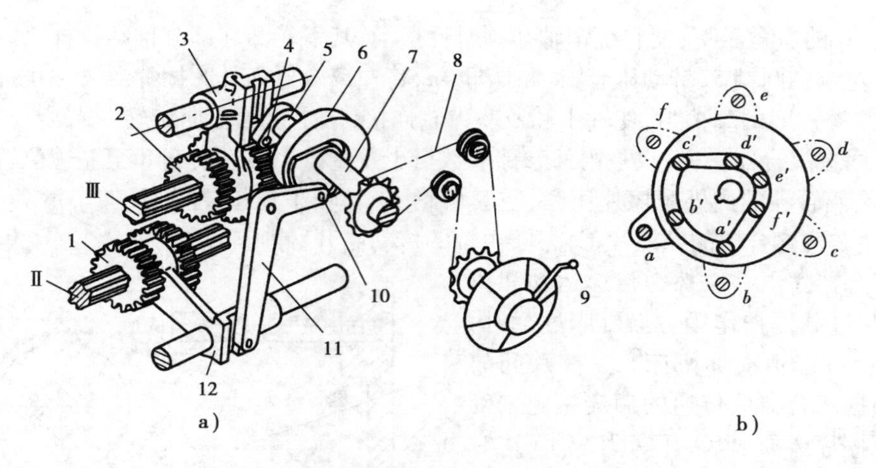

图 4-15　变速操纵机构示意图(CA6140)

1—双联齿轮　2—三联齿轮　3—拨叉　4—拨销　5—曲轴　6—盘形凸轮　7—轴　8—链条　9—变速手柄　10—圆销　11—杠杆　12—拨叉　Ⅱ、Ⅲ—传动轴

曲柄5 和凸轮6 有六个变速位置(见图4-15b)),顺次转动变速手柄9,每次转60°,使曲柄5 处于变速位置 a、b、c 时,三联滑移齿轮2 相应地被拨至左、中、右位置。此时,杠杆 11 短臂上圆销 10 处于凸轮曲线槽大半径圆弧段中的 a'、b'、c'处,双联滑移齿轮 1 在左端位置。这样,便得到了轴Ⅰ—Ⅲ间三种不同的变速齿轮组合情况。继续转动手柄 9,使曲柄 5 依次处于位置 d、e、f,则齿轮 2 相应地被拨至右、中、左位置。此时,杠杆 11 上的圆销 10 进入凸轮曲线槽小半径圆弧段中的 d、e、f 处,齿轮 1 被移换至右端位置,得到轴Ⅰ—Ⅲ间另外三种不同的变速齿轮组合情况,从而使轴得到了 6 种不同的转速。

滑移齿轮块移至规定的位置后,必须可靠地定位。该操纵机构采用钢球定位装置。

6)润滑装置

为了保证机床正常工作和减少零件磨损,对主轴箱中的轴承、齿轮、摩擦离合器等必须进行良好的润滑。CA6140 型车床主轴箱采用油泵供油循环润滑的润滑系统。

(2)进给箱

进给箱的功用是变换被加工螺纹的种类和导程,以及获得所需的各种机动进给量。

(3)溜板箱

溜板箱的主要功用是将丝杠或光杠传来的旋转运动转变为直线运动并带动刀架进给,控制刀架运动的接通、断开和换向;机床过载时控制刀架自动停止进给,手动操纵刀架时实现快速移动等。溜板箱主要由以下几部分组成:双向牙嵌式离合器 M_6 和 M_7 以及纵向、横向机动进给和快速移动的操纵机构、开合螺母及操纵机构、互锁机构、超越离合器和安全离合器等。

1)纵、横向机动进给操纵机构

图 4-16 所示为 CA6140 型车床的机动进给操纵机构。它利用一个手柄集中操纵纵向、横向机动进给运动的接通、断开和换向,且手柄扳动方向与刀架运动方向一致,使用非常方便。向左或向右扳动手柄 1,使手柄座 3 绕着销轴 2 摆动时(销轴 2 装在轴向位置固定的轴 23 上),手柄座下端的开口槽通过球头销 4 拨动轴 5 轴向移动,再经杠杆 11 和连杆 12 使凸轮 13 转动,凸轮上的曲线槽又通过圆销 14 带动轴 15 以及固定在它上面的拨叉 16 向前或向后移动,拨叉拨动离合器 M_8,使之与轴 XXII 上两个空套齿轮之一啮合,于是纵向机动进给运动接

通，刀架相应地向左或向右移动。

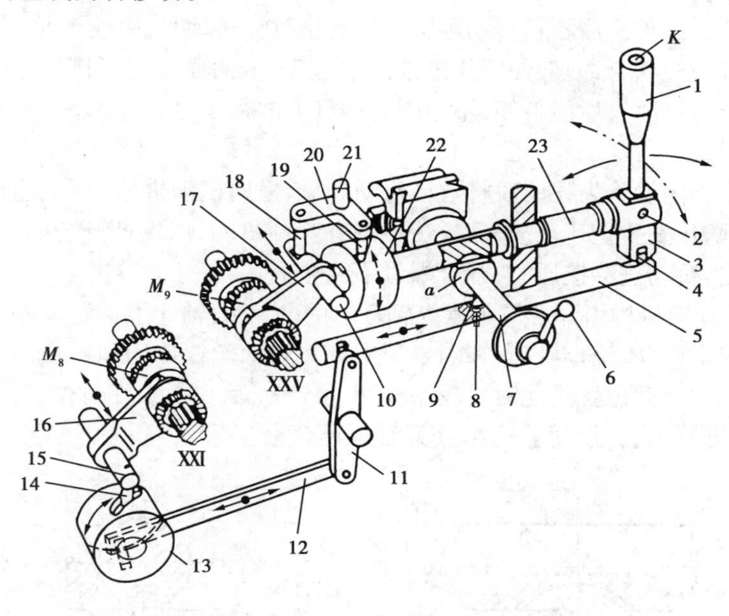

图 4-16　纵、横向机动进给操纵机构(CA6140)

1—手柄　2—销轴　3—手柄座　4—球头销　5—轴　6—手柄　7—轴　8—弹簧销　9—球头销　10—拨叉轴　11—杠杆　12—连杆　13—凸轮　14—圆销　15—拨叉轴　16、17—拨叉　18、19—圆销　20—杠杆　21—销轴　22—凸轮　23—轴

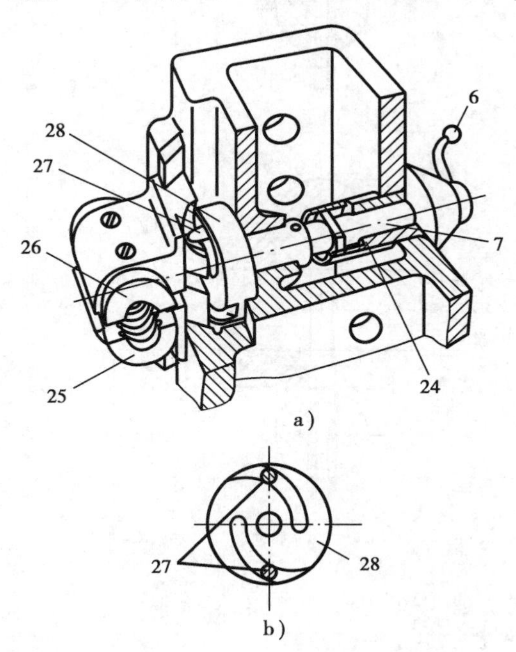

图 4-17　开合螺母机构(CA6140)

24—支承套　25—下半螺母　26—上半螺母　27—圆销　28—槽盘

向后或向前扳动手柄 1，通过手柄座 3 使轴 23 以及固定在它左端的凸轮 22 转动时，凸轮上曲线槽通过圆销 19 使杠杆 20 绕销轴 21 摆动，再经杠杆 20 上的另一圆销 18，带动轴 10 以及固定在它上面的拨叉 17 向前或向后移动，拨叉拨动离合器 M_9，使之与轴 XXV 上两空套齿轮之一啮合，于是横向机动进给运动接通，刀架相应地向前或向后移动。

手柄 1 扳至中间直立位置时，离合器 M_8 和 M_9 均处于中间位置，机动进给传动链断开。当手柄扳至左、右、前、后任一位置时，如按下装在手柄 1 顶端的按钮 S，则快速电动机起动，刀架便在相应方向上快速移动。

2)开合螺母机构

开合螺母机构的结构如图 4-17 所示。开合螺母由上下两个半螺母 26 和 25 组成，装在溜板箱体后壁的燕尾形导轨中，可上下移动。上下半螺母的背面各装有一个圆销 27，其伸出端分别嵌在槽盘 28 的两条曲线槽中。扳动手柄6，经轴7使槽盘逆时针转动时，曲线槽迫使两圆销互相靠近，带动上下半螺母合拢，与丝杠啮合，刀架便由丝杠螺母经溜板箱传动进给。槽盘顺时针转动时，曲线槽通过圆销使两半螺母相互分离，与丝杠脱开啮合，刀架便停止进给。槽盘28上的偏心圆弧槽接近盘中心部分的倾角比较小，使开合螺母闭合后能自锁，不会因为螺母上的径向力而自动脱开。

3）互锁机构

机床工作时，如因操作失误同时将丝杠传动和纵、横向机动进给（或快速运动）接通，则将损坏机床。为了防止发生上述事故，溜板箱中设有互锁机构，以保证开合螺母合上时，机动进给不能接通；反之，机动进给接通时，开合螺母不能合上。

图4-18所示互锁机构由开合螺母操纵轴7上的凸肩a，轴5上的球头销9和弹簧销8以及支承套24（参看图4-16、图4-17）等组成。图4-19表示丝杠传动和纵横向机动进给均未接通的情况，此位置称中间位置。此时可扳动手柄1，至前、后、左、右任意位置，接通相应方向的纵向或横向机动进给，或者扳动手柄6，使开合螺母合上。

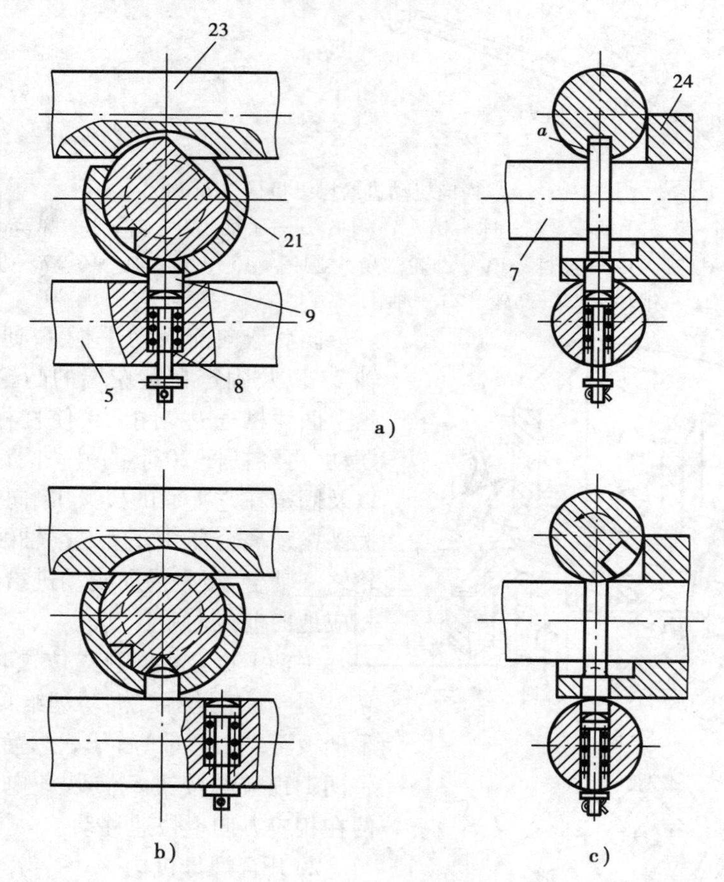

图4-18　互锁机构工作原理（CA6140）

5、7、23—轴　8—弹簧销　9—球头锁　24—支承套

如果向下扳动手柄6使开合螺母合上，则轴7顺时针转过一个角度，其上凸肩a嵌入轴23的槽中，将轴23卡住，使其不能转动，同时，凸肩又将装在支承套24横向孔中的球头销9压下，使它的下端插入轴5的孔中，将轴5锁住，使其不能左右移动（见图4-18a））。这时纵、

横向机动进给都不能接通。如果接通纵向机动进给，则因轴5沿轴线方向移动了一定位置，其上的横向孔与球头销9错位（轴线不在同一直线上），使球头销9不能往下移动，因而轴7被锁住而无法转动（见图4-18b））。如果接通横向机动进给时，由于轴23转动了位置，其上的沟槽不再对准轴7的凸肩 a，使轴7无法转动（见图4-18c）），因此，接通纵向或横向机动进给后，开合螺母均不能合上。

4）过载保险装置（安全离合器）

过载保险装置是机动进给时，当进给力过大或刀架移动受阻时，为了避免损坏传动机构，在进给传动链中设置的安全离合器。

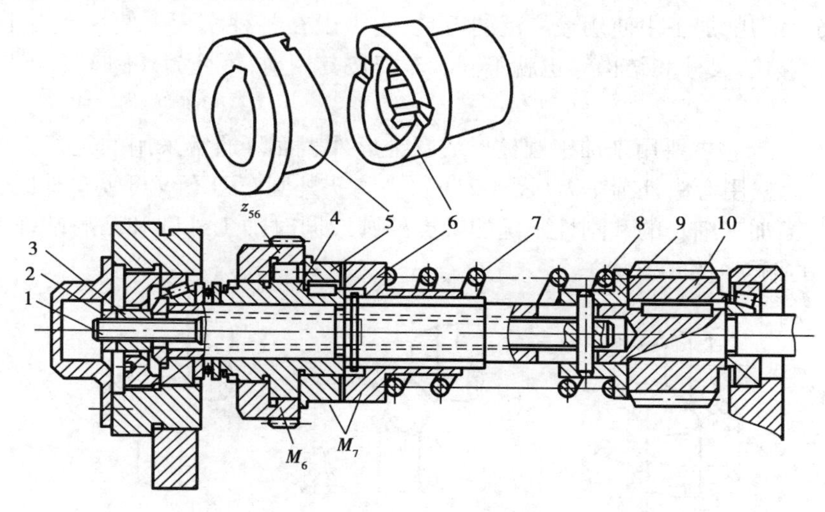

图4-19　安全离合器

1—拉杆　2—锁紧螺母　3—调整螺母　4—超越离合器的星轮　5—安全离合器左半部　6—安全离合器右半部　7—弹簧　8—圆销　9—弹簧座　10—蜗杆

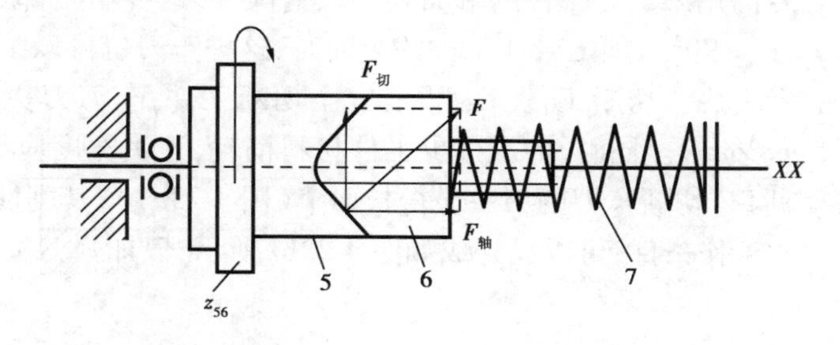

图4-20　安全离合器工作原理

5—安全离合器左半部　6—安全离合器右半部　7—弹簧

图4-19为CA6140型车床溜板箱中所采用的安全离合器。它由端面带螺旋形齿爪的左右两半部5和6组成，其左半部5用键装在超越离合器 M_6 的星轮4上，且与轴XX空套，右半部6与轴XX用花键连接。在正常工作情况下，在弹簧7压力作用下，离合器左右两半部分相互啮合，由光杠传来的运动，经齿轮 z_{56}、超越离合器 M_6 和安全离合器 M_7，传至轴XX和蜗杆10，此时安全离合器螺旋齿面产生的轴向分力 $F_{轴}$，由弹簧7的压力来平衡（图4-20）。刀架上的载荷增大时，通过安全离合器齿爪传递的扭矩以及作用在螺旋齿面上的轴向分力都将随之增大。

当轴向分力 $F_{轴}$ 超过弹簧7的压力时，离合器右半部6将压缩弹簧而向右移动，与左半部5脱开，导致安全离合器打滑。于是机动进给传动链断开，刀架停止进给。过载现象消除后，弹簧7使安全离合器重新自动接合，恢复正常工作。机床许用的最大进给力，决定于弹簧7调定的弹力。拧转螺母3、通过装在轴XX内孔中的拉杆1和圆销8，可调整弹簧座9的轴向位置，改变弹簧7的压缩量，从而调整安全离合器能传递的扭矩大小。

4.2.5 车刀

(1)车刀的种类和用途

车刀是金属切削加工中使用最广泛的刀具，它可以在各种车床上使用。由于它的用途不同，因此，它的形状、尺寸和结构等也就不同。车刀按其用途，可分为外圆车刀、端面车刀、切断车刀等。

1)外圆车刀　它主要用来加工圆柱形或圆锥形外表面。通常采用的是直头外圆车刀(图4-21a))，还可以采用弯头外圆车刀(图4-21b))。弯头外圆车刀不仅可纵车外圆，还可车端面和倒内外角。当加工细长的和刚性不足的轴类外圆或同时加工外圆和凸肩端面时，可采用主偏角 $\kappa_r=90°$ 的偏刀(图4-21c))。

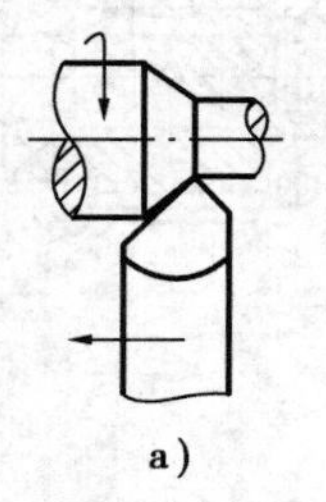

a)

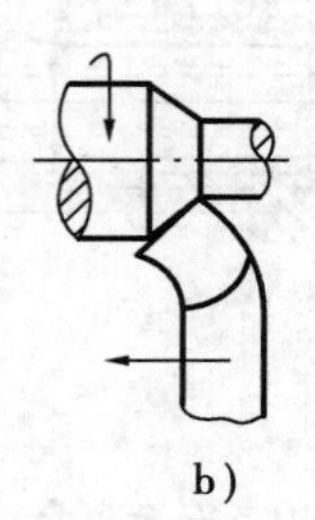

b)

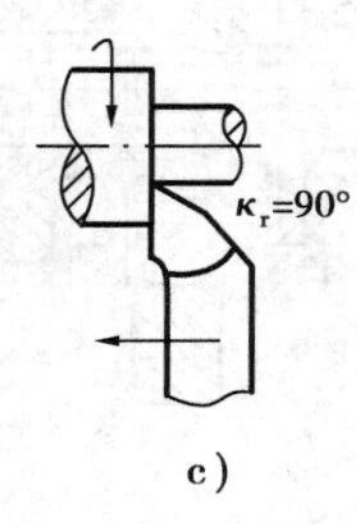

c)

图4-21　外圆车刀图

2)端面车刀　它专门用来加工工件的端面。一般情况下，这种车刀都是由外圆向中心进给，如图4-22所示，取 $\kappa_r \leqslant 90°$。加工带孔工件的端面时，这种车刀也可以由中心向外圆进给。

3)切断车刀　它专门用于切断工件。为了能完全切断工件，车刀刀头必须伸出很长(一般应比工件半径大5~8 mm)。同时，为了减少工件材料消耗，刀头宽度应尽可能取得小一些(一般为2~6 mm)。所以，切断车刀的刀头显得长而窄(图4-23a))，其刚性差，工作时切屑排出困难。为了改善它的工作条件，可以设计成如图4-23b)所示，以加强刀头刚度。

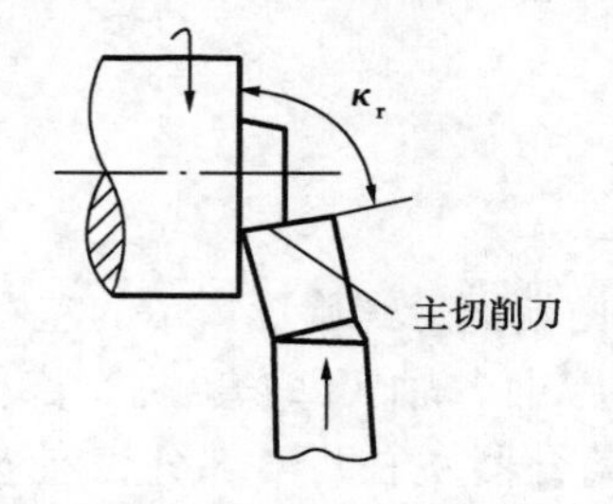

图4-22　端面车刀

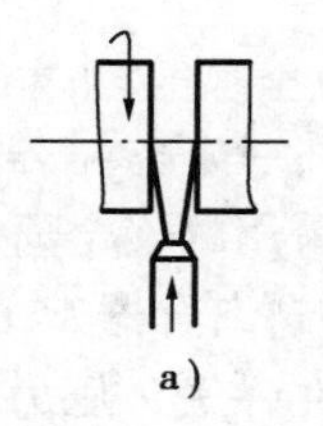

a)

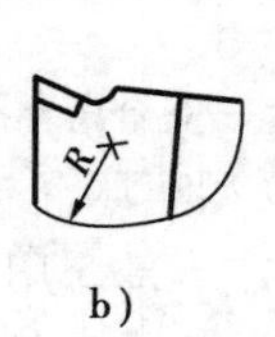

b)

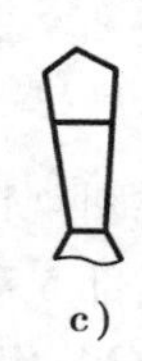

c)

图4-23　切断车刀

切槽用的车刀，在形式上类似于切断车刀。其不同点在于，刀头伸出长度和宽度应根据工件上槽的深度和宽度来决定。

（2）车刀的结构形式

车刀的结构有多种形式，如整体式高速钢车刀、焊接式硬质合金车刀、机械夹固式硬质合金车刀和金刚石车刀等。其中硬质合金车刀是现在应用得最为广泛的一种刀具。

1）焊接式硬质合金车刀　这种车刀是将一定形状的硬质合金刀片，用黄铜、紫铜或其他焊料，钎焊在普通结构钢刀杆上而制成的，如图 4-24 所示。由于其结构简单、紧凑，抗振性能好，制造方便，使用灵活，因此用得非常广泛。

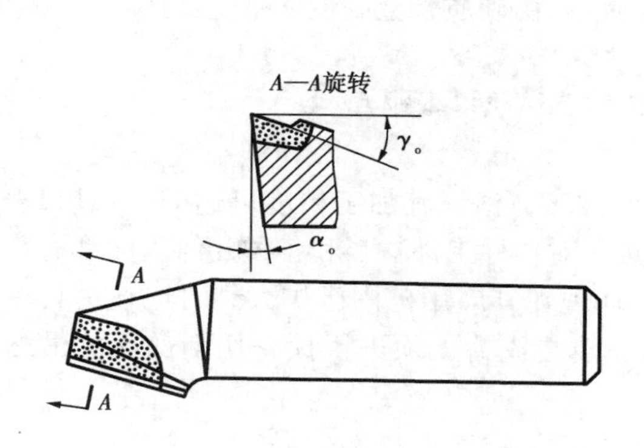

图 4-24　焊接式车刀

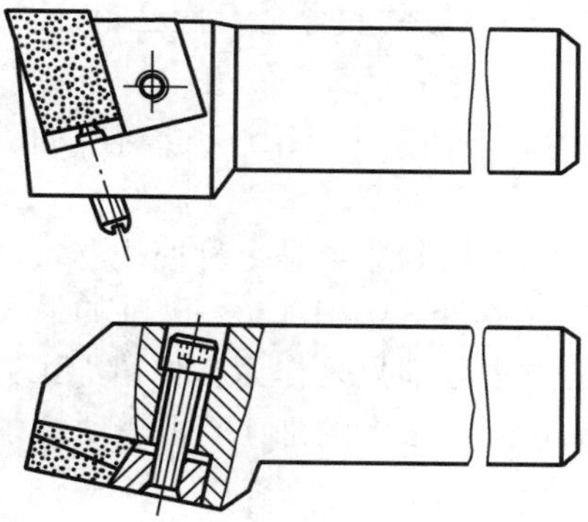

图 4-25　机械夹固式车刀

但是，这种车刀也存在一些缺点，如刀片较易崩裂，刀杆尺寸大时不便于刃磨，刀杆不能重复使用，浪费较大等。

焊接式车刀的硬质合金刀片形状和尺寸有统一的标准规格，由专门的硬质合金厂按冶金工业部标准 YB850—75 的规定生产供应。

2）机械夹固式硬质合金车刀　为了克服焊接式硬质合金车刀的缺点，可将刀片用机械夹固方式装在车刀刀杆上。图 4-25 所示是这类结构的一种形式，硬质合金刀片是通过螺钉、楔块立装在刀杆上的。立装的刀片在车刀工作时受力状况较好，只需刃磨前刀面，可磨次数增加，提高了刀片利用率。每次刃磨时由刀片下面的螺钉调整其位置。

采用机械夹固硬质合金刀片的结构，其主要优点是刀片可不经过高温焊接，避免了因焊接而引起的刀片硬度降低和由内应力导致的裂纹，提高了刀具耐用度；刀杆可以重复使用，刀片的重磨次数多，利用率较高。但是，这种结构的车刀在使用过程中仍需刃磨，还不能完全避免由于刃磨而可能引起的裂纹。

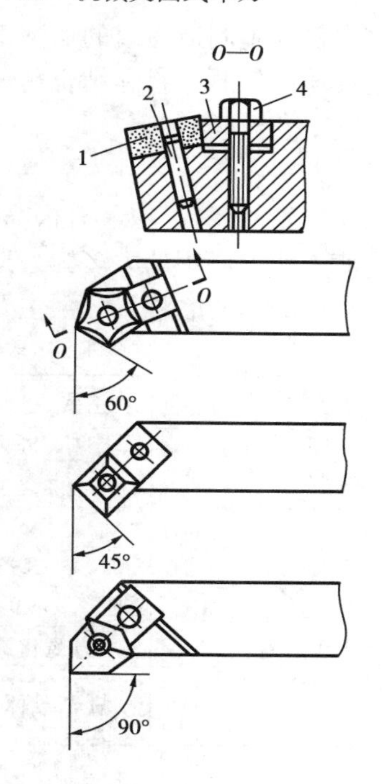

图 4-26　机夹可转位车刀
1—刀片　2—销轴　3—楔块　4—螺钉

为了进一步消除刃磨或重磨时内应力可能引起的裂纹，人们又创造了机夹式（即机械夹固式）可转位的不重磨车刀。图 4-26 表示了机夹多边形可转位刀片的车刀结构。刀片的每一条边都可作为切削刃。一个切削刃用钝后，可以转动刀片改用另一个新的切削刃工作，直到刀片上所有切削刃均已用钝，刀片才报废回收。更换新刀片后，车刀又可继续工作。

机夹可转位车刀与焊接式、机械夹固可重磨式硬质合金车刀相比，具有以下优点：

①可转位刀片在制造时已经刃磨好，使用时不必重磨，也不需焊接，刀片材料能较好地保持原有力学性能、切削性能、硬度和抗弯强度。

②减少了刃磨、换刀、调刀所需的辅助时间，提高了生产效率。

③可使用涂层刀片，提高刀具耐用度。

目前，可转位硬质合金刀片已制订了国家标准，由硬质合金制造厂批量生产。

4.3 磨削加工与磨床（M1432A 型）

磨削在机械制造中是一种使用非常广泛的加工方法。其加工精度可达 IT6 ~ IT4，表面粗糙度可达 R_a1.25 ~ 0.01 μm。磨削的最大优点是对各种工件材料和各种几何表面都有广泛的适应性。过去磨削只是作为一种精加工方法，而现在其应用范围已扩大到对毛坯进行单位时间内金属切除量很大的加工（如蠕动磨削），并使之成为无须进行预先切削加工的最终加工工序。

4.3.1 砂轮的特性与选择

以磨料为主制造而成的切削工具称为磨具，如油石、砂轮、砂带等，其中以砂轮应用最广。砂轮由一定比例的磨料和结合剂经压制和烧结而成。其特性取决于磨料、粒度、结合剂、硬度和组织五个参数。

（1）磨料

用作砂轮的磨料，应具有很高的硬度、适当的强度和韧性，以及高温下稳定的物理、化学性能。目前工业上使用的大多为人造磨料，常用的有刚玉类、碳化硅类和高硬度磨料类。表 4-7 列出了常用磨料的名称、代号、主要性能和用途。

表 4-7　常用磨料性能及适用范围

<table>
<tr><th colspan="2">磨料名称</th><th>代号</th><th>主要成分</th><th>颜色</th><th>力学性能</th><th>反应性</th><th>热稳定性</th><th>适用磨削范围</th></tr>
<tr><td rowspan="2">刚玉类</td><td>棕刚玉</td><td>A</td><td>Al_2O_3 95%
TiO_2 2% ~ 3%</td><td>褐色</td><td rowspan="4">韧性大
硬度大</td><td rowspan="2">稳定</td><td rowspan="2">2 100℃
熔融</td><td>碳钢、合金钢、铸铁</td></tr>
<tr><td>白刚玉</td><td>WA</td><td>Al_2O_3 >99%</td><td>白色</td><td>淬火钢、高速钢</td></tr>
<tr><td rowspan="2">碳化
硅类</td><td>黑碳化硅</td><td>C</td><td>SiC >95%</td><td>黑色</td><td rowspan="2">与铁有
反应</td><td rowspan="2">>1 500℃
氧化</td><td>铸铁、黄铜、非金属材料</td></tr>
<tr><td>绿碳化硅</td><td>GC</td><td>SiC >99%</td><td>绿色</td><td>硬质合金等</td></tr>
<tr><td rowspan="2">高硬磨
料类</td><td>氮化硼</td><td>CBN</td><td>六方氮化硼</td><td>黑色</td><td rowspan="2">高硬度
高强度</td><td rowspan="2">高温时
与水碱
有反应</td><td><1 300℃稳定</td><td>硬质合金、高速钢</td></tr>
<tr><td>人造
金刚石</td><td>D</td><td>碳结晶体</td><td>乳白色</td><td>>700℃
石墨化</td><td>硬质合金、宝石</td></tr>
</table>

（2）粒度

粒度是指磨粒尺寸的大小。对于用筛分法来确定粒度号的较大磨粒，以其能通过的筛网上每英寸长度上的孔数来表示粒度。粒度号越大，则磨料的颗粒越细。对于用显微镜测量来确定粒度号的微细磨粒（又称微粉），以实测到的最大尺寸，并在前面冠以“W”的符号来表示。粒度号越小，则微粉的颗粒越细。

粒度选择的原则是：粗磨时以高生产率为主要目标，应选小的粒度号；精磨时以表面粗糙度小为主要目标，应选大的粒度号。工件材料塑性大或磨削接触面积大时，为避免磨削温度过高，使工件表面烧伤，宜选小粒度号；工件材料软时，为避免砂轮气孔堵塞，也应选小粒度号；反之则选大粒度号。成形磨削，为保持砂轮轮廓的精度，宜用大粒度号。

磨料常用的粒度号、尺寸及应用范围见表4-8。

表4-8　常用粒度及适用范围

类别	粒度	颗粒尺寸/μm	应用范围	类别	粒度	颗粒尺寸/μm	应用范围
磨粒	12# ~36#	2 000 ~1 600 500 ~400	荒磨 打毛刺	微粉	W40 ~ W28	40 ~28 28 ~20	珩磨 研磨
	46# ~80#	400 ~315 200 ~160	粗磨 半精磨 精磨		W20 ~ W14	20 ~14 14 ~10	研磨、超级加工、超精磨削
	100# ~280#	160 ~125 50 ~40	精磨 珩磨		W10 ~ W5	10 ~7 5 ~3.5	研磨、超级加工、镜面磨削

(3)结合剂

结合剂的作用是将磨料粘合成具有一定强度和各种形状及尺寸的砂轮。

常用结合剂的名称、代号、性能和适用范围见表4-9。

表4-9　常用结合剂的性能及适用范围

结合剂	代号	性　　能	使　用　范　围
陶 瓷	V	耐热，耐蚀，气孔率大，易保持廓形，弹性差	最常用，适用于各类磨削加工
树 脂	B	强度较V高，弹性好，耐热性差	适用于高速磨削，切断，开槽等
橡 胶	R	强度较B高，更富有弹性，气孔率小，耐热性差	适用于切断，开槽及作无心磨的导轮
青 铜	J	强度最高，导电性好，磨耗少，自锐性差	适用于金刚石砂轮

(4)硬度

砂轮的硬度是指磨粒受力后从砂轮表层脱落的难易程度。砂轮硬就表示磨粒难以脱落；砂轮软则与之相反，切勿将它与磨料的硬度混淆。砂轮的硬度等级名称及代号见表4-10。

表4-10　砂轮的硬度等级名称及代号

大级名称	超软			软			中软		中		中硬			硬		超硬
小级名称	超软			软1	软2	软3	中软1	中软2	中1	中2	中硬1	中硬2	中硬3	硬1	硬2	超硬
代号	D	E	F	G	H	J	K	L	M	N	P	Q	R	S	T	Y

砂轮硬度的选择原则是：

1）工件材料越硬，应选越软的砂轮；反之，选越硬的砂轮。但是对有色金属等很软的材料，为避免磨削时堵塞砂轮，则选用较软的砂轮。

2）磨削接触面积较大时，应选较软的砂轮。薄壁零件及导热性差的零件，也应选软砂轮。

3）精磨和成形磨削时，应选较硬的砂轮。

4）砂轮的粒度号较大时，应选较软的砂轮。

常用的砂轮硬度等级一般为 H 至 N(软 2 至中 2)。

(5)组织

砂轮的组织是指磨料、结合剂和气孔三者体积的比例关系，用来表示结构紧密或疏松的程度。砂轮的组织用组织号的大小表示。

砂轮的组织号及适用范围见表 4-11。

表 4-11　砂轮的组织号

组织号	0	1	2	3	4	5	6	7	8	9	10	11	12	13	14
磨料率/%	62	60	58	56	54	52	50	48	46	44	42	40	38	36	34
疏密程度	紧密				中等				疏松					大气孔	
使用范围	重负荷、成形、精密磨削、间断及自由磨削，或加工硬脆材料				外圆、内圆、无心磨及工具磨，淬火钢工件及刀具刃磨等				粗磨及磨削韧性大、硬度低的工件，适合磨削薄壁、细长工件，或砂轮与工件接触面大以及平面磨削等					有色金属及塑料橡胶等非金属以及热敏性大的合金	

(6)砂轮形状

常用砂轮的形状、代号及用途见表 4-12。

表 4-12　常用砂轮的形状、代号及用途

砂 轮 名 称	代 号	主 要 用 途
平形砂轮	1	外圆磨、内圆磨、平面磨、无心磨、工具磨
薄片砂轮	41	切断及切槽
筒型砂轮	2	端磨平面
碗型砂轮	11	刃磨刀具、磨导轨
碟型一号砂轮	12a	磨铣刀、铰刀、拉刀、磨齿轮
双斜边砂轮	4	磨齿轮及螺纹
杯型砂轮	6	磨平面、内圆、刃磨刀具

在砂轮的端面上印有砂轮的标志，例如：1—300 × 50 × 65—WA60M5—V—30 m/s，其含义为平形砂轮，外径 300 mm，厚度 50 mm，内径 65 mm，磨料为白刚玉，粒度号为 60#，硬度为中 1，组织号为 5，结合剂为陶瓷，允许的最高圆周速度为 30 m/s。

4.3.2　磨削原理

(1)磨粒的形状及磨削特点

磨粒的形状及其相对于工件的位置有着多种不同的形态和随机性，但是它们有着共同的特点,这就是绝大部分磨粒的顶尖角在 90° ~ 120°之间,因此磨削时磨粒均以负前角进行切削。磨削一段时间后,磨粒钝化,前角(负值)的绝对值还会增大。此外,磨粒切削刃相对于很小的切削厚度(0.1 ~ 10 μm)来说,有着较大的切削刃钝圆半径(r_n一般为 10 ~ 35 μm),磨削时对加工表面产生强烈的摩擦和挤压作用。

(2)磨削加工类型

磨削加工是用高速回转的砂轮或其他磨具以给定的背吃刀量,对工件进行加工的方法。根据工件被加工表面的形状和砂轮与工件之间的相对运动,磨削分为外圆磨削、内圆磨削、平面磨削和无心磨削等几种主要加工类型。

1)外圆磨削

外圆磨削是用砂轮外圆周面来磨削工件的外回转表面的。它能加工圆柱面、圆锥面、端面(台阶部分)、球面和特殊形状的外表面等。这种磨削方式按照不同的进给方向又可分为纵磨法和横磨法两种形式。

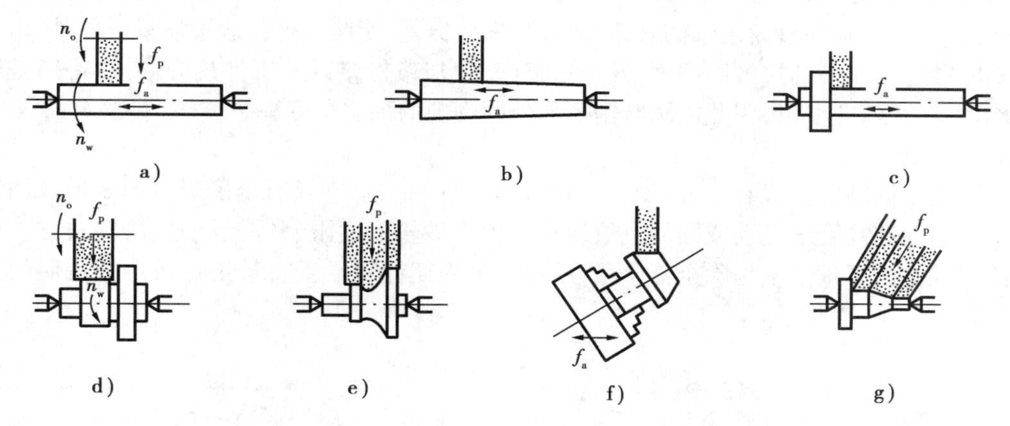

图 4-27 外圆磨削加工的各种方式

图 4-27 为外圆磨削加工的各种方式。

①纵磨法 磨削外圆时,砂轮的高速旋转为主运动。工件作圆周进给运动,同时随工作台沿工件轴向作纵向进给运动。每单次行程或每往复行程终了时,砂轮作周期性的横向进给,从而逐渐磨去工件径向的全部磨削余量。采用纵磨法每次的横向进给量小,磨削力小,散热条件好,并且能以光磨的次数来提高工件的磨削和表面质量,因而加工质量高,是目前生产中使用最广泛的一种磨削方法。

②横磨法 采用这种磨削形式磨外圆时,砂轮宽度比工件的磨削宽度大,工件不需作纵向进给运动,砂轮以缓慢的速度连续或断续地沿工件径向作横向进给运动,直至磨到工件尺寸要求为止。横磨法因砂轮宽度大,一次行程就可完成磨削加工过程,所以加工效率高,同时它也适用于成形磨削。然而,在磨削过程中砂轮与工件接触面积大,磨削力大,必须使用功率大、刚性好的磨床。此外,磨削热集中、磨削温度高,势必影响工件的表面质量,必须给予充分的切削液来降低磨削温度。

2)内圆磨削

用砂轮磨削工件内孔的磨削方式称为内圆磨削。它可以在专用的内圆磨床上进行,也能够在具备内圆磨头的万能外圆磨床上实现。

在图 4-28 中,砂轮高速旋转作主运动 n_o,工件旋转作圆周进给运动 n_w,同时砂轮或工件沿其轴线往复移动作纵向进给运动 f_a,砂轮则作径向进给运动 f_p。

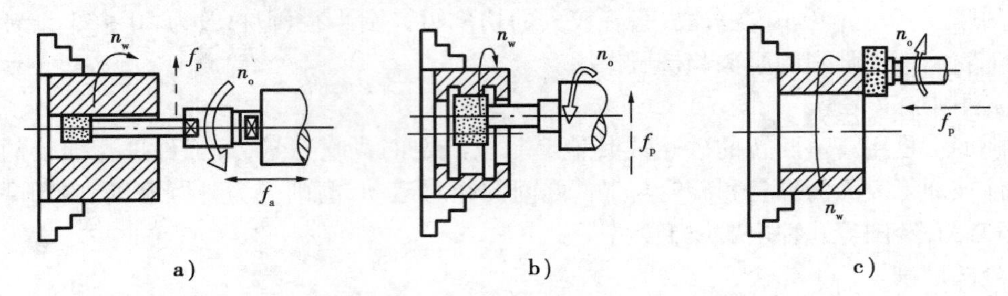

图 4-28 普通内圆磨床的磨削方法

a)纵磨法磨内孔 b)切入法磨内孔 c)磨端面

与外圆磨削相比,内圆磨削所用的砂轮和砂轮轴的直径都比较小。为了获得所要求的砂轮线速度,就必须提高砂轮主轴的转速,故容易发生振动,影响工件的表面质量。此外,由于内圆磨削时砂轮与工件的接触面积大,发热量集中,冷却条件差以及工件热变形大,特别是砂轮主轴刚性差,易弯曲变形,因此内圆磨削不如外圆磨削的加工精度高。

3)平面磨削

常见的平面磨削方式有四种,如图 4-29 所示。工件安装在具有电磁吸盘的矩形或圆形工作台上作纵向往复直线运动或圆周进给运动。由于砂轮宽度限制,需要砂轮沿轴线方向作横向进给运动。为了逐步地切除全部余量,砂轮还需周期性地沿垂直于工件被磨削表面的方向进给。

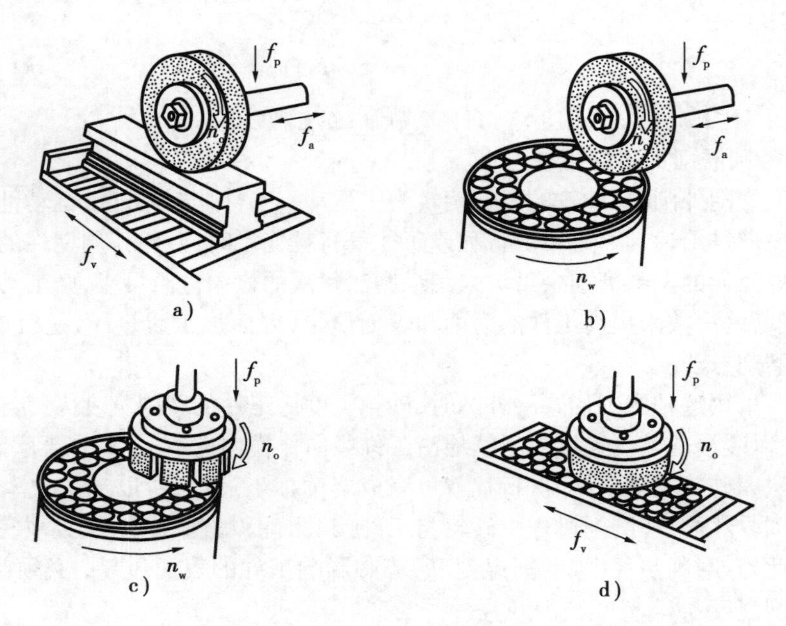

图 4-29 平面磨削方式

a)卧轴矩台平面磨床磨削 b)卧轴圆台平面磨床磨削

c)立轴圆台平面磨床磨削 d)立轴矩台平面磨床磨削

图 4-29a)、b)属于圆周磨削。这时砂轮与工件的接触面积小,磨削力小,排屑及冷却条件好,工件受热变形小,且砂轮磨损均匀,所以加工精度较高。然而,砂轮主轴呈悬臂状态,刚性差,不能采用较大的磨削用量,生产率较低。

图 4-29c)、d)属于端面磨削,砂轮与工件的接触面积大,同时参加磨削的磨粒多。另外,磨床工作时主轴受压力,刚性较好,允许采用较大的磨削用量,故生产率高。但是,在磨削过程中,磨削力大,发热量大,冷却条件差,排屑不畅,造成工件的热变形较大,且砂轮端面沿径向各点的线速度不等,使砂轮磨损不均匀,所以这种磨削方法的加工精度不高。

4)无心外圆磨削

无心外圆磨削的工作原理如图 4-30 所示。工件置于砂轮和导轮之间的托板上,以工件自身外圆为定位基准。当砂轮以转速 n_o旋转,工件就有以与砂轮相同的线速度回转的趋势,但由于受到导轮摩擦力对工件的制约作用,结果使工件以接近于导轮线速度(转速 n_w)回转,从而在砂轮和工件之间形成很大的速度差,由此而产生磨削作用。改变导轮的转速,便可以调整工件的圆周进给速度。

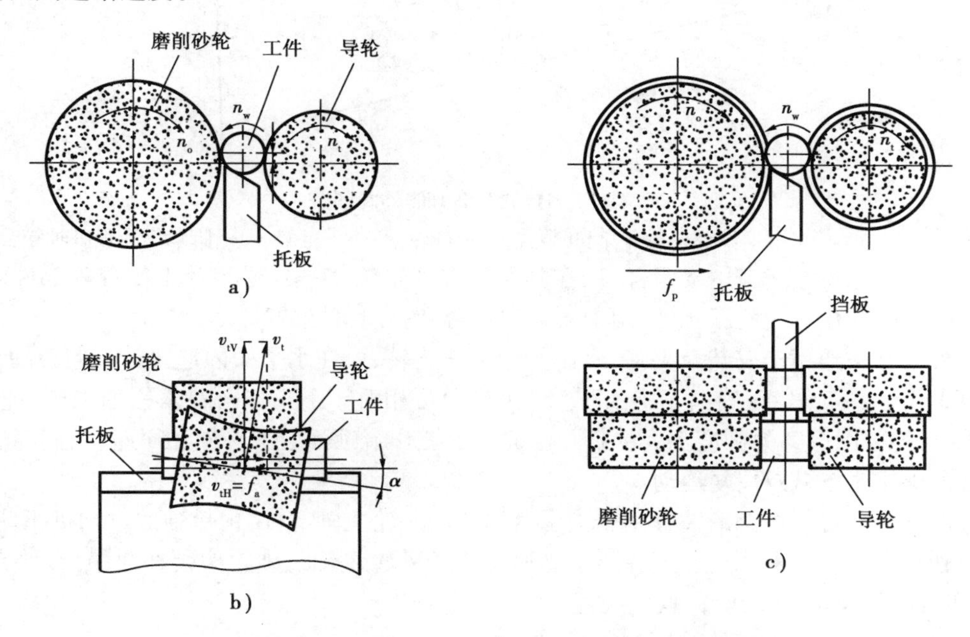

图 4-30 无心外圆磨削的加工示意图

无心外圆磨削有两种磨削方式:贯穿磨法(图 4-30a)、b))和切入磨法(图 4-30c))。

贯穿磨削时,将导轮在与砂轮轴平行的平面内倾斜一个角度 α(通常 $\alpha=2°\sim6°$,这时需将导轮的外圆表面修磨成双曲回转面以与工件呈线接触状态),这样就在工件轴线方向上产生一个轴向进给力。设导轮的线速度为 v_t,它可分解为两个分量 v_{tV} 和 v_{tH}。v_{tV}带动工件回转,并等于 v_w;v_{tH}使工件作轴向进给运动,其速度就是f_a,工件一面回转一面沿轴向进给,就可以连续地进行纵向进给磨削。

切入磨削时,砂轮作横向切入进给运动(f_p)来磨削工件表面。

在无心外圆磨削过程中,由于工件是靠自身轴线定位,因而磨削出来的工件尺寸精度与几何精度都比较高,表面粗糙度小。如果配备适当的自动装卸料机构,就易于实现自动化。但是，无心外圆磨床调整费时，只适于大批量生产。

4.3.3 M1432A 型万能外圆磨床

(1)机床的布局

图 4-31 为 M1432A 型万能外圆磨床的外形图。它由下列主要部件组成：

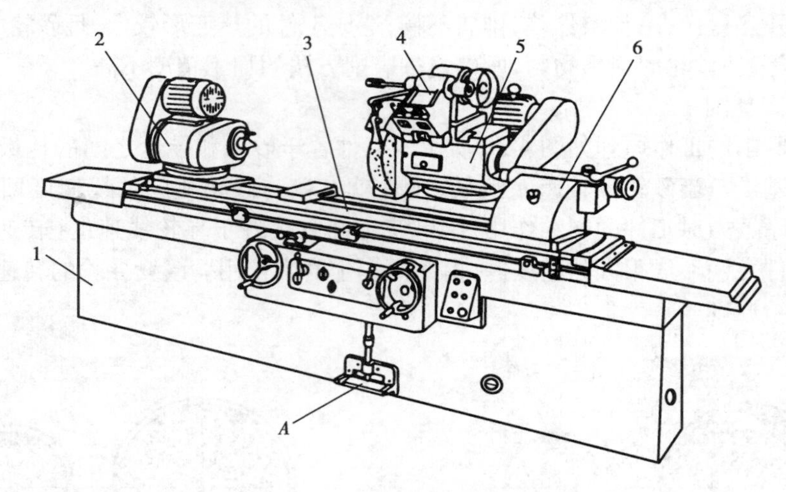

图 4-31 M1432A 型万能外圆磨床

1—床身 2—头架 3—工作台 4—内圆磨装置 5—砂轮架 6—尾架 A—脚踏操纵板卧轴矩台

1)床身　床身是磨床的支承部件，在其上装有砂轮架、头架、尾座及工作台等部件。床身内部装有液压缸及其他液压元件，用来驱动工作台和横向滑鞍的移动。

2)头架　头架用于安装及夹持工件，并带动其旋转，可在水平面内逆时针方向转动 90°。

3)工作台　工作台由上下两层组成，上工作台可相对于下工作台在水平面内转动很小的角度(±10°)，用以磨削锥度不大的长圆锥面。上工作台顶面装有头架和尾座，它们随工作台一起沿床身导轨作纵向往复运动。

4)内圆磨装置　内圆磨装置用于支承磨内孔的砂轮主轴部件，由单独的电动机驱动。

5)砂轮架　砂轮架用于支承并传动高速旋转的砂轮主轴。砂轮架装在滑鞍上，当需磨削短圆锥时，砂轮架可在 ±30°内调整位置。

6)尾座　尾座和头架的前顶尖一起支承工件。

(2)机床的运动与传动

图 4-32 是机床几种典型的加工方法。其中图 4-32a)、d)与 b)是采用纵磨法磨削外圆柱面和内、外圆锥面。这时机床需要三个表面成形运动：砂轮的旋转运动 n_o、工件纵向进给运动 f_a 以及工件的圆周进给运动 n_w。图 4-32c)是切入法磨削短圆锥面，这时只有砂轮的旋转运动和工件的圆周进给运动。此外，机床还有两个辅助运动：砂轮横向快速进退和尾座套筒缩回，以便装卸工件。

机床的传动系统如图 4-33 所示。

1)砂轮主轴的旋转运动 n_o　磨削外圆时，砂轮的旋转运动是由电动机(转速 1 440 r/min，功率 4 kW)经 V 形带直接传动。内圆磨削时，砂轮主轴的旋转运动由另一台电动机(转速 2 840 r/mim，功率 1.1 kW)经平带直接传动。更换带轮，可使砂轮主轴获得 2 种高转速：

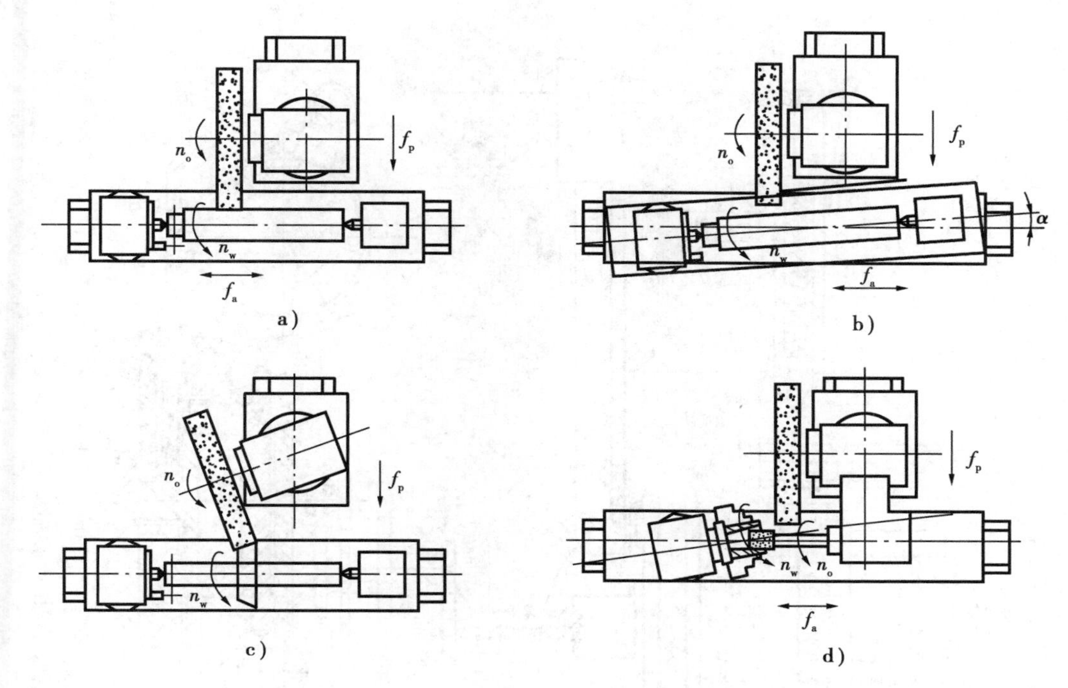

图 4-32　万能外圆磨床加工示意图

a)纵磨法磨外圆柱面　b)扳转工作台用纵磨法磨长圆锥面

c)扳转砂轮架用切入法磨短圆锥面　d)扳转头架用纵磨法磨内圆锥面

10 000 r/min和15 000 r/min。

2)工件圆周进给运动 n_w　工件的旋转运动是由双速电动机驱动,经三阶塔轮及两级带轮传动,使头架的拨盘或卡盘带动工件,实现圆周进给。由于电动机为双速,因而可使工件获得6种转速。

3)工件纵向进给运动 f_a　通常采用液压传动,以保证运动的平稳性,并便于实现无级调速和往复运动循环的自动化。此外,在调整机床时,还可由手轮驱动工作台。

为了防止液压传动和手轮 *A* 之间的干涉,设置了联锁装置。当轴Ⅵ上的小液压缸与液压系统相通,工作台纵向往复运动时,压力油推动轴Ⅵ上的双联齿轮移动,使齿轮18与72脱开。因此,液压驱动工作台纵向运动时手轮 *A* 并不转动。

4)砂轮架的横向进给运动　横向进给运动 f_p[单位为mm/str或mm/(d·str)]可用手轮 *B* 实现连续横向进给和周期性自动进给两种工作方式。当顺时针转动手轮 *B* 时,经过中间体 *P* 带动轴Ⅷ,再由齿轮副50/50或20/80,经44/88传动丝杠转动(螺距 $P=4$ mm),来实现砂轮架的横向进给运动。手轮转1周,砂轮架的横向进给量为2 mm(粗进给)或0.5 mm(细进给),手轮上的刻度盘 *D* 上刻度为200格,因此,每格进给量为0.01 mm或0.002 5 mm。

(3)主要部件结构

1)砂轮架

砂轮架由壳体、砂轮主轴部件、传动装置等组成,其中砂轮主轴部件结构直接影响工件的加工质量,应具有较高的回转精度、刚度、抗振性及耐磨性。

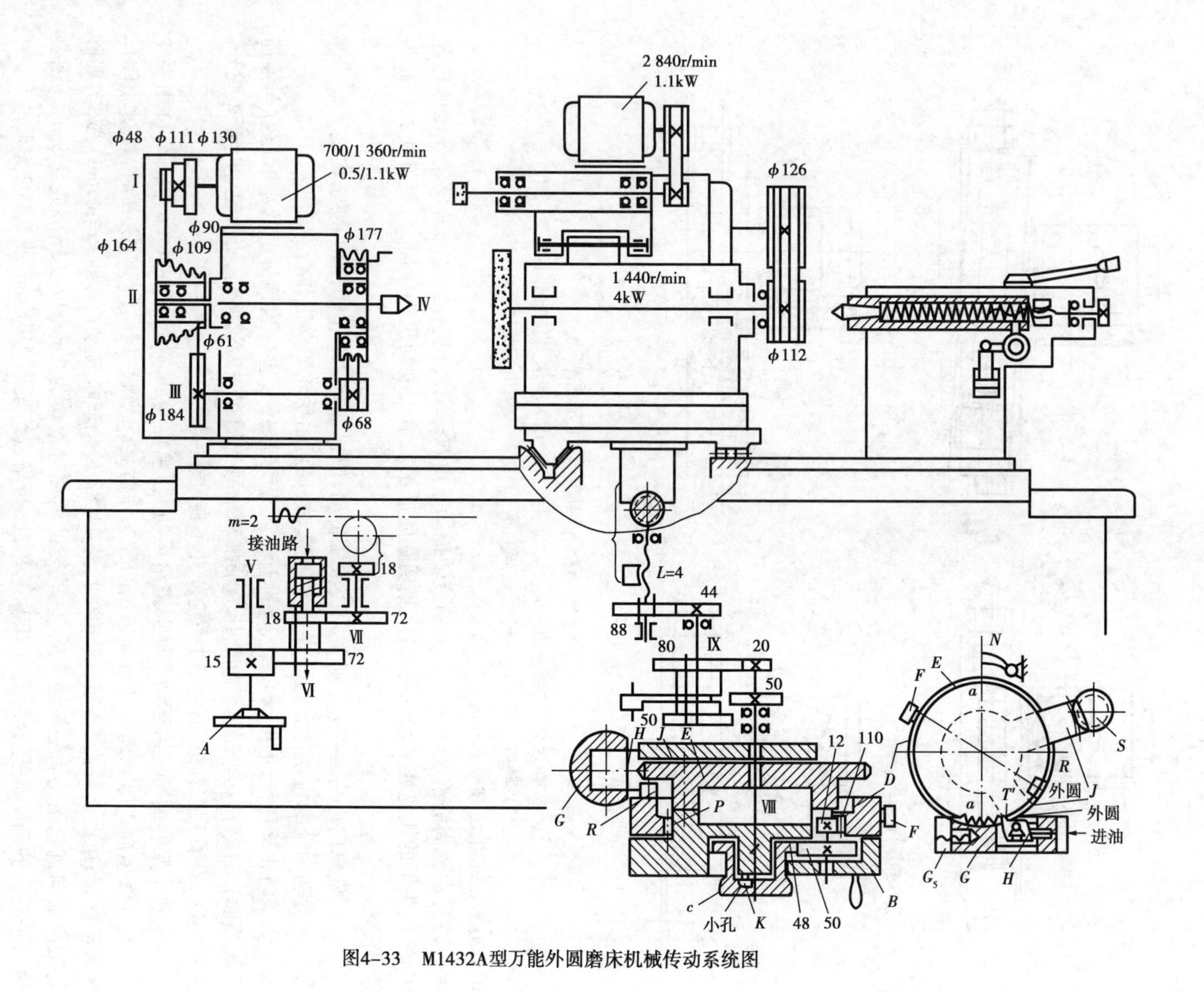

图4-33 M1432A型万能外圆磨床机械传动系统图

砂轮主轴前后径向支承为“短三瓦”动压滑动轴承。每个滑动轴承都由均布在圆周上的三块扇形轴瓦组成,每块轴瓦均支承在球面支承螺钉的球头上。当主轴向一个方向高速旋转后,三块轴瓦自动地摆动到一个平衡位置,其内表面与主轴轴颈间形成楔形缝隙,于是在轴和轴瓦之间形成三个压力油楔,将主轴悬浮在三块轴瓦的中间,不与轴瓦直接接触,因而主轴具有较高的回转精度,所允许的转速也较高。

由于砂轮的磨削速度很高,砂轮主轴运转的平稳性对磨削表面质量影响很大,因此对装在主轴上的零件都要仔细校正静平衡,特别是砂轮,整个主轴部件还要校正动平衡。为安全起见,砂轮周围必须安装防护罩,以防砂轮意外碎裂击伤人员及设备。此外,砂轮主轴部件必须浸在油中,油面高度可通过油标观察,主轴两端用橡胶油封进行密封。

2)内圆磨具

内圆磨具装在支架的孔中,不工作时,应翻向上方如图4-31所示的位置。为了使内圆磨具在高转速下运转平稳,主轴轴承应具有足够的刚度和寿命,并采用平带传动内圆磨具的主轴。

3)头架

头架主轴直接支承工件,因此它的回转精度和刚度直接影响工件的加工精度。

4.4 齿轮加工与齿轮加工机床(Y3150E型)

4.4.1 齿轮的加工方法与齿轮加工机床的类型

齿轮加工机床是用来加工齿轮轮齿的机床。齿轮传动在各种机械及仪表中的广泛应用,现代工业的发展对齿轮传动在圆周速度和传动精度等方面的要求越来越高,促进了齿轮加工机床的发展,使齿轮加工机床成为机械制造业中一种重要的加工设备。

(1)齿轮加工机床的工作原理

齿轮加工机床的种类繁多,构造各异,加工方法也各不相同,但就其加工原理来说,可分为成形法和范成法两类。

1)成形法

成形法加工齿轮是使用切削刃形状与被切齿轮的齿槽形状完全相符的成形刀具切出齿轮的方法。即由刀具的切削刃形成渐开线母线,再加上一个沿齿坯齿向的直线运动形成所加工齿面。这种方法一般在铣床上用盘铣刀或指形齿轮铣刀铣削齿轮,见图4-34。此外,也可以在刨床或插床上用成形刀具刨、插削齿轮。

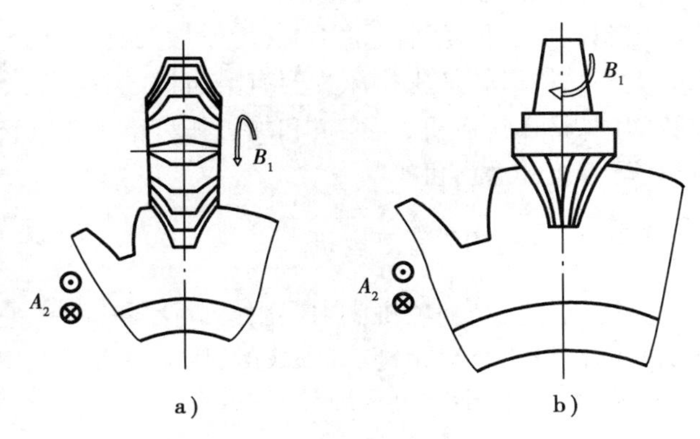

图4-34 成形法加工齿轮

成形法加工齿轮是采用单齿廓成形分齿法,即加工完一个齿,退回,工件分度,再加工一个齿。因此生产率较低,而且对于同一模数的齿轮,只要齿数不同,齿廓形状就不同,需采用不同的成形刀具。在实际生产中为了减少成形刀具的数量,每一种模数通常只配有八把刀,各自适应一定的齿数范围,因此加工出的齿形是近似的,加工精度较低。但是这种方法,机床简单,不需要专用设备,适用于单件小批生产及加工精度不高的修理行业。

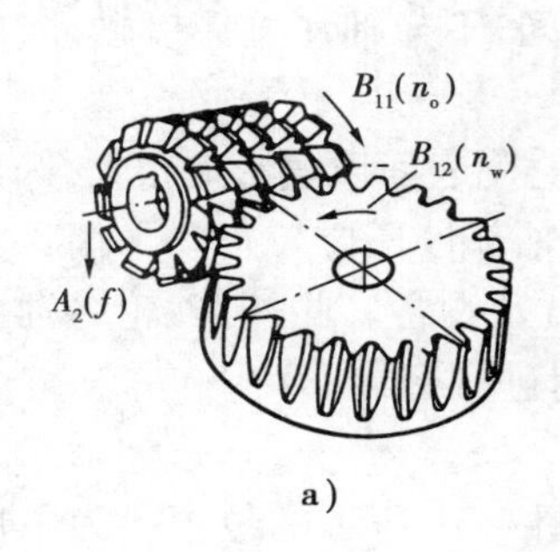

a)

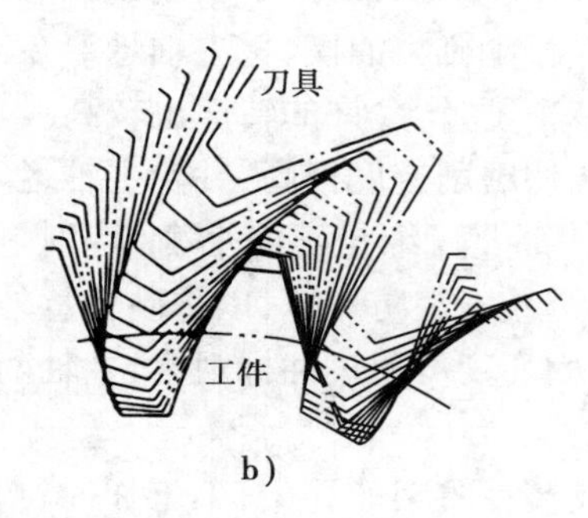

b)

图 4-35 滚齿运动

a)滚动运动 b)齿廓范成过程

2)范成法

范成法是切齿时刀具与工件模拟一对齿轮(或齿轮与齿条)作啮合运动(范成运动),在运动过程中,刀具齿形的运动轨迹逐步包络出工件的齿形(图 4-35)。刀具的齿形可以和工件齿形不同,所以可以使用直线齿廓的齿条式工具来制造渐开线齿轮刀具,例如用修整得非常精确的直线齿廓的砂轮来刃磨渐开线齿廓的插齿刀。这为提高齿轮刀具的制造精度和高精度齿轮的加工提供了有利条件。

范成法加工齿轮是利用齿轮的啮合原理进行的,即把齿轮啮合副(齿条—齿轮、齿轮—齿轮)中的一个转化为刀具,另一个转化为工件,并强制刀具和工件作严格的啮合运动而范成切出齿廓。

此外,范成法可以用一把刀具切出同一模数而齿数不同的齿轮,而且加工时能连续分度,具有较高的生产率。但是范成法需在专门的齿轮机床上加工,而且机床的调整、刀具的制造和刃磨都比较复杂,一般用于成批和大量生产。滚齿、插齿等都属于范成法切齿。

(2)齿轮加工机床的类型

按照被加工齿轮种类的不同,齿轮加工机床可分为圆柱齿轮加工机床和锥齿轮加工机床两大类。圆柱齿轮加工机床主要有滚齿机、插齿机、车齿机等;锥齿轮加工机床有加工直齿锥齿轮的刨齿机、铣齿机、拉齿机和加工弧齿锥齿轮的铣齿机。用来精加工齿轮齿面的机床有剃齿机、珩齿机和磨齿机等。

4.4.2 Y3150E 型滚齿机

滚齿机是齿轮加工机床中应用最广泛的一种。它多数是立式的,用来加工直齿和斜齿的外啮合圆柱齿轮及蜗轮;也有卧式的,用于仪表工业中加工小模数齿轮和在一般机械制造业中加工轴齿轮、花键轴等。

(1)滚齿原理

滚齿加工是由一对交错轴斜齿轮啮合传动原理演变而来的。将其中一个齿轮的齿数减少到几个或一个,螺旋角 β 增大到很大,它就成了蜗杆。再将蜗杆开槽并铲背,就成为齿轮滚刀。在齿轮滚刀按给定的切削速度作旋转运动,工件轮坯按一对交错轴斜齿轮啮合传动的运动关系，配合滚刀一起转动的过程中，就在齿坯上滚切出齿槽，形成渐开线齿面如图4-35a）所示。在滚切过程中，分布在螺旋线上的滚刀各刀齿相继切去齿槽中一薄层金属，每个齿槽在滚刀旋转中由几个刀齿依次切出，渐开线齿廓则由刀刃一系列瞬时位置包络而成，如图4-35b）所示。所以，滚齿时齿廓的成形方法是范成法，成形运动是滚刀旋转运动和工件旋转运动组成的复合运动（$B_{11}+B_{12}$），这个复合运动称为范成运动。当滚刀与工件连续不断地旋转时，便在工件整个圆周上依次切出所有齿槽。也就是说，滚齿时齿面的成形过程与齿轮的分度过程是结合在一起的，因而范成运动也就是分度运动。

由上述可知，为了得到所需的渐开线齿廓和齿轮齿数，滚齿时滚刀和工件之间必须保持严格的相对运动关系为：当滚刀转过1转时，工件应该相应地转 k/z 转（k 为滚刀头数，z 为工件齿数）。

1）加工直齿圆柱齿轮时的运动和传动原理

根据表面成形原理，加工直齿圆柱齿轮时的成形运动应包括，形成渐开线齿廓（母线）的运动和形成直线形齿线（导线）的运动。渐开线齿廓由范成法形成，靠滚刀旋转运动 B_{11} 和工件旋转运动 B_{12} 组成的复合成形运动——范成运动实现；直线形齿线由相切法形成，靠滚刀旋转运动 B_{11} 和滚刀沿工件轴线的直线运动 A_2 来实现，这是两个简单成形运动（见图4-35a））。这里，滚刀的旋转运动既是形成渐开线齿廓的运动，又是形成直线形齿线的运动。所以，滚切直齿圆柱齿轮实际只需要两个独立的成形运动：一个复合成形运动（$B_{11}+B_{12}$）和一个简单成形运动 A_2。但是，习惯上常常根据切削中所起作用来称呼滚齿时的运动，即称工件的旋转运动为范成运动，滚刀的旋转运动为主运动，滚刀沿工件轴线方向的移动为轴向进给运动，并据此来命名实现这些运动的传动链。

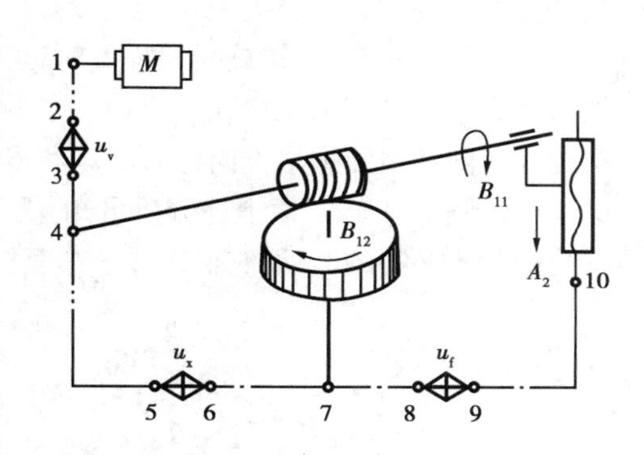

图4-36　滚刀直齿圆柱齿轮的传动原理

滚切直齿圆柱齿轮所需成形运动的传动原理如图4-36所示。联系滚刀主轴（滚刀转动 B_{11}）和工作台（工件转动 B_{12}）的传动链“4 — 5 — u_x — 6 — 7”为范成运动传动链，由它来保证滚刀和工件旋转运动之间的严格运动关系。传动链中的换置机构 u_x 用于适应工件齿数和滚刀头数的变化。显然，这是一条内联系传动链，不仅要求它的传动比数值绝对准确，而且还要求滚刀和工件两者的旋转方向互相配合，即必须符合一对交错轴斜齿轮啮合传动时的相对运动方向。当滚刀旋转方向一定时，工件的旋转方向由滚刀螺旋方向确定。

为使滚刀和工件能实现范成运动，需有传动链“1 — 2 — u_v — 3 — 4”把运动源 M 与范成运动传动链联系起来。它是范成运动的外联系传动链，使滚刀和工件共同获得一定速度和方向的运动。通常称联系运动源 M 与滚刀主轴的传动链为主运动传动链，传动链中的换置机构 u_v 用于调整渐开线齿廓的成形速度，以适应滚刀直径、滚刀材料、工件材料、硬度以及加工质量要求等的变化，即根据工艺条件所确定的滚刀转速来调整其传动比。

滚刀的轴向进给运动是由滚刀刀架沿立柱移动实现的。为使刀架得到运动，用轴向进给运动传动链“7 — 8 — u_f — 9 — 10”将工作台（工件转动）与刀架（滚刀移动）联系起来。传动链中的换置机构 u_f 用于调整轴向进给量的大小和进给方向，以适应不同加工表面粗糙度的要求。需要明确的是，由于轴向进给运动是简单运动，因此轴向进给运动传动链是外联系传动链。这里所以用工作台作为间接运动源，是因为滚齿时的进给量通常以工件每转一转时，刀架的位移量来计量，且刀架运动速度较低，采用这种传动方案，不仅可满足工艺上的需要，又能简化机床的结构。

2）加工斜齿圆柱齿轮时的运动和传动原理

斜齿圆柱齿轮与直齿圆柱齿轮不同之处是齿线为螺旋线，因此，滚切斜齿齿轮时，除了与滚切直齿一样，需要有范成运动、主运动和轴向进给运动外，为了形成螺旋线齿线，在滚刀作轴向进给运动的同时，工件还应作附加旋转运动 B_{22}（简称附加运动），而且这两个运动之间必须保持确定的关系，即滚刀移动一个工件螺旋线导程 L 时，工件应准确地附加转过一转，对此用图 4-37a）来加以说明，设工件螺旋线为右旋，当刀架带着滚刀沿工件轴向进给 f（单位为 mm），滚刀由 a 点到 b 点时，为了能切出螺旋线齿线，应使工件的 b' 点转到 b 点，即在工件原来的旋转运动 B_{12} 的基础上，再附加转动 $\widehat{bb'}$。当滚刀进给至 c 点时，工件应附加转动 $\widehat{cc'}$。依此类推，当滚刀进给至 p 点，即滚刀进给一个工件螺旋线导程 L 时，工件上的 p' 点应转到 p 点，就是说工件应附加转 1 转。附加运动 B_{22} 的方向，与工件在范成运动中的旋转运动 B_{12} 方向或者相同，或者相反，这取决于工件螺旋线方向及滚刀进给方向；如果 B_{22} 和 B_{12} 同向，计算时附加运动取 +1 转，反之，若 B_{22} 和 B_{12} 方向相反，则取 -1 转。由上述分析可知，滚刀的轴向进给运动 A_{21} 和工件的附加运动 B_{22} 是形成螺旋线齿线所必需的运动，它们组成一个复合运动——螺旋轨迹运动。

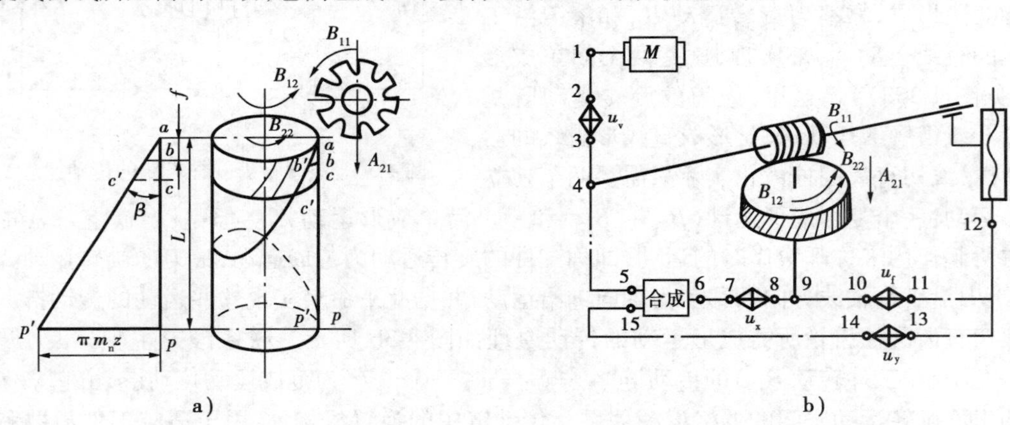

图 4-37　滚切斜齿圆柱齿轮的传动原理

滚切斜齿圆柱齿轮所需成形运动的传动原理如图 4-37b）所示。其中范成运动、主运动以及轴向进给运动传动链与加工直齿圆柱齿轮时相同，只是在刀架与工件之间增加了一条附加运动传动链："刀架（滚刀移动 A_{21}）— 12 — 13 — u_y — 14 — 15 —〔合成〕— 6 — 7 — u_x — 8 — 9 —工作台（工件附加转动 B_{22}）"，以保证刀架沿工件轴线方向移动一个螺旋线导程 L 时，工件附加转 1 转，形成螺旋线齿线。显然，这条传动链属于内联系传动链。传动链中的换置机构 u_y 用于适应工件螺旋线导程 L 和螺旋方向的变化。由于滚切斜齿圆柱齿轮时，工件旋转运动既要与滚刀旋转运动配合，组成形成齿廓的范成运动，又要与滚刀刀架直线进给运动配合，组成形成螺旋线齿线的螺旋轨迹运动，而且它们又是同时进行的，因此加工时工件的旋转运动是两个运动的合成：范成运动中的旋转运动 B_{12} 和螺旋轨迹运动的附加运动 B_{22}。这两个运动分别由范成运动传动链和附加运动传动链传来，为使工件同时接受两个运动而不发生矛盾，需在传动系统中配置运动合成机构（图 4-37b））以及其他传动原理图中均用〔合成〕表示），将两个运动合成之后再传给工件。

3)滚齿机的运动合成机构

滚齿机上加工斜齿圆柱齿轮、大质数齿轮以及用切向进给法加工蜗轮时,都需要通过运动合成机构将范成运动中工件的旋转运动和工件的附加运动合成后传到工作台,使工件获得合成运动。

滚齿机所用的运动合成机构通常是圆柱齿轮或锥齿轮行星机构。图4-38为Y3150E型滚齿机所用的运动合成机构,由模数 $m=3$,齿数 $z=30$,螺旋角 $\beta=0°$ 的四个弧齿锥齿轮组成。

当需要附加运动时(图4-38a)),在轴X上先装上套筒 G(用键与轴连接),再将离合器 M_2 空套在套筒 G 上。离合器 M_2 的端面齿与空套齿轮 z_y 的端面齿以及转臂 H 右部套筒上的端面齿同时啮合,将它们连接在一起,因而来自刀架的运动可通过齿轮 z_y 传递给转臂 H。

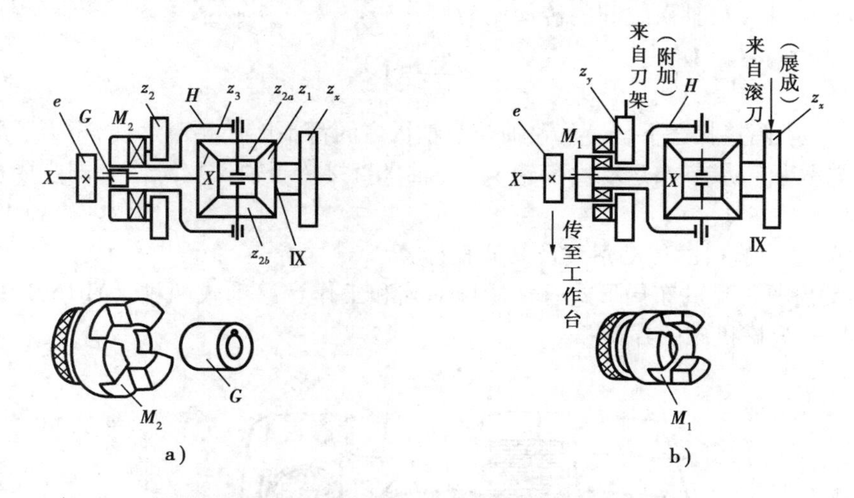

图4-38　滚齿机运动合成机构工作原理(Y3150E)

设 n_x、$n_Ⅸ$、n_H 分别为轴X、Ⅸ及转臂 H 的转速,根据行星齿轮机构传动原理,可以列出运动合成机构的传动比计算式:

$$\frac{n_x-n_H}{n_Ⅸ-n_H}=(-1)\frac{z_1}{z_{2a}}\frac{z_{2a}}{z_3}$$

式中的(-1),由锥齿轮传动的旋转方向确定。将锥齿轮齿数 $z_1=z_{2a}=z_{2b}=z_3=30$ 代入上式,则得

$$\frac{n_x-n_H}{n_Ⅸ-n_H}=-1$$

进一步可得运动合成机构中从动件的转速 n_x 与两个主动件的转速 $n_Ⅸ$ 及 n_H 的关系式:

$$n_x=2n_H-n_Ⅸ$$

在范成运动传动链中,来自滚刀的运动由齿轮 z_x 经合成机构传至轴X。可设 $n_H=0$,则轴Ⅸ与X之间的传动比为:

$$u_{合1}=\frac{n_X}{n_Ⅸ}=-1$$

在附加运动传动链中,来自刀架的运动由齿轮 z_y 传给转臂 H,再经合成机构传至轴X。可设 $n_Ⅸ=0$,则转臂 H 与轴X之间的传动比为:

$$u_{合2}=\frac{n_{X}}{n_{H}}=2$$

综上所述,加工斜齿圆柱齿轮、大质数齿轮以及用切向法加工蜗轮时,范成运动和附加运动同时通过合成机构传动,并分别按传动比 $u_{合1}=-1$ 及 $u_{合2}=2$ 经轴X和齿轮 e 传往工作台。

加工直齿圆柱齿轮时,工件不需要附加运动。为此需卸下离合器 M_2 及套筒 G,而将离合器 M_1 装在轴X上(图4-38b))。M_1 通过键和轴X连接,其端面齿爪只和转臂 H 的端面齿爪连接,所以此时:

$$n_{H}=n_{X}$$

$$n_{X}=2n_{X}-n_{IX}$$

$$n_{X}=n_{IX}$$

范成运动传动链中轴X与轴Ⅸ之间的传动比为:

$$u_{合1}'=\frac{n_{X}}{n_{IX}}=1$$

实际上,在上述调整状态下,转臂 H、轴X与轴Ⅸ之间都不能作相对运动,相当于联成一整体,因此在范成运动传动链中,运动由齿轮 z_X,经轴Ⅸ直接传至轴X及齿轮 e,即合成机构的传动比 $u'_{合1}=1$。

(2)Y3150E 型滚齿机的传动系统及其调整计算

中型通用滚齿机常见的布局形式有立柱移动式和工作台移动式两种。Y3150E 型滚齿机属于后者,图4-39 为该机床的外形。

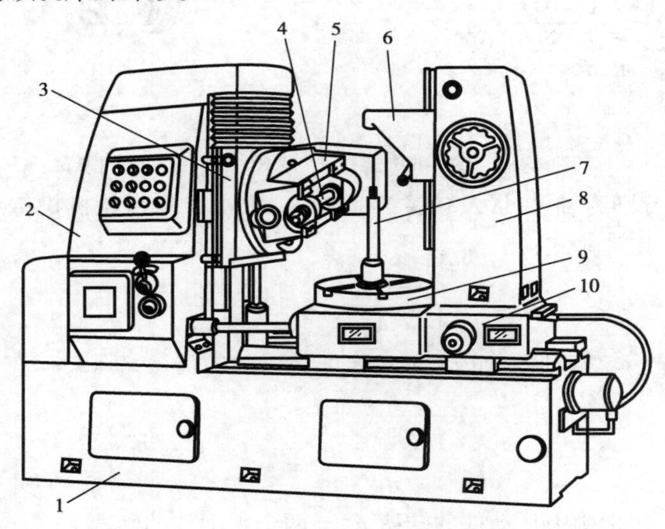

图4-39　Y3150E 型滚齿机

1—床身　2—立柱　3—刀架溜板　4—刀杆　5—刀架体　6—支架　7—心轴　8—后立柱　9—工作台　10—床鞍

床身1上固定有立柱2,刀架溜板3可沿立柱上的导轨垂直移动,滚刀用刀杆4安装在刀架体5中的主轴上。工件安装在工作台9的心轴7上,随同工作台一起旋转。后立柱8和工作台装在床鞍10上,可沿床身的水平导轨移动。用于调整工件的径向位置或作径向进给运动。后立柱上的支架6可用轴套或顶尖支承工件心轴上端。

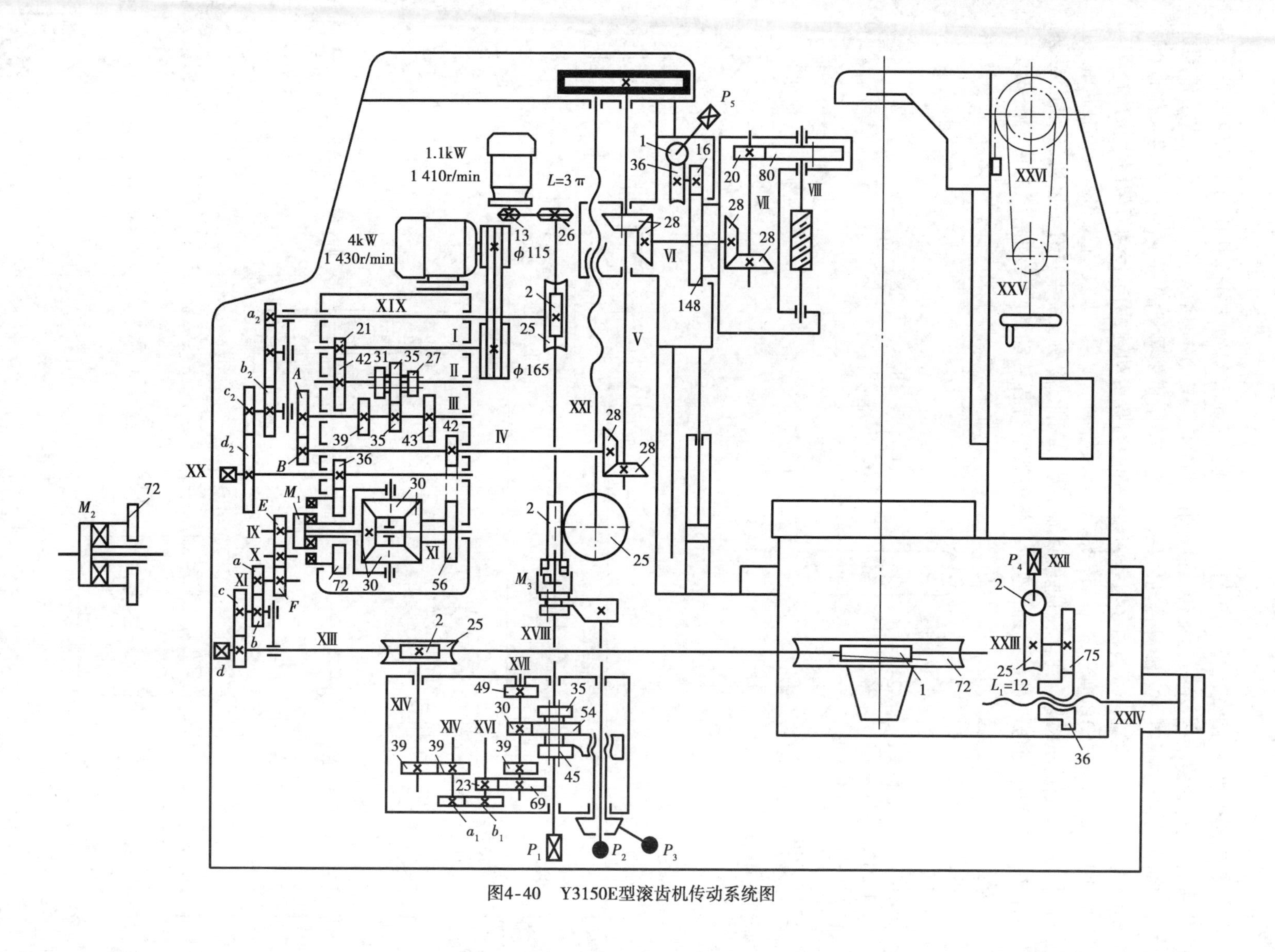

图4-40　Y3150E型滚齿机传动系统图

通用滚齿机一般要求它能加工直齿、斜齿圆柱齿轮和蜗轮，因此，其传动系统应具备下列传动链：主运动传动链、范成运动传动链、轴向进给传动链、附加运动传动链、径向进给传动链和切向进给传动链，其中前四种传动链是所有通用滚齿机都具备的，后两种传动链只有部分滚齿机具备。此外，大部分滚齿机还具备刀架快速空行程传动链，用于传动刀架溜板快速移动。

图4-40为Y3150E型滚齿机的传动系统。该机床主要用于加工直齿和斜齿圆柱齿轮，也可用径向切入法加工蜗轮，但径向进给只能手动。因此，传动系统中只有主运动、范成运动、轴向进给和附加运动传动链。另外，还有一条刀架空行程传动链。传动系统的传动路线表达式为：

$$
\text{电动机}\begin{pmatrix}1\ \text{kW}\\ 1\,430\\ \text{r/min}\end{pmatrix}-\frac{\phi 115}{\phi 165}-\text{I}-\frac{21}{42}-\text{II}-\begin{pmatrix}\frac{31}{39}\\ \frac{35}{35}\\ \frac{27}{43}\end{pmatrix}-\text{III}-\frac{A}{B}-\text{IV}-\frac{28}{28}-\text{V}-\frac{28}{28}-\text{VI}-\frac{28}{28}-\text{VII}-\frac{20}{80}-\text{VIII}(\text{滚刀主轴})(\text{换向})
$$

$$
\text{III}-\frac{42}{56}-\text{IX}-\boxed{\text{合成}}-\text{X}-\frac{e}{f}-\left[\text{XI}-\frac{36}{36}\right]-\text{XII}-\frac{a}{b}-\frac{c}{d}-\text{XIII}-
$$

$$
-\left\{\begin{array}{l}\frac{1}{72}-\text{工作台}\\ \frac{2}{25}-\text{XIV}-\frac{39}{39}(\text{换向})-\text{XV}-\frac{a_1}{b_1}-\text{XVI}-\frac{23}{69}-\text{XVII}-\begin{pmatrix}\frac{39}{45}\\ \frac{30}{54}\\ \frac{49}{35}\end{pmatrix}-\text{XVIII}-M-\frac{2}{25}-\text{XXI}\ (\text{刀架轴向进给丝杠}\ P=3\pi)\end{array}\right.
$$

$$
\text{XIII}-\frac{36}{72}-\text{XX}-\frac{c_2}{d_2}-\begin{bmatrix}\frac{\text{惰轮}}{b_2}\ \frac{a_2}{\text{惰轮}}\ (\text{换向})\\ \frac{a_2}{b_2}\end{bmatrix}-\text{XIX}-\frac{2}{25}-\text{XVIII}
$$

$$
\text{快速电动机}\begin{pmatrix}1.1\ \text{kW}\\ 1\,430\ \text{r/min}\end{pmatrix}-\frac{13}{26}-\text{XVIII}
$$

下面具体分析滚切直齿、斜齿圆柱齿轮时各运动链的调整计算。

1)加工直齿圆柱齿轮的调整计算

①主运动传动链

主运动传动链的两端件是：

电动机—滚刀主轴Ⅷ

计算位移是：

电动机 $n_{电}$（单位为 r/min）——滚刀主轴（滚刀转动）$n_{刀}$（单位为 r/min）

其运动平衡式：

$$1\,430 \times \frac{115}{165} \times \frac{21}{42} \times u_{Ⅱ-Ⅲ} \frac{A}{B} \times \frac{28}{28} \times \frac{28}{28} \times \frac{28}{28} \times \frac{20}{80} = n_{刀}$$

由上式可得换置公式

$$u_{v} = u_{Ⅱ-Ⅲ} \frac{A}{B} = \frac{n_{刀}}{124.583}$$

式中 $u_{Ⅱ-Ⅲ}$——轴Ⅱ—Ⅲ之间的可变传动比；共三种：$u_{Ⅱ-Ⅲ} = \frac{27}{43};\frac{31}{39};\frac{35}{35}$；

$\frac{A}{B}$——主运动变速挂轮齿数比；共三种：$\frac{A}{B} = \frac{22}{44};\frac{33}{33};\frac{44}{22}$.

滚刀的转速确定后，就可算出 u_{v} 的数值，并由此决定变速箱中变速齿轮的啮合位置和挂轮的齿数。

②范成运动传动链

范成运动传动链的两端件是：

滚刀主轴（滚刀转动）—工作台（工件转动）

计算位移是滚刀主轴转一转时，工件转 k/z 转，其运动平衡式为：

$$l \times \frac{80}{20} \times \frac{28}{28} \times \frac{28}{28} \times \frac{28}{28} \times \frac{42}{56} u_{合1} \times \frac{e}{f} \times \frac{a}{b} \times \frac{c}{d} \times \frac{1}{72} = \frac{k}{z}$$

滚切直齿圆柱齿轮时，运动合成机构用离合器 M_1 连接，故 $u_{合1} = 1$。

由上式得范成运动传动链换置公式：

$$u_{x} = \frac{a}{b} \times \frac{c}{d} = \frac{f}{e} \frac{24k}{z}$$

上式中$\frac{e}{f}$的挂轮，用于工件齿数 z 在较大范围内变化时调整 u_{X} 的数值，使其数值适中，以便于选取挂轮。根据$\frac{z}{k}$值，$\frac{e}{f}$可以有如下三种选择：

$5 \leqslant \frac{z}{k} \leqslant 20$ 时取 $e = 48, f = 24$；

$21 \leqslant \frac{z}{k} \leqslant 142$ 时取 $e = 36\ f = 36$；

$\frac{z}{k} \geqslant 143$ 时取 $e = 24\ f = 48$。

③轴向进给运动传动链

轴向进给运动传动链的两端件是：

工作台（工件转动）——刀架（滚刀移动）

计算位移是:工作台每转一转时,刀架进给f(单位为 mm),运动平衡式为:

$$1\times\frac{72}{1}\times\frac{2}{25}\times\frac{39}{39}\times\frac{a_1}{b_1}\times\frac{23}{69}\times u_{\text{XVII}-\text{XVIII}}\times\frac{2}{25}\times3\pi=f$$

整理上式得出换置公式为:

$$u_f=\frac{a_1}{b_1}u_{\text{XVII}-\text{XVIII}}=\frac{f}{0.460\,8\pi}$$

式中 f——轴向进给量,单位为 mm/r;根据工件材料、加工精度及表面粗糙度等条件选定;

$\frac{a_1}{b_1}$——轴向进给挂轮;

$u_{\text{XVII}-\text{XVIII}}$——进给箱轴XVII－XVIII之间的可变传动比,共三种:

$$u_{\text{XVII}-\text{XVIII}}=\frac{49}{35};\frac{30}{54};\frac{39}{45}$$

2)加工斜齿圆柱齿轮的调整计算

①主运动传动链

加工斜齿圆柱齿轮时,机床主运动传动链的调整计算和加工直齿圆柱齿轮时相同。

②范成运动传动链

加工斜齿圆柱齿轮时,虽然范成运动传动链的传动路线以及两端件计算位移都和加工直齿圆柱齿轮时相同,但这时因运动合成机构用离合器 M_2 连接,其传动比为 $u_{合1}=-1$,代入运动平衡式后得出的换置公式为:

$$u_{\text{X}}=\frac{a}{b}\times\frac{c}{d}=-\frac{f}{e}\frac{24k}{z}$$

上式中负号说明范成运动链中轴X与IX的转向相反,而在加工直齿圆柱齿轮时两轴的转向相同(换置公式中符号为正)。因此,在调整范成运动挂轮时,必须按机床说明书规定配加惰轮。

③轴向进给运动传动链

轴向进给传动链及其调整计算和加工直齿圆柱齿轮相同。

④附加运动传动链

附加运动传动链的两端件是:

滚刀刀架(滚刀移动)—工作台(工件附加转动)

计算位移是刀架沿工件轴向移动一个螺旋线导程L时,工件应附加转±1 转,其运动平衡式为:

$$\frac{L}{3\pi}\times\frac{25}{2}\times\frac{2}{25}\times\frac{a_2}{b_2}\times\frac{c_2}{d_2}\times\frac{36}{72}u_{合2}\frac{e}{f}\times\frac{a}{b}\times\frac{c}{d}\times\frac{1}{72}=\pm1$$

式中 3π——轴向选给丝杠的导程,单位为 mm;

$u_{合2}$——运动合成机构在附加运动传动链中的传动比,$u_{合2}=2$;

$\frac{a}{b}\times\frac{c}{d}$——范成运动链挂轮传动比,$\frac{a}{b}\times\frac{c}{d}=-\frac{f}{e}\times\frac{24k}{z}$;

L——被加工齿轮螺旋线的导程,单位为 mm,$L=\frac{\pi m_n z}{\sin\beta}$;

m_n——法向模数,单位为 mm;

β——被加工齿轮的螺旋角,单位为度。

代入上式,得

$$u_y = \frac{a_2}{b_2} \times \frac{c_2}{d_2} = \pm 9 \frac{\sin \beta}{m_n k}$$

对于附加运动传动链的运动平衡式和换置公式,作如下分析:

a. 附加运动传动链是形成螺旋线齿线的内联系传动链,其传动比数值的精确度,影响着工件齿轮的齿向精度,所以挂轮传动比应配算准确。但是,换置公式中包含有无理数 $\sin \beta$,这就给精确配算挂轮$\frac{a_2}{b_2} \times \frac{c_2}{d_2}$带来困难,因为挂轮个数有限,且与范成运动传动链共用一套挂轮。为保证范成挂轮传动比绝对准确,一般先选定范成挂轮,剩下的供附加运动挂轮选择,所以往往无法配算得非常准确,只能近似配算,但误差不能太大。选配的附加运动挂轮传动比与按换置公式计算所要求的传动比之间的误差,对于 8 级精度的斜齿轮,要准确到小数点后第四位数字(即小数点后第五位数字才允许有误差),对于 7 级精度的斜齿轮,要准确到小数点后第五位数字,才能保证不超过精度标准中规定的齿向允差。

b. 运动平衡式中,不仅包含了 u_y,而且还包含有 u_x,这是因为附加运动传动链与范成运动传动有一公用段(轴X至工作台)的结果。这样的安排方案,可以经过代换使附加运动传动链换置公式中不包含工件齿数 z 这个参数,就是说配算附加运动挂轮与工件齿数无关。它的好处在于:一对互相啮合的斜齿轮,由于其模数相同,螺旋角绝对值也相同,当用一把滚刀加工一对斜齿轮时,虽然两轮的齿数不同,但是可以用相同的附加运动挂轮,因而只需计算和调整挂轮一次。更重要的是,由于附加运动挂轮近似配算所产生的螺旋角误差,对两个斜齿轮是相同的,因此仍可获得良好的啮合。

c. 刀架的传动丝杠采用模数螺纹,其导程为 3π。由于丝杠的导程值中包含 3π 这个因子,可消去运动平衡式中工件齿轮螺旋线导程 L 式中的 π,使得换置公式中不含因子 π,计算简便。

d. 左旋和右旋螺旋齿线是两个不同的运动轨迹,是靠附加运动挂轮改变传动方向,即在附加运动挂轮中配加惰轮,改变附加运动 B_{22}的方向而获得的。

3)刀架快速移动的传动路线

利用快速电动机可使刀架作快速升降运动,以便调整刀架位置及在进给前后实现快进和快退。此外,在加工斜齿圆柱齿轮时,起动快速电动机,可经附加运动传动链传动工作台旋转,以便检查工作台附加运动的方向是否正确。

刀架快速移动的传动路线如下:快速电动机—$\frac{13}{26}$— M —$\frac{2}{25}$— XXI(刀架轴向进给丝杠)。

刀架快速移动的方向可通过控制快速电动机的旋转方向来变换。在 Y3150E 型滚齿机上,起动快速电动机之前,必须先用操纵手柄 P_3 将轴 XVIII 上的三联滑移齿轮移到空挡位置,以脱开 XVII 和 XVIII 之间的传动联系(图 4-37)。为了确保操作安全,机床设有电气互锁装置,保证只有当操纵手柄 P_3 放在“快速移动”的位置上时,才能起动快速电动机。

使用快速电动机时,主电动机开动或不开动都可以。以滚切斜齿圆柱齿轮第一刀后,刀架快速退回为例,如主电动机仍然转动,这时刀架带着以 B_{11} 旋转的滚刀退刀,而工件以(B_{12} + B_{22})的合成运动转动,如主电动机停止,则范成运动停止,当刀架快退时,刀架上的滚刀不转,但是工作台上的工件还是会转动,这是由附加运动传动链传来的 B_{22}。在加工一个斜齿圆柱齿轮的整个过程中,范成运动链和附加运动传动链都不可脱开。例如,在第一刀初切完后,需将刀架快速向上退回,以便进行第二次切削时,绝不可分开范成运动传动链和附加运动传动链中的挂轮或离合器,否则将会使工件产生乱牙及斜齿被破坏等现象,并可能造成刀具及机床的损坏。

(3)滚刀安装角的调整

滚齿时,为了切出准确的齿形,应使滚刀和工件处于正确的"啮合"位置,即滚刀在切削点处的螺旋线方向应与被加工齿轮齿槽方向一致。为此,需将滚刀轴线与工件顶面安装成一定的角度,称作安装角 δ。

$$\delta = \beta \pm \omega$$

式中 β——被加工齿轮的螺旋角;

ω——滚刀的螺旋升角。

上式中,当被加工的斜齿轮与滚刀的螺旋线方向相反时取"+"号,螺旋线方向相同时取"-"号。

滚切斜齿轮时,应尽量采用与工件螺旋方向相同的滚刀,使滚刀安装角较小,有利于提高机床运动平稳性及加工精度。

当加工直齿圆柱齿轮时,因 $\beta = 0$,所以滚刀安装角 δ 为:

$$\delta = \pm \omega$$

这说明在滚齿机上切削直齿圆柱齿轮时,滚刀的轴线也是倾斜的,与水平面成 β 角(对立式滚齿机而言),倾斜方向则决定于滚刀的螺旋线方向。

(4)滚齿的特点及应用

滚齿加工的特点主要体现在以下几个方面:

1)适应性好。由于滚齿是采用范成法加工,因而一把滚刀可以加工与其模数、齿形角相同的不同齿数的齿轮,大大扩展了齿轮加工的范围。

2)生产效率高。因为滚齿是连续切削,无空行程损失。可采用多线滚刀来提高粗滚齿的效率。

3)滚齿时,一般都使用滚刀一周多点的刀齿参加切削,工件上所有齿槽都是由这些刀齿切出来的,因而被切齿轮的齿距偏差小。

4)滚齿时,工件转过一个齿,滚刀转过 $1/k$(k 为滚刀线数)。因此,在工件上加工出一个完整的齿槽,刀具相应地转 $1/k$ 转。如果在滚刀上开有 n 个刀槽,则工件的齿廓是由 $j = n/k$ 个折线组成。由于受滚刀强度限制,对于直径在 50 ~ 200 mm 范围内的滚刀 n 值一般在 8 ~ 12。这样,使用形成工件齿廓包络线的刀具齿形(即"折线")十分有限,比起插齿要少得多。所以,一般用滚齿加工出来的齿廓表面粗糙度大于插齿加工的齿廓表面粗糙度。

5)滚齿加工主要用于加工直齿、斜齿圆柱齿轮和蜗轮,不能加工内齿轮和多联齿轮。

4.4.3 齿形的其他加工方法

(1)插齿

在范成法加工中,插齿加工也是一种应用非常广泛的方法。它一次完成齿槽的粗和半精加工,其加工精度为 7 ~ 8 级,表面粗糙度值为 $R_a 0.16$ mm。插齿主要用于加工直齿圆柱齿轮,尤其适用于加工在滚齿机上不能加工的内齿轮和多联齿轮。

插齿刀实质上是一个端面磨有前角，齿顶及齿侧均磨有后角的齿轮（图4-41a））。插齿时，插齿刀沿工件轴向作直线往复运动以完成切削主运动，在刀具与工件轮坯作“无间隙啮合运动”过程中，在轮坯上渐渐切出齿廓。加工过程中，刀具每往复一次，仅切出工件齿槽的一小部分，齿廓曲线是在插齿刀刀刃多次相继切削中，由刀刃各瞬时位置的包络线所形成的（图4-41b））。

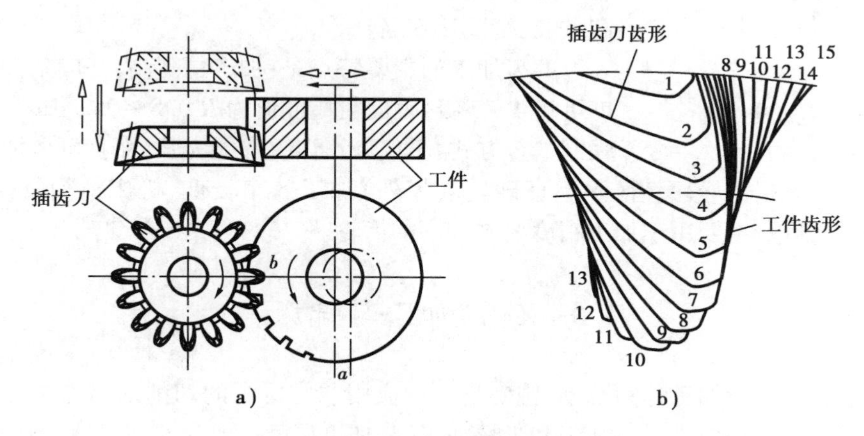

图4-41　插齿原理

（2）剃齿

剃齿是由剃齿刀带动工件自由转动并模拟一对螺旋齿轮作双面无侧隙啮合的过程。剃齿刀与工件的轴线交错成一定角度。剃齿刀可视为一个高精度的斜齿轮，并在齿面上沿渐开线齿向上开了很多槽形成切削刃，如图4-42所示。剃齿常用于未淬火圆柱齿轮的精加工，生产效率很高，是软齿面精加工最常见的加工方法之一。

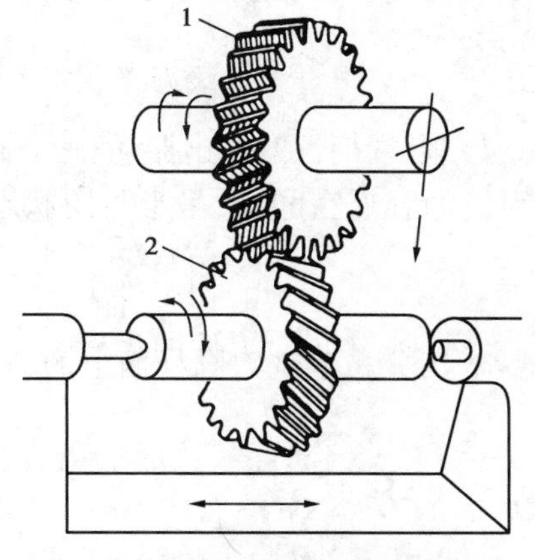

图4-42　剃齿刀及剃齿工作原理
1—剃齿刀　2—工件

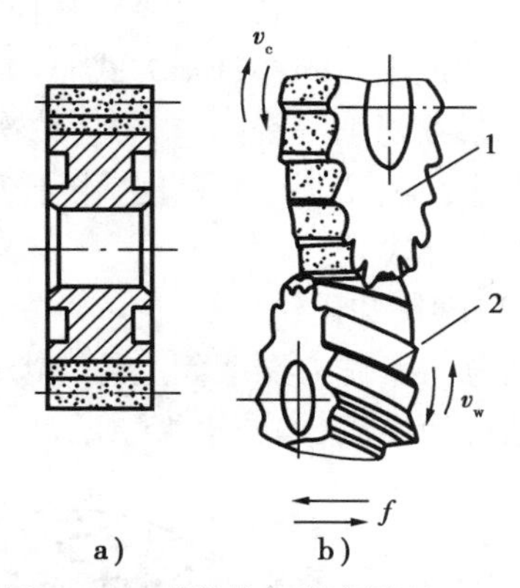

图4-43　珩磨轮与珩磨原理
1—珩磨轮　2—工件

（3）珩齿

珩齿是一种用于加工淬硬齿面的齿轮精加工方法。工作时珩磨轮与工件之间的相对运动关系与剃齿相同（图4-43b）），所不同的是作为切削工具的珩磨轮是用金刚砂磨料加入环氧树脂等材料作结合剂浇铸或热压而成的塑料齿轮，而不像剃齿刀有许多切削刃。在珩磨轮与工件“自由啮合”的过程中，凭借珩磨轮齿面密布的磨粒，以一定压力和相对滑动速度进行切削。

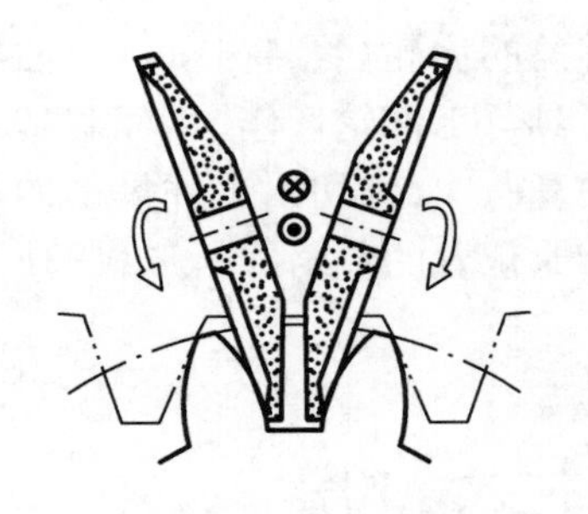

图 4-44　范成法磨齿

(4)磨齿

通常磨齿机都采用范成法来磨削齿面(图 4-44)。常见的磨齿机有大平面砂轮磨齿机、碟形砂轮磨齿机、锥面砂轮磨齿机和蜗杆砂轮磨齿机。其中,大平面砂轮磨齿机的加工精度最高,可达 3 ~4 级,但效率较低;蜗杆砂轮磨齿机的效率最高,加工精度达 6 级。

磨齿加工的主要特点是:加工精度高,一般条件下加工精度可达 4 ~6 级,表面粗糙度值为 R_a0. 8 ~0. 2 μm。由于采取强制啮合方式,不仅修正误差的能力强,而且可以加工表面硬度很高的齿轮。但是,一般磨齿(除蜗杆砂轮磨齿外)加工效率较低、机床结构复杂、调整困难、加工成本高,目前主要用于加工精度要求很高的齿轮。

4.5　铣削加工与铣床

用铣刀在铣床上的加工称为铣削,铣削是一种应用非常广泛的切削加工方法。它可以对许多不同几何形状的表面进行粗加工和半精加工,其加工精度一般为 IT9 ~IT8,表面粗糙度为 R_a6. 3 ~1. 6 μm。

4. 5. 1　铣削加工

(1)铣削特点

1)多刃切削　铣刀同时有多个刀齿参加切削,切削刃的作用总长度长,生产率高。其负效应为:由于刃磨和装配的误差,难以保证各个刀齿在刀体上应有的正确位置(如面铣刀各刀齿的刀尖不在同一端平面上),从而容易引起振动和冲击。

2)可选用不同的铣削方式　如顺铣、逆铣等 。

3)断续切削　铣削时,刀齿依次切入和切离工件,易引起周期性的冲击振动。

4)半封闭切削　铣削时,由于刀齿多,使得每个刀齿的容屑空间小,呈半封闭状态,容屑和排屑条件较差。

(2)端铣和周铣

用分布于铣刀端平面上的刀齿进行的铣削称为端铣,用分布于铣刀圆柱面上的刀齿进行的铣削称为周铣,如图 4-45 所示。

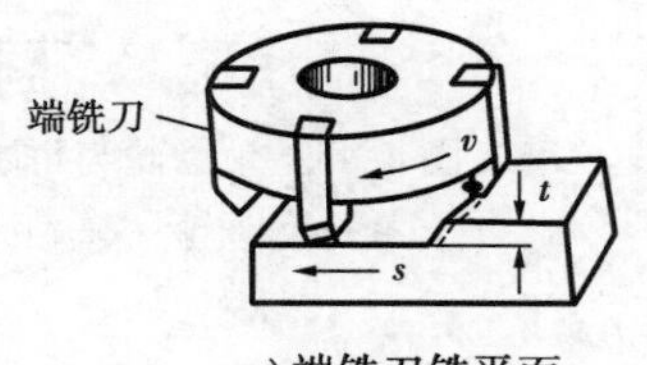

a)端铣刀铣平面

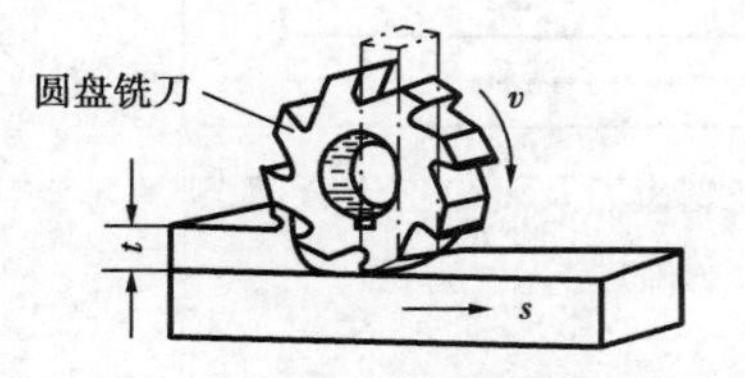

b)圆盘铣刀铣平面(周铣)

图 4-45　端铣和周铣

端铣与周铣相比,前者更容易使加工表面获得较小的表面粗糙度和较高的劳动生产率。因为端铣时副切削刃、倒角刀尖具有修光作用,而周铣时只有主切削刃工作。此外,端铣时主轴刚性好，并且端铣刀易于采用硬质合金可转位刀片，因而切削用量较大，生产效率高，在平面铣削中端铣基本上代替了周铣，但周铣可以加工成形表面和组合表面。

(3)逆铣和顺铣

圆周铣削有逆铣和顺铣两种方式，如图4-46所示。

1)逆铣

铣削时，铣刀切入工件时的切削速度方向和工件的进给方向相反，这种铣削方式称为逆铣，如图4-46a)所示。

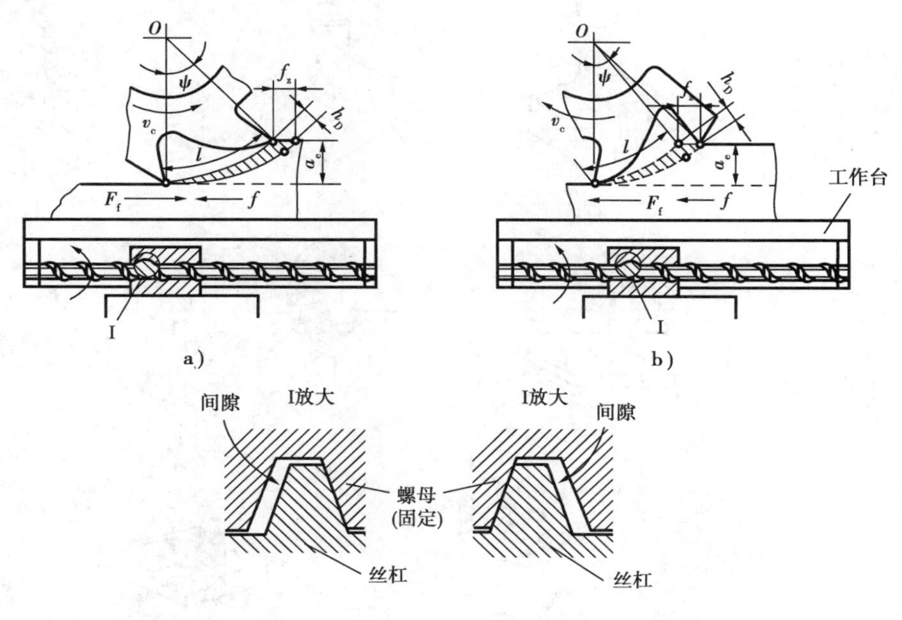

图4-46 逆铣和顺铣

a)逆铣 b)顺铣

逆铣时，刀齿的切削厚度从零逐渐增至最大值。刀齿在开始切入时，由于切削刃钝圆半径的影响，刀齿在工件表面上打滑，产生挤压和摩擦，滑行到一定程度后，刀齿方能切下一层金属层。这样将使刀齿容易磨损，工件表面产生严重的冷硬层。紧接着，下一个刀齿又在前一个刀齿所产生的冷硬层上重复一次滑行、挤压和摩擦的过程，加剧刀齿磨损，增大了工件表面粗糙度值。此外，垂直铣削分力 F_v 向上易引起振动。

铣床工作台的纵向进给运动是依靠丝杠和螺母来实现的。螺母固定不动，丝杠转动时，带动工作台一起移动。逆铣时，纵向铣削分力 F_f 与纵向进给方向相反，使丝杠与螺母间传动面始终贴紧，故工作台不会发生窜动现象，铣削过程较平稳。

2)顺铣

铣削时，铣刀切出工件时的切削速度方向与工件的进给方向相同，这种铣削方式称为顺铣，如图4-46b)所示。

顺铣时，刀齿的切削厚度从最大逐渐递减至零，没有逆铣时的刀齿滑行现象，加工硬化程度大为减轻，已加工表面质量较高，刀具耐用度也比逆铣时高。

从图4-46b)中可看出，顺铣时，纵向分力 F_f 方向始终与进给方向相同，如果在丝杠与螺母传动副中存在间隙，当纵向分力 F_f 超过工作台摩擦力时，会使工作台带动丝杠向左窜动，进给不均匀,严重时会使铣刀崩刃。因此,如采用顺铣,必须消除铣床工作台纵向进给丝杠螺母副的间隙。

4.5.2 铣刀

铣削可用于加工平面、沟槽、台阶面、斜面、特形面等各种几何形状的表面(图4-47)。这些表面的获得除了需要机床提供必要的运动外,还须依靠多种多样的铣刀。

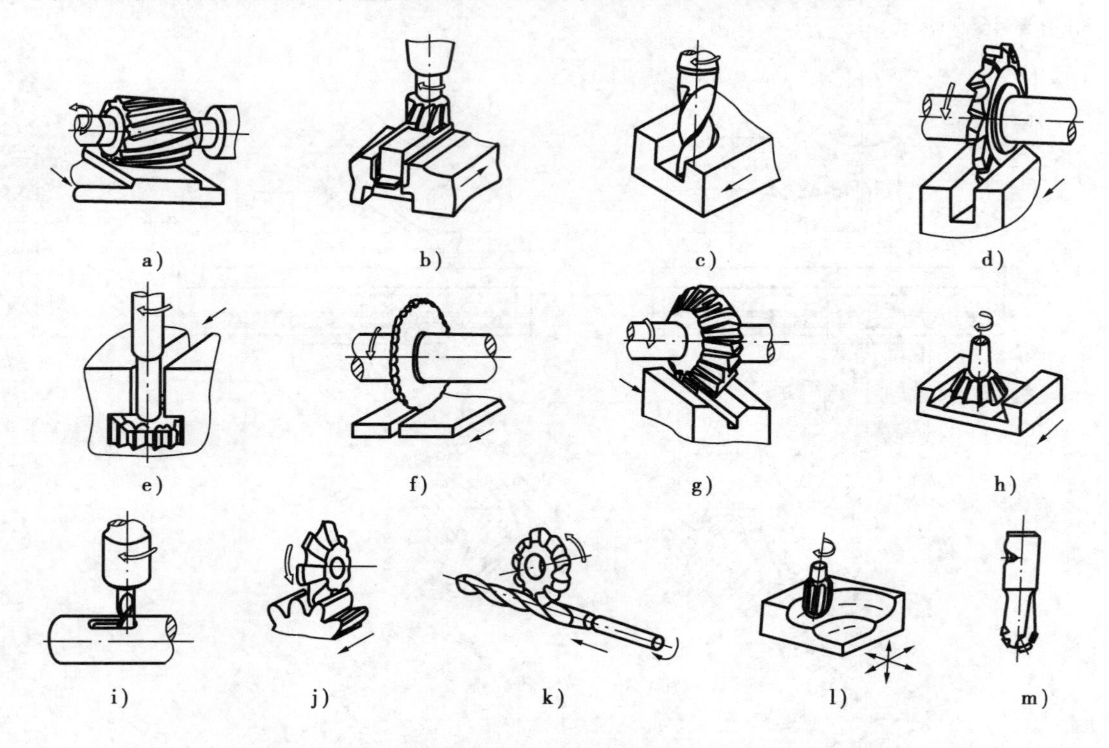

图4-47 铣刀与铣削加工

a)、b)铣平面 c)、d)铣沟槽 e)铣T形槽 f)切断 g)、h)铣角度槽
i)铣键槽 j)铣齿形 k)铣螺旋槽 l)铣立体曲面 m)球头铣刀

(1)圆柱铣刀(图4-47a)) 用于在卧式铣床上加工面积不太大的平面,一般用高速钢制造。切削刃分布在圆周上,无副切削刃,铣刀直径 $d_0 = 50 \sim 100$ mm,加工效率不太高。

(2)端铣刀(图4-47b)) 用于在立式铣床上加工平面,尤其适合加工大面积平面。硬质合金刀片多采用可转位形式,并以机械方式夹固。

(3)槽铣刀(图4-47d)) 主要用于加工沟槽。

图4-47f)所示为锯片铣刀。主要用于铣窄槽($B \leqslant 6$ mm)和切断。

(4)立铣刀(图4-47c)) 主要用于在立式铣床上铣沟槽,也可用于加工平面、台阶面和二维曲面(例如平面凸轮的轮廓)。主切削刃分布在圆柱面上;副切削刃分布在端面上。

(5)键槽铣刀(图4-47i)) 它只有两个刃瓣,铣削时先沿铣刀轴线进刀,然后沿工件轴线进给铣出键槽的全长。

(6)T形槽铣刀(图4-47e)) 它主要用于T形槽的铣削。

(7)角度铣刀(图4-47g、h)) 用于铣削角度槽和斜面。

(8)盘形齿轮铣刀(图4-47j)) 用于铣削直齿和斜齿圆柱齿轮的齿廓面。

(9)成形铣刀(图4-47k)) 用于加工外成形表面的专用铣刀。

(10)鼓形铣刀(图4-47l)) 用于数控铣床和加工中心上加工立体曲面。

(11)球头铣刀(图4-47m)) 主要用于三维模具型腔的加工。

4.5.3 铣床

(1)常用铣床

铣床的类型很多,主要类型有卧式升降台铣床、立式升降台铣床、龙门铣床、工具铣床和多种专门化铣床等。

使用比较广泛的为升降台式铣床。其工作台安装在可垂直升降的升降台上,使工作台可在相互垂直的三个方向上调整位置或完成进给运动,由于升降台刚性差,因此适宜于加工中小型工件。

1)万能升降台铣床

万能升降台铣床的主轴是水平安置的,如图4-48所示,床身2固定在底座1上,用于安装和支承机床的其他部件,床身内装有主运动变速传动机构、主轴部件以及操纵机构等。床身2的顶部的燕尾槽导轨上装有悬梁3,可沿主轴轴线方向前后调整位置,悬梁上装有刀杆支架,用于支承刀杆的悬臂端。升降台安装在床身前面的垂直导轨上,可以沿导轨垂直上下移动,升降台内装有进给机构以及操纵机构。升降台的水平导轨上装有床鞍8,可沿主轴轴线方向移动(横向移动)。床鞍6的导轨上安装有工作台6,可沿垂直于主轴轴线方向移动(纵向移动)。在工作台6和床鞍8之间有一层回转盘7,它可以相对于床鞍8在水平面内调整±45°偏转,改变工作台的移动方向,从而可加工斜槽、螺旋槽等。此外,还可换用立式铣头等附件,扩大机床的加工范围。

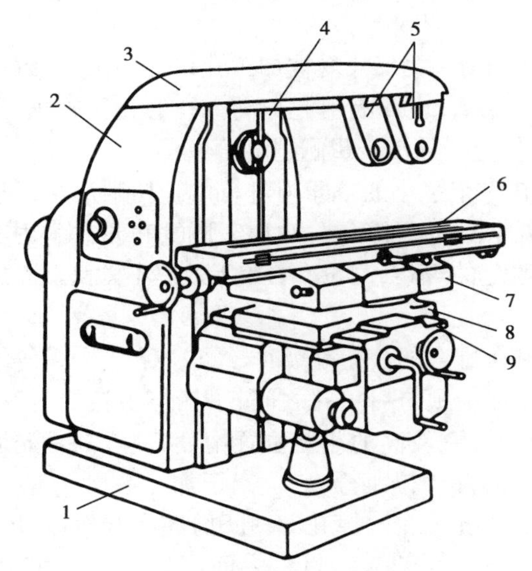

图4-48 万能升降台铣床

1—底座 2—床身 3—悬梁 4—主轴 5—刀轴支架 6—工作台 7—回转盘 8—床鞍 9—升降台

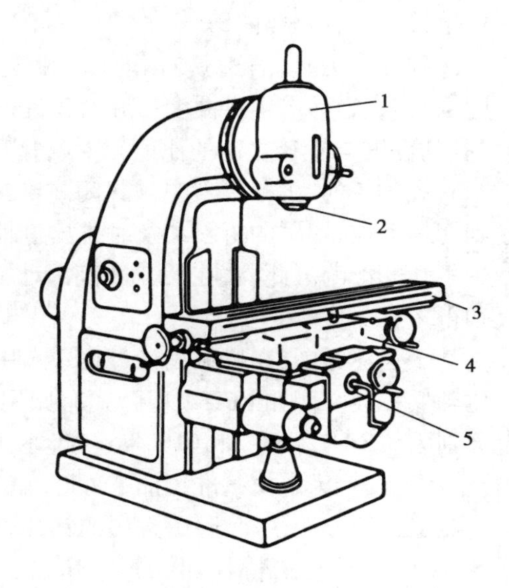

图4-49 立式升降台铣床

1—铣头 2—主轴 3—工作台 4—床鞍 5—升降台

2）立式升降台铣床

如图4-49所示为立式升降台铣床。立式升降台铣床与卧式升降台铣床的主要区别在于安装铣刀的机床主轴垂直于工作台面，用面铣刀或立铣刀进行铣削。立式升降台铣床的工作台3、床鞍4及升降台5的结构与卧式升降台铣床相同。铣头1可以在垂直平面内调整角度，主轴可沿其轴线方向进给或调整位置。

（2）X A6132型万能升降台铣床

X A6132型铣床是目前最常用的铣床，机床的结构比较完善，通用性强，变速范围大，刚性好，操作方便，可变换成18种不同转速，其外形如图4-48所示。

主轴是前端带锥孔的空心轴，锥孔的锥度为7∶24，用于安装刀杆。主轴孔前端装有两个平键块，与刀杆锥柄上的两个键槽配合，用于传递转矩。

X A6132型铣床的传动系统如图4-1所示。

X A6132型铣床的传动系统包括主运动传动链、进给运动传动链和快速空行程传动链。传动系统分析详见本章第一节。

4.6 孔的加工方法与设备

孔是各种机器零件上最多的几何表面之一，按照它和其他零件之间的连接关系来区分，可分为非配合孔和配合孔。前者一般在毛坯上直接钻、扩出来；而后者则必须在钻孔、扩孔等粗加工的基础上，根据不同的精度和表面质量的要求，以及零件的材料、尺寸、结构等具体情况，作进一步的加工。无论后续的半精加工和精加工采用何种方法，总的来说，在加工条件相同的情况下，加工一个孔的难度要比加工外圆大得多。这主要是由于孔加工刀具有以下一些特点：

1）大部分孔加工刀具为定尺寸刀具。刀具本身的尺寸精度和形状精度不可避免地对孔的加工精度有着重要的影响。

2）孔加工刀具（含磨具）切削部分和夹持部分的有关尺寸受被加工孔尺寸的限制，致使刀具的刚性差，容易产生弯曲变形和对正确位置的偏离，也容易引起振动。孔的直径越小，深径比（孔的深度与直径之比的比值）越大，这种“先天性”的消极影响越显著。

3）孔加工时，刀具一般是被封闭或半封闭在一个窄小的空间内进行的。切削液难以被输送到切削区域；切屑的折断和及时排出也较困难，散热条件不佳，对加工质量和刀具耐用度都产生不利的影响。此外，在加工过程中对加工情况的观察、测量和控制，都比外圆和平面加工复杂得多。

基于上述原因，在机械设计过程中选用孔和轴配合的公差等级时，经常把孔的公差等级定得比轴低一级。例如C6132型卧式车床尾座丝杠轴颈与后盖孔之间、手柄与手轮之间，其配合分别为φ20H7/g6和φ10H7/k6。此外，内孔与外圆较高的相互位置精度，一般都是先加工内孔，然后以孔为定位基准再加工外圆，就比较容易得到保证。

孔加工的方法很多，除了常用的钻孔、扩孔、锪孔、铰孔、镗孔、磨孔外，还有金刚镗、珩磨、研磨、挤压以及孔的特种加工等。其加工精度通常为IT5～IT15；表面粗糙度在R_a12.5～0.006 μm的范围。无论是直径ϕ1 000 mm以上的大孔，还是直径ϕ0.01 mm的微细孔；无论是金属材料还是非金属材料，也不论孔淬硬与否以及工件材料其他的力学性能如何，总可以从以上各种孔加工方法中，进行合理的选择，在确保加工质量的前提下，拟订出一个比较理想的工艺方案。

4.6.1 钻削加工与钻床

(1) 钻削加工

用钻头作回转运动,并使其与工件作相对轴向进给运动,在实体工件上加工孔的方法称为钻孔;用扩孔钻对已有孔(铸孔、锻孔、预钻孔)孔径扩大的加工称为扩孔,钻孔和扩孔统称为钻削。二者的加工精度范围分别为:IT13 ~ IT12 和 IT12 ~ IT10;表面粗糙度的范围为 R_a12.5 ~6.3 μm 和 R_a6.3 ~3.2 μm。

钻削一般要占机械工厂切削加工总量的30%左右。由于它的加工精度低,表面粗糙度值大,一般只用于直径在 ϕ80 mm 以下的次要孔(如螺栓孔、质量减轻孔等)的终加工和精度高和较高的孔的预加工。扩孔除了可用做高和较高的孔的预加工(铰削和镗削以前的加工)外,还由于其加工质量比钻孔高,可用于一些要求不高的孔的最终加工。加工孔径一般不超过 ϕ100 mm。

钻削可以在各种钻床上进行,也可以在车床、镗床、铣床和组合机床、加工中心上进行,但在大多数情况下,尤其是大批量生产时,主要还是在钻床上进行。

(2) 钻床

主要用钻头在工件上加工孔的机床称为钻床。通常以钻头的回转为主运动,钻头的轴向移动为进给运动。

钻床分为:坐标镗钻床、深孔钻床、摇臂钻床、台式钻床、立式钻床、卧式钻床、铣钻床、中心孔钻床八组。它们中的大部分是以最大钻孔直径为其主参数值。

钻床的主要功用为钻孔和扩孔,也可以用来铰孔、攻螺纹、锪沉头孔及凸台端面(图 4-50)等。

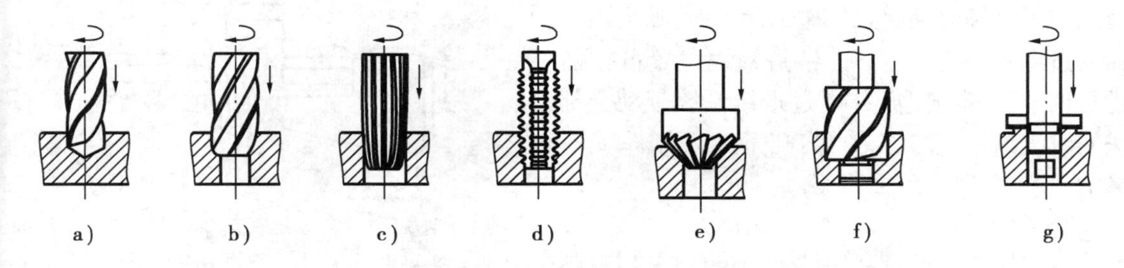

图 4-50 钻床的加工方法

a)钻孔 b)扩孔 c)铰孔 d)攻螺纹 e)、f)锪埋头孔 g)锪端面

在上述钻床中,应用最广泛的是立式钻床和摇臂钻床,现分别加以介绍。

1)立式钻床

立式钻床又分为圆柱立式钻床、方柱立式钻床和可调多轴立式钻床三个系列。图 4-51 为一方柱立式钻床,因为其主要部件之一——立柱呈方形横截面而得其名。之所以称为立式钻床(简称立钻),是由于机床的主轴是垂直布置,并且其位置固定不动,被加工孔位置的找正必须通过工件的移动。

立柱 4 的作用类似于车床的床身,是机床的基础件,必须有很好的强度、刚度和精度保持性。其他各主要部件与立柱保持正确的相对位置。立柱上有垂直导轨。主轴箱和工作台上有

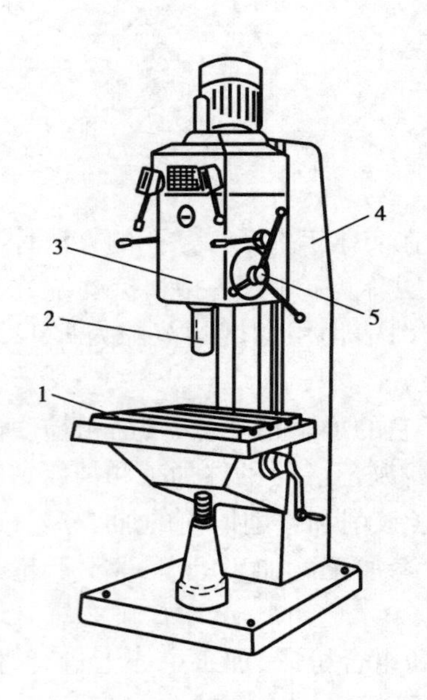

图 4-51　立式钻床
1—工作台　2—主轴　3—主轴箱
4—立柱　5—进给操纵机构

垂直的导轨槽，可沿立柱上下移动来调整它们的位置，以适应不同高度工件加工的需要。调整结束并开始加工后，主轴箱和工作台的上下位置就不能再变动了。由于立式钻床主轴转速和进给量的级数比起卧式车床等类型的机床要少得多，而且功能比较简单，因此把主运动和进给运动的变速传动机构、主轴部件以及操纵机构等都装在主轴箱 3 中。钻削时，主轴随同主轴套筒在主轴箱中作直线移动以实现进给运动。利用装在主轴箱上的进给操纵机构 5，可实现主轴的快速升降、手动进给以及接通和断开机动进给。

主轴回转方向的变换，靠电动机的正反转来实现。钻床的进给量是用主轴每转一转时，主轴的轴向位移来表示，符号也是 f，单位 mm/r。

工件（或通过夹具）置于工作台 1 上。工作台在水平面内既不能移动，也不能转动。因此，当钻头在工件上钻好一个孔而需要钻第二个孔时，就必须移动工件的位置，使被加工孔的中心线与刀具回转轴线重合。由于这种钻床固有的弱点，致使其生产率不高，大多用于单件、小批量生产的中小型零件加工，钻孔直径为 ϕ16 ~ ϕ80 mm，常用的机床型号有 Z5125A、Z5132A 和 Z5140A 等。

如果在工件上需钻削的是一个平行孔系（轴线相互平行的许多孔），而且生产批量较大，则可考虑使用可调多轴立式钻床。加工时，动力由主轴箱通过主轴使全部钻头（钻头轴线位置可按需要进行调节）一起转动，并通过进给系统带动全部钻头同时进给。一次进给可将孔系加工出来，具有很高的生产率，且占地面积小。

2）摇臂钻床

对于体积和质量都比较大的工件，若用移动工件的方式来找正其在机床上的位置，则非常困难，此时可选用摇臂钻床进行加工。

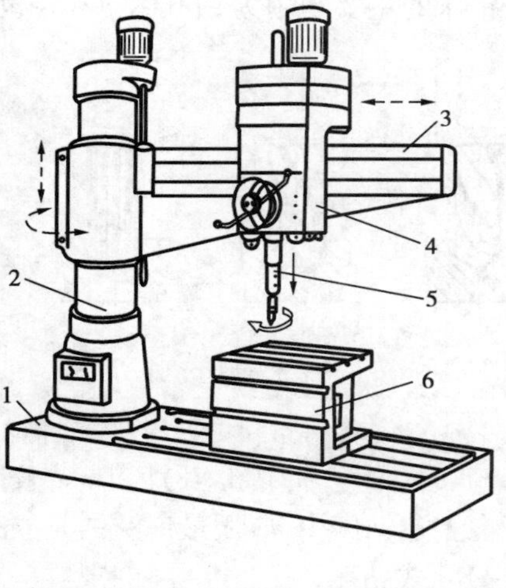

图 4-52　摇臂钻床
1—底座　2—立柱　3—摇臂　4—主轴箱
5—主轴　6—工作台

图 4-52 所示为一摇臂钻床。主轴箱 4 装在摇臂 3 上，并可沿摇臂 3 上的导轨作水平移动。摇臂 3 可沿立柱 2 作垂直升降运动，该运动的目的是为了适应高度不同的工件需要。此外，摇臂还可以绕立柱轴线回转。为使钻削时机床有足够的刚性，并使主轴箱的位置不变，当主轴箱在空间的位置完全调整好后，应对产生上述相对移动和相对转动的立柱、摇臂和主轴箱用机床内相应的夹紧机构快速夹紧。

在摇臂钻床上钻孔的直径为 ϕ25 mm ~ ϕ125 mm，一般用于单件和中小批生产的大中型工件上钻削。常用的型号有 Z3035B、Z3040×16、Z3063×20 等。

如果要加工任意方向和任意位置的孔或孔系，可以选用万向摇臂钻床，机床主轴可在空间绕二特定轴线作 360°的回转。此外，机床上端有吊环，可以放在任意位置，它一般用于单件、小批生产的大中型工件，钻孔直径为 $\phi25 \sim \phi100$ mm。

4.6.2 镗削加工与镗床

(1)镗削加工

镗孔是一种应用非常广泛的孔及孔系加工方法。它可以用于孔的粗加工、半精加工和精加工；可以用于加工通孔和盲孔。对工件材料的适应范围也很广，一般有色金属、灰铸铁和结构钢等都可以镗削。镗孔可以在各种镗床上进行，也可以在卧式车床、回轮或转塔车床、铣床和数控机床、加工中心上进行。与其他孔加工方法相比，镗孔的一个突出优点是，可以用一种镗刀加工一定范围内各种不同直径的孔。在数控机床出现之前，对于直径很大的孔，它几乎是可供选择的惟一方法。此外，镗孔可以修正上一工序所产生的孔的相互位置误差。

镗孔的加工精度一般为 IT9～IT7，表面粗糙度为 R_a6.3～0.8 μm。如在坐标镗床、金刚石镗床等高精度机床上镗孔，加工精度可达 IT6 以上，表面粗糙度一般为 R_a1.6～0.8 μm，用超硬刀具材料对铜、铝及其合金进行精密镗削时，表面粗糙度可达 R_a0.2 μm。

由于镗刀和镗杆截面尺寸及长度受到所镗孔径、深度的限制，所以镗刀(及镗杆)的刚性比较差，容易产生变形和振动，加之切削液的注入和排屑困难、观察和测量的不便，因此生产率较低，但在单件和中、小批生产中，仍是一种经济的应用广泛的加工方法。

(2)卧式镗床

1)概述

镗床一般用于尺寸和质量都比较大的工件上大直径孔的加工，而且这些孔分布在工件的不同表面上。它们不仅有较高的尺寸和形状精度，而且相互之间有着要求比较严格的相互位置精度，如同轴度、平行度、垂直度等。相互有一定联系的若干孔称为孔系。如同一轴线上的若干孔称为同轴孔系；轴线互相平行的孔称平行孔系。例如卧式车床主轴箱上的许多孔系就是在镗床上加工出来的。镗孔以前的预制孔可以是铸孔，也可以是粗钻出的孔。镗床除用于镗孔外，还可用来钻孔、扩孔、铰孔、攻螺纹、铣平面等加工。

镗床的主要类型有卧式铣镗床、精镗床和坐标镗床等，以卧式铣镗床应用最广泛。卧式铣镗床是以镗轴直径为其主参数的。常用的卧式铣镗床型号有 T68、T611 等，其镗轴直径分别为 85 mm 和 110 mm。

2)机床的运动和主要部件

图 4-53 为卧式铣镗床的外观图。床身 10 为机床的基础件，前立柱 7 与其固联在一起。这二者不仅承受着来自其他部件的重力和加工时的切削力，要求有足够的强度、刚度和吸振性能，而且后立柱 2 和工作台部件 3 要沿床身作纵向(y 轴方向)移动；主轴箱 8 要沿前立柱上的导轨作垂直(z 轴方向)移动，两种移动的运动精度直接影响着孔的加工精度，所以床身和前立柱必须有很高的加工精度和表面质量，且精度能够长期保持。工作台部件的纵向移动是通过其最下层的下滑座 11 相对于床身导轨的平移实现的；工作台部件的横向(x 方向)移动，是通过其中层的上滑座 12 相对于下滑座的平移实现的。上滑座上有圆环形导轨，工作台部件最上层的工作台面可以在该导轨内绕铅垂轴线相对于上滑座回转 360°。以便在一次安装中对工

件上相互平行或成一定角度的孔和平面进行加工。

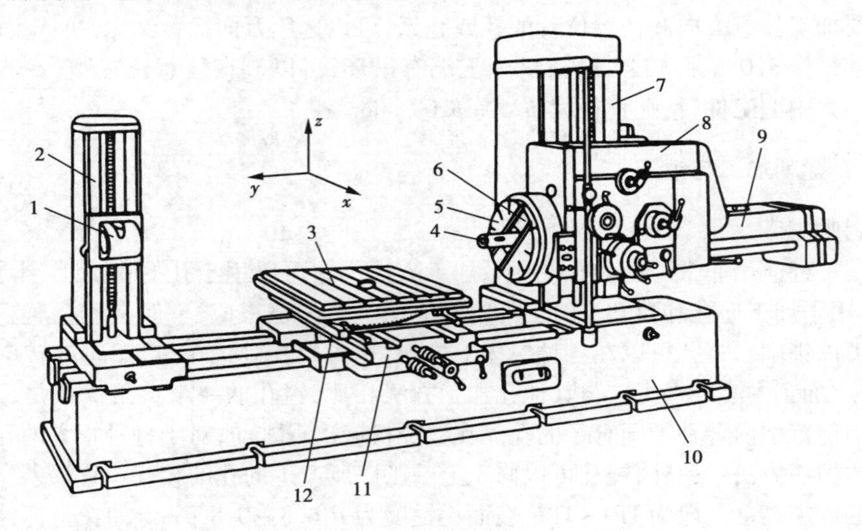

图 4-53 卧式铣镗床

1 —后支承架 2 —后立柱 3 —工作台 4 —镗轴 5 —平旋盘 6 —径向刀具溜板 7 —前立柱 8 —主轴箱 9 —后尾筒 10 —床身 11 —下滑座 12 —上滑座

主轴箱 8 沿前立柱导轨的垂直(z 轴方向)移动,一方面可以实现垂直进给;另一方面可以适应工件上被加工孔位置的高低不同的需要。主轴箱内装有主运动和进给运动的变速机构和操纵机构。根据不同的加工情况,刀具可以直接装在镗轴 4 前端的莫氏 5 号或 6 号锥孔内,也可以装在平旋盘 5 的径向刀具溜板 6 上。在加工长度较短的孔时,刀具与工件间的相对运动类似于钻床上钻孔,镗轴 4 和刀具一起作主运动,并且又沿其轴线作进给运动。该进给运动是由主轴箱 8 右端的后尾筒 9 内的轴向进给机构提供的。平旋盘 5 只能作回转主运动,装在平旋盘导轨上的径向刀具溜板 6,除了随平旋盘一起回转外,还可以沿导轨移动,作径向进给运动。

后立柱 2 沿床身导轨作纵向移动,其目的是当用双面支承的镗模镗削通孔时,便于针对不同长度的镗杆来调整它的纵向位置。后支承架 1 沿后立柱 z 的上下移动,是为了与镗轴 4 保持等高,并用以支承长镗杆的悬伸端。

卧式铣镗床的主运动有:镗轴和平旋盘的回转运动;进给运动有:镗轴的轴向进给运动,平旋盘溜板的径向进给运动,主轴箱的垂直进给运动,工作台的纵向和横向进给运动;辅助运动有:工作台的转位,后立柱纵向调位,后支承架的垂直方向调位,以及主轴箱沿垂直方向和工作台沿纵、横方向的快速调位运动。

4.7 其他加工方法与设备

4.7.1 拉削加工与拉床

(1) 拉削加工

拉削是用各种不同的拉刀在相应的拉床上切削出各种通孔、平面及成形表面的一种加工方法,其中以内孔拉削(圆柱孔、花键孔、内键槽等)最为广泛。

(2) 拉削加工的特点

1)生产率高　虽然拉削速度较低(加工一般材料时 $v_c = 3 \sim 7$ m/min),但由于同时工作的齿数多、切削刃长,而且粗、半精和精加工在一次行程中完成,因此生产率很高,是铣削的 3 ~ 8 倍。

2)加工质量高　拉削加工因为切屑薄,切削运动平稳,因而具有较高的加工精度(IT6 级或更高)和较小的表面粗糙度($R_a < 0.62$ μm)。

3)加工范围广　拉削不仅可广泛用于各种截面形状的加工,而且对一些形状复杂的成形表面,拉削几乎是惟一可供选择的加工方法。

4)刀具磨损缓慢,耐用度高。

5)机床结构简单,操作方便。

6)拉刀的结构复杂,拉削每一种表面都需要用专门的拉刀,并且制造与刃磨的费用较高,大多适用于大批量生产。

(3) 拉床

拉床是用拉刀进行加工的机床。拉床的运动比较简单,它只有主运动。拉削时,一般由拉刀作低速直线运动,被加工表面在一次走刀中形成。考虑到拉刀承受的切削力很大,同时为了获得平稳的切削运动,所以拉床的主运动通常采用液压驱动。

拉床按用途可分为内拉床和外拉床,按机床布局可分为卧式、立式、链条式等。

拉床的主参数是额定拉力,常见的是 $4.9 \times 10^4 \sim 3.92 \times 10^5$ N,最大可达 1.57×10^6 N。

4.7.2　刨削加工与刨床

(1) 刨削加工

刨削是使用刨刀在刨床上加工各种平面(如水平面、垂直面及斜面等)和沟槽(如 T 形槽、燕尾槽、V 形槽等)。

刨削加工只在刀具向工件(或工件向刀具)前进时进行,返回时不进行切削,并且刨刀抬起——让刀,以免损伤已加工表面和减轻刀具磨损。通常称加工时的直线运动为工作行程,返回时为空行程。

(2) 刨床

刨床类机床的主运动是刀具或工件所作的直线往复运动。进给运动由刀具或工件完成,其方向与主运动方向相垂直,它是在空行程结束后的短时间内进行的,因而是一种间歇运动。

刨床类机床由于所用刀具结构简单,在单件小批量生产条件下,加工形状复杂的表面比较经济,且生产准备工作省时。此外,用宽刃刨刀以大进给量加工狭长平面时的生产率较高,因而在单件小批量生产中,特别在机修和工具车间,是常用的设备。但这类机床由于其主运动反向时需克服较大的惯性力,限制了切削速度和空行程速度的提高,同时还存在空行程所造成的时间损失,因此在多数情况下生产率较低,在大批大量生产中常被铣床和拉床所代替。

刨床类机床主要有牛头刨床、龙门刨床和插床三种类型,分别介绍如下:

1)牛头刨床　牛头刨床因其滑枕刀架形似"牛头"而得名,牛头刨床的主运动由刀具完成,进给运动由工件或刀具沿垂直于主运动方向的移动来实现。它主要用于加工中小型零件。

牛头刨床工作台的横向进给运动是间歇进行的。它可由机械或液压传动实现。机械传动一般采用棘轮机构。

牛头刨床的主参数是最大刨削长度。例如B6050型牛头刨床的最大刨削长度为500 mm。

2)龙门刨床　龙门刨床主要用于加工大型或重型零件上的各种平面、沟槽和各种导轨面,也可在工作台上一次装夹多个中小型零件进行多件同时加工。

3)插床　插床实质上是立式刨床。其主运动是滑枕带动插刀沿垂直方向所作的直线往复运动。

插床主要用于加工工件的内表面,如内孔中键槽及多边形孔等,有时也用于加工成形内外表面。

4.8　组合机床

组合机床是根据特定的加工要求,以系列化、标准化的通用部件为基础,配以少量的专用部件所组成的专用机床。它适宜于在大批量生产中对一种或几种类似零件的一道或几道工序进行加工。

组合机床的工艺范围有:铣平面、车平面、锪平面、钻孔、扩孔、铰孔、镗孔、倒角、切槽、攻螺纹等。

组合机床最适于加工箱体零件,例如汽缸体、汽缸盖、变速箱体、阀门与仪表的壳体等。另外,轴类、盘类、套类及叉架类零件,例如曲轴、汽缸套、连杆、飞轮、法兰盘、拨叉等也能在组合机床上完成部分或全部加工工序。

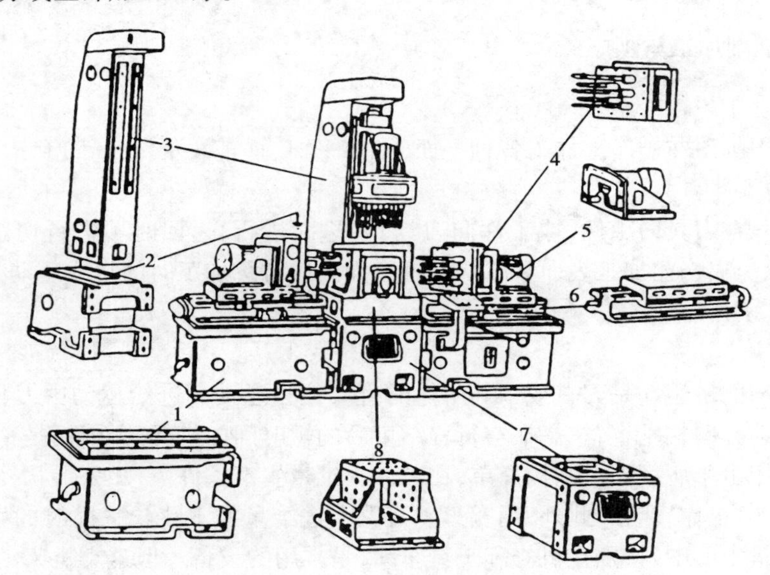

图4-54　组合机床的组成

如图4-54所示为单工位三面复合组合机床。被加工工件安置在夹具8中,加工时工件固定不动,分别由电动机通过动力箱5、多轴箱4和传动装置驱动刀具作旋转主运动,并由各自的滑台6带动作直线进给运动,完成一定形式的运动循环。整台机床的组成部件中,除多轴箱和夹具外,其余均为通用部件。通常一台组合机床的通用部件占机床零、部件总数的70%

~90%。

组合机床与一般专用机床相比，有以下特点：

1）设计、制造周期短，而且也便于使用和维修。

2）加工效率高。组合机床可采用多刀、多轴、多面、多工位和多件加工，因此，特别适用于汽车、拖拉机、电机等行业定型产品的大量生产。

3）当加工对象改变后，通用零、部件可重复使用，组成新的组合机床，不致因产品的更新而造成设备的大量浪费。

习题与思考题

4-1 说出下列机床的名称和主要参数（第二参数），并说明它们各具有何种通用或结构特性：

CM6132，Z3040×16，XK5040，MGB1432

4-2 传动系统如题图4-1所示，如要求工作台移动 $L_{工}$（单位为mm）时，主轴转1转，试导出换置机构 $\left(\frac{a}{b}\ \frac{c}{d}\right)$ 的换置公式。

4-3 举例说明何谓外联系传动链？何谓内联系传动链？其本质区别是什么？对这两种传动链有何不同要求？

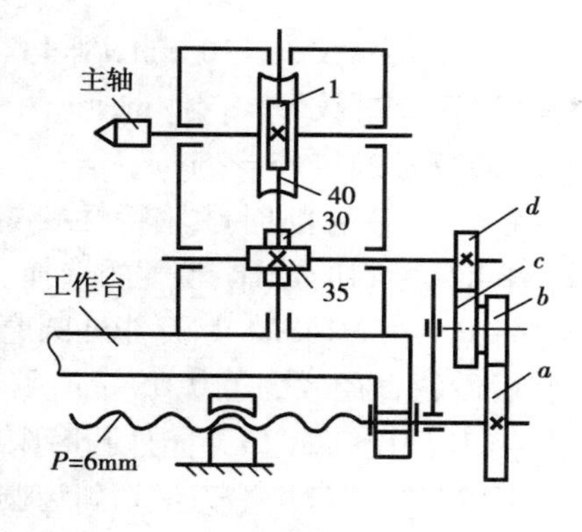

题图4-1

4-4 分析CA6140型普通车床的传动系统：

（1）计算主轴低速转动时能扩大的螺纹倍数，并进行分析。

（2）分析车削径节螺纹的传动路线，列出运动平衡式，说明为什么此时能车削出标准的径节螺纹。

（3）当主轴转速分别为40、160及400 r/min时，能否实现螺距扩大4及16倍？为什么？

（4）为什么用丝杠和光杠分别担任切螺纹和车削进给的传动？如果只用其中一个，既切螺纹又传动进给，将会有什么问题？

（5）为什么在主轴箱中有两个换向机构？能否取消其中的一个？溜板箱内的换向机构又有什么用处？

（6）离合器 M_3、M_4 和 M_5 的功用是什么？是否可以取消其中的一个？

4-5 在CA6140型普通车床的主运动、车螺纹运动、纵向、横向进给运动、快速运动等传动链中，哪几条传动链的两端件之间具有严格的传动比？哪几条传动链是内联系传动链？

4-6 在CA6140型普通车床上车削的螺纹导程最大值是多少？最小值是多少？分别列出传动链的运动平衡方程式。

4-7 分析C620—1型普通车床（题图4-2）的传动机构：

（1）写出主运动传动路线的表达式；

（2）计算主轴的转速级数；

（3）计算主轴的最高转速 N_{max} 和最低转速 N_{min}。

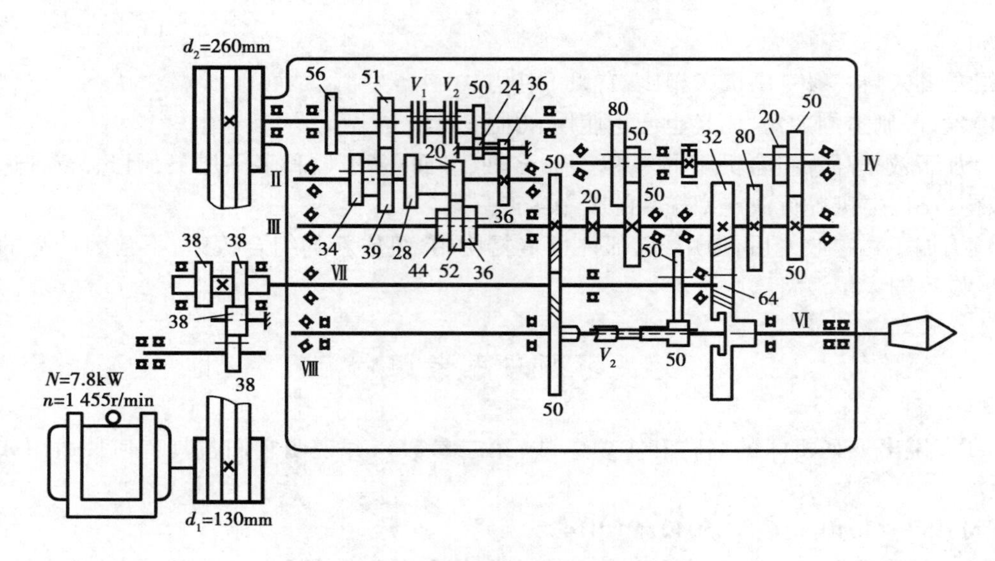

题图 4-2

4-8　写出在 CA6140 型普通车床上进行下列加工时的运动平衡式，并说明主轴的转速范围。

(1)米制螺纹 $P=16$ mm，$k=1$；

(2)英制螺纹 $a=8$ 牙/in；

(3)模数螺纹 $m=2$ mm，$k=3$。

4-9　试述磨削时砂轮特性要素的选择原则。(答案要点：(1)砂轮特性的七个要素。(2)着重从磨料的选择、粒度的选择、硬度的选择以及组织等几方面叙述。)

4-10　在 M1432A 型万能外圆磨床上磨削工件，当磨削了若干工件后，发现砂轮磨钝，经修整后砂轮直径减少了 0.05 mm，需调整磨床的横向进给机构，试列出调整运动平衡式。

4-11　M1432A 型万能外圆磨床应具备哪些主要运动与辅助运动？具有哪些联锁装置？

4-12　在拟订用滚刀滚切斜齿圆柱齿轮的传动原理图(题图 4-3)时，根据两内联系传动链换置机构放置的不同，分析它们各有何优缺点，并比较哪一个传动原理图较好。

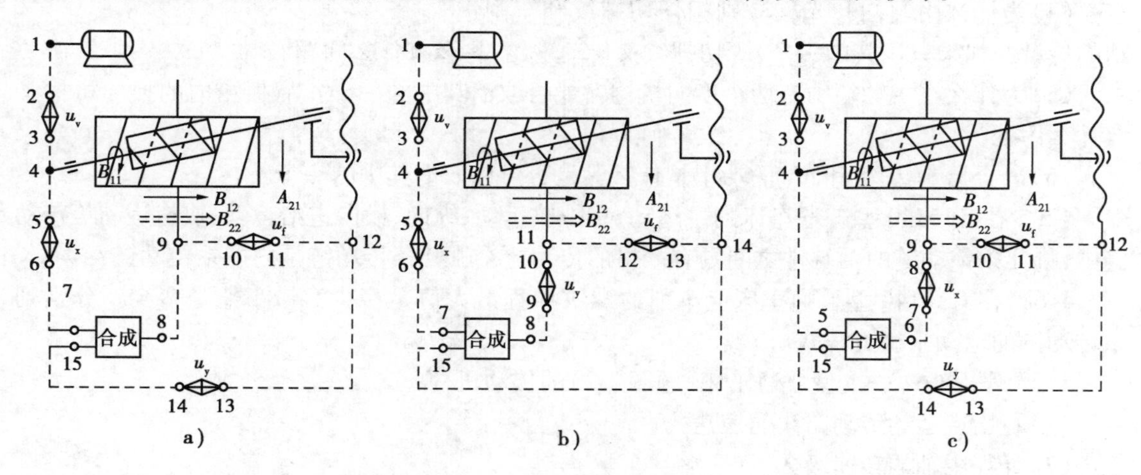

题图 4-3

4-13　在滚齿机上加工一对齿数不同的斜齿圆柱齿轮，当其中一个齿轮加工完成后，在加工另一个齿轮前应对机床进行哪些调整工作？

4-14　比较滚齿机加工和插齿机加工的特点，它们各适宜加工什么样的齿轮？

4-15　常用的平面加工机床有哪几种？它们各有何特点？

4-16　什么是铣削加工的顺铣和逆铣？它们各有什么特点？

4-17　常用的孔加工机床有哪几种？它们各有何特点？

4-18　各类机床中，用于加工外圆、内孔、平面各有哪些机床？它们的适用范围有什么区别？

4-19　组合机床由哪些部件组成？它的工艺范围如何？适于什么生产类型的产品？

第 5 章　公差与配合

5.1　孔轴公差配合

圆柱体结合的公差与配合是机械制造中重要的基础标准。它以圆柱体内、外表面的结合为重点，但它也适用于广泛意义上的轴与孔。如键结合中的键与键槽的结合等。

本章主要阐述近年来全国公差与配合标准化技术委员会根据与国际接轨的原则，陆续制订并颁布了《极限与配合》系列国家标准的组成规律、特点及基本内容并分析公差与配合选用的原则与方法。

《极限与配合》国家标准包括六个标准 GB/T1800.1—1997《极限与配合　基础　第 1 部分：词汇》、GB/T1800.2—1998《极限与配合　基础　第 2 部分：公差、偏差和配合的基本规定》、GB/T1800.3—1998《极限与配合　基础　第 3 部分：标准公差和基本偏差的数值表》、GB/T1800.4—1999《极限与配合　标准公差等级和孔、轴的极限偏差表》、GB/T1801—1999《极限与配合　公差带和配合的选择》、GB/T1804—1992《一般公差　线性尺寸的未注公差》。

5.1.1　极限与配合的一般术语、定义及规定

孔　主要指圆柱形的内表面，也包括非圆柱形内表面（由二平行平面或切面形成的包容面），见图 5-1。

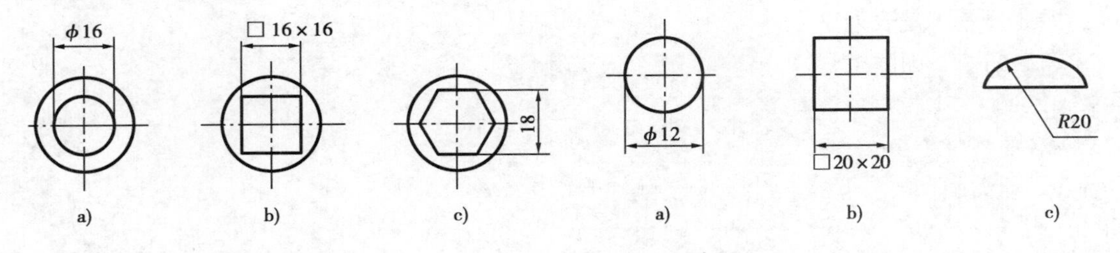

图 5-1　各种孔　　　图 5-2　各种轴

轴　主要指圆柱形的外表面，也包括非圆柱形外表面（由二平行平面或切面形成的被包容面），见图 5-2。

基本尺寸　设计给定的尺寸。

这个尺寸就是设计人员根据实际使用要求，通过计算后，按标准直径或标准长度规定所取的尺寸（见图 5-3）。

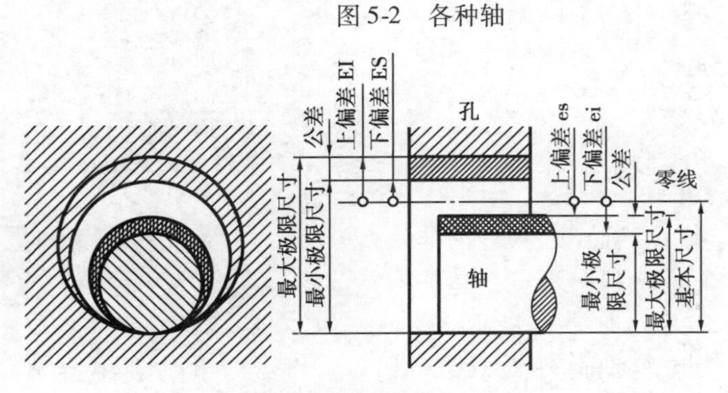

图 5-3　公差与配合的示意图

极限尺寸　是以基本尺寸为基

数来确定,允许尺寸变化的两个界限值。

两个界限值中较大的一个称为最大极限尺寸;较小的一个称为最小极限尺寸(见图5-3)。

最大实体尺寸　孔或轴具有允许材料量为最多时的状态,称为最大实体状态(简称MMC)。在此状态下的极限尺寸称为最大实体尺寸,即孔的最小极限尺寸(l_{min})和轴的最大极限尺寸(l_{max})的统称,见图5-4。

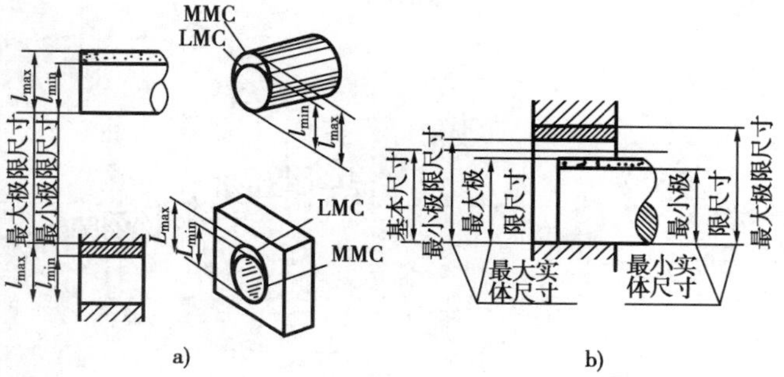

图5-4　实体尺寸与极限尺寸

最小实体尺寸　孔或轴具有允许材料量为最少时的状态,称为最小实体状态(简称LMC)。在此状态下的极限尺寸称为最小实体尺寸,即孔的最大极限尺寸(l_{max})和轴的最小极限尺寸(l_{min})的统称,见图5-4。

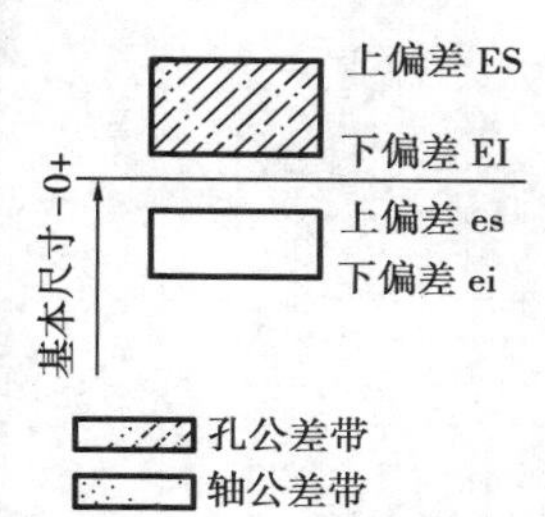

图5-5　公差带及公差带图

尺寸偏差(简称偏差)　某一尺寸减其基本尺寸所得代数差。

上偏差　最大极限尺寸减其基本尺寸所得代数差。

下偏差　最小极限尺寸减其基本尺寸所得代数差。

尺寸公差(简称公差)　允许尺寸的变动量。

由图5-3可见,公差为:最大极限尺寸与最小极限尺寸之代数差;也等于上偏差与下偏差之代数差。

公差带　是限制尺寸变动的区域,公差带包括"公差带大小"与"公差带位置",前者指公差带在零线垂直方向的宽度,后者指公差带相对于零线的位置(见图5-5)。

标准公差　是表列中用以确定公差带大小的任一公差(表见《机械设计手册》)。

基本偏差　国际上采用基本偏差来确定公差带相对于零线的位置,基本偏差是两个极限偏差(上偏差、下偏差)中的一个,原则上是指靠近零线的那个极限偏差(图5-6)。

孔、轴的基本偏差数值表参照《机械设计手册》。

孔、轴极限偏差　由上可见,根据孔、轴的基本偏差和标准公差可计算得孔、轴的极限偏差:

孔的极限偏差:$ES = EI + IT$　　　$EI = ES - IT$

轴的极限偏差:$ei = es - IT$　　　$es = ei + IT$

孔、轴的极限偏差表见《机械设计手册》。

基孔制配合　基本偏差为一定的孔的公差带,与不同基本偏差的轴的公差带形成各种配合的一种制度(见图5-7)。

基孔制的孔为基准孔,国标规定的基准孔其基本偏差,即下偏差EI=0(代号为H)。

基轴制配合　基本偏差为一定的轴的公差带,与不同基本偏差的孔的公差带形成各种配合的一种制度(见图5-8)。

基轴制的轴为基准轴,国标规定的基准轴,其基本偏差,即上偏差es=0(代号为h)。

公差与配合的表示方法如图5-9所示。

实际尺寸　通过测量所得尺寸。

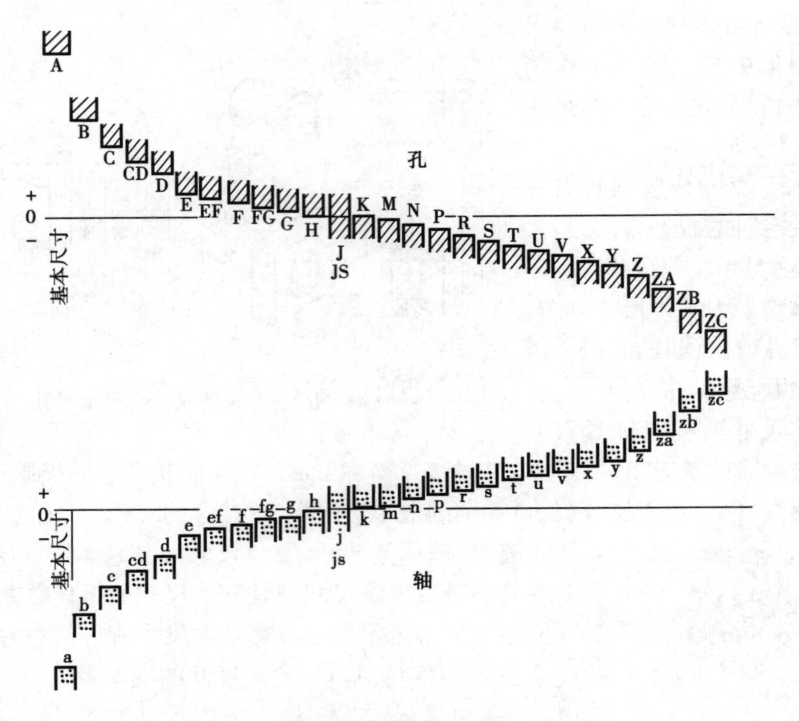

图 5-6　基本偏差系列

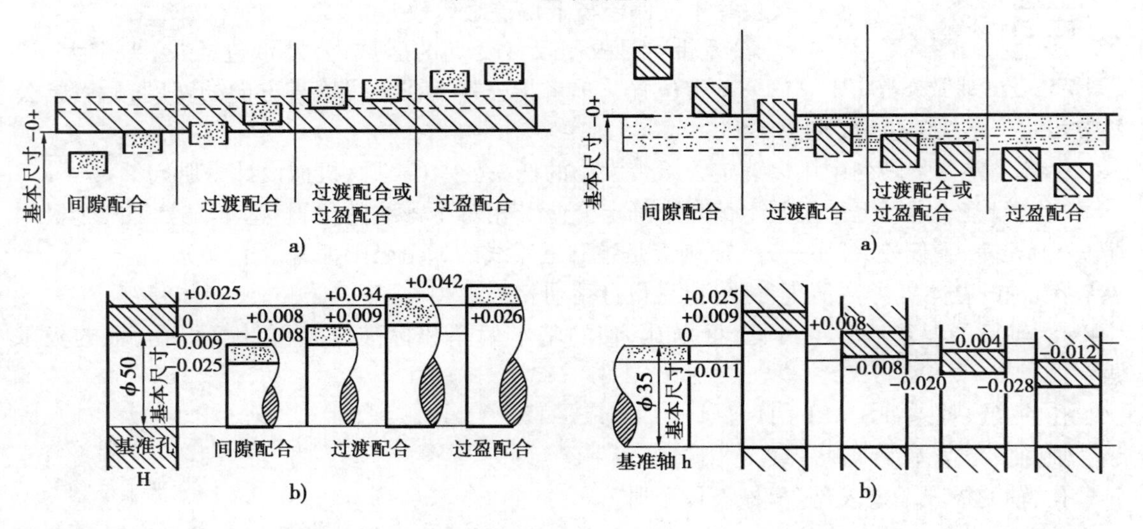

图 5-7　基孔制配合　　　　图 5-8　基轴制配合

由于存在测量误差,因此实际尺寸并非尺寸的真值。

孔的作用尺寸　在配合面的全长上,与实际孔内接的最大理想轴的尺寸称为孔的作用尺寸(图 5-10)。

轴的作用尺寸　在配合面的全长上,与实际轴外接的最小理想孔的尺寸称为轴的作用尺寸(图 5-11)。

实际尺寸与作用尺寸的关系　当工件没有形状误差时,其作用尺寸等于实际尺寸;当工件存在形状误差时，孔的作用尺寸小于孔的实际尺寸的最小值，轴的作用尺寸大于轴的实际尺寸的最大值。

5.1.2　公差与配合的选用

公差与配合的选择是机械设计与制造中重要的一环。公差与配合的选择是否恰当，对机械产品的使用性能和制造成本都有很大影响，有时甚至起决定性作用，因此，必须认真进行选择。

(1)选择原则　可以概括为：保证机械产品的性能优良，制造上经济可行。也就是说公差与配合的选择应使机械产品的使用价值与制造成本的综合经济效果最佳。

(2)方法　本章重点介绍计算法和类比法。

(3)内容　公差与配合的选择包括三个方面的内容：基准制的选择；公差等级的选择；配合选择。

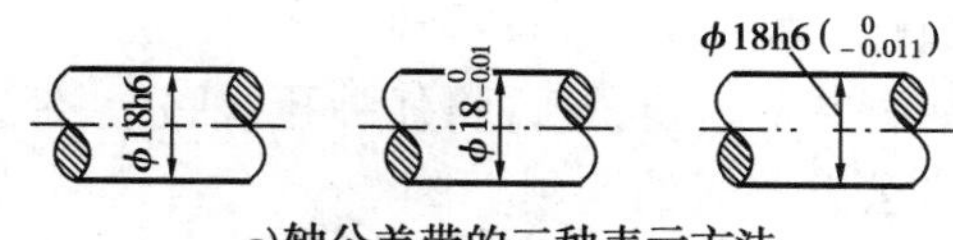

a)轴公差带的三种表示方法

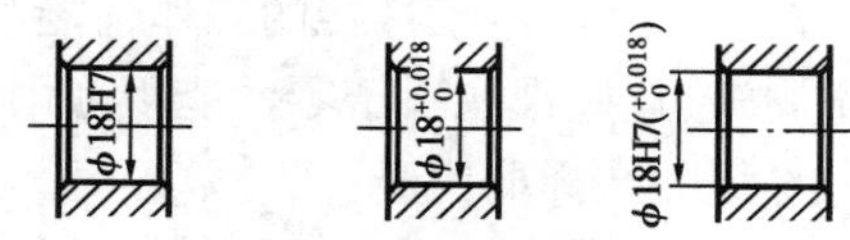

b)孔公差带的三种表示方法

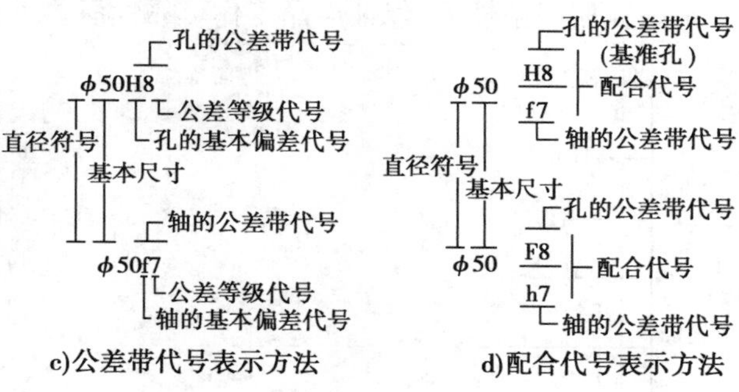

图5-9　公差与配合的表示方法

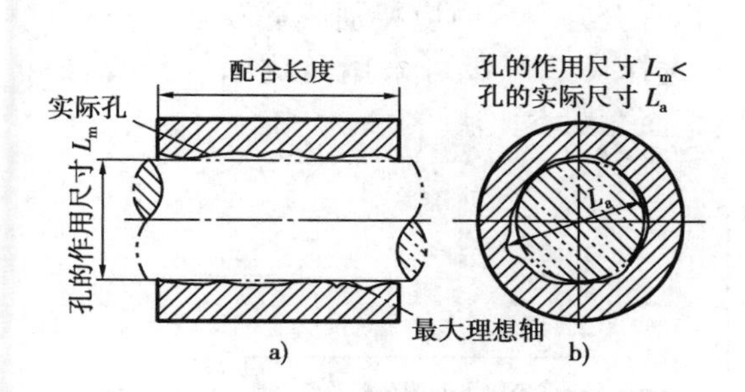

图5-10　孔的作用尺寸

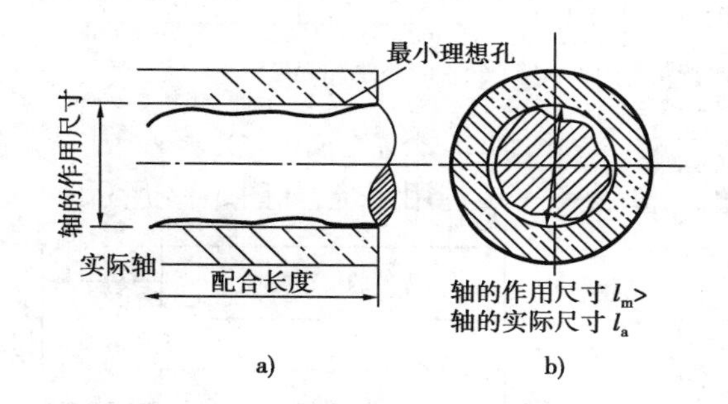

图5-11　轴的作用尺寸

1)基准制的选择

国家标准规定有基孔制和基轴制两种，通过这两种基准制可得到一系列配合。在选择基准制的过程中，要从结构、工艺、经济等方面来考虑，优先采用基孔制。最主要的原因是为了减少孔加工用的各种定值(不可调)刀量具(扩孔钻、绞刀、拉刀等)和其他一些工艺装备的生产负担。

因此，国家标准规定，一般情况下，优先采用基孔制。

基轴制一般只用于下面三种情况：

a. 零件由冷拉棒材制成，连接表面不再经切削加工，直接用于配合。

b. 配合轴较长或是管状零件，特别是在同一基本尺寸的某一段轴上必须安装几个不同配合零件的情况下。

c. 用于按基轴制生产的标准零、部件的配合，如滚动轴承的外圈与机器基座孔的配合，轴、轴套的键和槽的结合等等。

如有特殊需要，允许将任一孔、轴公差带组成配合。

2)公差等级的选用

在设计机器和机构时，对配合尺寸选择适当的公差等级(公差)特别重要。因为在很多情况下，一方面，它将决定于连接的工作性能和寿命，而另一方面，又决定零件制造成本和生产效率。众所周知，这些都取决于零件能否采用合理的加工工艺、装配工艺和工厂的现有设备。

公差等级的选择取决于：

a. 不同用途对产品(机器、机构和仪表)所提出的精度要求。

b. 在使用条件下，保证产品工作可靠性所要求的连接特性。

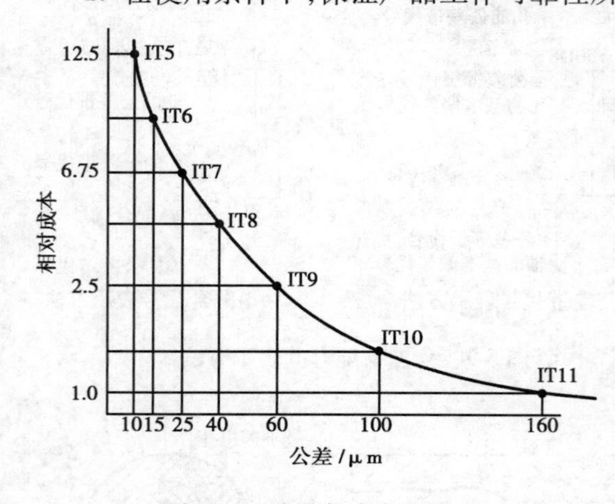

图 5-12　公差与成本的关系

另外，与用来制造和装配所设计零件单位的设备状况，也有很大的关系。一般情况下，精度要求与生产的可能性应协调一致，这种协调一致能使产品的精度规定得到保证。但是在必要的情况下，则要采取提高设备精度和改进工艺的方法来保证产品的精度。

还必须注意的是精度与加工成本的关系，如图 5-12 所示，当精度从 IT7 提高到 IT5 后，零件加工相对成本提高将近一倍。因此，当选用 IT6 以上公差等级时应特别慎重考虑。

选择公差等级可采用类比法和计算法两种：下面介绍类比法。

①公差等级选用系统，如图 5-13 所示。

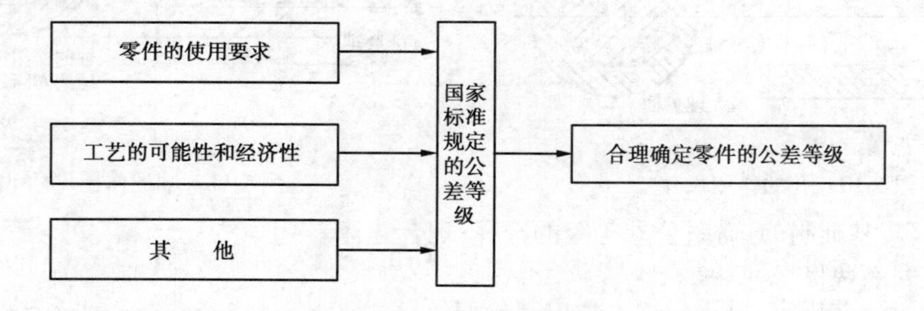

图 5-13　公差等级选用系统

由系统图可见，公差等级选用的依据：

a. 首先要满足零件的使用要求　在很多情况下，零件各种尺寸的公差等级选择取决于相应尺寸链的计算结果。

b. 考虑工艺的可能性和经济性　在保证设计使用要求的前提下，尽量选择低的精度等级。选用公差等级不仅取决于设备的特性和状况，而且也取决于所选定的加工工艺规程，特别是最后的一道工序，即使零件所规定的尺寸公差得以保证的那道工序的工艺规程。

c. 考虑使用寿命以及其他一些情况　在生产时，不能单纯从经济方面来考虑加工成本，也应从提高配合精度着眼，因为提高加工精度可以保证产品质量，使机器寿命增长，耐用性提高，这就要有根据地减小配合件的制造公差。因此，只是偏重于从经济方面考虑，节约成本，致使生产出来的产品使用寿命缩短,耐用性降低,这不但不是节约,而是最大的浪费。更重要的是这种产品在市场上将没有竞争能力。

②推荐有关选用的资料(表见《机械设计手册》)。

3)配合的选择

配合选择常用的方法有类比法、计算法和试验法三种。

在实际生产中,应用选择配合最广泛的方法是类比法,或称经验法。其基本特点是:与工作条件非常类似的结合相比较来确定配合的一种方法。为便于初学者掌握这种方法,归纳以下方面介绍。

类比法选择配合的一般模式　配合选择的一般过程见图5-14所示,在此,把一般工程结构如设备、机器、部件、零件等都看成不同的系统,并对系统的功能要求进行分析。系统又可分为若干个分系统组成,直至单元。如机器、机构总尺寸链系统可分为部件,直到结合件。

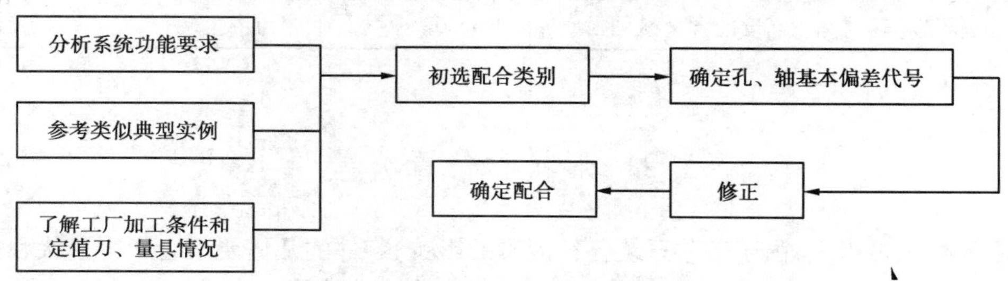

图5-14　配合选择的一般过程

5.1.3　一般公差　线性尺寸的未注公差

《一般公差　线性尺寸的未注公差》标准(GB/T1804—92)采用了国际标准ISO2768—1:1989《一般公差——第一部分:未注公差的线性和角度尺寸的公差》。线性尺寸的一般公差是在车间普通工艺条件下,机床设备一般加工能力可保证的公差。在正常维护和操作情况下,它代表经济加工精度。

线性尺寸的一般公差主要用于较低精度的非配合尺寸。当功能上允许的公差等于或大于一般公差时,均采用一般公差。采用一般公差的尺寸在图样上不单独注出公差,而是在图样上、技术文件中作总的说明,例如,选用中等级时,表示为GB1804—m。

应用一般公差可以简化制图,使图样清晰易读,可以节省图样设计时间,设计人员只要熟悉和应用一般公差规定,可不必逐一考虑其公差值;突出了图样上注出公差的尺寸,以便在加工和检验时引起重视。

表5-1　线形尺寸的极限偏差数值　　/mm

公差等级	尺寸分段							
	0.5~3	>3~6	>6~30	>30~120	>120~400	>400~1 000	>1 000~2 000	>2 000~4 000
f(精密级)	±0.05	±0.05	±0.1	±0.15	±0.2	±0.3	±0.5	
m(中等级)	±0.1	±0.1	±0.2	±0.3	±0.5	±0.8	±1.2	±2
c(粗糙级)	±0.2	±0.3	±0.5	±0.8	±1.2	±2	±3	±4
v(最粗级)		±0.5	±1	±1.5	±2.5	±4	±6	±8

线性尺寸的一般公差规定四个公差等级。即精密级(f)、中等级(m)、粗糙级(c)、最粗级(v),其中精密级公差等级最高,公差数值最小,最粗级公差等级最低,公差数值最大。线性尺寸的极限偏差数值见表5-1,倒圆半径和倒角高度尺寸的极限偏差数值见表5-2。

表5-2　倒圆半径与倒角高度尺寸的极限偏差数值　　/mm

公差等级	尺寸分段			
	0.5 ~ 3	> 3 ~ 6	> 6 ~ 30	> 30
F(精密级) M(中等级)	±0.2	±0.5	±1	±2
C(粗糙级) V(最粗级)	±0.4	±1	±2	±4
注:倒圆半径与倒角高度的含义参见国家标准GB6403.4《零件倒圆与倒角》。				

5.2　形状和位置公差

在零件加工过程中,由于工艺系统各种因素的影响,零件的几何要素会产生形状和位置误差。零件的形状和位置误差(简称形位误差)对产品的使用性能和寿命有很大影响。形位误差越大,零件几何参数的精度越低。为了保证机械产品的质量和互换性,应该对零件给定形位公差,用以限制形位误差。

我国已经把形位公差标准化,发布了国家标准GB/T1182—1996《形状和位置公差通则、定义、符号和图样表示方式》,GB/T1184—1996《形状和位置公差未注公差值》、GB/T16671—1996《形状和位置公差最大实体要求、最小实体要求和可逆要求》、GB1958—80《形状和位置公差检测规定》。此外,作为贯彻上述标准的技术保证还发布了圆度、直线度、平面度检验标准以及位置量规标准等。

5.2.1　形位公差的研究对象及项目符号

形位公差是研究构成零件几何特征的点、线、面等几何要素。如图5-15中所示的零件,它是由平面、圆柱面、端平面、圆锥面、素线、轴线、球心和球面构成的。当研究这个零件的形状公差时,涉及对象就是这些点、线、面。一般在研究形状公差时,涉及的对象有线和面两类要素,要研究位置公差时涉及的对象除了有线和面两类要素外,还有点要素。

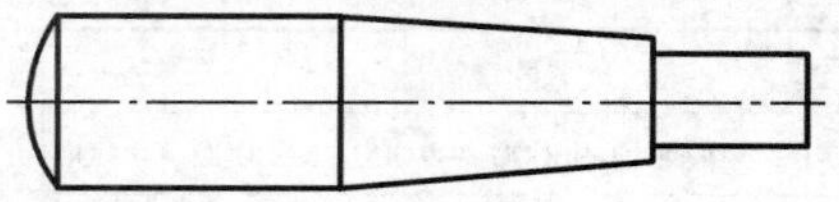
图5-15　手柄

(1)几何要素的分类

1)按结构特征分

轮廓要素　构成零件外形为人们直接感觉到的点、线、面。如图5-15中的圆柱面和圆锥面及其他表面素线、球面、平面等,都是轮廓要素。零件内部形体表面、如内孔圆柱面等,也属轮廓要素。

中心要素　是具有对称关系的轮廓要素的对称中心点、线、面。其特点是实际零件不存在具体的形体而是人为给定的,它不能为人们直接感觉到,而是通过相应的轮廓要素才能体现出来的。如图 5-15 中的圆柱体轴线，它是由圆柱体上各横截面轮廓的中心点（即圆点）所连成的线。零件上的中心线、中心面、球心和中心点等属于中心要素。

2）按存在状态分

理想要素　是具有几何意义的要素，它是按设计要求，由图样给定的点、线、面的理想形态，它不存在任何误差是绝对正确的几何要素。理想要素是作为评定实际要素的依据，在生产中是不可能得到的。

实际要素　零件上实际存在的要素，测量时由测得要素来代替。

3）按检测时的地位分

被测要素　在图样上给出形位公差要求的要素称为被测要素。如图 5-16 中的 ϕd_2 的圆柱面和 ϕd_2 的台肩面等都给出了形位公差，因此都属于被测要素。

基准要素　零件上用来确定被测要素的方向或位置的要素为基准要素。基准要素在图样上都标有基准符号或基准代号，如图 5-16 中 ϕd_2 的中心线即为基准要素。

4）按功能关系分

单一要素　即仅对被测要素本身给出形状公差的要素。如图 5-16 中 ϕd_2 圆柱面是被测要素，且给出了圆柱度公差要求，故为单一要素。

关联要素　与零件基准要素有功能要求的要素称为关联要素。如图 5-16 中的 ϕd_2 的圆柱的台肩面相对于 ϕd_2 圆柱基准轴线有垂直的功能要求，且都给出了位置公差，ϕd_2 的圆柱台肩面就是被测关联要素。

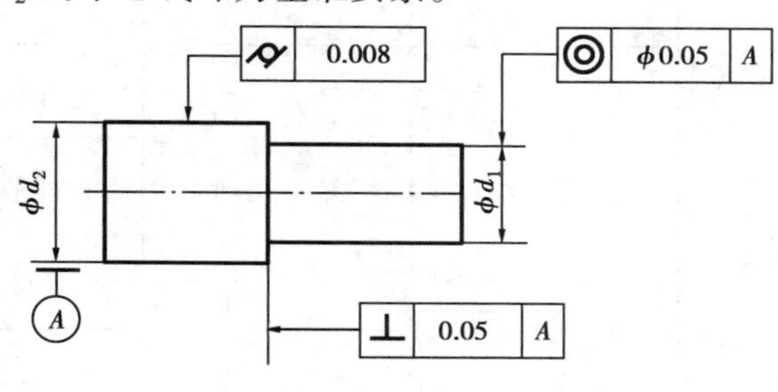

图 5-16　零件几何要素

（2）形位公差的项目及其符号

国家标准将形位公差共分十四个项目，其中形状公差分为四个项目，轮廓公差分为两个项目，定向公差分为三个项目，定位公差分为三个项目及跳动公差分为两个项目。每个公差项目都规定了专用符号，见表 5-3。

形位公差是指被测实际要素的允许变动全量，所以形状公差是指单一实际要素的形状所允许的变动量。位置公差是指关联实际要素的位置对基准所允许的变动量。

形位公差也有公差带，但比尺寸公差带复杂得多。

5.2.2　形位公差的标注方法

以下为 GB/T1182—1996 标注方法的若干规定。

（1）公差框格符号的标注

1）公差要求在矩形方框中给出，该方框由两格或多格组成。框格中的内容应从左向右按以下次序填写（见图 5-17）。

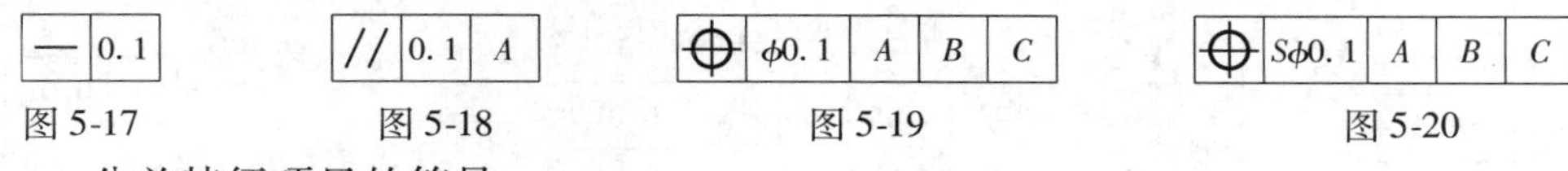

图 5-17　图 5-18　图 5-19　图 5-20

——公差特征项目的符号；

——公差值，公差值为线性值，如公差带是圆形或圆柱形，在公差值前加注 ϕ，如是球形则加注“$S\phi$”；

表 5-3　形位公差的项目及其符号

公　　差		特征项目	符　　号	有或无基准要求
形　状	形　状	直线度	⏤	无
		平面度	⏥	无
		圆　度	○	无
		圆柱度	⌭	无
形状或位置	轮　廓	线轮廓度	⌒	有或无
		面轮廓度	⌓	有或无
位　置	定　向	平行度	//	有
		垂直度	⊥	有
		倾斜度	∠	有
	定　位	位置度	⌖	有或无
		同轴(同心)度	◎	有
		对称度	⌯	有
	跳　动	圆跳动	↗	有
		全跳动	⌰	有

——如需要,用一个或多个字母表示基准要素或基准体系(见图 5-18、图 5-19、图 5-20)。

2)当一个以上要素作为被测要素,应在框格的上方标明,如 6 个要素标注为 6×ϕ 等(见图 5-21)。

当需要对被测要素加注其他说明性内容时,应在框格下方标明(见图 5-22)。

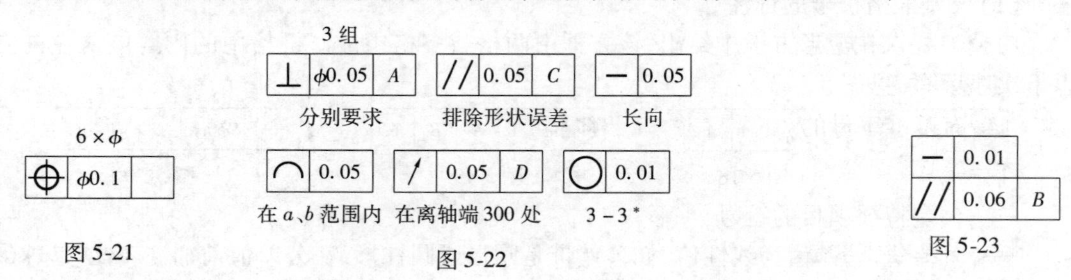

图 5-21　　图 5-22　　图 5-23

3)如要求在公差带内进一步限定被测要素的形状,则应在公差值后面加注符号(见表5-4)。

4)如对同一要素有一个以上公差特征项目要求时,为方便起见可将一个框格放在另一个框格的下面(见图5-23)。

表5-4

含　义	符　号	举　例
只许中间向材料内凹下	(-)	— | t(-)
只许中间向材料外凸起	(+)	▱ | t(+)
只许从左至右减小	(▷)	⌭ | t(▷)
只许从右至左减小	(◁)	⌭ | t(◁)

(2)被测要素符号的标注

用带箭头的指引线将框格与被测要素相连,按以下方式标注:

——当公差涉及轮廓线或表面时(见图5-24和图5-25),将箭头置于要素的轮廓线或轮廓线的延长线上(但必须与尺寸线明显地分开)。

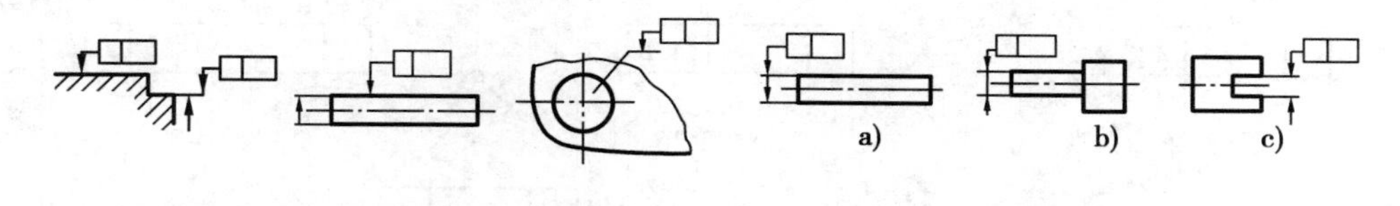

图5-24　图5-25　图5-26　图5-27

——指向实际表面时(见图5-26),箭头可置于带点的参考线上,该点指向实际表面上。

——当公差涉及轴线、中心平面或带尺寸要素确定的点时,则带箭头的指引线应与尺寸线的延长线重合(见图5-27)。

指引线箭头指向被测要素时,其箭头的方向就是公差带的宽度或直径的方向,指点的位置表示公差带的位置。

(3)基准要素的标注

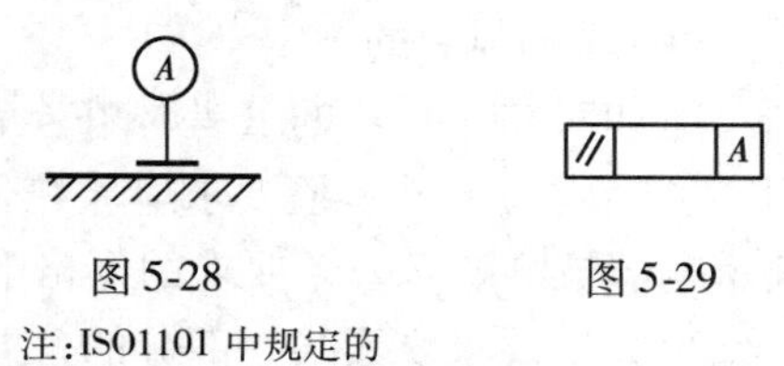

图5-28　图5-29

注:ISO1101中规定的基准符号为 A 和 A

1)相对于被测要素的基准,由基准字母表示。带小圆的大写字母用细实线与粗横线相连(见图5-28),表示基准的字母也应注在相应的公差框格内(见图5-29)。

在ISO1101中规定的基准符号与我国标准不同,如图5-28所示的注。

2)带有基准字母的短横线应置放于:

——当基准要素是轮廓线或表面时(见图5-30),在要素的外轮廓线上或在它的延长线上(但应与尺寸线明显地错开),基准符号还可置于用圆点指向实际表面的参考线上(见图5-31)。

——当基准要素是轴线或中心平面或由带尺寸的要素确定的点时,则基准符号中的线与尺寸线一致(见图5-32)。如尺寸线处安排不下两个箭头,则另一箭头可用短横线代替(见图

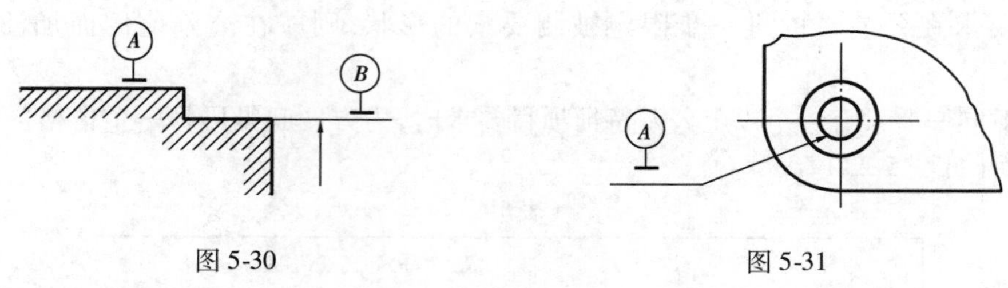

图 5-30　　图 5-31

5-33 和图 5-34)。

3)单一基准要素用大写字母表示(见图 5-35)。

由两个要素组成的公共基准,用由横线隔开的两个大写字母表示(见图 5-36)。

由两个或三个要素组成的基准体系,如多基准组合,表示基准的大写字母应按基准的优先次序从左至右分别置于各格中(见图 5-37)。

为了不致引起误解,字母 E、I、J、M、O、P、L、R、F 不采用。无论基准代号在图样中的方向如何,其字母一律水平书写。

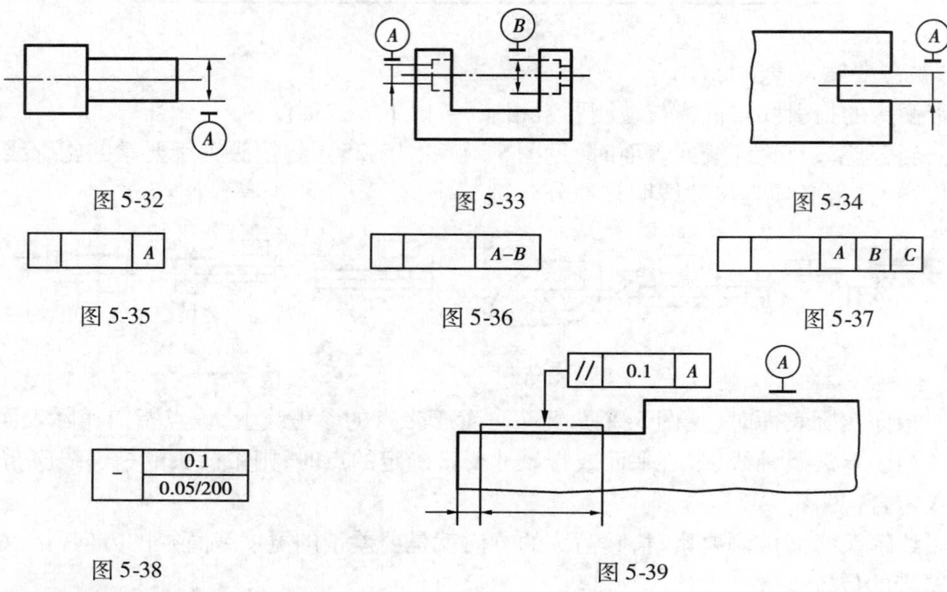

图 5-32　　图 5-33　　图 5-34

图 5-35　　图 5-36　　图 5-37

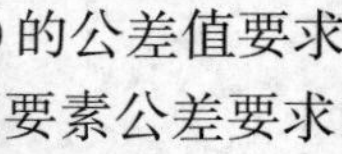

图 5-38　　图 5-39

(4)局部限制的规定

1)如对同一要素的公差值在全部被测要素内的任一部分有进一步限制时,该限制部分(长度或面积)的公差值要求应放在公差值的后面,用斜线相隔。这种限制要求可以直接放在表示全部被测要素公差要求的框格下面(见图 5-38)。

2)如仅要求要素某一部分的公差值,则用粗点画线表示其范围,并加注尺寸(见图 5-39 和图 5-40)。

3)如仅要求要素的某一部分作为基准,则该部分应用粗点画线表示并加注尺寸(见图 5-41)。

4)对于复合位置度公差,应将孔组相对于基准体系位置度要求的公差框格画在上方,而对孔组内各孔之间的位置度要求的公差框格画在下方(见图 5-42)。

当采用相关要求并对补偿值加以限制时,应将对补偿值加以限制的公差框格画在下方

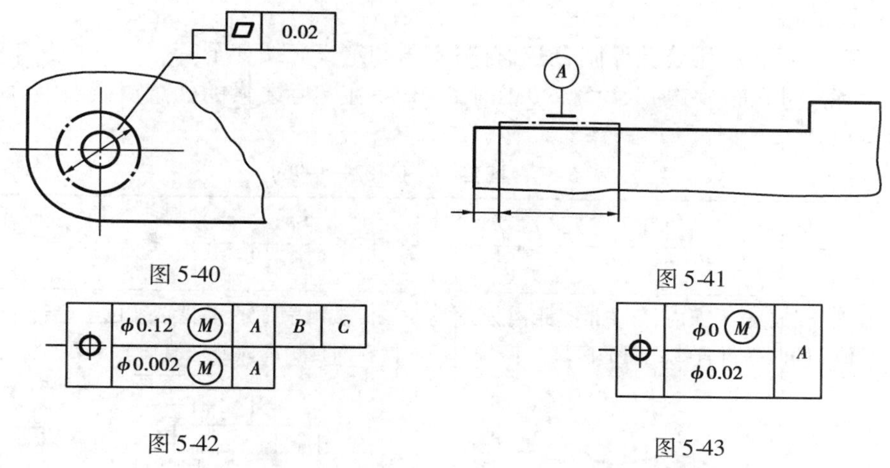

图 5-40　　图 5-41

图 5-42　　图 5-43

（见图 5-43）。

（5）简化标注的规定

对几个表面有同一数值的公差带要求，其表示法可按图 5-44 所示。

用同一公差带控制几个被测要素时，应在公差框格上注明“共面”或“共线”（见图5-45）。

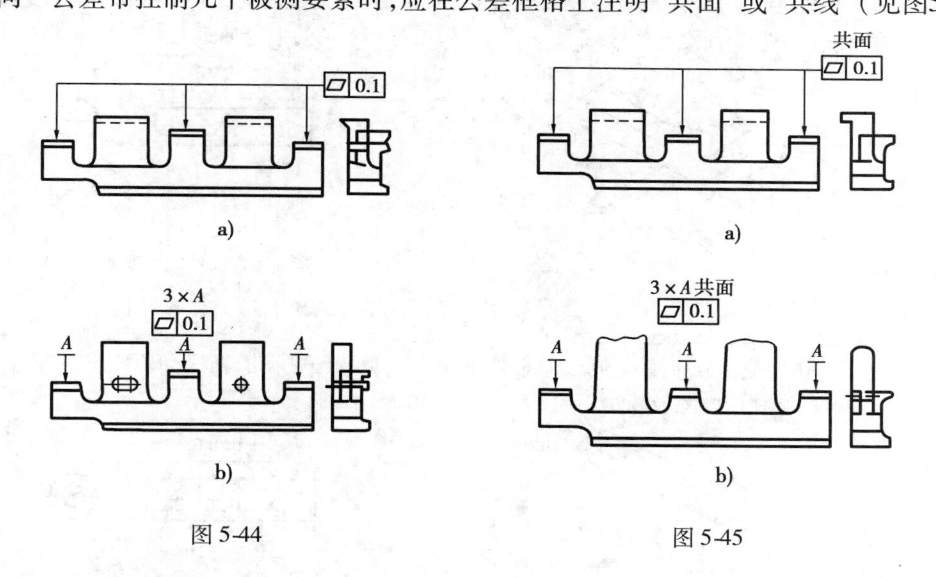

图 5-44　　图 5-45

5.2.3　形位公差带

96 新系列形位公差国家标准与旧标准不同，它将线、面轮廓度另列为形状或位置公差一类。其公差带定义、标注和解释如表 5-5 所示。

5.2.4　公差原则及应用

机械设计中，根据零件的功能和互换性要求，对零件重要的几何要素往往需要同时给定尺寸公差、形状和位置公差。确定形状和位置公差与尺寸公差之间相互关系所遵循的原则，称之为公差原则。

(1)术语和定义

为了正确理解和应用公差原则，现对有关术语和定义介绍如下：

局部实际尺寸（简称实际尺寸）actual local size　在实际要素的任意正截面上，两对应点之间测得的距离。

表 5-5　（摘自 BG/T1182—1996）

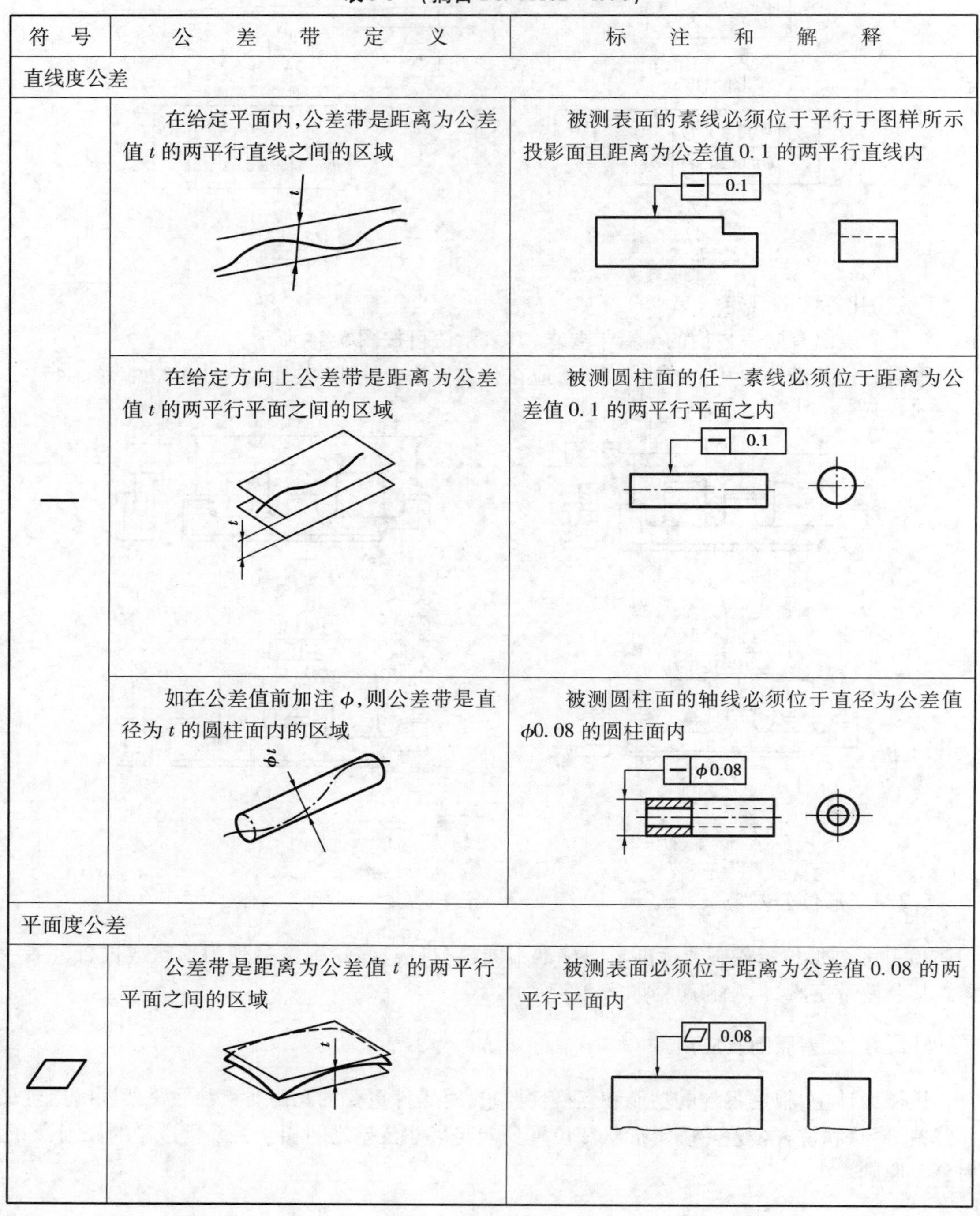

符　号	公　差　带　定　义	标　注　和　解　释
直线度公差		
—	在给定平面内，公差带是距离为公差值 t 的两平行直线之间的区域	被测表面的素线必须位于平行于图样所示投影面且距离为公差值 0.1 的两平行直线内
	在给定方向上公差带是距离为公差值 t 的两平行平面之间的区域	被测圆柱面的任一素线必须位于距离为公差值 0.1 的两平行平面之内
	如在公差值前加注 ϕ，则公差带是直径为 t 的圆柱面内的区域	被测圆柱面的轴线必须位于直径为公差值 ϕ0.08 的圆柱面内
平面度公差		
▱	公差带是距离为公差值 t 的两平行平面之间的区域	被测表面必须位于距离为公差值 0.08 的两平行平面内

续表

符号	公差带定义	标注和解释
圆度公差		
○	公差带是在同一正截面上,半径差为公差值 t 的两同心圆之间的区域 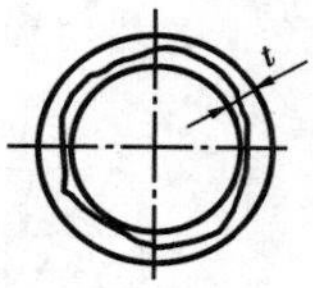	被测圆柱面任一正截面的圆周必须位于半径差为公差值 0.03 的两同心圆之间 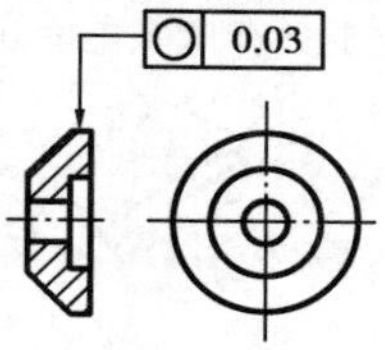 被测圆锥面任一正截面上的圆周必须位于半径差为公差值 0.1 的两同心圆之间 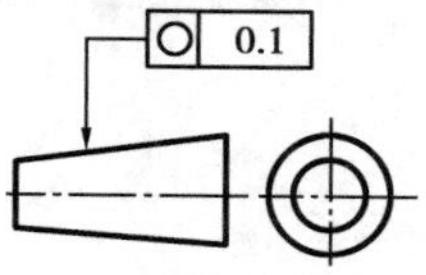
圆柱度公差		
⌭	公差带是半径差为公差值 t 的两同轴圆柱面之间的区域 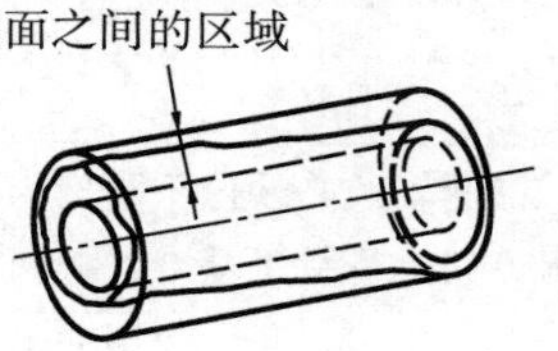	被测圆柱面必须位于半径差为 0.1 的两同轴圆柱面之间 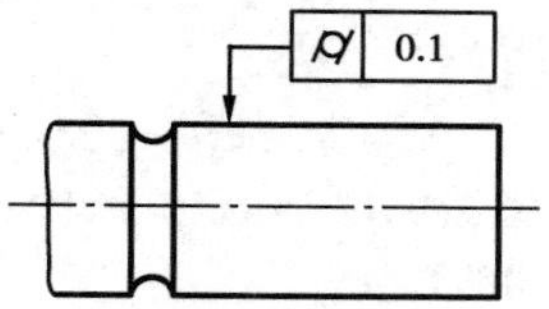
线轮廓度公差		
⌒	公差带是包络一系列直径为公差值 t 的圆的两包络线之间的区域,诸圆的圆心位于具有理论正确几何形状的线上 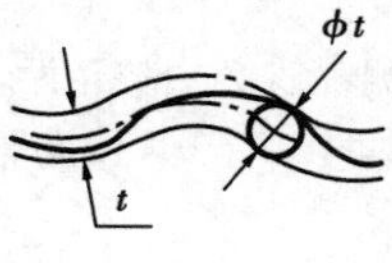 $d=t$ 无基准要求的线轮廓度公差见图 a 有基准要求的线轮廓度公差见图 b	在平行于图样所示投影面的任一截面上,被测轮廓线必须位于包络一系列直径为公差值 0.04,且圆心位于具有理论正确几何形状的线上的两包络线之间 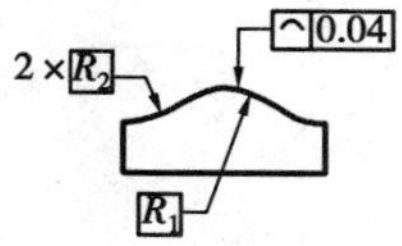 a 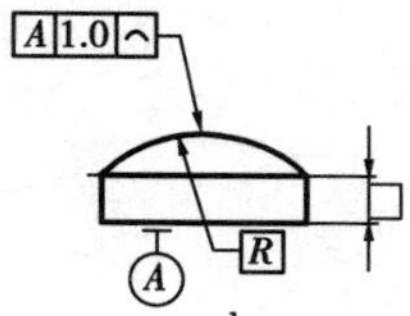 b

续表

符 号	公 差 带 定 义	标 注 和 解 释
面轮廓度公差		
⌓	公差带是包络一系列直径为公差值 t 的球的两包络面之间的区域。诸球的球心位于具有理论正确几何形状的面上 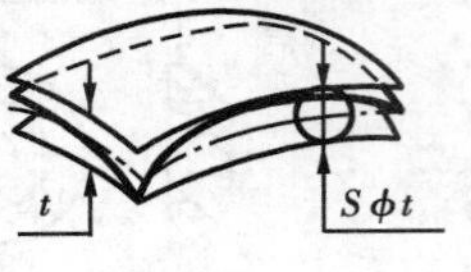 t　$S\phi t$ $d=t$ 无基准要求的面轮廓度公差见图 a 有基准要求的面轮廓度公差见图 b	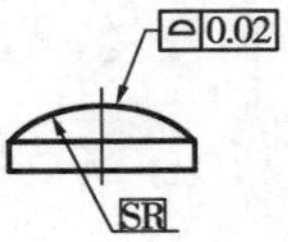 被测轮廓面必须位于包络一系列球的两包络面之间,诸球的直径为公差值 0.02,且球心位于具有理论正确几何形状的面上的两包络面之间 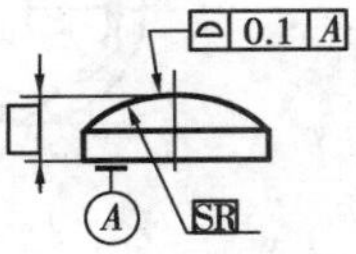 ⌓ 0.1 A A　SR a ⌓ 0.02 SR b
平行度公差		
//	线对线平行度公差	
	公差带是距离为公差值 t,且平行于基准线,位于给定方向上的两平行平面之间的区域 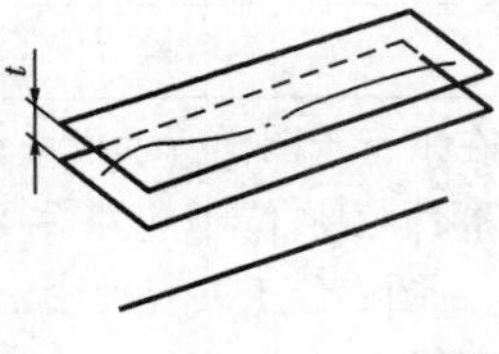 t	被测轴线必须位于距离为公差值 0.01,且在给定方向上平行于基准线的两平行平面之间 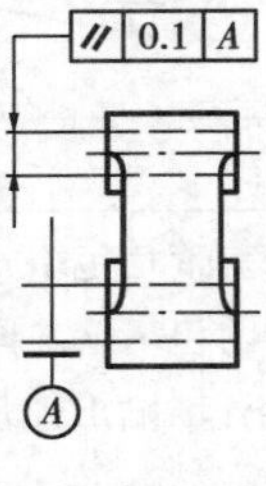 // 0.1 A A 被测轴线必须位于距离为公差值 0.2,且在给定方向上平行于基准轴线的两个平行平面之间 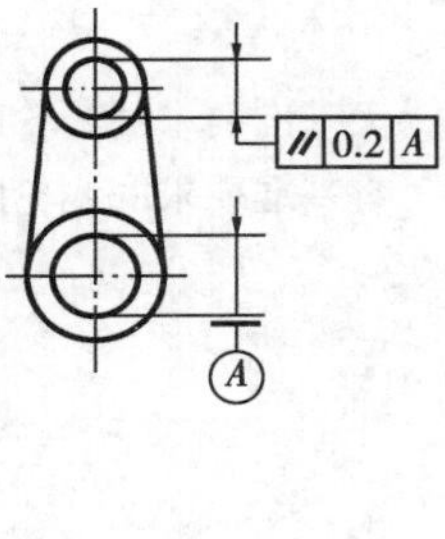 // 0.2 A A

续表

符号	公差带定义	标注和解释
⊥	公差带是两对互相垂直距离为 t_1 和 t_2，且平行于基准线的两平行平面之间的区域 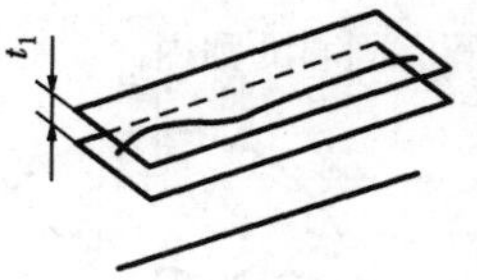 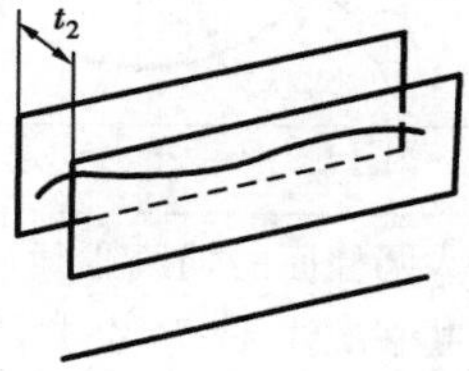	被测轴线必须位于距离分别为公差值 0.2 和 0.1 的在给定的互相垂直方向上且平行于基准轴线的两组平行平面之间 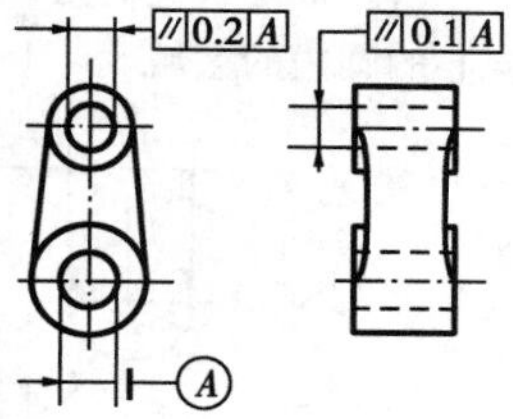 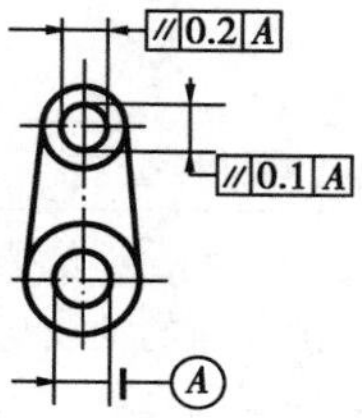
	线对面垂直度公差	
	在给定方向上，公差带是距离为公差值 t 且垂直于基准面的两平行平面之间的区域 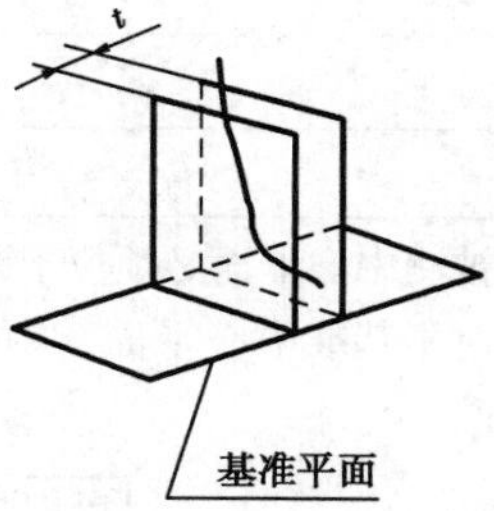	在给定方向上被测轴线必须位于距离为公差值0.1，且垂直于基准表面 A 的两平行平面之间 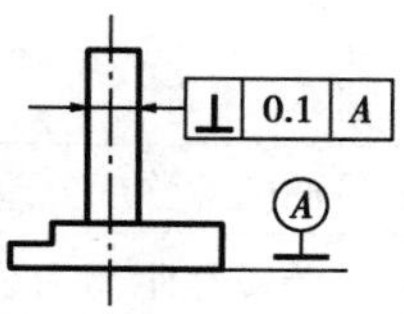

续表

符号	公差带定义	标注和解释
同轴度公差		
◎	点的同心度公差	
	公差带是公差值为 ϕt,且与基准圆心同心的圆内的区域 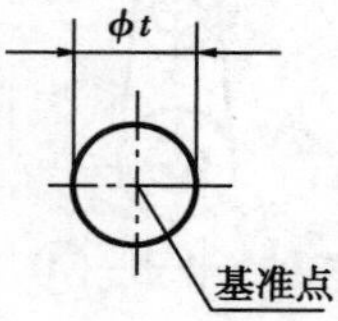 ϕt 基准点	外圆的圆心必须位于公差值为 $\phi 0.01$,且与基准圆心同心的圆内 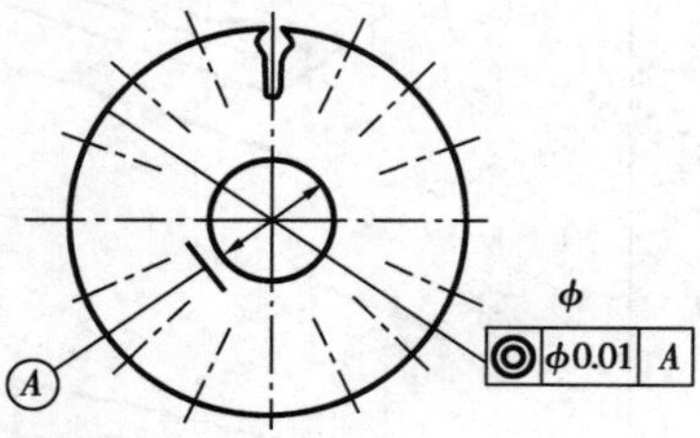 ϕ ◎ $\phi 0.01$ A A
	轴线的同轴度公差	
	公差带是公差值 ϕt 的圆柱面的区域,该圆柱面的轴线与基准轴线同轴 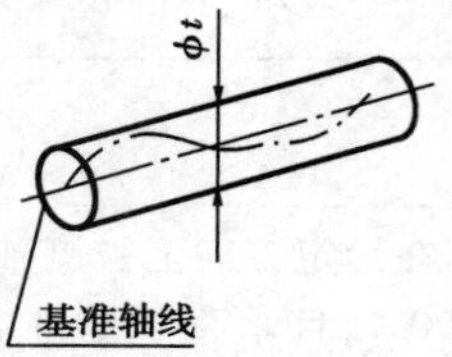 ϕt 基准轴线	大圆柱面的轴线必须位于公差值 $\phi 0.08$,且与公共基准线 $A—B$(公共基准轴线)同轴的圆柱面内 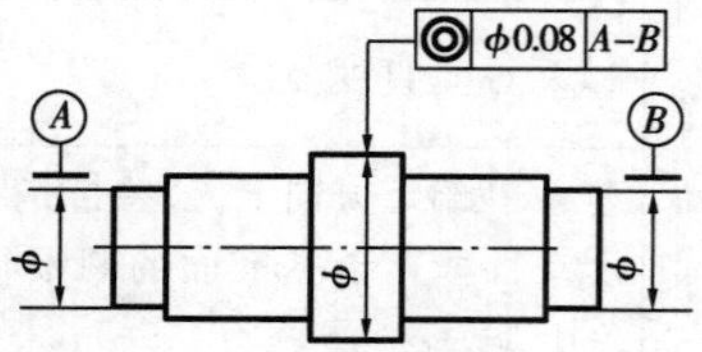 ◎ $\phi 0.08$ A–B A B ϕ ϕ ϕ
对称度公差		
⌯	中心平面的对称度公差	
	公差带是距离为公差值 t,且相对基准的中心平面对称配置的两平行平面之间的区域 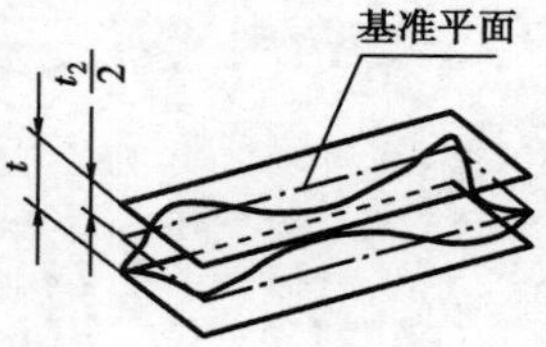 基准平面 $\frac{t}{2}$ t	被测中心平面必须位于距离为公差值 0.08,且相对于基准中心平面 A 对称配置的两平行平面之间 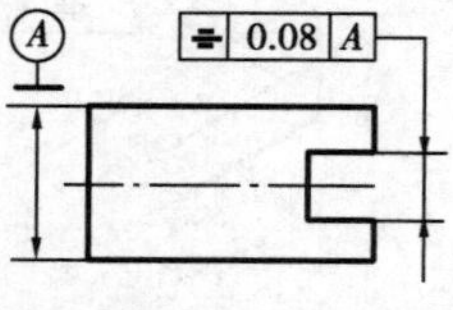 ⌯ 0.08 A A 被测中心平面必须位于距离为公差值 0.08,且相对于公共基准中心平面 $A—B$ 对称配置的两平行平面之间 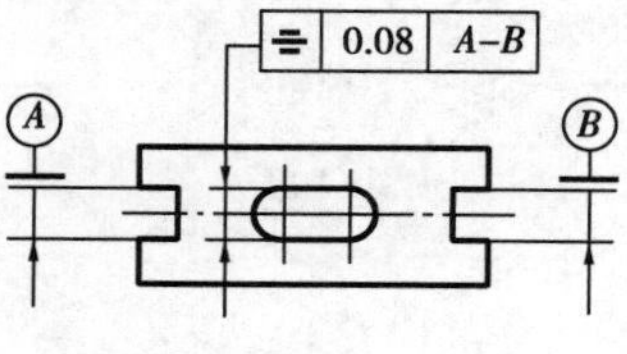 ⌯ 0.08 A–B A B

续表

符号	公差带定义	标注和解释
⊕	公差带是两对互相垂直的距离为 t_1 和 t_2，且以轴线的理想位置为中心对称配置的两平行平面之间的区域。轴线的理想位置由相对于三基面体系的理论正确尺寸确定，此位置度公差相对于基准给定互相垂直的两个方向	各个被测孔的轴线必须分别位于两对互相垂直的距离为 0.05 和 0.2，且相对于 C、A、B 基准表面（基准平面）所确定的理想位置对称配置的两平行平面之间
	如在公差值前加注 ϕ，则公差带是直径为 t 的圆柱面内的区域，公差带的轴线的位置由相对于三基面体系的理论正确尺寸确定	被测轴线必须位于直径为公差值 0.08，且以相对于 C、A、B 基准表面（基准平面）所确定的理想位置为轴线的圆柱面内 每个被测轴线必须位于直径为公差值 0.1，且以相对于 C、A、B 基准表面（基准平面）所确定的理想位置为轴线的圆柱面内

续表

符 号	公 差 带 定 义	标 注 和 解 释
圆跳动公差带		
	径向圆跳动公差	
↗	公差带是在垂直于基准轴线的任一测量平面内、半径差为公差值 t 且圆心在基准轴线上的两同心圆之间的区域 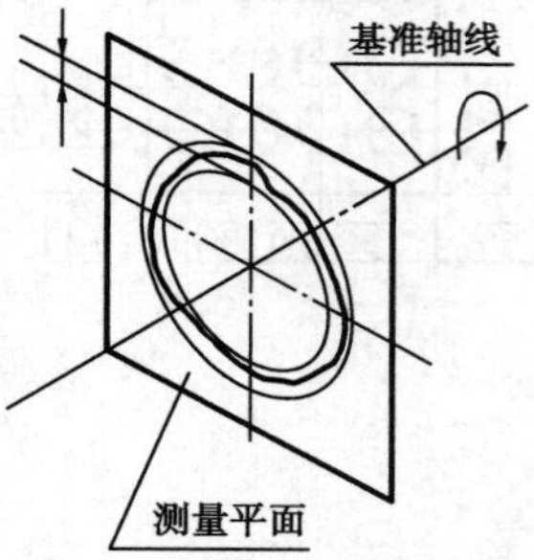 基准轴线 测量平面 跳动通常是围绕轴线旋转一整周，也可对部分圆周进行限制	当被测要素围绕基准线 A（基准轴线）并同时受基准表面 B（基准平面）的约束旋转一周时，在任一测量平面内的径向圆跳动量均不得大于 0.1 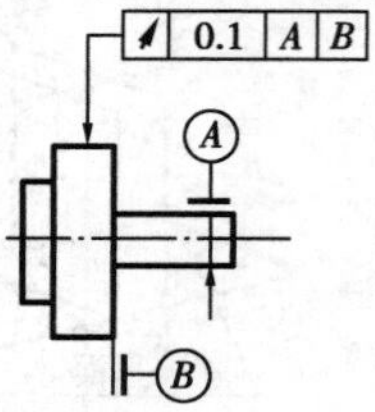 ↗ 0.1 A B A B 被测要素绕基准线 A（基准轴线）旋转一个给定的部分圆周时，在任一测量平面内的径向圆跳动量均不得大于 0.2 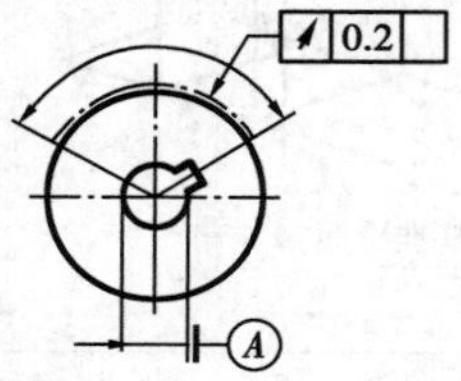 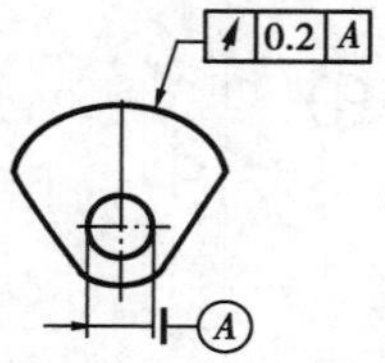 ↗ 0.2 ↗ 0.2 A A A 当被测要素围绕公共基准线 $A—B$（公共基准轴线）旋转一周时，在任一测量平面内的径向圆跳动量均不得大于 0.1 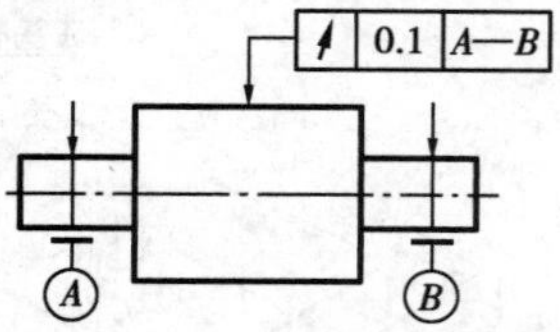 ↗ 0.1 A—B A B
倾斜度公差		
	线对线倾斜度公差	
∠	被测线和基准线在同一平面内：公差带是距离为公差值 t，且与基准线成一给定角度的两平行平面之间的区域 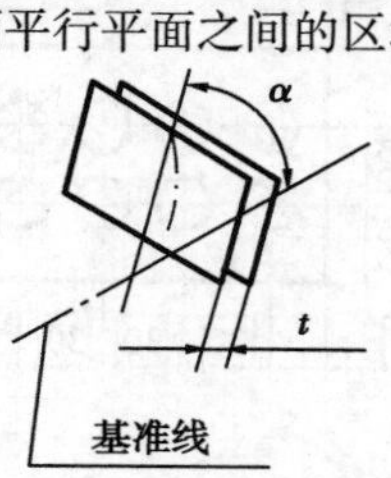 α t 基准线	被测轴线必须位于距离为公差值 0.08，且与 $A—B$ 公共基准线成一理论正确角度的两平行平面之间 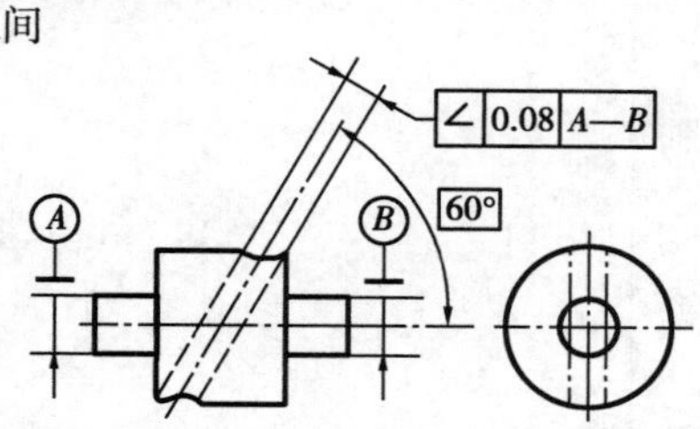 ∠ 0.08 A—B A B 60°

体外作用尺寸 external function size　在被测要素的给定长度上，与实际内表面体外相接的最大理想面或与实际外表面体外相接的最小理想面的直径或宽度。

对于关联要素，该理想面的轴线或中心平面必须与基准保持图样给定的几何关系（见图5-46）。

体内作用尺寸 internal function size　在被测要素的给定长度上，与实际内表面体内相接的最小理想面或与实际外表面体内相接的最大理想面的直径或宽度。

对于关联要素，该理想面的轴线或中心平面必须与基准保持图样上给定的几何关系（见图 5-47）。

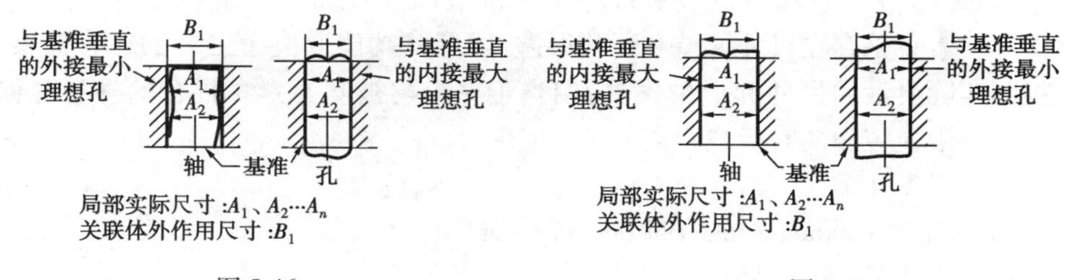

图 5-46　　　　图 5-47

最大实体状态 maximum material condition（MMC）和最大实体尺寸 maximum material size（MMS）　实际要素在给定长度上处处位于尺寸极限之内并具有实体最大时的状态，称为最大实体状态；实际要素在最大实体状态下的极限尺寸称为最大实体尺寸。对于外表面为最大极限尺寸，对于内表面为最小极限尺寸。

最小实体状态 least material condition（LMC）和最小实体尺寸 least material size（LMS）　实际要素在给定长度上处处位于尺寸极限之内并具有实体最小时的状态，称为最小实体状态，实际要素在最小实体状态下的极限尺寸称为最小实体尺寸。对于外表面为最小极限尺寸，对于内表面为最大极限尺寸。

最大实体实效状态 maximum material virtual condition（MMVC）和最大实体实效尺寸 maximum material virtual size（MMVS）　在给定长度上，实际要素处于最大实体状态且中心要素的形状或位置误差等于给出公差值时的综合极限状态称为最大实体实效状态；最大实体实效状态下的体外作用尺寸称为最大实体实效尺寸。

对于内表面，最大实体实效尺寸为最大实体尺寸减形状公差值（标注时在公差值后加注符号Ⓜ）；对于外表面为最大实体尺寸加形状公差值（标注时在公差值后加注符号Ⓜ）。表达式为：

$$MMVS = MMS \pm t$$

式中　MMVS——最大实体实效尺寸；

MMS——最大实体尺寸；

t——中心要素的形状公差或定向、定位公差值。

“+”用于外表面，“-”用于内表面。

最小实体实效状态 least material virtual condition（LMVC）和最小实体实效尺寸 least material virtual size（LMVS）　在给定长度上，实际要素处于最小实体状态且其中心要素的形状或位置误差等于给出公差值时的综合极限状态称为最小实体实效状态；最小实体实效状态下的体内作用尺寸称为最小实体实效尺寸。

对于内表面为最小实体尺寸加形状公差值(标注时在公差值后加注符号Ⓛ);对于外表面为最小实体尺寸减形状公差值(标注时在公差值后加注符号Ⓛ)。表达式为:

$$LMVS = LMS \pm t$$

式中 LMVS——最小实体实效尺寸;

LMS——最小实体尺寸;

t——中心要素的形状公差或定向、定位公差值。

“-”用于外表面;“+”用于内表面。

边界 boundary　由设计给定的具有理想形状的极限包容面称为边界,又称为理想边界。由于零件实际要素总是存在尺寸偏差和形状误差,因此其功能取决于二者的综合效果。边界用于综合控制实际要素的尺寸和形位误差,相当于一个与被测要素相耦合的理想几何要素。边界的尺寸为极限包容面的直径或距离。

边界可分为以下几类:

① 最大实体边界 maximum material boundary(MMB)

尺寸为最大实体尺寸的边界。

② 最小实体边界 least material boundary(LMB)

尺寸为最小实体尺寸的边界。

③ 最大实体实效边界 maximum material virtual boundary(MMVB)

尺寸为最大实体实效尺寸的边界。

④ 最小实体实效边界 least material virtual boundary(LMVB)

尺寸为最小实体实效尺寸的边界。

(2)公差原则

GB/T4249—1996《公差原则》是根据 ISO8015:1985《基本的公差原则》对 GB4249—84 进行修订的,内容与 ISO19015 等效。

为了与 ISO 取得一致,公差原则按下列内容分类:

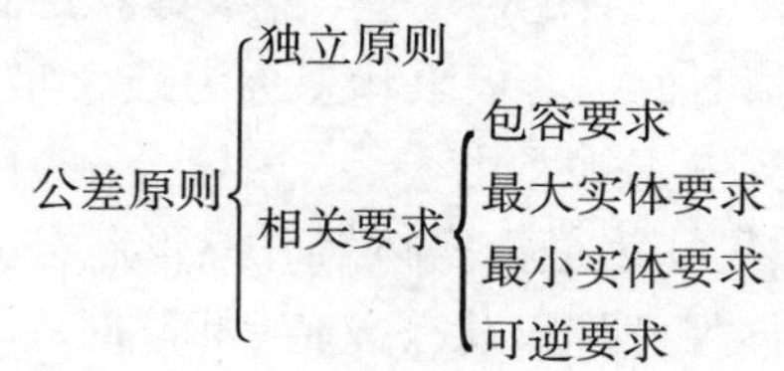

1)独立原则

图样上给定的每一个尺寸和形状,位置要求均是独立的,应分别满足要求。如果对尺寸和形状、尺寸与位置之间的相互关系有特定要求应在图样上规定。具体地说,遵守独立原则时,尺寸公差仅控制要素自身的局部实际尺寸的变动量,而不控制形位公差;另一方面,图样上给定的形位公差与被测要素的局部实际尺寸无关,不论要素的局部实际尺寸大小如何,被测要素均应在给定的形位公差之内,并且其形位误差允许达到最大值。

如图 5-48 所示,轴的局部实际尺寸在 $\phi150 \sim \phi149.96$ 之内,轴的形状误差应在给定的形状公差之内。

独立原则是尺寸公差和形位公差相互关系所遵循的基本原则。

独立原则主要应用于零件几何要素的形位误差对其使用功能有直接影响或该要素没有配合性质要求和装配互换要求的场合。

2)相关要求

图样上给定的尺寸公差和形位公差有关的公差要求,系指包容要求、最大实体要求(包括可逆要求应用于最大实体要求)和最小实体要求(包括可逆要求应用于最小实体要求)。

① 包容要求

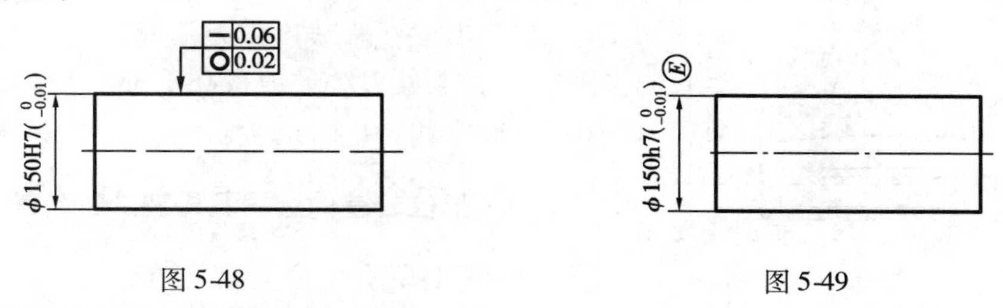

图 5-48　　图 5-49

包容要求适用于单一要素。

包容要求表示实际要素要遵守其最大实体边界,其局部实际尺寸不得超出最小实体尺寸。

包容要求是为了保证零件的配合性质要求建立的一种公差要求,其标注方法如图 5-49 所示,即在单一要素的尺寸极限偏差或公差带代号之后加注符号Ⓔ(Envelope 的缩写符号)。表示存在形位误差的实际单一要素处处不得超越具有最大实体尺寸的理想形状包容面即 MMC 边界。

圆柱表面必须在最大实体边界内,该边界的尺寸为最大实体尺寸 $\phi150$,其局部实际尺寸不得小于 $\phi149.96$。

包容要求主要应用于有配合要求,并且其极限间隙或极限过盈要求严格得到保证的场合。

② 最大实体要求

最大实体要求适用于中心要素。

最大实体要求是控制被测要素的实际轮廓处于其最大实体实效边界之内的一种公差要求。即要求实际要素遵守最大实体实效边界。被测要素的形位公差是在最大实体状态下给定的,当其实际要素尺寸偏离最大实体尺寸时,允许其形位公差值得到补偿。当其实际尺寸为最小实体尺寸时,最大补偿值为其尺寸公差值。

a. 图样标注

最大实体要求的符号为"Ⓜ"。当应用于被测要素时,应在被测要素形位公差框格中的公差值后标注符号"Ⓜ"(见图 5-50);当应用于基准要素时,应在形位公差框格内的基准字母代号后标注符号"Ⓜ"(见图 5-51 和图 5-52)。

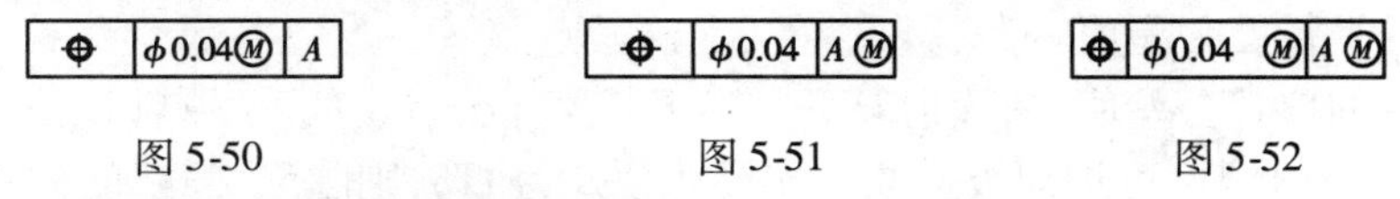

图 5-50　　图 5-51　　图 5-52

b. 最大实体要求用于单一要素的应用示例

图 5-53a)表示轴 $\phi20^{0}_{-0.3}$的轴线直线度公差采用最大实体要求。当被测要素处于最大实体状态时,其轴线直线度公差为 $\phi0.1$ mm(如图 5-53b)所示)。

该轴在满足下列要求后为合格:

a)实际尺寸在 $\phi19.7\sim20$ mm 之内;

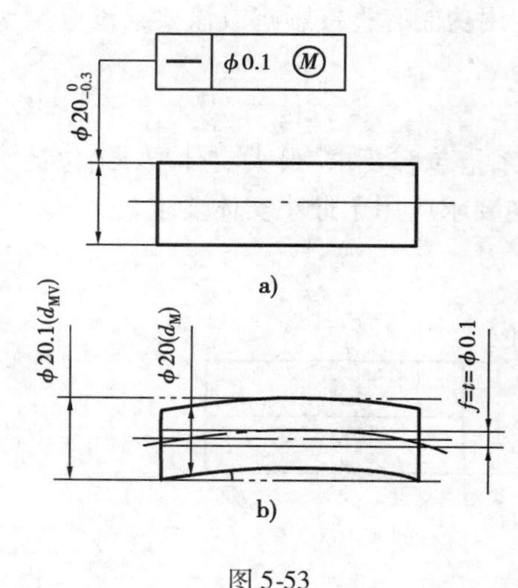

图 5-53

b)实际轮廓不超出最大实体实效边界,即其体外作用尺寸不大于最大实体实效尺寸 $d_{MV}=d_M+t=20+0.1=\phi 20.1$ mm。

当该轴的实际尺寸偏离最大实体尺寸时,其直线度误差值可超出在最大实体状态下给出的形位公差值 $\phi 0.1$,即此时的形位公差值可以增大。当该轴处于最小实体状态时,其轴线直线度误差值允许达到最大值,即等于图样给出的直线度公差值($\phi 0.1$ mm)与轴的尺寸公差值 $\phi 0.3$ mm 之和 $\phi 0.4$ mm。

5.2.5 形位公差的选用及未注形位公差值的规定

实际零件上所有的要素都存在形位误差,但图样上是否给出形位公差要求,可根据下述原则确定:凡形位公差要求用一般机床加工能保证的,不必注出,其公差值要求应按 GB/T1184 —1996《形状和位置公差未注公差值》执行,凡形位公差有特殊要求(高于或低于 GB/T1184—1996 规定的公差级别),则应按标准规定的标注方法在图样上明确注出形位公差。

(1)形位公差项目的确定

在形位公差的十四个项目中,有单项控制的公差项目,如圆度、平面度、直线度等,还有综合控制的公差项目,如圆柱度、位置公差的各个项目。应该充分发挥综合控制的公差项目的职能,这可以减少图样上给出的形位公差项目,相应地就减少形位误差检测的项目。

当同样满足功能要求时,应该选用测量简便的项目代替测量较难的项目。例如,同轴度公差常常可以用径向圆跳动公差或径向全跳动公差代替,这样,对测量带来了方便。不过应注意,径向跳动是同轴度误差与圆柱面形状误差的综合结果,故当同轴度由径向跳动代替时,给出的跳动公差值应略大于同轴度公差值,否则就会要求过严。用端面圆跳动代替端面垂直度有时并不可靠,而端面全跳动与端面垂直度因其公差带相同,故可以等价替换。

(2)形位公差值的选择

1)公差值选择原则

总的原则是:在满足零件功能要求的前提下选择最经济的公差值。

① 根据零件的功能要求,并考虑加工的经济性和零件的结构等情况,按公差表中数系确定要素的公差值,并应考虑公差值之间的协调关系。

同一要素上给定的形状公差值应小于位置公差值。如同一平面上,平面度公差值应小于该平面对基准的平行度公差值。

圆柱形零件的形状公差值,一般情况下应小于其尺寸公差。圆度、圆柱度公差值小于同级的尺寸公差值的 1/3,因而可按同级选取。如尺寸公差为 IT6,则圆度、圆柱度公差通常也选为 6 级。

平行度公差值应小于其相应的距离公差值。

② 对于下列情况,考虑到加工难易程度和除主要参数外其他参数的影响,在满足零件功能要求的前提下,可适当降低 1 ~2 级。

孔相对于轴:细长的轴和孔,距离较大的轴和孔,宽度较大(一般小于 1/2 长度)的零件表面，线对线和线对面相对于面对面的平行度、垂直度公差。

2）位置度公差值应通过计算得出

例如用螺栓作连接件，被连接零件上的孔均为通孔，其孔径大于螺栓的直径，位置公差可用下式计算：

$$t = X_{min}$$

式中 t——位置度公差；

X_{min}——通孔与螺栓间的最小间隙。

如用螺钉连接时，被连接零件中有一个零件上的孔是螺纹，而其余零件上的孔都是通孔，且孔径大于螺钉直径，位置度公差可用下式计算：

$$t = 0.5X_{min}$$

按上式计算确定的公差，经化整并按表 5-5 选择公差值。

表 5-6　位置度数系（摘自 GB/T1184—1996）　/μm

1	1.2	1.5	2	2.5	3	4	5	6	8
1×10^n	1.2×10^n	1.5×10^n	2×10^n	2.5×10^n	3×10^n	4×10^n	5×10^n	6×10^n	8×10^n

注：n 为正整数。

（3）未注形位公差值的规定

图样上没有具体说明形位公差值的要素，与尺寸公差一样，也有未注形位公差，其形位精度要求由未注形位公差来控制。为了简化制图，对一般机床加工能够保证的形位精度，不必将形位公差在图样上具体注出。

未注形位公差对要素的实际尺寸是按独立原则应用的。

1）采用未注公差值的优点

a. 图样易读，可高效地进行信息交换；

b. 节省设计时间，不用详细地计算公差值，只需了解某要素的功能是否允许大于或等于未注公差值；

c. 图样很清楚地指出哪些要素可以用一般加工方法加工，既保证工程质量又不需一一检测。

2）形位公差的未注公差值

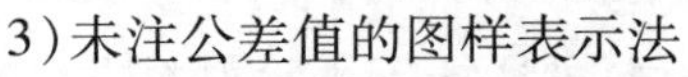

GB/T1184—1996 对直线度、平面度、垂直度、对称度和圆跳动的未注公差值进行规定（表见《机械设计手册》）。

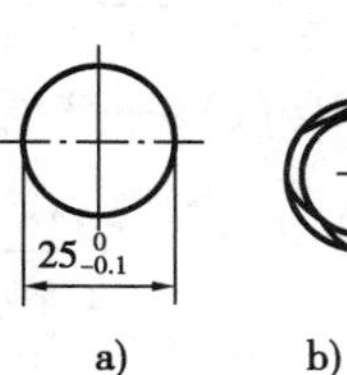

图 5-54

3）未注公差值的图样表示法

若采用 GB/T1184—1996 规定的未注公差值，应在标题栏附近或在技术要求、技术文件（如企业标准）中注出标准代号及公差等级代号。

4）未注公差值的示例

圆要素注出直径公差值 $25^{0}_{-0.1}$，如图 5-54a）所示，确定圆度公差值。

根据 GB/T1184—1996 规定：圆度公差值等于尺寸公差值，即为 0.1 mm。圆度公差带如图 5-54b）所示。

5.3 表面粗糙度

5.3.1 R_a、R_z 和 R_y 的数值

表 5-7 R_a 的数值

第 1 系列	第 2 系列	第 1 系列	第 2 系列	第 1 系列	第 2 系列	第 1 系列	第 2 系列
	0.008						
	0.010						
0.012			0.125		1.25	12.5	
	0.016		0.160	1.6			16.0
	0.020	0.2			2.0		20
0.025			0.25		2.5	25	
	0.032		0.32	3.2			32
	0.010	0.1			1.0		10
0.050			0.50		5.0	50	
	0.063		0.63	6.3			63
	0.080	0.8			8.0		80

表 5-8 R_z、R_y 的数值

第 1 系列	第 2 系列	第 1 系列	第 2 系列	第 1 系列	第 2 系列	第 1 系列	第 2 系列	第 1 系列	第 2 系列	第 1 系列	第 2 系列
			0.125		1.25	12.5			125		1.250
			0.160	1.6			16.0		160	1600	
		0.2			2.0		20	200			
0.025			0.25		2.5	25			250		
	0.032		0.32	3.2			32		320		
	0.040	0.4			4.0		40	400			
0.05			0.50		5.0	50			500		
	0.063		0.63	6.3			63		630		
	0.080	0.8			8.0		80	800			
0.1			1.00		10.0	100			1 000		

5.3.2 表面粗糙度的标注

GB/T131—93 对表面粗糙度代(符)号及其注法作了规定。

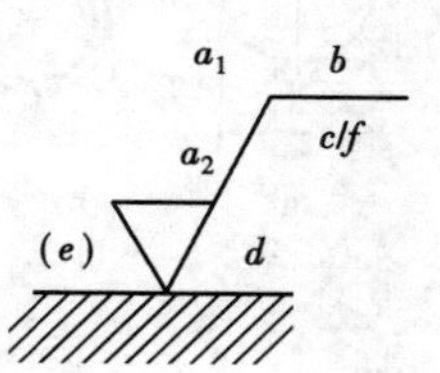

图 5-55 表面粗糙度代号

(1)表面粗糙度的符号

表面粗糙度的符号及说明见表 5-9 。

若零件仅需要加工(采用去除材料方法或不去除材料方法),但对表面粗糙度的其他规定没有要求时,允许只注表面粗糙度符号。

(2)表面粗糙度代号　表面粗糙度代号是在表面粗糙度符号上,注上表面特征参数,如图 5-55 所示。

a_1、a_2——粗糙度高度参数代号及其数值(单位为微米);

b——加工要求、镀覆、涂覆、表面处理或其他说明等;

c——取样长度(单位为毫米)或波纹度(单位为微米);

d——加工纹理方向符号;

e——加工余量(单位为毫米);

f——粗糙度间距参数值(单位为毫米)或轮廓支承长度率。

表5-9

符号	意义及说明
√	基本符号,表示表面可用任何方法获得。当不加注粗糙度参数值或有关说明(例如:表面处理、局部处理状况等)时,仅适用于简化代号标注
▽√	基本符号加一短画,表示表面是用去除材料的方法获得。例如:车、镜、钻、磨、剪切、抛光、腐蚀、电火花加工、气割等
○√	基本符号加一小圆,表示表面是用不去除材料的方法在得。例如铸、锻、冲压变形、热轧、冷轧、粉末冶金等

5.3.3 表面粗糙度的选择

(1)对高度参数值选择原则:在满足功能要求前提下,应尽量选用较大的 R_a 值,并应选择第一系列参数值。

(2)在常用数值范围内:$R_a=0.025\sim6.3\mu m$,$R_z=0.1\sim0.25\mu m$,应优先选用 R_a 值。

(3)具体选择时,可参照下列原则:

1)在同一零件上,工作表面的 R_a 或 R_z 值比非工作表面小。

2)摩擦表面 R_a 或 R_z 值比非摩擦表面小。

3)受循环载荷表面和易引起应力集中的部位,如圆角、沟槽应选较小的 R_a 或 R_z 的值。

4)配合性质要求稳定,R_a 或 R_z 值应小。

5)确定表面粗糙度参数时,应注意尺寸公差与形位公差协调。

6)凡标准已对有关表面(如滚动轴承配合的轴颈和外壳孔的表面粗糙度)作出规定,则应按规定的数值选取。

习题与思考题

5-1 举例说明基本尺寸、极限尺寸、最大极限尺寸、最小极限尺寸的概念。

5-2 何谓尺寸公差、尺寸偏差、基本偏差、上偏差、下偏差?下面列有四组孔、轴配合,试查表确定其上、下偏差,基本偏差,尺寸公差,计算配合公差,并绘制公差带图。

(1)$\phi100\frac{H6}{u5}$;(2)$\phi150\frac{H6}{h5}$;(3)$\phi80\frac{K8}{h5}$;(4)$\phi30\frac{H9}{d5}$

5-3 确定以下孔、轴的公差等级、基本偏差代号和公差带:

(1)轴 $\phi50^{+0.033}_{+0.017}$;$\phi100^{-0.036}_{-0.123}$;$\phi18^{+0.046}_{+0.028}$

(2)孔 $\phi65^{-0.030}_{-0.060}$;$\phi240^{+0.285}_{+0.170}$;$\phi20^{+0.130}_{0}$

5-4 将以下两对孔、轴配合从基孔制转换成基轴制。要求具有相同的配合性质,画出公差带图,并分别标出公差。

(1) $\phi 80\,\frac{H6}{f5}$；　　$\phi 50\,\frac{H6}{p5}$

5-5　查表确定以下三对孔、轴配合，标出孔、轴尺寸公差，并绘制公差带图。

(1) 基本尺寸 $\phi 30$ mm，$Y_{max} = -0.035$ mm，$Y_{min} = -0.001$ mm

(2) 基本尺寸 $\phi 500$ mm，$X_{max} = +0.350$ mm，$X_{min} = 0$

(3) 基本尺寸 $\phi 100$ mm，$X_{max} = +0.022$ mm，$Y_{min} = -0.035$ mm

5-6　何谓形位公差？它们包括哪些项目？用什么符号表示？

5-7　何谓理想要素、实际要素、被测要素、基准要素、单一要素、关联要素？举例说明。

5-8　若对同一要素既有位置公差要求，又有形状公差要求，则它们的公差值应如何处理？

5-9　将题图 5-1 内容，按下表中序号 1 形式说明题图 5-1 所示的各框格的意义。

序　号	代　号	解　释	公差带
1	↗ | 0.025 | *A—B*	圆锥表面对基准轴线 *A—B* 的斜向圆跳动公差 0.025 mm	在与基准线同轴、且母线垂直被测圆锥母线的测量圆锥面上、沿母线方向宽度为 0.025 mm的圆锥面区域

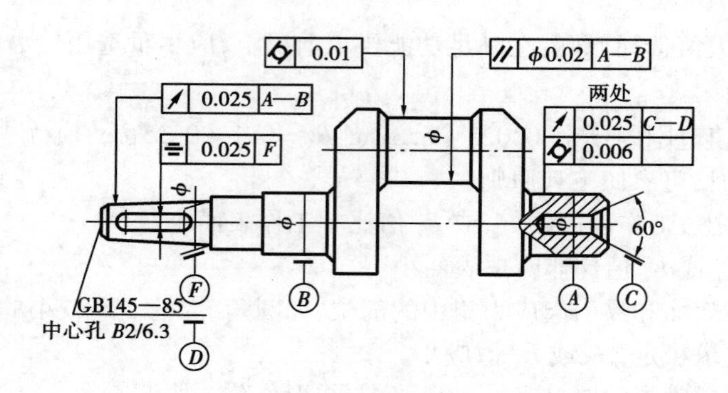

题图 5-1

5-10　何谓局部实际尺寸、体内作用尺寸、体外作用尺寸？绘图说明。

5-11　何谓最大实体尺寸、最小实体尺寸、最大实体实效尺寸、最小实体实效尺寸？最大、最小实体实效尺寸与最大、最小实体尺寸之间有何关系？

5-12　何谓最大实体边界、最小实体边界、最大实体实效边界、最小实体实效边界？

5-13　公差原则中，独立原则和相关原则的区别何在？

5-14　选择表面粗糙度参数值时应考虑哪些因素？

第6章　机械加工质量

6.1　机械加工质量的基本概念

机器零件的机械加工质量决定着机器的性能、质量和使用寿命。随着科学技术的不断发展，对产品质量的要求越来越高。在机械加工方面，近30年来，普通机械加工精度已从0.01 mm级提高到了0.005 mm级，精密加工精度从1 μm级提高到0.02 μm级，超精密加工从0.1～0.001 μm级进入纳米(0.001 μm)级。在表面粗糙度方面，日本已成功获得小于0.000 5μm的表面粗糙度。

为获得高的机械加工质量，除采用现代化的加工设备外，合理的、先进的工艺方法和工艺措施起着决定性的作用，因而这是机械制造行业研究的重要课题。

机械加工质量是指机器零件的加工精度和表面质量，本章将对这一问题进行讨论。

6.1.1　加工精度与工件获得精度的方法

加工精度是指零件加工后的几何参数(尺寸、形状和位置)与图纸规定的理想零件的几何参数符合的程度。符合程度愈高，加工精度愈高。所谓理想零件，对表面形状而言，就是绝对准确的平面、圆柱面、圆锥面等；对表面相互位置而言，就是绝对的平行、垂直、同轴和一定的角度关系；对于尺寸而言，就是零件尺寸的公差带中心。

绝对的事物在世界上是不存在的，所以理想零件也是不存在的。加工后的几何参数与理想零件的几何参数总存在一定的偏差，这种偏差称为加工误差。加工误差是客观存在的，实践证明：对不同性能的机器，只要把加工误差控制在一定范围内，就能够满足其性能要求。为提高效率，降低成本，只要加工误差不超过零件图上按设计要求和公差标准规定的偏差，该零件就算做合格的零件，也就是达到了加工精度的零件。加工误差越大，加工精度越低。

加工精度包括三个方面：

1)尺寸精度　指加工后零件的实际尺寸与理想尺寸相符合的程度。

2)形状精度　指加工后零件表面的实际几何形状与理想的几何形状相符合的程度。

3)位置精度　指加工后零件有关表面之间的实际位置与理想位置符合的程度。

机械加工中，获得尺寸精度的方法有以下四种：

(1)试切法

通过试切—测量—调整—再试切的方法反复进行，直到被加工零件的尺寸精度达到要求为止。这种方法费时费力，一般只适用于单件小批生产。

试切法达到的精度与操作工人的技术水平关系极大，同时，还受测量精度、刀具的锐钝程度及调节刀具和工件相对位置的微量进给机构的灵敏度和准确度的影响。

(2)定尺寸刀具法

用刀具的尺寸直接保证零件被加工表面尺寸精度的方法。例如，用钻头、铰刀、拉刀、丝锥和浮动镗刀块等进行加工就属于这类加工方法。这种方法生产率一般较高，在孔加工中得到广泛的应用。

定尺寸刀具法加工的尺寸精度比较稳定。精度高低主要取决于刀具本身的尺寸精度、形状精度、刀具的安装精度和磨损程度以及机床精度的影响。

（3）调整法

预先调整好刀具和工件在机床上的相对位置，并在一批零件的加工过程中始终保持这个位置不变，以保证零件被加工尺寸的方法。这种方法广泛应用于成批及大量生产中。

调整法比试切法的加工精度稳定性好，并有较高的生产率。零件的加工精度主要取决于调整精度、调整时的测量精度和机床精度以及刀具磨损等。

（4）自动控制法

这种方法是把测量装置、进给装置和控制系统等组成一个自动控制的加工系统。这个加工系统能根据测量装置对被加工零件的测量信息对刀具的运行进行控制，自动补偿刀具磨损及其他因素造成的加工误差，从而自动获得所要求的尺寸精度。例如，在磨削加工中，自动测量工件的加工尺寸，在与所要求的尺寸进行比较后发出信号，使砂轮磨削、修整和微量补偿或使机床停止工作。这种方法自动化程度高，获得的精度也高。

在机械加工中获得零件加工表面几何形状精度的方法即工件表面的成形方法，参见1.1.1节。零件表面间相互位置降低主要靠机床及夹具精度保证。

6.1.2 加工表面质量

（1）加工表面质量的基本概念

任何机械加工方法所获得的加工表面，实际上都不可能是绝对理想的表面。加工表面质量是指表面粗糙度、波度及表面层的物理机械性能。

1）表面粗糙度和波度

表面的微观几何性质用表面粗糙度度量。波长 L 与峰值 H 之比 $L/H<50$ 时的几何形状误差称为表面粗糙度。$L/H=50\sim1\,000$ 的几何形状误差称为波度，引起波度的主要原因是工艺系统在加工过程中的振动。$L/H>1\,000$ 的几何形状误差称宏观几何形状误差，如圆度、平面度等（见图6-1）。

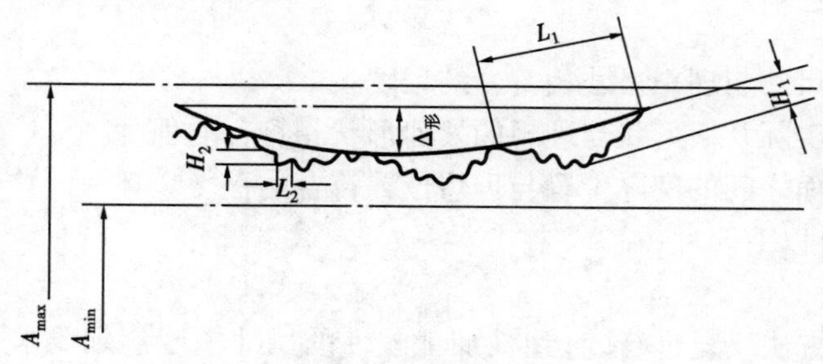

图6-1 表面粗糙度、波度和形状误差

2）表面层的物理机械性能

表面层的物理机械性能主要指表面层的冷作硬化、金相组织变化和残余应力。

①表面层冷作硬化　工件在机械加工时，表面层金属受到切削力和切削热的作用，产生强烈的塑性变形，使表面层的强度和硬度提高，塑性下降，这种现象称为表面冷作硬化。表面冷作硬化的程度，以冷硬层深度 h、表面层的显微硬度 H 及硬化程度 N 表示。N 定义为：

$$N=\frac{H-N_0}{H_0}\times100\% \tag{6-1}$$

式中　H_0——工件材料加工前的显微硬度。

②表面层金相组织变化　机械加工过程中，工件表面加工区及其周围在切削热的作用下温度上升，当温度升高到超过金相组织变化的临界值时，金相组织就会发生变化。

③表面层残余应力　机械加工后的表面，一般都存在一定的残余应力。这是由于切削加工中表面层产生了强烈的塑性变形，同时，金相组织变化造成的体积变化也是产生残余应力的原因。

(2)机械加工表面质量对机器使用性能的影响

1）表面质量对零件耐磨性的影响

① 表面粗糙度及波度对耐磨性的影响　零件的磨损过程分为三个阶段。初期磨损阶段，磨损比较显著，也称跑合阶段。正常磨损阶段，磨损缓慢，也是零件的正常工作阶段。急剧磨损阶段，磨损突然加剧，致使工件不能继续正常工作。

图6-2是表面粗糙度对初期磨损量影响的实验曲线。从图中可以看出，在一定条件下，摩擦副表面有一个最佳粗糙度值。摩擦副表面粗糙度较小时，金属的亲和力增加，不易形成润滑油膜，从而使磨损增加。摩擦副表面粗糙度较大时，使实际接触面积减小，单位面积压力加大，也不易形成润滑油膜，同样使磨损加剧。最佳粗糙度的值与工作条件有关，约为 $R_a=0.32\sim1.2\mu m$。

② 表面物理机械性能对耐磨性的影响　表面冷作硬化一般能提高零件的耐磨性，原因是冷作硬化提高了表面层的强度，减低了摩擦副进一步的塑性变形和咬焊的可能。但过度的冷硬会使金属组织疏松，甚至出现裂纹和剥落现象，降低耐磨性。实验证明，在不同加工条件下，最佳冷硬程度值不同。

表面层金属金相组织的变化改变了原有的金相组织，从而改变了原来的硬度，直接影响零件的耐磨性。出现淬火钢的回火烧伤时，对耐磨性的影响尤为显著。

2)表面质量对零件疲劳强度的影响

① 表面粗糙度对零件疲劳强度的影响

零件表面的粗糙度、划痕和裂纹等缺陷容易引起应力集中，形成疲劳裂纹并扩展之，从而降低了疲劳强度。试验表明，减少表面粗糙度可以使受交变载荷的零件的疲劳强度提高30%～40%。

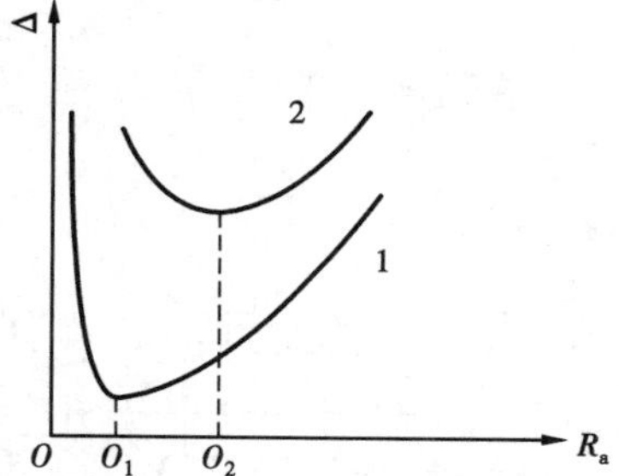

图6-2　初期磨损量 Δ 与粗糙度 R_a 的关系

1—轻载荷　2—重载荷

② 表面层物理机械性能对疲劳强度的影响

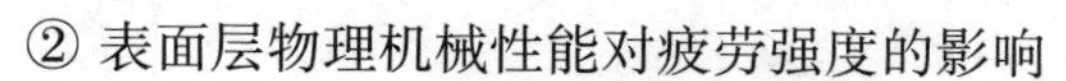

表面层残余应力的性质和大小对疲劳强度的影响极大。当表面层具有残余压应力时，可以抵消部分交变载荷引起的拉应力，延缓疲劳裂纹的扩展，因而提高了零件的疲劳强度。而残余拉应力容易使加工表面产生裂纹，使疲劳强度降低。带有不同残余应力的同样零件，疲劳寿命可相差数倍至数十倍。为此，生产中常用一些表面强化的加工方法，如滚压、挤压、喷丸等，既提高零件表面的硬度和强度，又使零件表面产生残余压应力，从而提高疲劳强度。

表面层适度的冷作硬化可以减小交变载荷引起的变形幅值，阻止疲劳裂纹的出现和扩展，有助于提高零件的疲劳强度。但冷作硬化过度，表面易产生裂纹，反而会降低零件的疲劳强度。

磨削烧伤会降低疲劳强度，其原因是烧伤之后，表面层的硬度、强度都将下降。如果出现烧伤裂纹,疲劳强度的降低更为显著。

3)表面质量对配合精度的影响

表面粗糙度对配合精度的影响很大。对于动配合表面,如果粗糙度过大,初期磨损就比较严重,从而使间隙增大,降低配合精度和间隙配合的稳定性。对于过盈配合表面,轴在压入孔内时表面粗糙度的部分凸峰会挤平,使实际过盈量减小,影响了过盈配合的连接强度和可靠性。

4)表面质量对零件耐腐蚀性的影响

当零件在潮湿的空气中或腐蚀性的介质中工作时,会发生化学腐蚀和电化学腐蚀。前者是由于在粗糙表面凹谷处积聚腐蚀介质而产生;后者是由于两种不同金属材料的表面相接触时,在表面粗糙度顶峰间产生的电化学作用而被腐蚀掉。降低表面粗糙度可以提高零件的抗腐蚀性。

5)其他影响

表面质量对零件的使用性能还有一些其他的影响,如对密封性能,零件的接触刚度,滑动表面间的摩擦系数等。

6.2 机械加工精度

加工误差是普遍存在的,不可避免的。研究加工精度的目的在于揭示加工误差产生的原因和减小加工误差,以提高加工精度。

6.2.1 原始误差与加工误差

在机械加工时,机床、夹具、刀具和工件构成了一个相互联系的统一系统,称之为工艺系统。

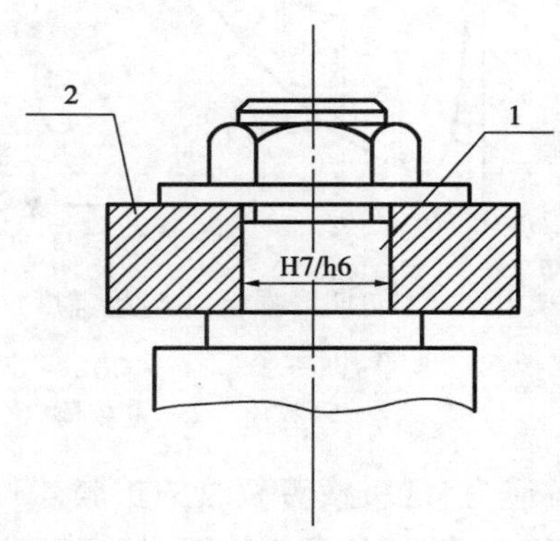

图6-3 滚齿加工的装夹

1—心轴 2—齿轮坯

工艺系统的各组成部分本身存在误差,工艺系统在加工过程中还会受到各种因素如切削热、切削力、刀具磨损等的影响,从而使刀具和工件在切削过程中不能保持正确的相互位置关系,因而也就产生了加工误差。可见,工艺系统的误差是产生加工误差的根源,是"因"。加工误差是工艺系统误差导致的结果。因此,把工艺系统的误差称为原始误差。研究加工精度应从研究原始误差入手。

图6-3所示为滚齿机滚切齿轮的工作原理图,在滚切时产生加工误差的可能因素有:

装夹误差——齿轮靠心轴定位,心轴与齿轮孔的配合间隙使孔的中心线偏离心轴中心,这种偏移是由于定位引起的,称为定位误差。这个误差会造成齿轮分度圆中心与孔的中心的同轴度误差,即齿圈径向跳动。如果夹紧力过大,夹紧时齿轮会产生变形,因夹紧力过大而引起的误差称夹紧误差。定位误差和夹紧误差统称为工件装夹误差。

调整误差——滚齿机加工的调整主要有两项,其一是滚刀轴与齿轮水平面倾斜角调整,其二是挂轮计算。倾斜角调整与挂轮计算误差称为调整误差。调整误差对调整后加工的一批零件而言是不变的。

加工误差——由于加工过程中的切削力、切削热、摩擦等物理现象,工艺系统会产生受力变形、热变形、刀具磨损等原始误差,影响了在机床调整时所获得的工件、刀具间的相对位置精度,引起加工误差。与调整误差不同,加工误差对机床调整好后加工的每一个零件是不等的。如工件调质硬度的变化使受力变形变化,刀具的磨损随加工工件数的增加而增加,在工艺系统未达到热平衡状态时,热变形随时间变化而变化。

度量误差——齿轮加工中要进行公法线长度或固定弦齿厚的测量,测量方法和量具本身的误差自然就加入到度量的读数之中,称为度量误差。

原理误差——滚切加工是展成法,即滚刀切削刃各个瞬时位置的包络面形成齿轮齿面。从理论上分析,要得到渐开线齿面,滚刀应采用渐开线基本蜗杆。但由于制造上的困难,生产上实际采用阿基米德基本蜗杆或法向直廓基本蜗杆,因而产生误差,这种误差称为原理误差。

综上所述,加工过程中可能出现的种种原始误差可用图6-4列出。原始误差有以下特点:首先,为了保证加工精度,必须使工艺系统的各个组成部分(机床、刀具、工件、夹具)获得并在加工过程中保持正确的相互关系。原始误差就是破坏这种正确的位置关系和运动关系的误差。其次,原始误差可能在加工前已经存在,如定位误差、调整误差,也可能在加工中产生并随加工过程变化,如刀具磨损。前者可以通过重新调整机床给予补偿,后者则要对其产生的原因及变化规律进行探究,才能采取相应的工艺措施消除其影响。此外,各种加工误差并不是孤立存在的,而是相互影响的。在某一特定条件下,可能有某一种原始误差对加工误差起着主导的作用,在这种情况下,抓住这个主要矛盾,可以有效地提高加工精度。

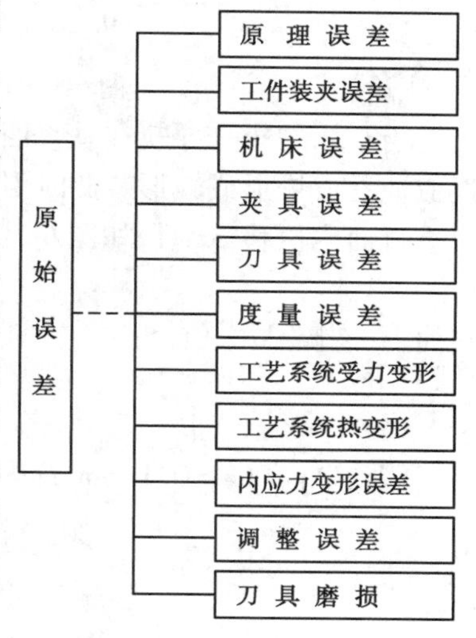

图6-4 原始误差

6.2.2 影响加工精度的因素

(1)原理误差

原理误差是由于采用了近似的加工运动或者近似的刀具轮廓而产生的。

除前面提到的用阿基米德蜗杆近似地代替渐开线蜗杆的原理误差外,用齿轮模数铣刀对齿轮表面成形铣削也是产生原理误差的实例。齿形表面的渐开线形状由齿轮的模数和齿数决定。如果每种模数每种齿数都制造一把相应的成形铣刀,势必造成成形铣刀数太多,对成本、管理等不利。实际生产中对每一种模数只采用一套(8~26把)模数铣刀,加工一定齿数范围内的所有齿轮。因而被加工齿轮齿数与刀具设计齿数不符合时,齿形就有了偏差,齿形偏差是由于原理误差而造成的加工误差,误差值可以从有关资料中查得。只要误差值在齿形误差允许的范围内,就可以采用这种加工方法。

(2)机床误差

对加工精度有重大影响的机床误差有主轴回转误差、导轨误差和传动链误差。机床的制造精度、安装精度和使用过程中的磨损是机床误差的根源。

1)机床导轨误差

机床移动部件的运动精度,主要取决于机床导轨的精度。机床导轨是确定机床移动部件的相对位置及其运动的基准。它的各项误差直接影响零件的加工精度。

以车床导轨为例。当车床的床身导轨在水平面内有了弯曲,在纵向切削过程中,刀尖的运动轨迹相对于工件轴心线之间就不能保持平行,当导轨向后凸出时,工件就产生鼓形加工误差;当导轨向前凸出时,就产生鞍形加工误差。当导轨在水平面内的弯曲使刀尖在水平面内位移 Δy 时,引起工件在半径上的误差为 $\Delta R' = \Delta y$ 或 $\Delta D' = 2\Delta y$,如图 6-5a)所示。

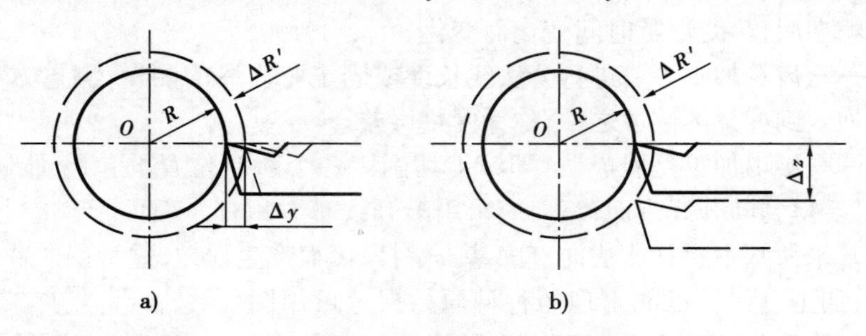

图 6-5 刀具在不同方向的位移量对工件直径的影响

当车床的床身导轨在垂直面内有弯曲,会使工件在纵剖面内形成双曲线的一部分,可以近似地看成锥形或鞍形。此时引起工件的半径误差为 ΔR。当导轨在垂直面内的弯曲使刀尖在垂直面内位移 Δz 时,如图 6-5b)所示,则有:

$$(R + \Delta R)^2 = \Delta^2 z + R^2$$

化简,并忽略 ΔR^2 项得:

$$\Delta R \approx \frac{\Delta^2 z}{2R} \quad 或 \quad \Delta D = \frac{\Delta^2 z}{R} \tag{6-2}$$

假设 $\Delta y = \Delta z = 0.1\ \text{mm}, D = 40\ \text{mm}$,则:

$$\Delta R = \frac{0.1^2}{40}\ \text{mm} = 0.000\ 25\ \text{mm}$$

$$\Delta R' = \Delta y = 0.1\ \text{mm} = 400\Delta R$$

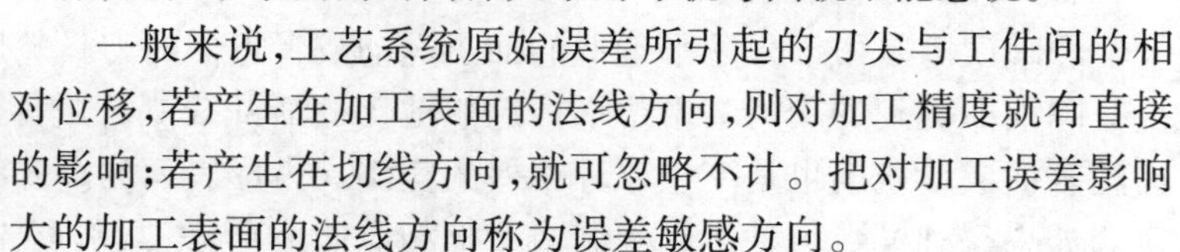

图 6-6 六角车床刀具的安装

可见,在垂直面内导轨的弯曲对加工精度的影响很小,可以忽略不计;而在水平面内的同样大小的导轨弯曲就不能忽视。

一般来说,工艺系统原始误差所引起的刀尖与工件间的相对位移,若产生在加工表面的法线方向,则对加工精度就有直接的影响;若产生在切线方向,就可忽略不计。把对加工误差影响大的加工表面的法线方向称为误差敏感方向。

在转塔车床上加工时,往往把刀具垂直安装,如图 6-6 所示。这时,导轨在垂直平面内的误差就直接影响到工件的直径尺寸。采用垂直装刀的原因是:六角转塔在工作中频繁转位换刀,长期保持转位精度是很困难的,转位精度的修复费工费时。垂直装刀可以使转位误差位于加工表面的切向,即误差的不敏感方向,转位误差对加工精度的影响则可忽略不计。

提高机床导轨的耐磨性,提高机床的安装精度及建立完善的维护保养制度,可以长期保持机床导轨的精度。

2)主轴误差

机床主轴工作时,理论上其回转中心线在回转过程中应保持在某一位置不变。但是由于在主轴部件中存在着主轴轴颈的圆度误差、前后轴颈的同轴度误差、主轴轴承本身的各种误差、轴承孔之间的同轴度误差、主轴的挠度及支承端面对轴颈轴线的垂直度误差等原因，主轴在每瞬时回转轴线的空间位置都是变动的，即存在着回转误差。

主轴回转误差定义为：主轴实际回转中心的瞬时位置与主轴回转中各个位置的平均轴线之间的最大偏差。把主轴回转中各个位置的平均轴线称为理想回转轴线。

为了分析主轴回转误差对加工精度的影响，一般把它分解为三种独立的运动形式：纯轴向窜动 Δx、纯径向移动 Δr 和纯角度摆动 $\Delta\alpha$。

主轴的纯轴向窜动对于孔加工和外圆加工并没有影响，但在加工端面时却造成端面与轴心线的不垂直度。设主轴每转一周沿轴向窜动一次，则向前窜动的半周中形成右螺旋面；向后窜动的半周中形成左螺旋面。在车削螺纹时，这种窜动产生单个螺距内的周期误差，即螺距的小周期误差。

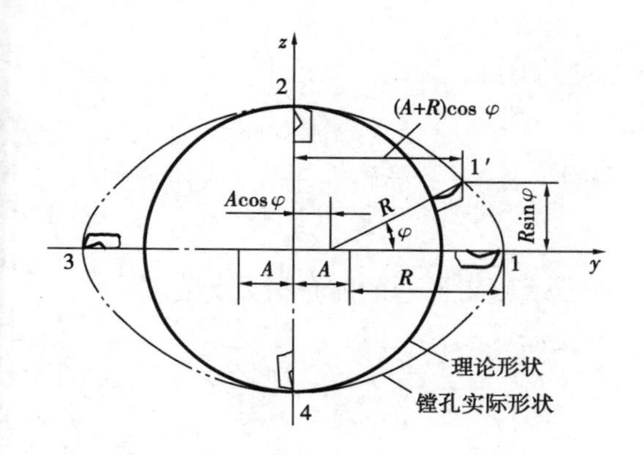

图 6-7　纯径向跳动对镗孔圆度的影响

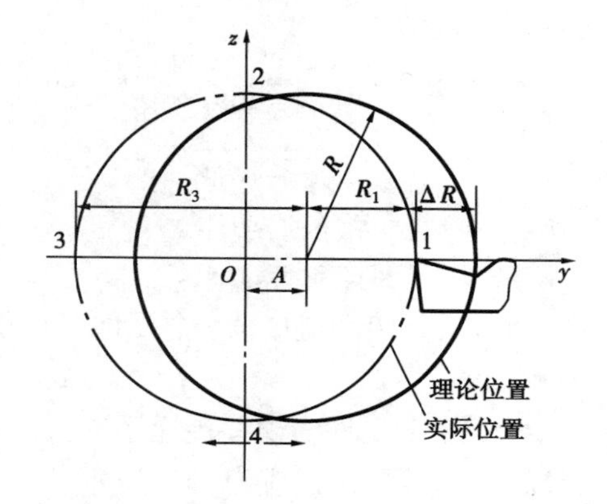

图 6-8　车削时纯径向跳动对圆度的影响

主轴的纯径向移动对车削和镗削的加工精度的影响是不同的，现以一个简单的特例来说明。设主轴纯径向移动使主轴几何轴线在 y 坐标方向做简谐直线运动，其运动频率与主轴回转频率相等，振幅为 A。

在镗床上加工时，设主轴中心偏移最大（偏移 A）时，镗刀刀尖正好通过水平位置 1（见图 6-7）。则当镗刀转过一个 ϕ 角时，刀尖轨迹的水平分量和垂直分量各为：

$$Y = A\cos\phi + R\cos\phi = (A + R)\cos\phi$$

$$Z = A\sin\phi$$

则有：

$$\frac{Y^2}{(R+A)^2} + \frac{Z^2}{R^2} = 1 \tag{6-3}$$

公式（6-3）是个椭圆方程式，即镗出的孔呈椭圆形，如图中双点画线所示。

在车床上加工时（见图 6-8），仍做如上相同的假设，则工件在 1 处，主轴中心偏移量最大，此时切出的半径要比在 2、4 处切出的半径小一个振幅值 A；而工件在 3 处，主轴中心偏离理想中心 A，此时切出的半径要比在 2、4 处切出的半径大一个振幅值 A。而在 1、2、3、4 点处，工件直径都相等。可以证明，在其他各点所形成的直径只有二次小的误差，所以车削工件表面接近于一个真圆。

主轴的纯角度摆动表现为主轴瞬时回转轴线与平均回转轴线呈一倾斜角，但其交点位置固定不变，它主要影响工件的形状精度。

主轴实际工作中，主轴几何轴线的误差运动是上述三种误差的综合，而且也不只是简谐性质，除基波外还有高次谐波，并且具有随机特性。目前常采用动态测试的手段对其进行测试和研究。

3）传动链误差

当加工中要求有内联系传动时，如齿轮、螺纹、蜗轮、丝杆等表面的加工，刀具和工件运动关系的误差将造成这些表面的加工误差。如加工螺纹时，工件转一转，刀具必须移动一个导程；滚切齿轮时，滚刀转一转，工作台只能转 K/Z 转（K 为滚刀头数，Z 为齿轮齿数）。

传动链误差则为内联系传动的实际传动关系与理论计算的传动关系之间的偏差。产生传动链误差的主要因素是传动链中各传动件的制造精度、安装精度及受力变形等。

以 Y3150E 滚齿机为例，当滚刀传动到工作台的第一个齿轮有转角误差 $\Delta\phi_1$ 时，则工作台产生的转角误差为：

$$\begin{aligned}\Delta\phi_{1n} &= \Delta\phi_1 \times \frac{80}{20} \times \frac{28}{28} \times \frac{28}{28} \times \frac{28}{28} \times \frac{42}{56} \times K_{差} \times K_{分} \times \frac{1}{72} \\ &= K_1 \times \Delta\phi_1\end{aligned}$$

式中　$K_{差}$——差动轮系传动比；

$K_{分}$——分度挂轮传动比。

推广而得：若传动链中第 j 个元件有转角误差 $\Delta\phi_j$，则工作台的转角误差为：

$$\Delta\phi_{jn} = K_j \times \Delta\phi_j \tag{6-4}$$

式中　K_j 为第 j 个元件的误差传递系数。

所以，传动链总误差应为

$$\Delta\phi_{\sum} = \sum_{j=1}^{n} \Delta\phi_{jn} = \sum_{j=1}^{n} K_j \times \Delta\phi_j \tag{6-5}$$

值得说明的是：式(6-5)中的求和是向量和，因转角误差是有方向的。目前均采用动态测试的方法和傅立叶级数的分析方法研究传动链误差。从(6-5)式可以得出以下结论：

①当 $K_j > 1$，即升速传动，则误差被扩大；反之，则误差被缩小。

②减少传动链中的元件数目，n 减小，即缩短传动链，可以减少误差来源。

③提高传动元件，特别是末端传动元件的制造精度和装配精度，可以减少传动链误差。

④减小末端传动副的传动比，有利于提高传动精度。

⑤消除传动副间存在的间隙可以使末端元件瞬时速度均匀，尤其可以改善反向运动的滞后现象，减小反向死区对运动精度的影响。

(3)调整误差

调整主要是指使刀具切削刃与工件定位基准间在从切削开始到切削终了都保持正确的相对位置。因而调整包括机床调整、夹具调整、刀具调整等。由于调整不可能绝对准确，也就带来了一项原始误差，即调整误差。不同的调整方式，调整误差产生原因不同。

1）试切法加工的调整误差

单件小批生产中广泛采用试切法调整。这种方法产生误差的原因有：度量误差、加工余量的影响和微进给误差。

加工余量的影响在粗加工和精加工时有所区别。粗加工试切时，由于余量比较大，不会产生刀具打滑。因为试切余量小于切削余量，试切部分受力变形小，让刀小，所以粗加工所得的尺寸比试切尺寸大一些。精加工试切时，试切的最后一刀，吃刀很小，容易产生刀具没有吃入工件金属层而在其上打滑的现象（锐利刀刃不打滑的吃刀深度可达5 μm，钝化的刀刃则为20~50 μm）。如果此时认为试切尺寸已经合格，就进行纵向走刀，则新切到部分的切深比试切部分大（镗孔则相反），见图6-9。

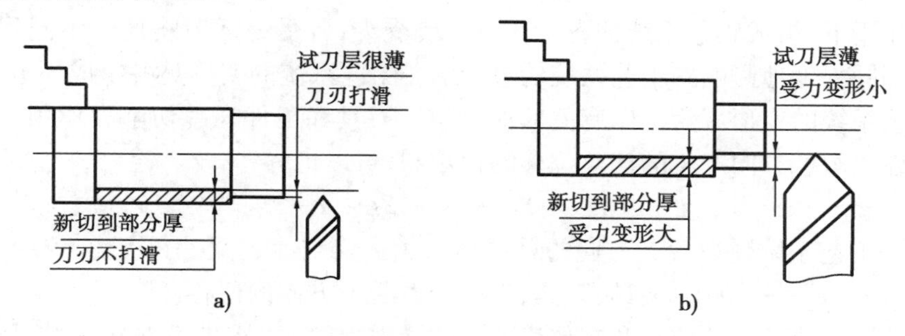

图6-9 试切调整

a）精加工 b）粗加工

微量进给误差指：在试切最后一刀，对刀具（或砂轮）的径向进给进行调整时，由于进给机构的刚度及传动链间隙的影响，会产生爬行现象，使刀具实际的径向移动比手轮上转动的刻度数偏大或偏小，以致难以控制尺寸精度，造成加工误差。为克服这一影响，操作工人操作时常采用两种办法：一种是在微量进给前先退刀，然后把刀具快速引进到新的手轮刻度值处，其间不停顿；另一种是轻轻敲击手轮，用振动消除爬行的影响。

2）调整法加工的调整误差

在大批量生产中广泛采用行程挡块、靠模、凸轮等机构控制刀具的轨迹和行程。批量生产中也大量使用对刀装置来调整刀具与工件的相对位置。这种情况下，这些装置和机构的制造精度和调整精度，以及与它们配合使用的离合器、电器开关和控制阀等的灵敏度就成了影响调整误差的主要因素。

（4）工艺系统的受力变形

工艺系统在完成对工件加工的过程中，始终受到切削力、惯性力、重力、夹紧力等外力的作用。力的作用使工艺系统产生变形，从而破坏了已经调整好的刀具与工件之间的相对位置和机床预定的运动规律，使工件产生加工误差。在磨床上，为了消除工艺系统受力变形对加工精度的影响常采用"无进给磨削"或称"光磨"的办法，即磨削的最后几次行程中，砂轮不再向工件进刀。虽然不进刀，但依然磨出火花。随着行程次数的增加，火花逐渐减少，以至消失，火花消失表明工艺系统受力产生的弹性变形得到了恢复。光磨不但可以保证加工精度，而且有利于降低表面粗糙度。由此可见，工艺系统的受力变形是机械加工精度中一项重要的原始误差。

1）工艺系统的刚度

工艺系统的刚度指工艺系统抵抗变形的能力。在零件加工过程中，工艺系统各部分在切削力作用下将在受力方向产生相应的变形。但从对零件加工精度的影响程度来看，则以在加工表面法线方向变形影响最大。因此，工艺系统刚度 K_{st} 定义为：

$$K_{st} = \frac{F_p\text{（背向力）}}{Y\text{（在切削力、背向力、进给力共同作用下的法向变形）}}\text{（N/mm）} \tag{6-6}$$

由于 F_p 和 Y 是在静态条件下的力和变形，因此 K_{st} 又称工艺系统的静刚度。从动力学的观点出发，工艺系统是一个有一定质量、弹性和阻尼的多自由度的振动系统，在干扰力的作用下会产生振动，振动情况与系统动刚度有关。

由于工艺系统由一系列零、部件按一定的连接方式组合而成，因此受力后的变形与单个物体受力后的变形不同。

在外力作用下，组成工艺系统的各个环节都要受力，各受力环节将产生不同程度的变形，这些变形又不同程度地影响到工艺系统的总变形。工艺系统的变形是各组成环节变形的综合结果。即工艺系统的变形应为机床有关部件、夹具、刀具和工件在总切削力作用下，使刀尖和加工表面在误差敏感方向产生的相对位移的代数和，可以记为：

$$Y_{st} = Y_{jc} + Y_{jj} + Y_d + Y_g \tag{6-7}$$

式中 Y_{st}——工艺系统受力后 Y 方向的总位移；

Y_{jc}、Y_{jj}、Y_d、Y_g——机床、夹具、刀具、工件受力后 Y 方向的位移。

如果已知各组成部分的位移和在位移方向的受力 F_p，则可求出各部分的刚度分别为：

$$K_{jc} = \frac{F_p}{Y_{jc}}; \qquad K_{jj} = \frac{F_p}{Y_{jj}}; \qquad K_d = \frac{F_p}{Y_d}; \qquad K_g = \frac{F_p}{Y_g}$$

故，工艺系统刚度为：

$$K_{st} = \frac{F_p}{Y_{st}} = \frac{F_p}{Y_{jc} + Y_{jj} + Y_d + Y_g} = \frac{1}{\frac{1}{K_{jc}} + \frac{1}{K_{jj}} + \frac{1}{K_d} + \frac{1}{K_g}} \tag{6-8}$$

①工件的刚度　可以把工件视为简单构件，用材料力学的公式做近似计算。例如棒料夹在卡盘中，可按照材料力学中的悬臂梁公式计算工件最远端刚度。

$$K_g = \frac{F_p}{Y_g} = \frac{3EI}{L^3}$$

式中 L——棒料悬臂长度(mm)；

E——棒料弹性模量($\mathrm{N \cdot mm^{-2}}$)，钢 $E = 2 \times 10^5$；

I——棒料截面惯性矩，$I = \frac{\pi d^4}{64}$($\mathrm{mm^4}$)；

d——棒料直径(mm)。

则
$$K_g \approx 3 \times 10^4 \frac{d^4}{L^3} (\mathrm{N/mm})$$

在两顶尖间加工棒料可近似地看做简支梁。如棒料两顶尖间距离为 L，则工件的刚度为：

$$K_g = \frac{48EI}{L^3}$$

②刀具的刚度　一般刀具在切削力作用下产生的变形对加工精度影响并不显著。但在镗孔时，由于镗杆悬伸很长，其变形对加工精度的影响便很严重。镗刀杆可以看成一悬臂梁，其刚度为：

$$K_d = \frac{3EI}{L^3}$$

③机床和夹具的刚度　机床和夹具都由若干零件和部件组成，受力变形情况要复杂得多。因此，为确定机床的刚度，一般采用试验测定法。即在机床上模拟实际受力状态，作出受力变

形曲线，根据受力变形曲线进行分析计算。

2）工艺系统受力变形对加工精度的影响

①由于切削力作用点位置变化而使工件产生形状误差

以顶尖装夹车削光轴为例来说明这一问题，见图6-10。图中，工件两支点的距离为L，背向力F_p随刀具纵向切削而改变位置。当刀具作用点在距床头前顶尖X处时，通过工件作用在床头（含前顶尖）部件和尾架（含后顶尖）部件的力分别为F_A和F_B，刀架受力F_p。从而使床头位置由$A \longrightarrow A'$、尾架位置由$B \longrightarrow B'$、刀架位置由$C \longrightarrow C'$，其值分别为Y_{tw}、Y_{ww}、Y_{dw}。相应地使工件中心位置由$AB \longrightarrow A'B'$，在X处位移量为Y_x。因机床床头的刚度一般比尾架刚度好，所以$Y_{tw} < Y_{ww}$。在刀具作用点C处的总位移为：

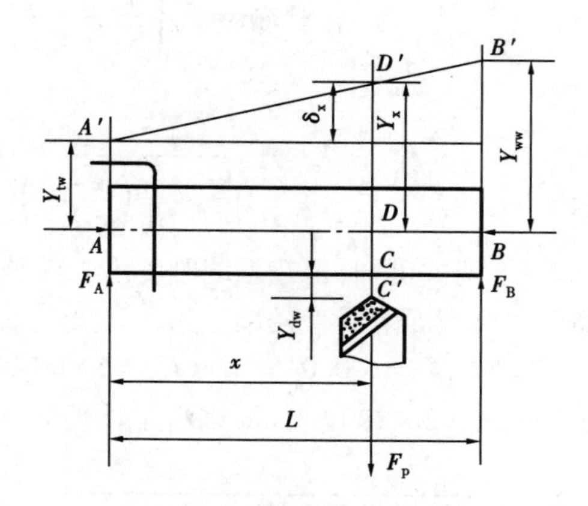

图6-10　工艺系统的位移随施力点位置变化的情况

$$Y_{jc} = Y_x + Y_{dw} \tag{6-9}$$

由图可见

$$Y_x = Y_{tw} + \delta_x$$

$$\delta_x = (Y_{ww} - Y_{tw}) \cdot \frac{X}{L}$$

按刚度定义

$$Y_{tw} = \frac{F_A}{K_t}; \qquad Y_{ww} = \frac{F_B}{K_w}; \qquad Y_{dw} = \frac{F_p}{K_d}$$

K_t、K_w、K_d分别为床头、尾架、刀架的刚度。

由理论力学可算出

$$F_A = F_p \frac{L - X}{L}; \qquad F_B = F_p \frac{X}{L}$$

将各式代入(6-9)式得

$$Y_{jc} = F_p\left[\frac{1}{K_d} + \frac{1}{K_t}\left(\frac{L - X}{L}\right)^2 + \frac{1}{K_w}\left(\frac{X}{L}\right)^2\right] \tag{6-10}$$

机床的刚度为：

$$K_{jc} = \frac{F_p}{Y_{jc}} = \frac{1}{\frac{1}{K_d} + \frac{1}{K_t}\left(\frac{L - X}{L}\right)^2 + \frac{1}{K_w}\left(\frac{X}{L}\right)^2} \tag{6-11}$$

如前所述，顶尖装夹车削光轴可简化为简支梁，则距离前顶尖X处工件的变形为：

$$Y_g = \frac{F_p}{3EI} \cdot \frac{(L - X)^2 X^2}{L} \tag{6-12}$$

车削时F_p引起的刀具变形甚微，可以忽略不计。切削力F的作用使刀具产生弯曲，使它相对于加工表面产生切向位移，因为不是在加工表面的误差敏感方向，也可以忽略不计。

Y_{jj}即顶尖变形，已考虑在Y_{jc}中，可不计。将(6-10)、(6-12)式代入(6-7)式得：

$$Y_{st} = Y_{jc} + Y_{g} = F_{p}\left[\frac{1}{K_{d}} + \frac{1}{K_{t}}\left(\frac{L-X}{L}\right)^{2} + \frac{1}{K_{w}}\left(\frac{X}{L}\right)^{2} + \frac{(L-X)^{2}X^{2}}{3EIL}\right] \quad (6\text{-}13)$$

则

$$K_{st} = \frac{1}{\frac{1}{K_{d}} + \frac{1}{K_{t}}\left(\frac{L-X}{L}\right)^{2} + \frac{1}{K_{w}}\left(\frac{X}{L}\right)^{2} + \frac{(L-X)^{2}X^{2}}{3EIL}} \quad (6\text{-}14)$$

由以上两式可知，工艺系统刚度沿工件轴线的各位置是变化的，因此各点的位移量也不相同，加工后横截面上的直径尺寸随 X 值变化而变化，即形成加工表面纵截面的几何形状误差。设 $F_p = 300$ N，$K_t = 6\ 000$ N/mm，$K_w = 5\ 000$ N/mm，$K_d = 40\ 000$ N/mm，$L = 600$ mm，工件直径 $d = 50$ mm，$E = 2 \times 10^5$ N/mm，则沿工件长度方向工艺系统的变形量如表 6-1 所示。

表 6-1　工艺系统变形量

X /mm	0（床头处）	$\frac{1}{6}L$	$\frac{1}{3}L$	$\frac{1}{2}L$	$\frac{2}{3}L$	$\frac{5}{6}L$	L（床尾处）
Y_{jc}	0.012 5	0.011 1	0.010 4	0.010 3	0.010 7	0.011 8	0.013 5
Y_g	0	0.006 5	0.016 6	0.021 0	0.016 6	0.006 5	0
Y_{st}	0.012 5	0.017 6	0.027 0	0.031 2	0.027 3	0.018 3	0.013 5

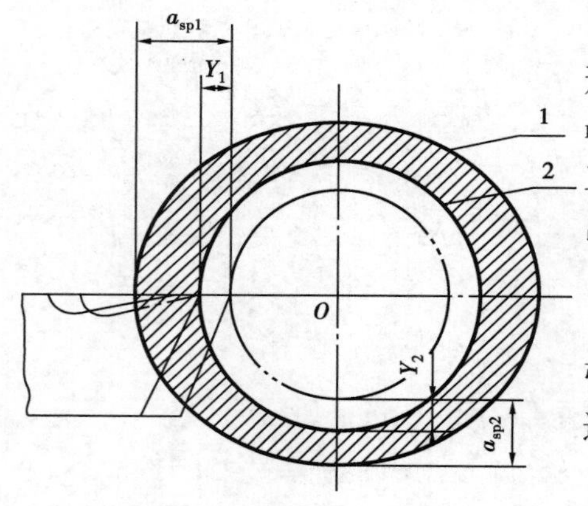

图 6-11　毛坯形状误差的复映

从表中可以看出，一般情况下，加工后的工件呈鼓形，最大的圆柱度误差 $\Delta R_{max} = Y_{stmax} - Y_{stmin} \approx 0.031\ 2$ mm $- 0.012\ 5$ mm $= 0.018\ 7$ mm。当机床的刚度低而工件刚度较大时，若忽略工件的变形，则加工出的工件出现鞍形的圆柱度误差。

②毛坯误差的复映

在机械加工中，由于工件余量或材料硬度不均，会引起切削力变化，使工艺系统受力变形发生变化，从而造成工件的尺寸误差和形状误差。

如图 6-11 所示，假设毛坯有椭圆度误差，毛坯轮廓曲线为 1，刀具调整到双点画线位置，在工件每一转的过程中，切削深度将从最大值 a_{sp1} 减小到 a_{sp2}，然后又增加到 a_{sp1}。由于切削深度的变化，引起切削力的变化，使工艺系统的受力也产生相应的变化。设对应于 a_{sp1} 系统的变形为 Y_1，对应于 a_{sp2} 为 Y_2，从而使加工出的工件形状仍存在着椭圆形的圆度误差，如曲线 2 所示。这种现象称为误差复映。

按切削力计算公式：

$$F_p = C_{F_p} a_{sp}^{X_{Fp}} f^{Y_{Fp}}$$

式中　C_{Fp}——与切削条件有关的系数；

a_{sp}——切削深度；

f—— 进给量；

X_{F_p}、Y_{F_p}—— 指数。

假设在一次走刀中，切削条件和进给量不变，即

$$C_{F_p} \cdot f^{Y_{F_p}} = C$$

C 为常数,在车削加工中 $X_{F_p} \approx 1$,所以

$$F_p = Ca_{sp}^{X_{F_p}} = Ca_{sp}$$

当切削有椭圆形圆度误差的毛坯时,在最大和最小切削深度 a_{sp1} 和 a_{sp2} 处产生的切削力分别为

$$F_{p1} = Ca_{sp1}; \qquad F_{p2} = Ca_{sp2}$$

由此引起的工艺系统受力变形为

$$Y_1 = \frac{F_{p1}}{K_{st}} = \frac{Ca_{sp1}}{K_{st}}; \qquad Y_2 = \frac{F_{p2}}{K_{st}} = \frac{Ca_{sp2}}{K_{st}}$$

则工件误差为

$$\Delta_g = Y_1 - Y_2 = \frac{C}{K_{st}}(a_{sp1} - a_{sp2})$$

又毛坯误差为

$$\Delta_m = a_{sp1} - a_{sp2}$$

所以

$$\Delta_g = \frac{C}{K_{st}} \cdot \Delta_m \tag{6-15}$$

定义加工后工件的某项误差值与毛坯的相应误差值之比为误差复映系数 ε,则有:

$$\varepsilon = \frac{\Delta_g}{\Delta_m} = \frac{C}{K_{st}} \tag{6-16}$$

ε 值通常小于1,它反映了毛坯误差在工件上的复映程度,说明工艺系统在受力变形这一因素影响下加工前后误差的变化关系,定量地表示了毛坯误差经加工后减少的程度。工艺系统刚性越高,ε 越小,毛坯误差在工件上的复映也就越小。当一次走刀工步不能满足精度要求时,则必须进行第二次、第三次走刀……若每次走刀工步的误差复映系数为 ε_1、ε_2、ε_3……则总复映系数为

$$\varepsilon = \varepsilon_1 \times \varepsilon_2 \times \varepsilon_3 \cdots\cdots$$

可见,经几次走刀后,ε 会很小,工件的误差就会减小到工件公差许可的范围内。

由以上分析,还可以把误差复映概念做如下推广:

a. 在工艺系统弹性变形条件下,毛坯的各种误差(圆度、圆柱度、同轴度、平直度误差等),都会由于余量不均而引起切削力变化,并以一定的复映系数复映成工件的加工误差。

b. 由于误差复映系数通常小于1,多次加工后,减小很快,因此当工艺系统的刚度足够时,只有粗加工时用误差复映规律估算才有现实意义。在工艺系统刚度较低的场合,如镗一定深度的小直径孔、车细长轴和磨细长轴等,则误差复映现象比较明显,有时需要从实际反映的复映系数着手分析提高加工精度的途径。

c. 在大批量生产中,一般采用调整法加工。即刀具调到一定切削深度后,对同一批零件一次走刀加工到该工序所要求的尺寸。这时,毛坯的“尺寸分散”使每件毛坯的加工余量不等,而造成一批工件的“尺寸分散”。要使一批零件尺寸分散在公差范围内,必须控制毛坯的尺寸公差。

d. 毛坯材料硬度的不均匀将使切削力产生变化,引起工艺系统受力变形的变化,从而产生加工误差。而铸件和锻件在冷却过程中的不均匀是造成毛坯硬度不均匀的根源。

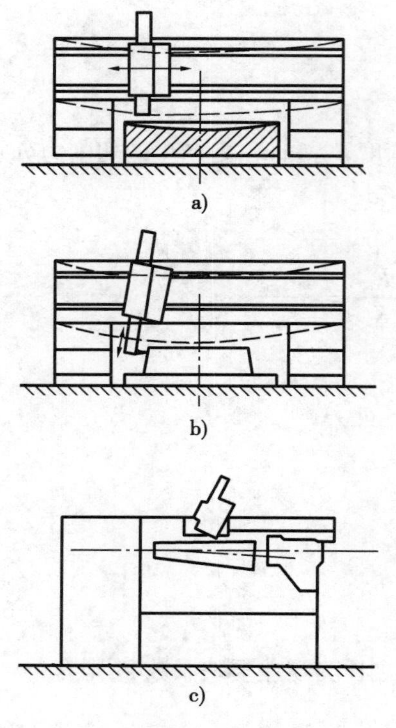

图6-12　机床部件和工件自重所引起的误差

③工艺系统受其他作用力而产生的加工误差

a. 夹紧力的影响　当工件刚度较差时，或夹紧方法和夹紧力的作用点不当时，都会引起工件的夹紧变形，从而造成加工的形状误差或位置误差。例如用三爪卡盘夹持薄壁套筒零件进行镗孔，会使已加工孔变成三角棱圆形。

b. 由于机床部件和工件自重及它们在移动中位置变化而产生的影响，这种情况在大型机床上比较明显。图6-12a)、b)是大型立车在刀架和横梁自重的作用下引起横梁变形的实例，它使所加工的工件端面产生平面度误差，使加工出的工件外圆呈锥度。图6-12c)是在靠模车床上加工尺寸较大的光轴时，由于尾架刚度比床头低，尾架的下沉变形比床头大，使加工表面产生锥度的圆柱度误差的实例。这种误差可通过调整靠模板的斜度来补偿。

(5)其他原始误差的影响

1)工艺系统的热变形

加工过程中，工艺系统的热源主要有两大类：内部热源和外部热源。

内部热源主要包括：切削过程中产生的切削热，它以不同的比例传给工件、刀具、切屑、加工设备及周围介质；另一种是摩擦热，它来自机床中的各种传动副和动力源，如高速运动导轨副、齿轮副、丝杆蜗母副、蜗轮蜗杆副、摩擦离合器、电机等。

外部热源主要来自外部环境，如环境温度、阳光、取暖设备、灯光、人体等。

由于组成工艺系统的各个环节结构、尺寸、材质及受热程度的不同，使各个环节的温升不同，产生的变形也不同。这样，使工艺系统各环节的相对位置发生改变，从而产生加工误差。在精密加工中热变形引起的加工误差占总加工误差的40%～70%；在大型零件的加工中，热变形对加工精度的影响也十分显著；在自动化生产中，热变形使加工精度不稳定。

①机床热变形　不同类型的机床因其结构与工作条件的差异而使热源和变形形式各不相同。磨床的热变形对加工精度影响较大。外圆磨床的主要热源是砂轮主轴的摩擦热及液压系统的发热，而车、铣、钻、镗等机床的主要热源则是主轴箱。主轴箱轴承的摩擦热及主轴箱中油的发热，导致主轴箱及与它相连接部分的床身温度升高。图6-13为C620-1车床的热变形情况，其中a)图表示温升使主轴提高并倾斜，并使床身凸起；b)图为主轴抬高量和倾斜量与运转时间的关系。车床主轴在垂直面内的热变形因不在加工误差敏感方向，对加工精度影响较小。但对六角车床和自动车床，因同时有水平刀架和垂直(或倾斜)刀架，上述热变形对加工精度影响较大。

②刀具热变形　切削加工中传给刀具的切削热所占比例并不大，但是，由于刀体小、热容量小，刀具温升可能非常高，其热变形对加工精度的影响有时是不可忽视的。例如，用高速钢车刀切削时，刀刃部分温升可达700～800 ℃，刀具伸长量可达0.03～0.05 mm。

在车削长轴或在立车上加工大端面时，刀具连续长时间工作，车刀热伸长曲线如图6-14

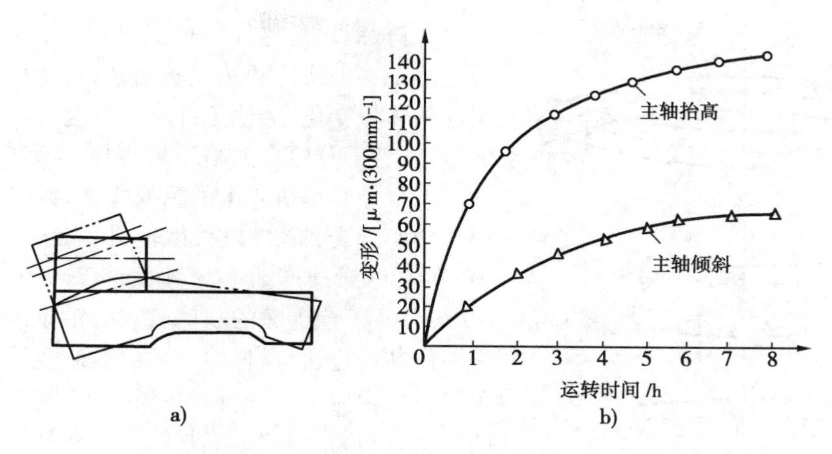

图 6-13　车床热变形

a)车床的热变形示意图　b)热变形曲线

的曲线所示。其中曲线 A 是车刀连续切削时的热伸长曲线,曲线 B 为切削停止后,刀具温度下降、伸长量减小的曲线。

由于刀具从常温到热平衡的连续工作过程中逐渐伸长,使加工出的大端面出现平面度误差;使加工出的长轴出现圆柱度误差。

在采用调整法加工一批工件时,刀具的受热与冷却是间歇进行的,开始加工的一些零件尺寸会逐渐减小或增大,当达到热平衡后,刀具的热变形在 Δ 范围内波动,对尺寸精度的影响不显著,如图中折线 C 所示。

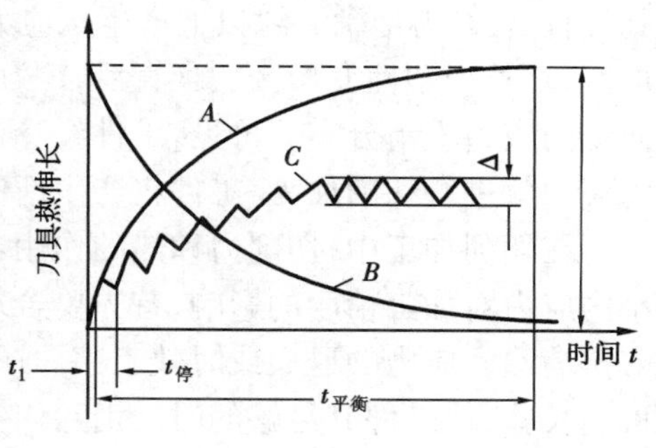

图 6-14　刀具热伸长

③工件热变形　工件热变形的热源主要是切削热。热变形对加工精度的影响表现为两方面,当工件受热膨胀均匀时,会引起尺寸大小变化;若是膨胀不均匀,会引起形状的变化。这两方面影响的主次随加工情况不同而异。

对工件的平面进行铣、刨、磨等加工时,工件单侧受热,上下表面温升不等,从而使工件向上凸起,凸起部分被切掉,冷却后,被加工表面呈凹形。

磨削加工中工件热变形对加工精度影响很大,例如,磨削长度为 3 000 mm 的丝杆,每磨一次温度升高约 3 ℃,经计算丝杆伸长量为 0.1 mm,对 6 级精度丝杆,螺距累积误差在全长上不允许超过 0. 02 mm,3 ℃的温升足以使此项误差超差。

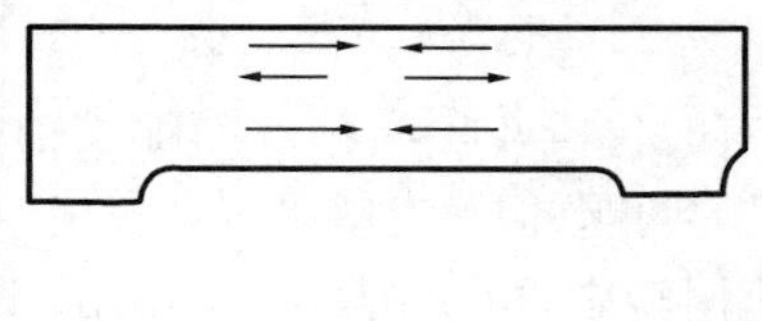

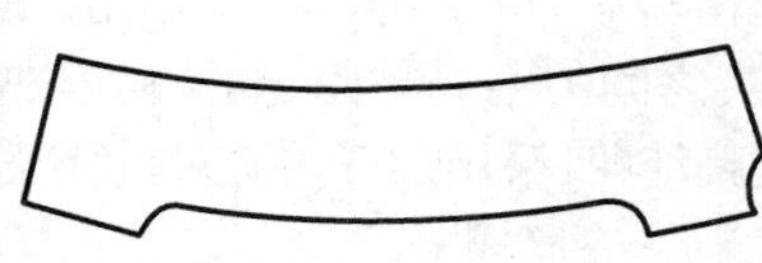

图 6-15　床身因内应力而引起的变形

2)工件残余内应力

残余应力是指残存在工件内部的一部分金属对另一部分金属的作用力。具有内应力的零件,其内部组织处于不稳定状态,即存在恢复到稳定的没有内应力的状态的强烈倾向。内应力的逐渐恢复,使工件的形状逐渐变化,从而丧失原有精度。

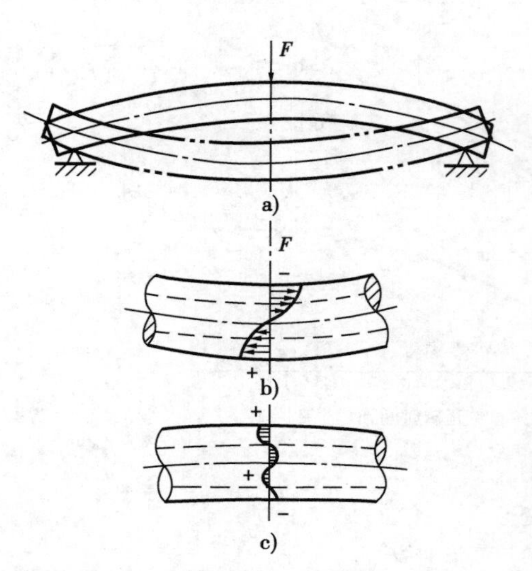

图6-16 校直引起的内应力

在铸、锻、焊、热处理加工过程中，由于工件各部分受热不均匀或冷却速度不同，以及金相组织转变而引起的体积变化，会使工件产生内应力。且工件结构愈复杂，各部分厚度愈不均匀，则内应力愈大。

床身导轨是机床上的重要零件，铸造时由于外表面比中心部分冷却得快，因而外表面产生残余压应力，靠中心部分产生与之平衡的残余拉应力，见图6-15。为提高导轨面的耐磨性，采用局部激冷工艺使表面冷却得更快，这样内应力的数值也就更大。如果不经过去内应力处理就进行粗加工，则加工后内应力的重新分布将使导轨弯曲变形。因为内应力重新分布需要一定时间，所以加工后检验合格的导轨面会逐渐丧失加工精度。

一些细长轴类工件（如丝杆），刚度低，容易弯曲变形，常采用冷校直的办法使之变直，见图6-16。一根无内应力向上弯曲的长轴，当用力 F 使其校直时，F 力使轴心线以上产生压应力，轴心线以下产生拉应力。图中两虚线之间为弹性变形区，之外为塑性变形区。校直后，F 力去掉，工件内弹性变形的恢复受到塑性变形区的阻碍而使内应力重新分布。可见，工件经冷校直后，内部产生残余应力，处于不稳定状态，若不消除内应力就进行切削加工，工件将产生新的弯曲变形。

在切削加工中，切削力和热的作用也会使被加工表面产生内应力，而引起工件变形。为减小内应力对加工精度的影响，首先要合理设计零件结构，使零件结构简单、壁厚均匀。其次要安排消除内应力的退火或时效工序。还要使粗精加工分开，粗、精加工工序之间的时间间隔尽可能长些，使工件有足够的时间消除内应力。

6.2.3 提高加工精度的措施

（1）直接减小或消除原始误差

减小或消除原始误差指查明产生加工误差的主要因素之后，设法对其直接进行消除或减弱。

如车削细长轴时，为了增加工件的刚度，采用跟刀架，但有时仍难车出高精度的细长轴。究其原因，采用跟刀架虽可减小背向力 F_p，解决使工件“顶弯”的问题，但没有解决工件在进给力 F_f 作用下的“压弯”问题，见图6-17。压弯后的工件在高速回转中，由于离心力的作用，不但变形加剧，而且产生振动。此外，装夹工件的卡盘和尾架顶尖之间的距离是固定的，切削热引起的工件热伸长受到阻碍，这又增加了工件的弯曲变形。实践证明，采用以下措施可以使鼓形度误差大为改善。

①采用反向进给的切削方式（见图6-17b)），进给方向由卡盘一端指向尾架，进给力 F_f 对工件是拉伸作用，解决了“压弯”问题。

②反向进给切削时采用大进给量和较大的主偏角车刀，以增大 F_f 力，使工件受强力拉伸作用，而不被压弯。同时可消除振动，使切削过程平稳。

③改用具有伸缩性的弹性后顶尖。这样既可避免工件从切削点到尾架顶尖一段由于受压

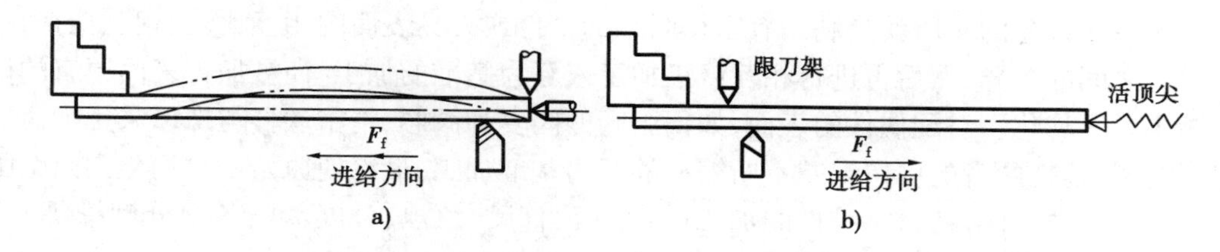

图 6-17　车细长轴的误差原因及采取的措施

力而弯曲，又使工件在热伸长下有伸缩的余地。

④在卡盘一端的工件上车出一个缩颈，缩颈直径 $d \approx D/2$（D 为工件坯料直径）。缩颈使工件具有柔性，可以减小由于坯料弯曲而在卡盘强制夹持下而产生轴心线歪斜的影响。

（2）补偿或抵消原始误差

补偿原始误差是指在充分掌握误差变化规律的条件下，采取一定的措施或方法补偿已经或将要产生的原始误差。

丝杆车床上，从主轴经交换齿轮到丝杆的传动链精度直接影响丝杆的螺距误差，在生产实际中广泛应用误差补偿原理来设计误差校正机构及装置，以抵消传动链误差，提高螺距精度。

（3）误差转移法

误差转移法是把影响加工精度的原始误差转移到对误差不敏感的方向或者不影响加工精度的方向上去。

例如，在六角车床上采用垂直装刀法，可以把由转塔刀架转位误差引起的刀具位置误差转移到加工表面的切向，即误差不敏感方向。

又如，在一般精度的机床上，采用专用的工夹具或辅具，能加工出精度较高的工件。典型实例是用镗床夹具加工箱体零件的孔系，镗杆与主轴采用浮动连接，就可以把机床主轴的回转误差、导轨误差、坐标尺寸的调整误差等排除掉。此时工件的加工精度就完全取决于镗杆和镗模的制造精度。

（4）均分与均化原始误差

均分原始误差就是当坯件精度太低，引起的定位误差或复映误差太大时，将坯件按其误差大小均分成 n 组，每组坯件的误差就缩小为原来的 $1/n$，再按组调整刀具和工件的相对位置以减小坯件误差对加工精度的影响。例如，某厂采用心轴装夹工件剃齿，齿轮内孔尺寸为 $\phi25_{0}^{+0.013}$ mm（IT6），心轴实际尺寸 $\phi25.002$ mm。由于配合间隙过大，剃齿后工件齿圈径向跳动超差。为减小配合间隙又不再提高加工精度，采用均分原始误差方法，按工件内孔尺寸大小分成 3 组，与相应的心轴配合，见表 6-2，使每组配合间隙在 0.005 mm 之内，保证了剃齿加工要求。

表 6-2　尺寸分组

组号	工件内孔尺寸/mm	心轴尺寸/mm	配合精度
1	$\phi25_{0}^{+0.004}$	$\phi25.002$	±0.002
2	$\phi25_{+0.004}^{+0.008}$	$\phi25.006$	±0.002
3	$\phi25_{+0.008}^{+0.013}$	$\phi25.011$	+0.002 −0.003

均化原始误差的实质就是利用有密切联系的工件或刀具表面的相互比较、相互检查,从中找出它们之间的差异,然后再进行相互修正加工或互为基准的加工,使被加工表面原有的误差不断缩小和平均化。对配偶件的表面,如伺服阀的阀套和阀芯、精密丝杆与螺母采用配研的方法,实质上就是把两者的原始误差不断缩小的互为基准加工,最终使原始误差均化到两个配偶件上。在生产中,许多精密基准件的加工(如平板、直尺、角规、分度盘的各个分度槽等)都采用误差均化的方法。

(5)"就地加工"达到最终精度

"就地加工"的办法就是把各相关零件、部件先行装配,使它们处于工作时要求的相互位置,然后就地进行最终加工。"就地加工"的目的在于,消除机器或部件装配后的累积误差。

"就地加工"的实例很多,如六角转塔车床的制造中,为保证转塔上六个安装刀架孔的中心与机床主轴回转轴线的重合度及孔的端面与主轴回转轴线的垂直度,在转塔装配到车床床身后,再在主轴上装镗杆和径向进给小刀架,对转塔上的孔和端面进行最终加工。此外,普通车床上对花盘平面或软爪夹持面的修正、龙门刨床上对工作台面的修正等都属于"就地加工"。

(6)主动测量与闭环控制

主动测量指加工过程中随时测量出工件实际尺寸(形状、位置精度),根据测量结果控制刀具与工件的相对位置,这样,工件尺寸的变动始终在自动控制之中。

在数控机床上,一般都带有对各个坐标移动量的检测装置(如光栅尺、感应同步器)。检测信号作为反馈信号输入控制装置,实现闭环控制,以确保运动的准确性,从而提高加工精度。

6.2.4 机械加工误差的综合分析方法

前面分析了产生加工误差的各项因素,也提出了一些行之有效的解决途径。但从分析方法来讲,还侧重在单因素的分析。当某项因素是产生误差的主导因素时,上述分析与解决问题的方法是奏效的。在生产实际中,上述各项因素总是同时存在、互相影响的,使精度分析错综复杂。实践证明,用数理统计的方法可以成功地解决成批及大量生产中机械加工误差的分析和对加工精度的控制问题。

(1)误差的性质

按数理统计的理论,各种加工误差按它们在一批零件中出现的规律,可以分为两大类:系统误差和随机误差。

1)系统误差　当连续加工一批零件时,大小和方向始终保持不变或是按一定规律变化的误差称系统误差。将前者称为常值系统误差,后者称为变值系统误差。原理误差、机床、刀具、夹具和量具的制造和调整误差,工艺系统的静力变形都是常值系统误差,它们和加工顺序(加工时间)没有关系。机床、夹具和量具的磨损值在一定时间内可以看做常值系统误差。机床和刀具的热变形,刀具的磨损都随着加工顺序(或加工时间)有规律地变化,属于变值系统误差。

2)随机误差　连续加工一批零件时,大小和方向没有一定变化规律的误差称随机误差。毛坯误差(余量大小不一,硬度不均匀)的复映,定位误差(基准面尺寸不一,间隙影响等),夹紧误差(夹紧力大小不一),多次调整的误差,内应力引起的变形误差等都属于随机误差。

随机误差从表面上看似乎没有规律,但是用数理统计的方法对一批零件的加工误差进行统计分析,可以找出加工误差的总体规律性。

对上述两类不同性质的误差,解决的途径也不一样。一般来说,对常值系统误差,可以在查明其大小和方向后,通过相应的调整或检修工艺装备的办法来解决,有时还可用误差补偿或抵消的办法人为地用一个常值误差去抵偿已存在的常值系统误差。对变值系统误差,可以在摸清其变化规律的基础上,通过自动连续补偿或定期自动补偿的办法解决。如各种刀具(或砂轮)的自动补偿装置。随机误差没有明显的变化规律,很难完全消除,但可以采取适当的措施减小其影响,如缩小毛坯本身的误差和提高工艺系统的刚度可以减小毛坯误差的复映。采用主动测量与闭环控制对减小随机误差有显著的效果。

(2)加工误差的分布曲线分析法

1)实际分布曲线

实际分布曲线是对一批零件实际加工结果的统计曲线。以下述实例说明实际分布曲线的做法及运用。

一批活塞销孔,图纸要求 $\phi28^{0}_{-0.015}$ mm。对这批销孔精镗后,抽查100件,并按尺寸大小分组,每组的尺寸间隔为0.002 mm,列表如表6-3所示。

表6-3 活塞销孔直径测量结果

组别	尺寸范围/mm	中点尺寸/mm	组内工件数(m 件)	频率 m/n
1	27.992~27.994	27.993	4	4/100
2	27.994~27.996	27.995	16	16/100
3	27.996~27.998	27.997	32	32/100
4	27.998~28.000	27.999	30	30/100
5	28.000~28.002	28.001	16	16/100
6	28.002~28.004	28.003	2	2/100

表中 n 是测量的工件数。以每组件数 m 或频率 m/n 作纵坐标,以尺寸范围的中点值 x 为横坐标就可以绘出图6-18的折线图,从该图可以算出:

①分散范围 = 最大孔径 - 最小孔径 = 28.004 mm - 27.992 mm = 0.012 mm;

②分散范围中心(即平均孔径) = $\dfrac{\sum mx}{n}$ = 27.997 9 mm;

③公差带中心 = 28 mm $-\dfrac{0.015}{2}$ mm = 27.992 5 mm;

④废品率 = 18%,即尺寸为28.000~28.004 mm的零件的频率,也即图中阴影部分。

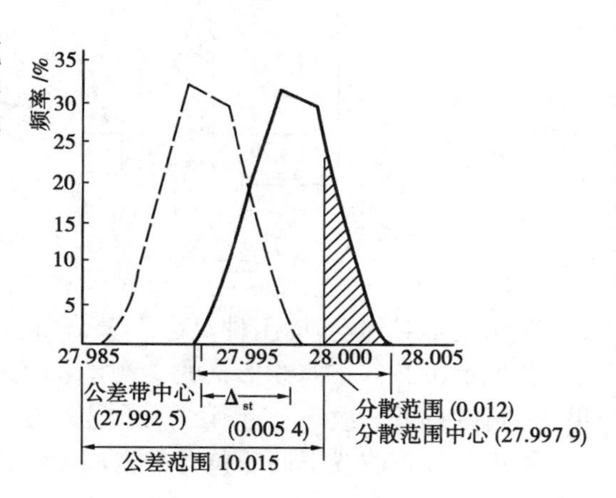

图6-18 活塞销孔直径实际分布折线图

⑤系统误差

Δ_{st} = |分散范围中心 - 公差带中心| = |27.997 9 - 27.992 5| = 0.005 4；

⑥因为实际分散范围 = 0.012 < 公差值 = 0.015，所以只须设法将分散中心调整到公差带中心，即将镗刀伸出量调小一点。

大量的统计表明，在绘制上述曲线时，如果把所取的工件数 n 增加，且把尺寸间隔减小，则所作的折线就非常接近光滑的曲线，这就是实际分布曲线。

2）理论分布曲线

实际分布曲线与数理统计中的正态分布曲线（又称高斯曲线）非常近似，所以研究加工误差问题时，可以用正态分布曲线代替实际分布曲线。

正态分布曲线用概率密度函数来表示：

$$y(x) = \frac{1}{\sigma\sqrt{2\pi}}\exp\left[-\frac{(x-\bar{x})^2}{2\sigma^2}\right] \tag{6-17}$$

式中 x——工件尺寸；

$\bar{x}$——工件平均尺寸（分散范围中心），$\bar{x} = \sum_{i=1}^{n}\frac{x_i}{n}$；

σ——均方根偏差，$\sigma = \sqrt{\sum_{i=1}^{n}(x_i-\bar{x})^2/n}$；

n——工件总数。

正态分布曲线具有以下特点：

①曲线呈钟形，中间高，两边低。它表示尺寸靠近分散中心的工件占大多数，而远离尺寸分散中心的工件是极少数，见图 6-19a）。

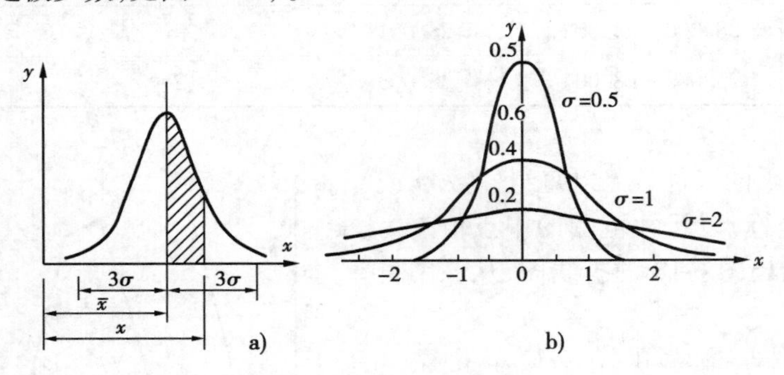

图 6-19 正态分布曲线性质

②曲线有对称性，即工件尺寸大于 $\bar{x}$ 和小于 $\bar{x}$ 的同间距范围内的频率是相等的。

③表示正态分布曲线形状的参数是 σ（见图 6-19 b）），σ 越大，曲线越平坦，尺寸越分散，即加工精度越低。故 σ 表示了某种加工方法可达到的尺寸精度。

④正态分布曲线下面所包含的全部面积代表了全部工件，即 100%。

$$\frac{1}{\sigma\sqrt{2\pi}}\int_{-\infty}^{\infty}\exp\left[-\frac{(x-\bar{x})^2}{2\sigma^2}\right]dx = 1$$

⑤在尺寸 x 到 $\bar{x}$ 间的工件的频率为图 6-19a）中的阴影部分面积，可按下式计算

$$F = \frac{1}{\sigma\sqrt{2\pi}}\int_{\bar{x}}^{x}\exp\left[-\frac{(x-\bar{x})^2}{2\sigma^2}\right]dx \tag{6-18}$$

也可以从表 6-4 中,由$(x-\bar{x})/\sigma$ 值直接查出 F 值。

表 6-4

$\frac{x-\bar{x}}{\sigma}$	F	$\frac{x-\bar{x}}{\sigma}$	F	$\frac{x-\bar{x}}{\sigma}$	F	$\frac{x-\bar{x}}{\sigma}$	F
0.01	0.004 0	0.31	0.121 7	0.72	0.264 2	1.80	0.464 1
0.02	0.008 0	0.32	0.125 5	0.74	0.270 3	1.85	0.467 8
0.03	0.012 0	0.33	0.129 3	0.76	0.276 4	1.90	0.471 3
0.04	0.016 0	0.34	0.133 1	0.78	0.282 3	1.95	0.474 4
0.05	0.019 9	0.35	0.136 8	0.80	0.288 1	2.00	0.477 2
0.06	0.023 9	0.36	0.140 6	0.82	0.293 9	2.10	0.482 1
0.07	0.027 9	0.37	0.144 3	0.84	0.299 5	2.20	0.486 1
0.08	0.031 9	0.38	0.148 0	0.86	0.305 1	2.30	0.489 3
0.09	0.035 9	0.39	0.151 7	0.88	0.310 6	2.40	0.491 8
0.10	0.039 8	0.40	0.155 4	0.90	0.315 9	2.50	0.493 8
0.11	0.043 8	0.41	0.159 1	0.92	0.321 2	2.60	0.495 3
0.12	0.047 8	0.42	0.162 8	0.94	0.326 4	2.70	0.496 5
0.13	0.051 7	0.43	0.166 4	0.96	0.331 5	2.80	0.497 4
0.14	0.055 7	0.44	0.170 0	0.98	0.336 5	2.90	0.498 1
0.15	0.059 6	0.45	0.173 6	1.00	0.341 3	3.00	0.498 65
0.16	0.063 6	0.46	0.177 2	1.05	0.353 1	3.20	0.499 31
0.17	0.067 5	0.47	0.180 8	1.10	0.364 3	3.40	0.499 66
0.18	0.071 4	0.48	0.188 4	1.15	0.374 9	3.60	0.499 841
0.19	0.075 3	0.49	0.187 9	1.20	0.384 9	3.80	0.499 928
0.20	0.079 3	0.50	0.191 5	1.25	0.394 4	4.00	0.499 968
0.21	0.083 2	0.52	0.198 5	1.30	0.403 2	4.50	0.499 997
0.22	0.087 1	0.54	0.205 4	1.35	0.411 5	5.00	0.499 999 97
0.23	0.091 0	0.56	0.212 3	1.40	0.419 2		
0.24	0.094 8	0.58	0.219 0	1.45	0.426 5		
0.25	0.098 7	0.60	0.225 7	1.50	0.433 2		
0.26	0.102 3	0.62	0.232 4	1.55	0.439 4		
0.27	0.106 4	0.64	0.238 9	1.60	0.445 2		
0.28	0.110 3	0.66	0.245 4	1.65	0.450 5		
0.29	0.114 1	0.68	0.251 7	1.70	0.455 4		
0.30	0.117 9	0.70	0.258 0	1.75	0.459 9		

⑥由表6－4查出，$x-\bar{x}=3\sigma$ 时，$F=49.865\%$，$2F=99.73\%$。即工件尺寸在 $\pm3\sigma$ 以外的频率只有0.27%，可以忽略不计。因此，一般取正态分布曲线的分散范围为 $\pm3\sigma$。

⑦令工件公差带为 T，一般情况下应使 $T\geqslant6\sigma$。定义工艺能力系数 C_p：

$$C_p=\frac{T}{6\sigma}\tag{6-19}$$

它反映了某种加工方法具有的工艺能力。

$C_p>1.67$ 为特级，说明工艺能力过高，不一定经济；

$1.67\geqslant C_p>1.33$ 为一级，说明工艺能力足够；

$1.33\geqslant C_p>1.00$ 为二级，说明工艺能力勉强，必须密切注意加工过程；

$1.00\geqslant C_p>0.67$ 为三级，说明工艺能力不够，可能出少量不合格品；

$0.67>C_p$ 为四级，说明工艺能力不足，必须加以改进。

通过分布曲线法可以判断一种工艺能否保证加工精度，但不容易从分布曲线中看出和区分出几种不同性质的加工误差。分布曲线法的另一个不足之处是，必须待全部工件加工完毕后才能进行测量和处理数据。因此它不能暴露出加工过程中误差变化规律性，而点图法就比较优越。

(3)点图法

点图法的要点是：按加工的先后顺序作出尺寸的变化图，以暴露在整个加工过程中的误差变化全貌。所以使用点图法一般要按加工顺序定期抽测工件尺寸，并以其序号作横坐标，以测量得的尺寸为纵坐标。

1) $\bar{x}-R$ 点图

顺次地每隔一定时间抽检一组（m 个）工件（$m=5\sim10$），以工件组的顺序为横坐标，以每组工件的实际尺寸的平均值 $\bar{x}$ 为纵坐标，绘制 $\bar{x}$ 图，得 $\bar{x}$ 点图；以每组工件实际尺寸的极差 R 为纵坐标，绘制 R 点图，统称为 $\bar{x}-R$ 点图（见图6-20）。图中

$$\bar{x}=\frac{1}{m}\sum_{i=1}^{m}X_i;\qquad R=X_{\max}-X_{\min}$$

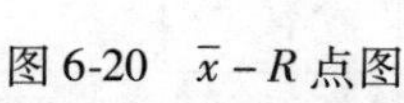

图6-20　$\bar{x}-R$ 点图

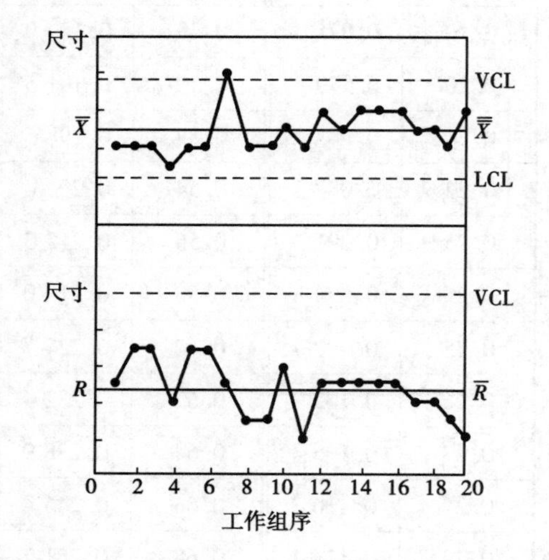

图6-21　$\bar{x}-R$ 控制图

$\bar{x}$ 点图反映出加工过程中分布中心的位置及其变化趋势。反映系统误差对加工精度的

影响。

R 点图反映了加工过程中极差分布范围的变化趋势，即随机误差的影响。

2）$\bar{x}-R$ 点图的应用

$\bar{x}-R$ 点图上画出横坐标中心线以及上下控制线，可得 $\bar{x}-R$ 点图的控制图（图 6-21）

$\bar{x}$ 点图的中心线　$\bar{\bar{X}}=\frac{1}{K}\sum_{i=1}^{k}\overline{X_i}$

$\bar{x}$ 点图上控制线　$\mathrm{VCL}=\bar{\bar{X}}+A\bar{R}$

$\bar{x}$ 点图下控制线　$\mathrm{LCL}=\bar{\bar{X}}-A\bar{R}$

R 图的中心线　$\bar{R}=\frac{1}{K}\sum_{i=1}^{k}R_i$

R 图的上控制线　$\mathrm{VCL}=D\bar{R}$

式中 A 和 D 的数值根据数理统计原理得出，表 6-5 给出了当每组个数 m 为 4 和 5 时的数据。

表 6-5

每组个数 m	A	D
4	0.73	2.28
5	0.58	2.11

点子的波动有正常波动和异常波动，正常波动说明工艺过程稳定；异常波动说明工艺过程不稳定。一旦出现异常波动，就要及时寻找原因，消除产生不稳定的因素，正常波动和异常波动的标志见表 6-6。

表 6-6　正常波动与异常波动的标志

正　常　波　动	异　常　波　动
1. 没有点子超出控制线	1. 有点子超出控制线 2. 点子密集在中心线上下附近 3. 点子密集在控制线附近
2. 大部分点子在中心线上下波动，小部分在控制线附近	4. 连续 7 个以上点子 5. 连续 11 个点子中有 10 个以上 6. 连续 14 个点子中有 12 个以上 7. 连续 17 个点子中有 14 个以上 8. 连续 20 个点子中有 16 个以上
3. 点子没有明显的规律性	9. 点子有上升或下降倾向 10. 点子有周期性波动

6.3　机械加工表面质量

机械加工表面质量是加工质量的重要组成部分。前面已经讨论了它对产品的工作性能及可靠性等方面的影响，本节侧重讨论表面质量形成的原因及其影响因素。

6.3.1 机械加工表面粗糙度及影响因素

(1)切削加工后的表面粗糙度

1)切削加工表面粗糙度的形成

在切削加工表面上,垂直于切削速度方向的粗糙度不同于切削速度方向的粗糙度。一般来说前者较大,由几何因素和物理因素共同形成;后者主要由物理因素产生。此外,机床-刀具-工件系统的振动也是形成表面粗糙度的重要因素。

①几何因素　在理想的切削条件下,刀具相对工件作进给运动时,在工件表面上留下一定的残留面积。残留面积高度形成了理论粗糙度,其最大高度 R_{max} 可按下式计算:

刀尖圆弧半径为零时:$R_{max}=\dfrac{f}{\cot\kappa_r+\cot\kappa'_r}$;

刀尖有圆弧半径 r_ε 时:$R_{max}\approx\dfrac{f^2}{8r_\varepsilon}$。

②物理因素　切削加工后表面的实际粗糙度与理论粗糙度有较大的差别,这是由于存在着与被加工材料的性能及切削机理有关的物理因素的缘故。

a. 切削脆性材料(如铸铁)时,产生崩碎性切屑,这时切屑与加工表面的分界面很不规则,从而使表面粗糙度恶化,同时石墨由铸铁表面脱落产生脱落痕迹,也影响表面粗糙度。

b. 切削塑性材料时,刀具的刃口圆角及后刀面的挤压和摩擦使金属发生塑性变形,导致理论残留面积的挤歪或沟纹加深,增大了表面粗糙度。

c. 切削过程中出现的刀瘤与鳞刺,会使表面粗糙度严重恶化。在加工塑性材料时,它是影响表面粗糙度的主要因素。

刀瘤是切削过程中切屑底层与前刀面冷焊的结果。刀瘤是不稳定的,它不断形成、长大、前端受冲击而崩碎。碎片粘附在切屑上被带走,或嵌在工件表面上,使表面粗糙度增大。刀瘤还会伸出切削刃之外,在加工表面上划出深浅和宽窄都不断变化的刀痕,使表面质量更加恶化。

鳞刺是已加工表面上产生的周期性的鳞片状毛刺。在较低及中高的切削速度下,切削塑性材料时,常常出现鳞刺,它会使表面粗糙度等级降低 2～4 级。

2)影响切削加工表面粗糙度的因素

①工件材料　工件材料的力学性能中影响表面粗糙度的最大因素是塑性。韧性较大的塑性材料,加工后粗糙度大,而脆性材料的加工粗糙度比较接近理论粗糙度。对于同样的材料,晶粒组织愈是粗大,加工后的粗糙度也愈大。为减小加工后的表面粗糙度,常在切削加工前进行调质或正常化处理,以得到均匀细密的晶粒组织和较高的硬度。

②刀具几何形状、材料、刃磨质量　刀具的前角 r_o 对切削加工中的塑性变形影响很大。r_o 增大,塑性变形程度减小,粗糙度值也就减小。r_o 为负值时,塑性变形增大,粗糙度增大。

增大后角,可以减小刀具后刀面与加工表面间的摩擦,从而减小表面粗糙度。刃倾角 λ_s 影响着实际前角的大小,对表面粗糙度亦有影响。主偏角 κ_r 和副偏角 κ'_r、刀尖圆弧半径 r_ε 从几何因素方面影响着加工表面粗糙度。

刀具材料及刃磨质量对产生刀瘤、鳞刺等影响甚大,选择与工件摩擦系数小的刀具材料(如金刚石)及提高刀刃的刃磨质量有助于降低表面粗糙度。此外,合理选择冷却液,提高冷却润滑效果，也可以降低表面粗糙度。

③切削用量　切削用量中对加工表面粗糙度影响最大的是切削速度 v，实验证明 v 越高，切削过程中切屑和加工表面的塑性变形程度就越小，粗糙度就越小。刀瘤和鳞刺都在较低的速度范围内产生，采用较高的切削速度能避免刀瘤和鳞刺对加工表面的不良影响。

实际生产中，要针对具体问题进行具体分析，抓住影响表面粗糙度的主要因素，才能事半功倍地降低表面粗糙度。例如在高速精镗或精车时，如果采用锋利的刀尖和小进给量，加工轮廓曲线很有规律，如图 6-22 所示。说明粗糙度形成的主要因素是几何因素。若要进一步减小表面粗糙度，必须减小进给量，改变刀具几何参数，并注意在改变刀具几何形状时避免增大塑性变形。

图 6-22　精镗（车）后的表面轮廓图（横向粗糙度）

（2）磨削加工后的表面粗糙度

磨削加工与切削加工有许多不同之处。从几何因素看，由于砂轮上磨削刃的形状和分布都不均匀、不规则，并随着磨削过程中砂轮的自砺而随时变化。定性的讨论可以认为：磨削加工表面是由砂轮上大量的磨粒刻划出的无数的沟槽而形成的。单位面积上的刻痕数愈多，即通过单位面积的磨粒愈多，刻痕的等高性愈好，则粗糙度也就愈小。

从物理因素来看，磨削刀刃即磨粒，大多数具有很大的负前角，使磨削加工产生比切削加工大得多的塑性变形。磨削时金属材料沿磨粒的侧面流动形成沟槽的隆起现象而增大了表面粗糙度。磨削热使表面层金属软化，更易塑性变形，进一步加大了表面粗糙度。

从上述两方面分析可知，影响磨削加工表面粗糙度的主要因素有：

①磨削砂轮的影响　砂轮的参数中砂轮的粒度影响最大，粒度愈细，则砂轮工作表面的单位面积上磨粒数愈多，因而在工件表面上的刻痕也愈细愈密，粗糙度小。

砂轮的硬度影响着砂轮的自砺能力，砂轮太硬，钝化后的磨粒不易脱落而继续参与切削，与工件表面产生强烈的摩擦和挤压，加大工件塑性变形，使表面粗糙度急增。

此外，砂轮的磨料、结合剂与组织对磨削表面粗糙度都有影响，应根据加工情况进行合理的选择。

②砂轮的修整　修整砂轮时的切深与走刀量愈小，修出的砂轮愈光滑，磨削刃等高性愈好，磨出工件表面的粗糙度愈小。即使砂轮粒度大，经过细修整后在磨粒上车出微刃，也能加工出低粗糙度的表面。

③砂轮速度　提高砂轮速度可以增加砂轮在工件单位面积上的刻痕。同时，提高磨削速度可以使每个刃口切掉的金属量减小，即塑性变形量减少；还可以使塑性变形不能充分进行，从而使加工表面粗糙度减小。

④磨削深度与工件速度　增大磨削深度和工件速度将增加塑性变形程度，从而增大粗糙度。

实际磨削中常在磨削开始时采用较大的磨削深度以提高生产率，而在最后采用小的磨削深度或无进给磨削以降低粗糙度。

磨削加工中的其他因素，如工件材料的硬度及韧性，冷却液的选择与净化，轴向进给速度等都是不容忽视的重要因素，在实际生产中解决粗糙度问题时应给予综合考虑。

6.3.2 机械加工表面物理机械性能变化

(1)加工表面的冷作硬化

加工表面层的冷作硬化程度取决于产生塑性变形的力、速度及变形时的温度。切削力愈大,塑性变形愈大,因而硬化程度愈大。切削速度愈大,塑性变形愈不充分,硬化程度也就愈小。变形时的温度 t 不仅影响塑性变形程度,还会影响塑性变形的回复,即当切削温度达到一定值时,已被拉长、扭曲、破碎的晶粒恢复到塑性变形前的状态。产生回复的温度为(0.25~0.3)$T_{熔}$($T_{熔}$为金属材料的熔点),回复过程中,冷作硬化现象逐渐消失。可见切削过程中使工件产生塑性变形及回复的因素对冷作硬化都有影响。

① 刀具的影响　刀具的前角、刃口圆角半径和后刀面的磨损量对冷作硬化影响较大。减小前角、增大刃口圆角半径和后刀面的磨损量时,冷硬层深度和硬度随之增大。

② 切削用量的影响　影响较大的是切削速度 v 和进给量 f,切削速度增大,则硬化层深度和硬度都减小。这一方面是由于切削速度增加会使温度升高,有助于冷硬的回复;另一方面是由于切削速度增加后,刀具与工件接触时间短,使塑性变形程度减小。进给量 f 增大时,切削力增大,塑形变形程度也增大,使硬化现象严重。但在进给量较小时,由于刀具刃口圆角对工件表面的挤压作用加大而使硬化现象增大。

(2)加工表面层的金相组织变化——热变质层

机械加工中,在工件的切削区域附近要产生一定的温升,当温度超过金相组织的相变临界温度时,金相组织将发生变化。对于切削加工而言,一般达不到这个温度,且切削热大部分被切屑带走。磨削加工中切削速度特别高,单位切削面积上的切削力是其他加工方法的数十倍,因而消耗的功率比切削加工大得多。所消耗的功中绝大部分又都转变为热量,而且70%以上的热量传给工件表面,使工件表面温度急剧升高,所以磨削加工中很容易产生加工表面金相组织的变化,在表面上形成热变质层。

现代测试手段测试结果表明,磨削时在砂轮磨削区磨削温度超过1 000 ℃,磨削淬火钢时,在工件表面层上形成的瞬时高温将使金属产生以下两种金相组织的变化:

①如果磨削区温度超过马氏体转变温度(中碳钢为250~300 ℃),工件表面原来的马氏体组织将转化成回火屈氏体、索氏体等与回火组织相近似的组织,使表面层硬度低于磨削前的硬度,一般称为回火烧伤。

②当磨削区温度超过淬火钢的相变临界温度(720 ℃),马氏体转变为奥氏体,又由于冷却液的急剧冷却,发生二次淬火现象,使表面出现二次淬火马氏体组织,硬度比磨削前的回火马氏体硬度高,一般称为二次淬火烧伤。

磨削时的瞬时高温作用会使表面呈现出黄、褐、紫、青等烧伤氧化膜的颜色,从外观上展示出不同程度的烧伤。如果烧伤层很深,在无进给磨削中虽然可能将表面的氧化膜磨掉,但不一定能将烧伤层全部磨除,所以不能从表面没有烧伤色来断言没有烧伤层存在。

磨削烧伤除改变了金相组织外,还会形成表面残余力,导致磨削裂纹。因此,研究并控制烧伤有着重要的意义。烧伤与热的产生和传播有关,凡是影响热的产生和传导的因素,都是影响表面层金相组织变化的因素。

(3)加工表面层的残余应力

1)表面层残余应力的产生

各种机械加工所获得的零件表面层都残留有应力。应力的大小随深度而变化,其最外层的应力和表面层与基体材料的交界处(以下简称里层)的应力符号相反,并相互平衡。残余应力产生的原因可归纳为以下三个方面。

①冷塑性变形的影响

切削加工时,在切削力的作用下,已加工表面层受拉应力作用产生塑性变形而伸长,表面积有增大的趋势,里层在表面层的牵动下也产生伸长的弹性变形。当切削力去除后,里层的弹性变形要恢复,但受到已产生塑性变形的外层的限制而恢复不到原状,因而在表面层产生残余压应力,里层则为与之相平衡的残余拉应力。

②热塑性变形的影响

当切削温度高时,表面层在切削热的作用下产生热膨胀,此时基体温度较低,因此表面层热膨胀受到基体的限制而产生热压缩应力。当表面层的应力大到超过材料的屈服极限时,则产生热塑性变形,即在压应力作用下材料相对缩短。当切削过程结束后,表面温度下降到与基体温度一致,因为表面层已经产生了压缩塑性变形而缩短了,所以要拉着里层金属一起缩短,而使里层产生残余压应力,表面层则产生残余拉应力。

③金相组织变化的影响

切削时产生的高温会引起表面层金相组织的变化,由于不同的金相组织有不同的比重,表面层金相组织变化造成了体积的变化。表面层体积膨胀时,因为受到基体的限制而产生残余压应力。反之,表面层体积缩小,则产生残余拉应力。马氏体、珠氏体、奥光体的比重大致为:$r_m \approx 7.75$;$r_z \approx 7.78$;$r_o \approx 7.96$,即 $r_m < r_z < r_o$。磨削淬火钢时若表面层产生回火烧伤,马氏体转化成索氏体或屈氏体(这两种组织均为扩散度很高的珠光体),因体积缩小,表面层产生残余拉应力,里层产生残余压应力。若表面层产生二次淬火烧伤,则表面层产生二次淬火马氏体,其体积比里层的回火组织大,因而表层产生残余压应力,里层产生残余拉应力。

2)机械加工后表面层的残余应力

机械加工后实际表面层上的残余应力是复杂的,是上述三方面原因综合作用的结果。在一定条件下,其中某一个方面或两个方面的原因可能起主导作用,例如,在切削加工中如果切削温度不高,表面层中没有热塑性变形产生,而是以冷塑性变形为主,此时表面层中将产生残余压应力。切削温度较高,以致在表面层中产生热塑性变形时,热塑性变形产生的拉应力将与冷塑性变形产生的压应力相互抵消掉一部分。当冷塑性变形占主导地位时,表面层产生残余压应力;当热塑性变形占主导地位时,表面层产生残余拉应力。磨削时因磨削温度较高,常以相变和热塑性变形产生的残余拉应力为主,所以表面层常带有残余拉应力。

3)磨削裂纹

磨削加工一般是最终加工,磨削加工后表面残余拉应力比切削加工大,甚至会超过材料的强度极限而形成表面裂纹。

实验表明,磨削深度对残余应力的分布影响较大。减小磨削深度可以使表面残余拉应力减小。

磨削热是产生残余拉应力而形成磨削裂纹的根本原因,防止裂纹产生的途径也在于降低磨削热及改善散热条件。前面所提到的能控制金相组织变化的所有方法对防止磨削裂纹的产生都是奏效的。

为了获得表层残余压应力的、高精度低粗糙度的最终加工表面,可以对加工表面进行喷丸、挤压、滚压等强化处理或采用精密加工或光整加工作为最终加工工序。

磨削裂纹的产生与材料及热处理工序有很大关系,硬质合金脆性大,抗拉强度低,导热性差,磨削时极易产生裂纹。含碳量高的淬火钢晶界脆弱,磨削时也容易产生裂纹。淬火后如果存在残余应力,即使在正常的磨削条件下出现裂纹的可能性也比较大。渗碳及氮化处理时如果工艺不当,会使表面层晶界面上析出脆性的碳化物、氮化物,在磨削热应力作用下容易沿晶界发生脆性破坏而形成网状裂纹。

磨削裂纹对机器的性能和使用寿命影响极大,重要零件上的微观裂纹甚至是机器突发性破坏的诱因,应该在工艺上给予足够的重视。

习题与思考题

6-1　试述加工精度和加工误差的概念,说明获得尺寸精度的方法。

6-2　何谓原始误差?原始误差与加工误差是什么关系?

6-3　在公制车床上车削模式数为2 mm的蜗杆时,挂轮计算式为:$\frac{Z_1}{Z_2}\times\frac{Z_3}{Z_4}=\frac{t(\text{蜗杆螺距})}{T(\text{机床丝杆螺距})}$,若 $T=6$ mm,$Z_1=110$,$Z_2=70$,$Z_3=80$,$Z_4=120$,求加工后蜗杆螺距误差是多少。

6-4　用卧式镗床加工箱体孔,若只考虑镗杆刚度的影响,试画出下列四种镗孔方式加工后孔的几何形状,并说明为什么。

(1)镗杆送进,有后支承(题图 6-1a))。

(2)镗杆送进,没有后支承(题图 6-1b))。

(3)工作台送进(题图 6-1c))。

(4)在镗模上加工(题图 6-1d))。

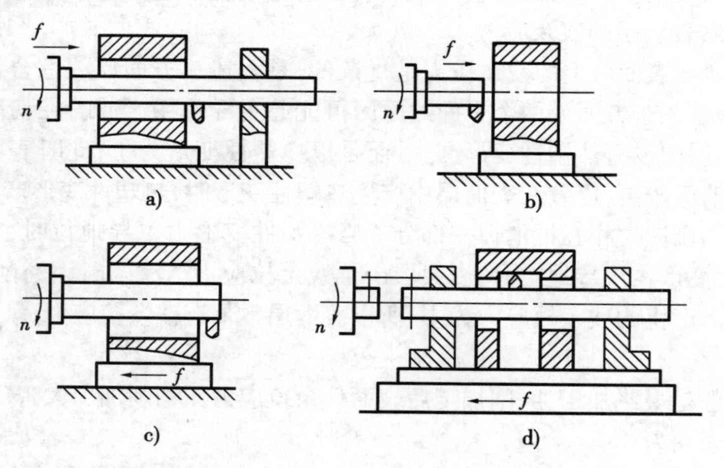

题图 6-1

6-5　在车床上加工光轴外圆,加工后经测量若发现整批工件有下列几何形状误差(题图 6-2),试分别说明题图 6-2a)、b)、c)、d)可能产生上述误差的各种因素。

6-6　什么是误差敏感方向?分析普通车床(水平装刀)和平面磨床的误差敏感方向。

6-7　已知工艺系统的误差复映系数为 0.25,在本工序前镗孔有 0.45 mm 的圆度误差,若

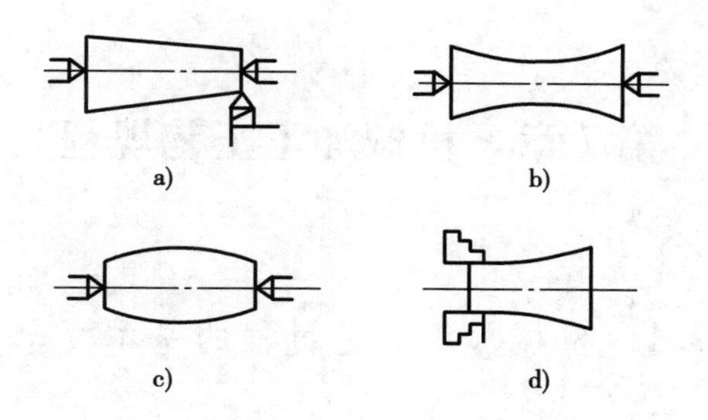

题图 6-2

本工序规定允差为 0.01 mm，问至少应该走几次刀才能使形状精度合格？

6-8 加工一批工件外圆，要求尺寸为 $\phi20 \pm 0.07$ mm，加工后发现有 8% 的工件为废品，若加工尺寸按正态分布，且一半废品的尺寸大于工件的最大极限尺寸，试确定该工序所能达到的尺寸精度。

6-9 零件上孔的尺寸要求是 $\phi10 \pm 0.1$ mm，使用 $\phi10$ mm 的钻头，在一定的切削用量下钻孔。加工一批零件后，实测各零件得知：其尺寸分散符合正态分布，$\bar{x} = 10.04$ mm，$\sigma = 0.03$ mm。试问：

（1）这种加工方法的随机性误差、常值系统误差各是多少？

（2）计算可修复的废品率是多少？采取什么方法防止不可修复废品？

（3）这种加工方法工艺能力是否够？

6-10 试述切削加工表面粗糙度形成的因素，减小切削加工表面粗糙度的措施。

6-11 影响磨削表面粗糙度的因素有哪些？

6-12 解释机械加工表面冷作硬化现象，分析表面冷化硬化对零件耐磨性的影响。

6-13 解释磨削烧伤现象，影响磨削烧伤的主要因素是什么？

6-14 试述磨削裂纹产生的原因及防止磨削裂纹产生的途径。

6-15 解释机械加工表面冷作硬化现象，分析表面冷作硬化对零件耐磨性的影响。

6-16 试述加工表面产生残余应力的原因，解释什么情况下表面产生残余压应力，什么情况下表面产生残余拉应力。

第 7 章　机械加工工艺规程

7.1　机械加工工艺过程的基本概念

7.1.1　生产过程与工艺过程

(1)生产过程　制造机器时,由原材料到成品之间的所有劳动过程的总和称为生产过程。其中包括原材料的运输与保存、生产的准备工作、毛坯的制造、毛坯经机械加工和热处理成为零件、零件装配成机器、机器的检验与试车运行、机器的油漆和包装等。一台机器的生产过程很复杂,往往由许多工厂联合完成。例如,一辆汽车有上万个零部件,为了便于组织专业化生产,提高劳动生产率和降低成本,这些零部件常常分散在许多工厂生产,然后集中在总装厂装配成汽车。

一个工厂的生产过程,又可分为各个车间的生产过程。一个车间的成品,往往又是另一车间的原材料。例如铸造车间的成品(铸件)就是机械加工车间的“毛坯”;而机械加工车间的成品又是装配车间的原材料。

(2)工艺过程　在机械产品的生产过程中,那些与原材料变为成品直接有关的过程称为工艺过程。如毛坯制造、机械加工、热处理和装配等。

采用机械加工的方法,直接改变毛坯的形状、尺寸和表面质量,使之成为成品的过程称为机械加工工艺过程(以下简称工艺过程)。

7.1.2　机械加工工艺过程的组成

工艺过程是由若干个按一定顺序排列的工序组成的,工序是工艺过程的基本单元。工序又可分为安装、工步、走刀和工位。

(1)工序　工序是指一个(或一组)工人,在一个工作地点(或设备上),对一个(或同时几个)工件所连续完成的那一部分工艺过程。

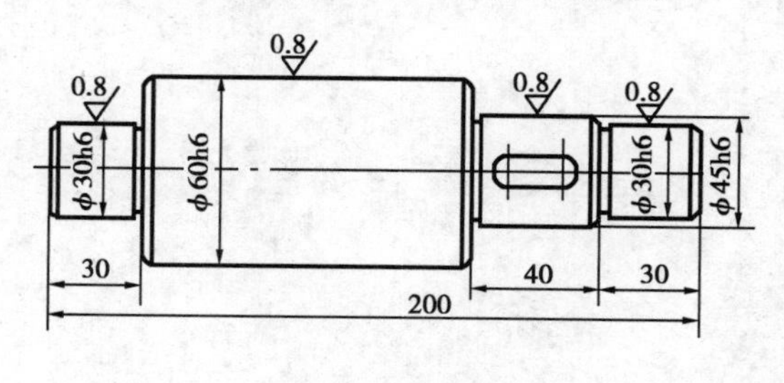

图 7-1　阶梯轴简图

划分工序的主要依据是工作地点是否改变和加工过程是否连续。如图 7-1 所示阶梯轴,其工艺过程包括五个工序,见表 7-1。

(2)安装　在同一道工序中,工件可能只装夹一次,也可能装夹几次。工件每装夹一次就称为一次安装。应尽可能减少装夹次数,因为多装夹一次就多一次误差,同时增加了装夹工件的辅助时间。

(3)工步　在同一道工序内,当加工表面不变,切削工具不变,切削用量中的切削速度和进给量不变的情况下所完成的那一部分工艺过程称为工步。例如,图 7-1 所示阶梯轴的工序

2，可分为车 $\phi60$ 外圆、车 $\phi30$ 外圆、车端面、切槽、倒角等工步。但是，对于在一次安装中连续进行的若干相同的工步，通常算作一个工步。如图 7-2 所示的零件，如用一把钻头连续钻削四个 $\phi15$ 的孔，认为是一个工步——钻 $4-\phi15$ 孔。还有一种情况，用几把不同刀具或复合刀具同时加工一个零件的几个表面的工步，也看做一个工步，这种工步称为复合工步。如图 7-3 所示的情况，就是一个复合工步。

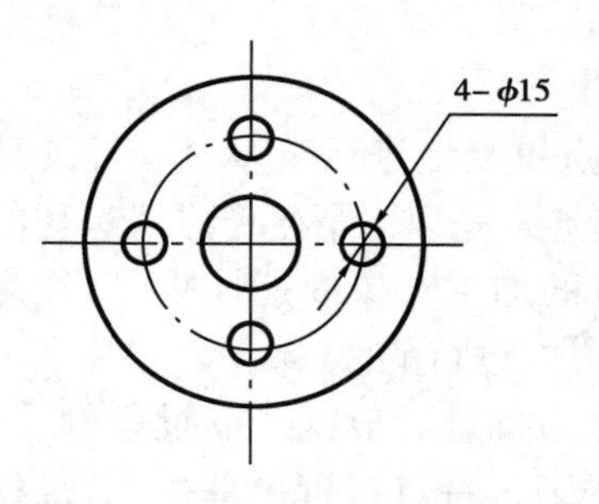

图 7-2　加工四个相同表面的工步

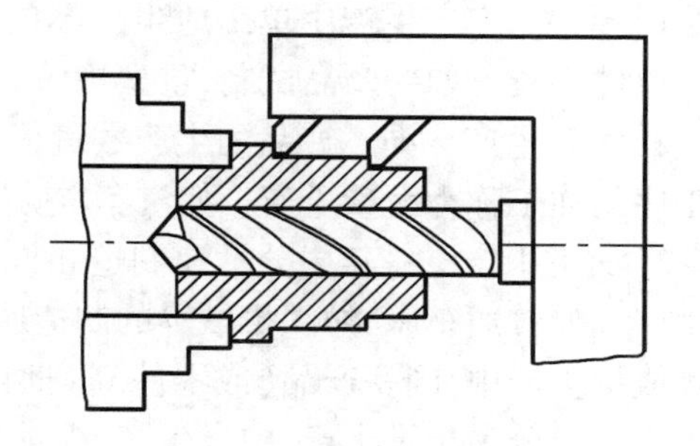
图 7-3　复合工步

表 7-1　阶梯轴工艺过程

工序号	工　序　名　称	工　作　地　点
1	铣端面打中心孔	铣端面打中心孔机床
2	车外圆，切槽，倒角	普通车床
3	铣键槽	立式铣床
4	去毛刺	钳工台
5	磨外圆	外圆磨床

(4)走刀　在一个工步内，若需切去的金属层较厚，则需分几次切削。每切一次就称为一次走刀。

(5)工位　为了减少安装次数，常常采用各种回转工作台(或回转夹具)，使工件在一次安装中先后处于几个不同位置进行加工。工件在机床上占据的每一个位置称为一个工位。如图 7-4 所示，在回转工作台上依次完成装卸工件、钻孔、扩孔和铰孔四个工位的加工。

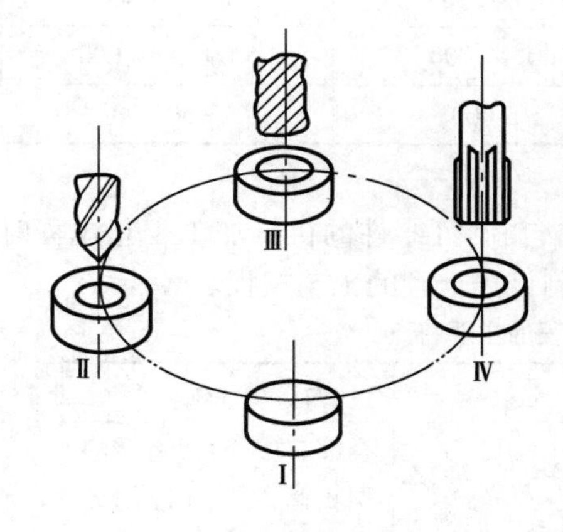

图 7-4　多工位加工
工位Ⅰ—装卸工件　工位Ⅱ—钻孔
工位Ⅲ—扩孔　工位Ⅳ—铰孔

7.1.3　生产类型及其工艺特点

(1)生产纲领　某种产品(或零件)的年产量称为该产品(或零件)的生产纲领。零件的生产纲领可按下式计算：

$$N = Qn(1 + \alpha\% + \beta\%) \tag{7-1}$$

式中　N——零件的生产纲领(件)；

Q——产品的年产量(台)；

n——每台产品中该零件的数量(件/台);

$\alpha\%$——备品率;

$\beta\%$——废品率。

(2)生产类型　在机械制造业中,根据生产纲领的大小和产品的特点,可以分为三种不同的生产类型:单件生产、大量生产、成批生产。

1)单件生产　生产中单个地生产不同结构和尺寸的产品,很少重复或不重复,这种生产称为单件生产。如新产品试制、重型机械的制造等均是单件生产。

2)大量生产　同一产品的生产数量很大,大多数工作地点重复地进行某一个零件的某一道工序的加工称为大量生产。如汽车、拖拉机、轴承等的制造通常是以大量生产方式进行的。

3)成批生产　一年中分批地制造相同的产品,工作地点的加工对象周期性重复,称为成批生产。如普通车床、纺织机械等的制造通常是以成批生产方式进行的。

成批生产中,同一产品(或零件)每批投入生产的数量称为批量。根据产品批量的大小,成批生产又分为小批生产、中批生产、大批生产。小批生产的工艺特点接近单件生产,常将两者合称为单件小批生产。大批生产的工艺特点接近大量生产,常合称为大批大量生产。生产类型的划分,可根据生产纲领和产品及零件的特征或按工作地点每月担负的工序数,参照表7-2 确定。

表 7-2　生产类型划分方法

生产类型	工作地点每月担负的工序数	产品年产量		
		重型(零件质量大于2 000 kg)	中型(零件质量100~2 000 kg)	轻型(零件质量小于100 kg)
单件生产	不作规定	<5	<20	<100
小批生产	>20~40	5~100	20~200	100~500
中批生产	>10~20	100~300	200~500	500~5 000
大批生产	>1~10	300~1 000	500~5 000	5 000~50 000
大量生产	1	>1 000	>5 000	>50 000

各种生产类型的工艺特点见表7-3。从表中可看出,在制订零件的机械加工工艺规程时,应首先确定生产类型,根据不同生产类型的工艺特点,制订出合理的工艺规程。

表 7-3　各种生产类型的工艺过程的主要特点

特点	单件生产	成批生产	大量生产
工件的互换性	一般是配对制造,缺乏互换性,广泛用钳工修配	大部分有互换性,少数用钳工修配	全部有互换性,有些精度较高的配合件用分组选择装配法
毛坯的制造方法及加工余量	铸件用木模手工造型;锻件用自由锻。毛坯精度低,加工余量大	部分铸件用金属模;部分锻件用模锻。毛坯精度中等,加工余量中等	铸件广泛采用金属模机器造型;锻件广泛采用模锻以及其他高生产率的毛坯制造方法。毛坯精度高,加工余量小

续表

特　　点	单件生产	成批生产	大量生产
机床设备	通用机床。按机床种类及大小采用“机群式”排列	部分通用机床和部分高生产率专用机床。按加工零件类别分工段排列	广泛采用高生产率的专用机床及自动机床。按流水线形式排列
夹　　具	多用通用夹具,极少采用专用夹具,靠划线及试切法达到精度要求	广泛采用专用夹具,部分靠划线法达到精度要求	广泛采用高生产率专用夹具及调整法达到加工精度
刀具与量具	采用通用刀具和万能量具	较多采用专用刀具及专用量具	广泛采用高生产率刀具和量具
对工人的要求	需要技术熟练的工人	需要一定熟练程度的工人	对操作工人的技术要求较低,对调整工人的技术要求较高
工艺规程	有简单的工艺路线卡	有工艺规程,对关键零件有详细的工艺规程	有详细的工艺规程
生 产 率	低	中	高
成　　本	高	中	低
发展趋势	箱体类复杂零件采用加工中心	采用成组技术,数控机床或柔性制造系统等进行加工	在计算机控制的自动化制造系统中加工,并可能实现在线故障诊断,自动报警和加工误差自动补偿

7.2　工件的安装与基准

7.2.1　工件的安装

为了在工件上加工出符合规定技术要求的表面,加工前必须使工件在机床上或夹具中占据某一正确位置,这叫做定位。工件定位后,由于在加工中要受到切削力或其他力的作用,因此必须将工件夹紧以保持位置不变。工件从定位到夹紧的过程统称为安装。

工件安装的好坏将直接影响零件的加工精度,而安装的快慢则影响生产率的高低。因此工件的安装,对保证质量、提高生产率和降低加工成本有着重要的意义。

由于工件大小、加工精度和批量的不同,工件的安装有下列三种方式:

(1)直接找正安装　直接找正安装是用划针或百分表等直接在机床上找正工件的位置。例如,图7-5a)所示为在磨床上磨削一个与外圆表面有同轴度要求的内孔,加工前将工件装在四爪卡盘上,用百分表直接找正外圆,使工件获得正确的位置。又如图7-5b)所示为在牛头刨床上加工一个与工件底面、右侧面有平行度要求的槽,用百分表找正工件的右侧面,可使工件获得正确的位置,而槽与底面的平行度则由机床的几何精度来保证。

直接找正安装的精度和工作效率,取决于要求的找正精度、所采用的找正方法、所使用的

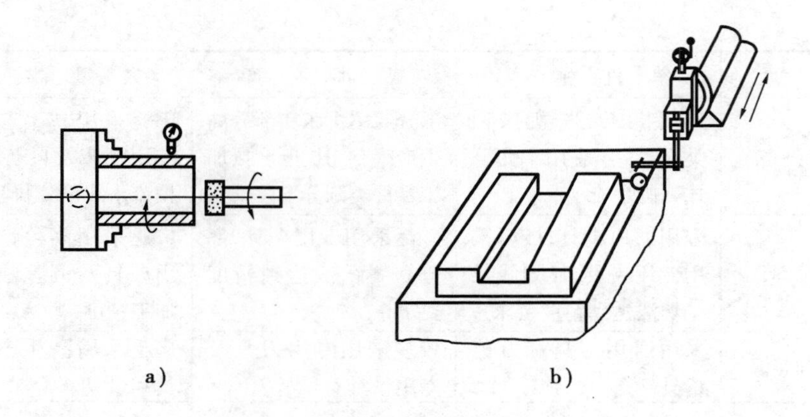

图 7-5　直接找正安装

找正工具和工人的技术水平。此法的缺点是费时较多，因此一般只适用于工件批量小，采用专用夹具不经济或工件定位精度要求特别高，采用专用夹具也不能保证，只能用精密量具直接找正定位的场合。

(2)划线找正安装　对形状复杂的工件，因毛坯精度不易保证，若用直接找正安装会顾此失彼，很难使工件上各个加工面都有足够和比较均匀的加工余量。若先在毛坯上划线，然后按照所划的线来找正安装，则能较好地解决这些矛盾。

此法要增加划线工序，定位精度也不高。因此多用于批量小、零件形状复杂、毛坯制造精度较低的场合，以及大型铸件和锻件等不宜使用专用夹具的粗加工。

(3)用专用夹具安装　这种情况是工件在夹具中定位并夹紧，不需要找正。此法的安装精度较高，而且装卸方便，可以节省大量辅助时间。但制造专用夹具成本高，周期长，因此适用于成批和大量生产。

7.2.2　基准及其分类

在零件的设计和制造过程中，要确定零件上点、线或面的位置，必须以一些指定的点、线或面作为依据，这些作为依据的点、线或面，称为基准。按照作用的不同，常把基准分为设计基准和工艺基准两类。

(1)设计基准　即设计时在零件图纸上所使用的基准。如图 7-6 所示，齿轮内孔、外圆和分度圆的设计基准是齿轮的轴线，两端面可以认为是互为基准。又如图 7-7 所示，表面 2、3 和孔 4 轴线的设计基准是表面 1；孔 5 轴线的设计基准是孔 4 的轴线。

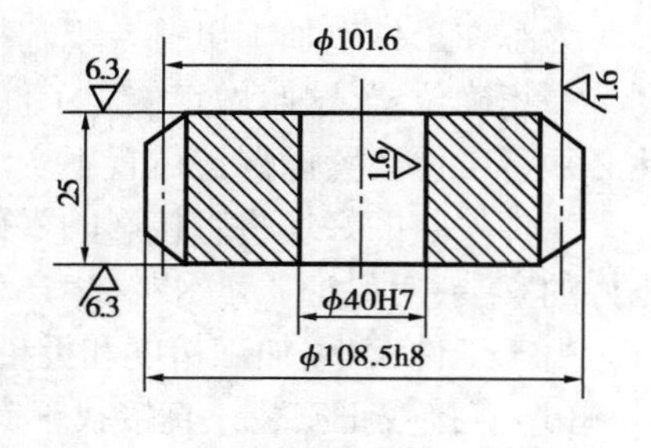

图 7-6　齿轮

(2)工艺基准　即在制造零件和装配机器的过程中所使用的基准。工艺基准又分为工序基准、定位基准、度量基准和装配基准，它们分别用于工序图中工序尺寸的标注、工件加工时的定位、工件的测量检验和零件的装配。

1)工序基准　在工序图上，用以标定被加工表面位置的面、线、点称为工序基准(所标注的加工面的位置尺寸是工序尺寸)，即工序尺寸的设计基准。如图 7-8 所示铣平面 C，则 M 平面是 C 面的工序基准，尺寸 $C \pm \Delta C$ 是工序尺寸。

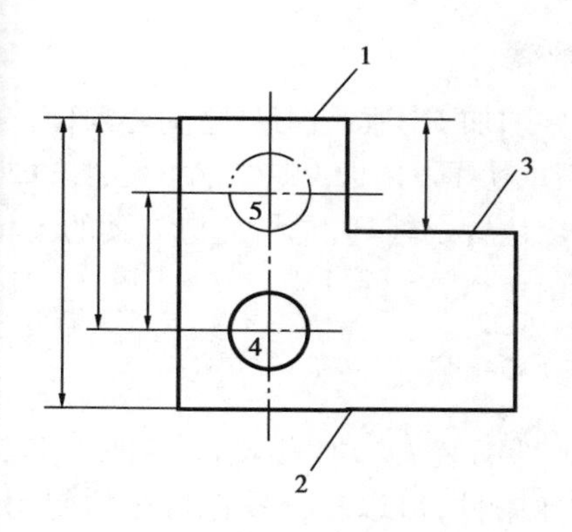

图 7-7　机座示意图

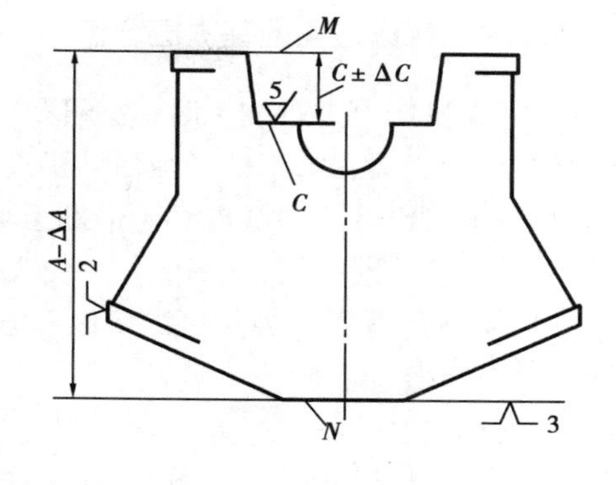

图 7-8　工序基准

2）定位基准　加工时确定零件在机床或夹具中位置所依据的那些点、线、面称为定位基准，即确定被加工表面位置的基准。例如车削图 7-6 所示齿轮轮坯的外圆和下端面时，若用已经加工过的内孔将工件安装在心轴上，则孔的轴线就是外圆和下端面的定位基准。

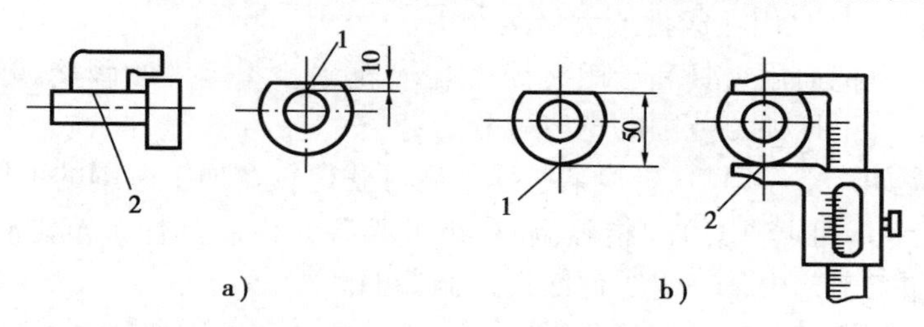

图 7-9　测量基准

1—工序基准　2—测量基准

必须指出的是，工件上作为定位基准的点或线，总是由具体表面来体现的，这个表面称为定位基准面。例如图 7-6 所示齿轮孔的轴线，并不具体存在，而是由内孔表面来体现的，确切地说，内孔是加工外圆和左端面的定位基准面。

3）测量基准　测被加工表面尺寸、位置所依据的基准称为测量基准，如图 7-9 所示。

4）装配基准　在装配时，确定零件位置的面、线、点称为装配基准。即装配中用来确定零件、部件在机器中位置的基准，如图 7-10 所示。锥齿轮 1 的装配基准是内孔及端面；轴 2 的装配基准是中心线及端面；轴承 3 的装配基准是轴承中心线及端面。装配基准一般与设计基准重合。

一般情况下，设计基准是在图纸上给定的，定位基准则是工艺人员根据不同的工艺顺序与装夹方法确定的，因而可以选出不同的定位基准。正确地选择定位基准是制订工艺规程的主要内容之一，亦是夹具设计的前提。

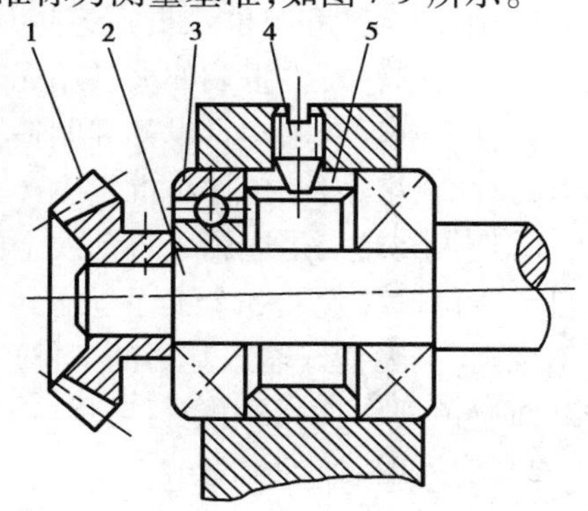

图 7-10　装配基准

1—齿轮　2—轴　3—轴承

4—螺钉　5—隔圈

7.2.3 机床夹具的基本概念

工件在机床上进行加工时,为了保证其精度要求,工件的加工表面与刀具之间必须保持一定的位置关系。因此,工件必须借助于夹具占有正确位置。夹具,是指夹持工件的工具,如卡盘、顶尖、平口钳等。刀具也必须借助于辅具使其保持一定位置。辅具,是指夹持刀具的工具,如钻夹头、丝锥夹头及刀夹等。

(1)夹具的分类　夹具可以按以下方法进行分类:

1)按使用范围分

①通用夹具　指已经标准化了的夹具,适用于不同工件的装夹。如三爪卡盘、四爪卡盘、平口钳、分度头和回转工作台等。这些夹具已经作为机床附件,可以充分发挥机床的使用性能,因此通用夹具使用范围广泛,不论是大批大量生产,还是单件小批生产都广泛地使用通用夹具。

②专用夹具　为加工某一零件某一道工序专门设计的夹具。它结构紧凑,针对性强,使用方便,但它的设计制造周期长,制造费用高,需要库房保存。当产品变更时,往往因无法再用而"报废"。因此专用夹具只用在成批或大量生产中。

③可调夹具　是把通用夹具和专用夹具相结合,通过少量零件的调整、更换就能适应某些零件的加工的夹具。根据加工范围的宽窄可分为:

a. 通用可调夹具　指经调整、更换某些元件后可获得较宽加工范围的可调夹具。

b. 成组夹具(专用可调夹具)　指经调整、更换某些元件后其加工范围较窄的可调夹具。它是专门为成组加工工艺中某一组零件而设计制造的。

可调夹具是由基本部分和可调部分组成的。基本部分即通用部分,它包括夹具体、动力装置和操纵机构;可调部分即专用部分,是为某些工件或某族工件专门设计的,它包括定位元件、夹紧元件和导向元件等。

可调夹具在多品种,中、小批工件的生产中被广泛采用。

④组合夹具　是按某一工件的某道工序的加工要求,由一套事先准备好的通用标准元件和组件组合而成的夹具。标准元件包括基础件、支承元件、定位元件、导向元件、夹紧元件、紧固元件、辅助元件和组件八类。这些元件相互配合部分尺寸精度高、硬度高及耐磨性好,并有互换性。用这些元件组装的夹具用完之后可以拆卸存放,重新组装新夹具时再次使用。采用组合夹具可减轻专用夹具设计和制造工作量,缩短生产准备周期,具有灵活多变、重复使用的特点,因此在多品种、单件小批量生产及新产品试制中使用。

⑤随行夹具　是适用于自动线上的一种移动式夹具。工件安装在随行夹具上,随行夹具由自动线运输装置从一个工序运送到另一个工序,完成全部工序的加工。它用在形状复杂而且不规则、又无良好输送基面的工件。一些有色金属的工件,虽具有良好的输送基面,为了保护基面避免划伤,也采用随行夹具。

2)按使用机床的类型分

可分为钻床夹具、铣床夹具、车床夹具、磨床夹具、镗床夹具、齿轮机床夹具等。

3)按夹紧动力源分

可分为手动夹具、电动夹具、电磁夹具、真空夹具、自夹紧夹具等。

(2)专用夹具的组成　图7-11是钻ϕ6H9径向孔的钻床夹具。本工序要求在轴套零件上

按尺寸 L 钻径向孔 ϕ6H9，并保证所钻孔的轴线与工件孔中心线垂直相交。工件分别以内孔及端面在定位销 6 及其端面支承上定位，用开口垫圈 4 和螺母 5 夹紧工件；快换钻套 1 用来导引钻头，所有的元件和装置都在夹具体 7 上。夹具在立式钻床上的位置，是通过找正主轴上装夹的钻头与钻套的位置，然后把其紧固在工作台上。

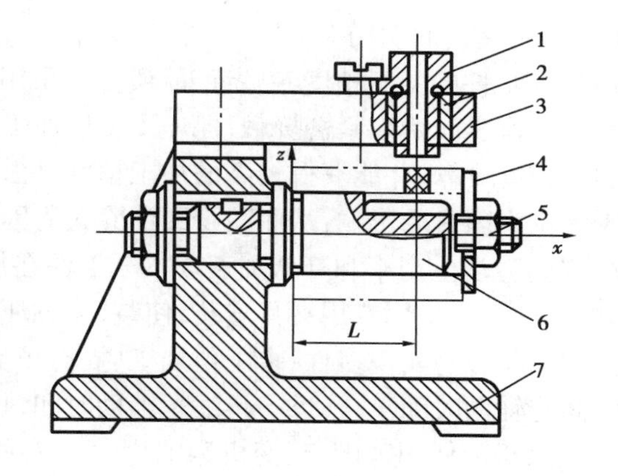

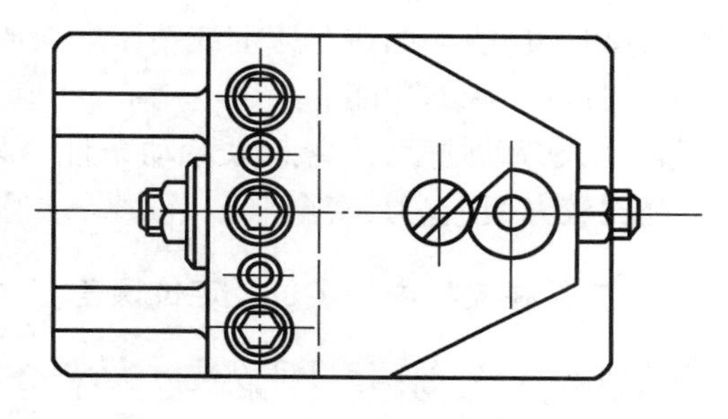

图 7-11　钻 ϕ6H9 径向孔的钻床夹具

1—快换钻套　2—衬套　3—钻模板　4—开口垫圈

5—螺母　6—定位销　7—夹具体

图 7-12 是铣削轴端槽的夹具。本工序要求保证槽宽、槽深和槽两侧面对轴心线的对称度。工件分别以外圆和一端面在 V 形块 1 和定位套 2 上定位，转动手柄 3，偏心轮推动活动 V 形块夹紧工件。夹具以夹具体 5 的底面及安装在夹具体上的两个定位键 4 与铣床工作台面、T 形槽配合，并固定在机床工作台面上。这样夹具相对于机床占有确定的位置，然后通过对刀块 6 及塞尺调整刀具位置，使刀具相对于夹具占有确定的位置。所有的元件和装置都装在夹具体 5 上。从以上两个夹具图可以看出，一般的专用夹具由以下几部分组成：

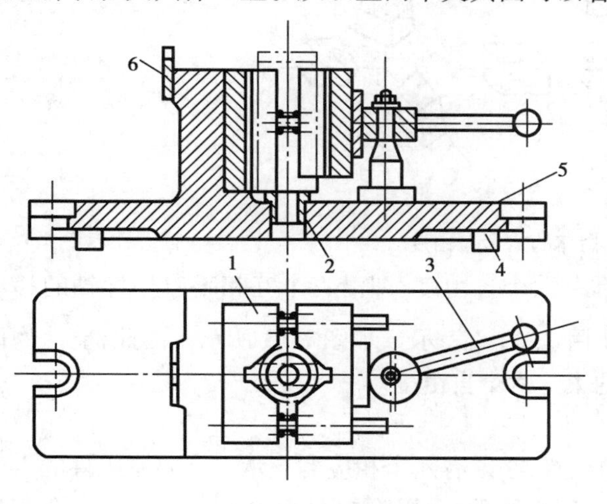

图 7-12　铣轴端槽夹具

1—V 形块　2—定位套　3—手柄

4—定位键　5—夹具体　6—对刀块

1）定位元件　用来确定工件在夹具中位置的元件，如图 7-11 中的定位销 6 和图 7-12 中的 V 形块 1、定位套 2。

2）夹紧装置　用来夹紧工件，使其保持在正确的定位位置上的夹紧装置和夹紧元件，如图 7-11 中的开口垫圈、螺母和图 7-12 中的偏心轮、手柄及 V 形块。

3）对刀和导引元件　用来确定刀具位置或引导刀具方向的元件。如图 7-11 中的快换钻套 1 和图 7-12 中的对刀块 6。

4）连接元件　用来确定夹具和机床之间正确位置的元件，如图 7-12 中的定位键 4。

5）其他元件和装置　如分度装置、为便于卸下工件而设置的顶出器、动力装置的操作系统、夹具起吊和搬运用的起重螺栓和起重吊环等。

6）夹具体　将上述元件和装置连成整体的基础件。如图 7-11 中的 7 和图 7-12 中的 5。

(3)专用夹具的功用

1)保证工件的加工精度,稳定产品质量　采用专用夹具安装工件使工件定位表面与夹具定位元件工作表面始终紧密接触,保证了工件加工表面与刀具的相对位置,因此能保证一批工件的加工精度可靠,并能获得较高的加工精度。由于采用专用夹具安装工件,在加工过程中不受或少受主观因素的影响,从而减少或消除人为因素的影响。

2)提高劳动生产率和降低加工成本　工件在加工中,除切削时间外,还有辅助时间,如找正、调整工件等。采用专用夹具安装,使装、夹方便,免去工件逐件找正及对刀,减少辅助时间。专用夹具安装容易实现多件、多工位加工,提高了劳动生产率。可一边加工一边安装工件,使机动时间与辅助时间重合,进一步缩短辅助时间,从而降低了加工成本。

3)扩大机床使用范围,改变机床的用途　有些工厂,生产的工件种类、规格繁多,而机床的数量和型号有限。为了解决这一矛盾,可设计专用夹具,扩大机床的使用范围,使机床一机多用,改变其单一功能。如在车床上或钻床上安放镗模夹具后可以进行箱体孔系的镗削加工,使车床、钻床具有镗床的功能。

4)减轻工人劳动强度,改善工人劳动条件　采用专用夹具特别是机动夹紧的专用夹具,工件的装卸比较方便、省力、安全。

7.2.4　工件在夹具中的定位及定位误差

在机械加工中,无论采用哪种安装方法,都必须使工件在机床或夹具上正确地定位,以便保证被加工工件的精度。

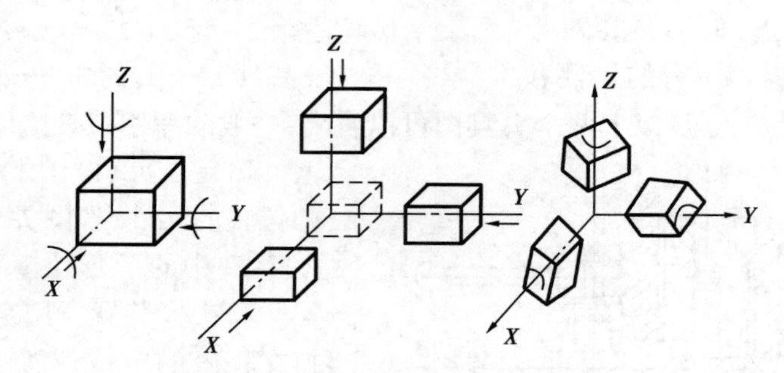

图 7-13　物体的六个自由度

任何一个没受约束的物体,在空间都具有六个自由度,即沿三个互相垂直坐标轴的移动(用$\vec{X}$、$\vec{Y}$、$\vec{Z}$表示)和绕这三个坐标轴的转动(用$\overset{\frown}{X}$、$\overset{\frown}{Y}$、$\overset{\frown}{Z}$表示),如图 7-13 所示。因此,要使物体在空间占有确定的位置(即定位),就必须约束这六个自由度。

(1)工件的六点定位原理

在机械加工中,要完全确定工件的正确位置,必须有六个相应的支承点来限制工件的六个自由度,称为工件的“六点定位原理”。如图 7-14 所示,可以设想六个支承点分布在三个互相垂直的坐标平面内。其中三个支承点在 XOY 平面上,限制$\overset{\frown}{X}$、$\overset{\frown}{Y}$和$\vec{Z}$三个自由度;两个支承点在 XOZ 平面上,限制$\vec{Y}$和$\overset{\frown}{Z}$两个自由度;最后一个支承点在 YOZ 平面上,限制$\vec{X}$一个自由度。

如图 7-15 所示,在铣床上铣削一批工件上的沟槽时,为了保证每次安装中工件的正确位置,保证三个加工尺寸 X、Y、Z,使槽平行于底面和侧面,就必须限制六个自由度。因此,根据加工的技术要求，工件六个自由度完全被限制的定位称为完全定位。

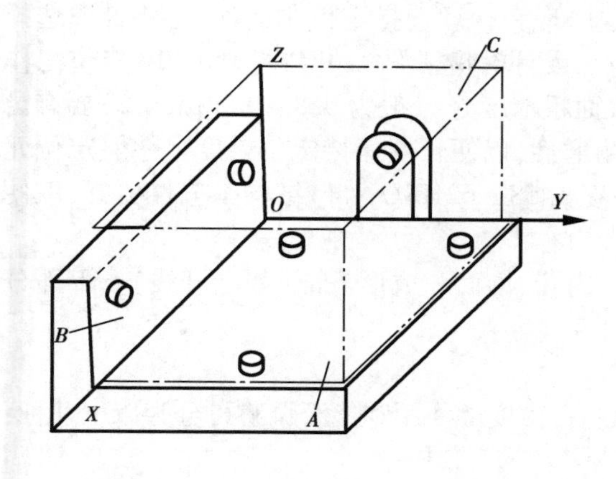

图 7-14　六点定位原理

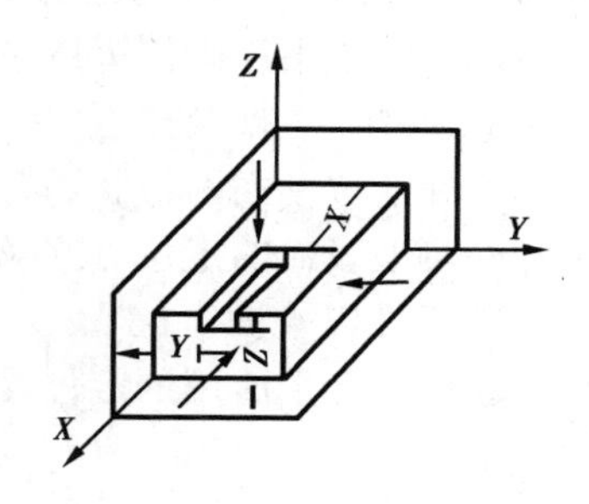

图 7-15　完全定位

有时，保证工件的加工尺寸，并不需要完全限制六个自由度。如图 7-16 所示，a）为铣削一批工件的台阶面，为保证两个加工尺寸 Y 和 Z，和台肩平行的底面和侧面，只需限制$\vec{Y}$、$\vec{Z}$、$\overset{\frown}{X}$、$\overset{\frown}{Y}$、$\overset{\frown}{Z}$ 五个自由度即可；b）为磨削一批工件的顶面，为保证一个加工尺寸 Z，仅需限制 $\overset{\frown}{X}$、$\overset{\frown}{Y}$、$\vec{Z}$三个自由度。像这种根据加工的技术要求，没有完全限制六个自由度的定位，称为不完全定位。

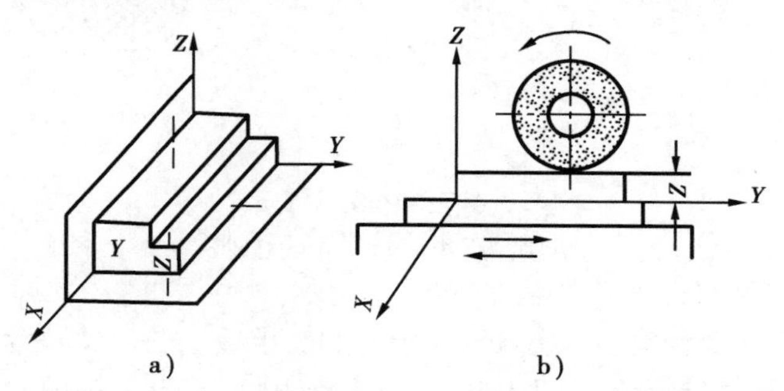

图 7-16　不完全定位

有时为了增加工件在加工时的刚性，或者为了传递切削运动和动力，可能在同一个自由度的方向上，有两个或更多的支承点。如图 7-17 所示，车削光轴的外圆时，若用前后顶尖及三爪卡盘（夹住工件较短的一段）安装，前后顶尖已限制了$\vec{X}$、$\vec{Y}$、$\vec{Z}$、$\overset{\frown}{Y}$、$\overset{\frown}{Z}$ 五个自由度，而三爪卡盘又限制了$\vec{Y}$、$\vec{Z}$两个自由度，这样在$\vec{Y}$和$\vec{Z}$两个自由度的方向上，定位点多于一个，重复了，这种情况称为重复定位（亦称超定位、过定位）。因此，当工件某个自由度被两个或两个以上支承点同时限制即产生重复定位。由于三爪卡盘的夹紧力，会使顶尖和工件变形，增加加工误差，但这是传递运动和动力所需的。若改用鸡心夹头和拨盘带动工件旋转，则不是重复定位。如图 7-15 中的工件有一个或几个应该限制的自由度没有加以限制，这时就不能保证工件的加工精度。这种定位就叫做欠定位。在设计专用夹具时是绝不允许出现欠定位的。

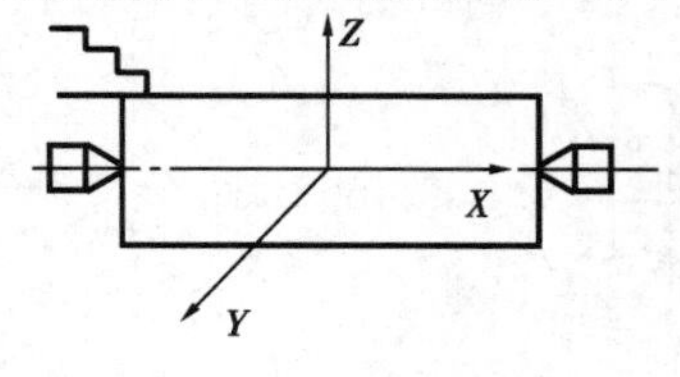

图 7-17　重复定位

(2)典型定位方式和定位元件

工件在夹具中定位时除了正确应用六点定位原理和合理选择定位基面外,还要合理选择定位元件。各类定位元件结构虽然各不相同,但在设计时应满足以下共同要求:1)定位工作面精度要求高。如尺寸精度常为 IT6 ~ IT8 级,表面粗糙度 R_a一般为 0.8 ~0.2 μm。2)要有足够的强度和刚度。3)定位工作表面要有较好的耐磨性,以便长期保持定位精度。一般定位元件多采用低碳钢渗碳淬火或中碳钢淬火,淬火硬度为 58 ~62HRC 。4)结构工艺性要好,以便于制造、装配、更换及排屑。

工件定位基面的形状通常是平面、外圆柱面、内孔、锥面和成形表面(如渐开线)。下面分析各种典型表面的定位方式及其所用的定位元件。

1)工件以平面定位

这种情况下所用的定位元件,根据是否起限制自由度的作用和能否调整可分为以下几种:

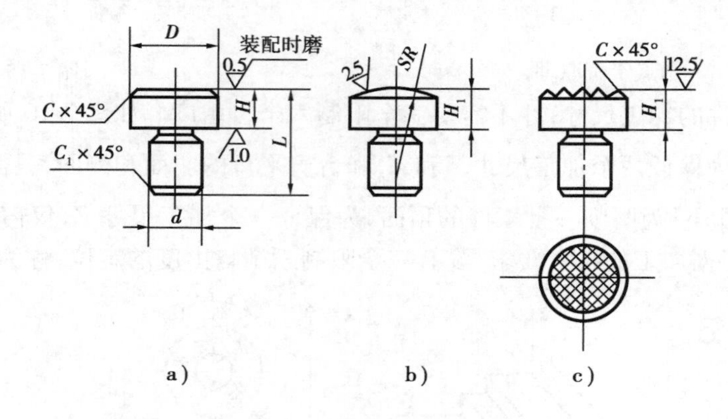

图 7-18　支承钉

a)平头　b)圆头　c)锯齿形

①主要支承　起限制自由度作用的支承

a. 固定支承　属于此种类型的有各种支承钉和支承板。图 7-18a)为平头支承钉,与工件接触面积大,适用于精基准定位;图 7-18b)为圆头支承钉,与工件接触面积小,适用于粗基准定位,但磨损较快;图 7-18c)为锯齿形支承钉,能增大摩擦系数,防止工件受力后移动,常用于未加工的侧表面定位。

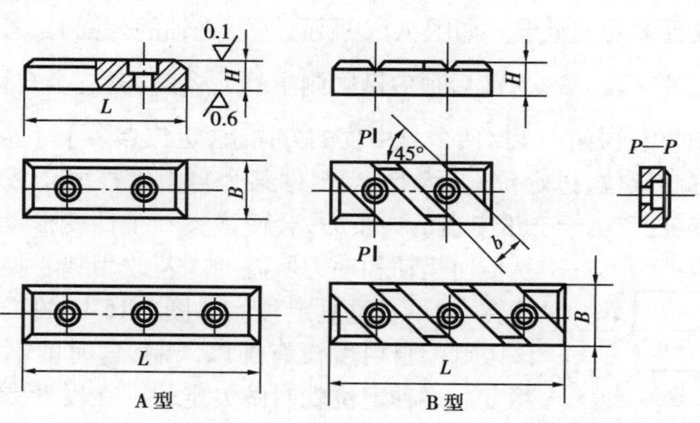

图 7-19　支承板

在大中型零件用精基准定位时，多采用支承板。图 7-19 中 A 型形状简单，便于制造，但沉头螺钉处清除切屑比较困难，适用于顶面和侧面定位；B 型克服了这一缺点，适用于底面定位。支承板与支承钉的结构已经标准化，详见夹具零部件 GB2326—80 和 GB2226—80。

平头支承钉或支承板一般在安装到夹具体上后，须将工作表面磨平，以保证它们在同一平面上，且与夹具体底面保持必要的位置精度。故须在高度尺寸方向上预留磨量。

b. 可调支承　即支承位置可在一定范围内调整，并用螺母锁紧。当定位基面是成型面、台阶面等，或各批毛坯的尺寸及形状变化较大时，用这类支承。可调支承一般对一批工件只调整一次，调整后它的作用相当于一个固定支承。其典型结构见图 7-20。

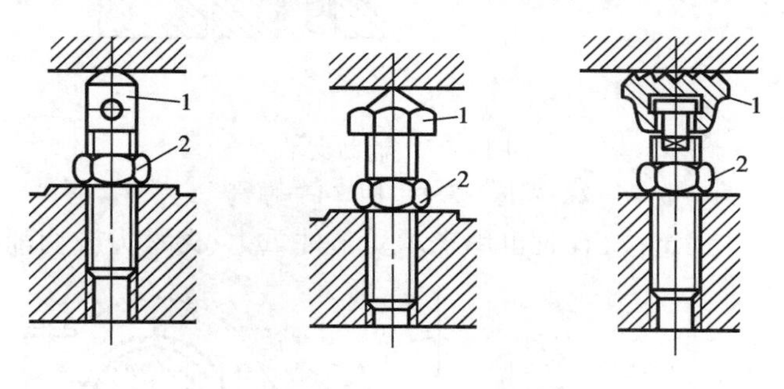

图 7-20　可调支承
1—可调支承螺钉　2—螺母

c. 自位支承(浮动支承)　在定位过程中自位支承的位置是随着定位基准面位置的变化而自动与之适应的。因此尽管每一个自位支承与工件可能不止一点接触，实际上它只能限制一个自由度，即只起一个定位支承点的作用。在夹具设计中，为使工件支承稳定，或为避免过定位，常采用自位支承。图 7-21 是常见的几种自位支承的结构。其中 a)、b) 为两点自位支承，c) 为三点自位支承。

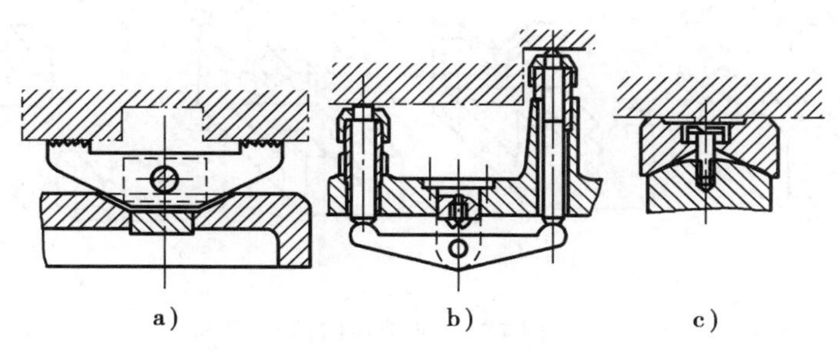

图 7-21　自位支承

②辅助支承　辅助支承不起定位作用。其典型结构如图 7-22 所示。在图 7-22 中，a) 的结构最为简单，但调节时要转动支承 1，这样可能划伤工件定位面，甚至带动工件转动而破坏定位。b) 调节时转动螺母 2，支承 1 能作上下直线运动，避免了上述缺点。但这两种结构动作较慢，拧出时用力不当会破坏工件既定位置，适用于单件小批生产。c) 为弹簧自位式辅助支承，靠弹簧 4 的弹力使支承 1 与工件表面接触，作用力稳定(弹簧力不应过大，以免顶起工件脱离支承)，支承 1 通过转动手柄 3 推动锁紧销 5，利用斜面锁紧，适用于成批生产。

辅助支承在形式上与可调支承相似，但它们的作用不同，辅助支承对每一个工件都需重新调整，不起定位作用，必须在工件被放到主要支承上后才参与工作。它多用于增加工件的刚

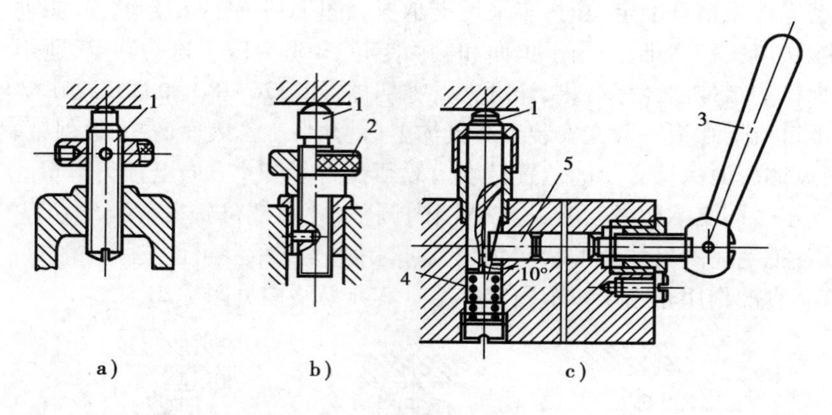

图 7-22　辅助支承

1—支承　2—螺母　3—手柄　4—弹簧　5—锁紧销

度、夹具的刚度以及工件预定位,有时也用来承受工件重力、夹紧力或切削力。

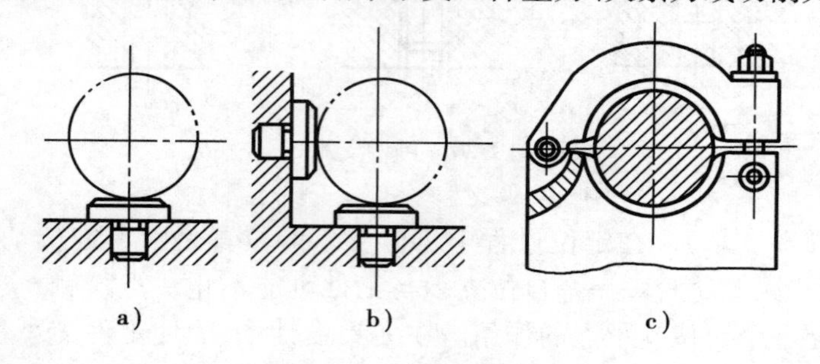

图 7-23　外圆表面的支承定位

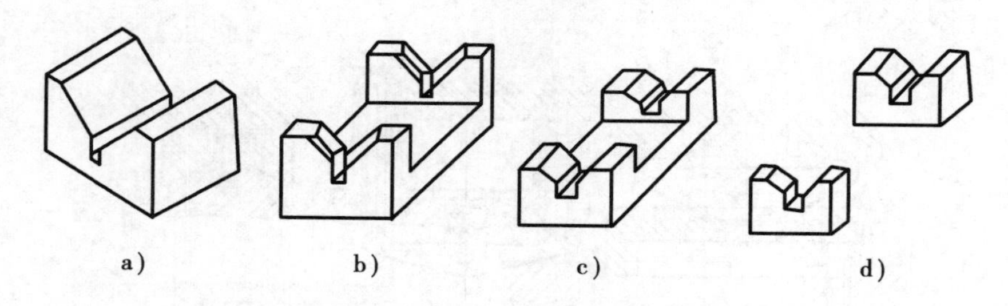

图 7-24　V 形块结构

2)工件以外圆柱面定位

工件以外圆柱面定位有支承定位和定心定位两种。

①支承定位　图 7-23 表示了外圆表面的支承定位,图 a)是用平头支承定位,图 b)是用两个平头支承定位,图 c)是用半圆支承定位,活动的上半圆压板起夹紧作用。图 b)这种定位方式实际上就是生产上广泛应用的 V 形块定位。只不过通常 V 形块都转过一个角度放置。V 形块在定位时,主要起对中作用,即工件外圆定位表面轴线始终处于 V 形块的对称面上,不受定位基准本身误差的影响。不管定位基准是否经过加工,圆柱面是否完整,均可采用 V 形块定位。图 7-24 为常见 V 形块结构。图 a)用于较短的工件精基准定位;图 b)用于较长的工件粗基准定位;图 c)用于工件两段精基准相距较远的场合。如果定位基准直径与长度较大,则

V 形块不必做成整体钢件，而采用铸铁底座镶淬火钢垫，如图 7-24d）所示。长 V 形块限制工件的四个自由度，短 V 形块限制工件的两个自由度。V 形块不仅作定位元件，有时也兼作夹紧元件使用。图 7-25 为 V 形块应用的实例。连杆零件除以其平面定位外，用大头外圆靠在固定 V 形块上定位，限制两个移动自由度，小头用一个活动 V 形块夹紧工件，同时限制其绕大头外圆中心转动的自由度。

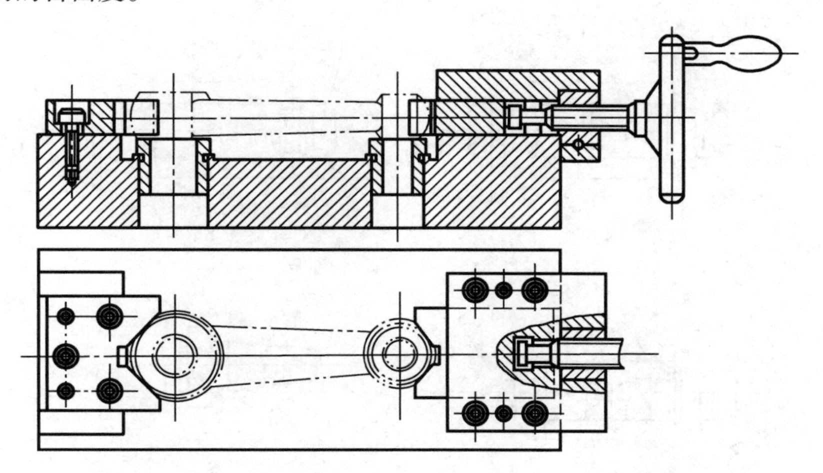

图 7-25　V 形块的应用

V 形块的结构尺寸已经标准化，其两斜面的夹角 α 一般有 60°、90°、120°三种。其中以 90°为最常用。

②定心定位　外圆柱面非常容易采用自动定心装置，将其轴线确定在要求的位置上。如常见的三爪自定心卡盘和弹簧夹头便是最普通的实例。此外也可用套筒作为定位元件。图 7-26 是套筒定位的实例，图 a）是短孔，相当于两点定位，限制工件的两个自由度；图 b）是长孔，相当于四点定位，限制工件的四个自由度。

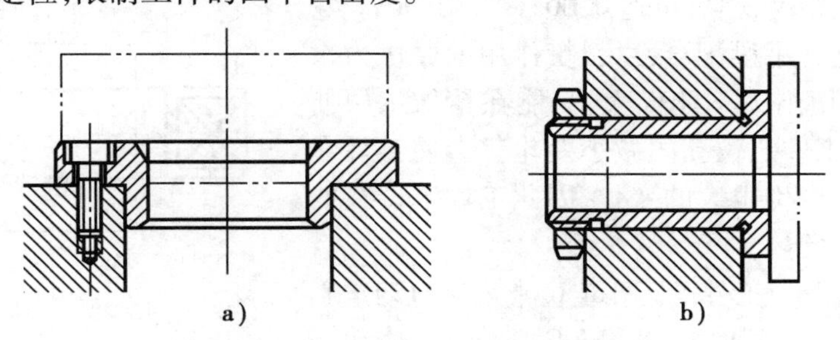

图 7-26　外圆表面的套筒定位

3）工件以圆孔定位

①心轴定位　心轴用来定位回转体零件，它的种类很多。

a. 圆柱心轴　如图 7-27 所示。图中 a）和 b）是过盈配合心轴，由于要依靠过盈量产生的夹紧力来传递扭矩，心轴定位外圆和工件内孔常采用 H7/r6 配合。3 是导向部分，与定位孔作间隙配合便于定位孔开始压入心轴时起正确引导作用。1 是两侧铣扁的传动部分。图 a）带有凸肩起轴向定位作用，可限制工件的五个自由度。图 b）是不带凸肩的结构，只能限制工件的四个自由度，但可同时加工工件的两个端面，在工件压入时需另外采取措施保证轴向位置。过盈配合的心轴容易破坏工件的内孔表面且装卸费时，一般是采用几根心轴交替工作。图 c)是间隙配合的圆柱心轴，靠螺母锁紧的摩擦力来抵抗切削力。工件装卸方便，但必须有凸肩轴向定位，且定心精度较差。以上这几类心轴都用前后顶尖孔与机床的前后顶尖相连接，有时(特别是短心轴)传动部分也可做成与机床主轴锥孔相配合的锥柄，利用锥体连接，实现定心与传动，如图 7-27d)所示。

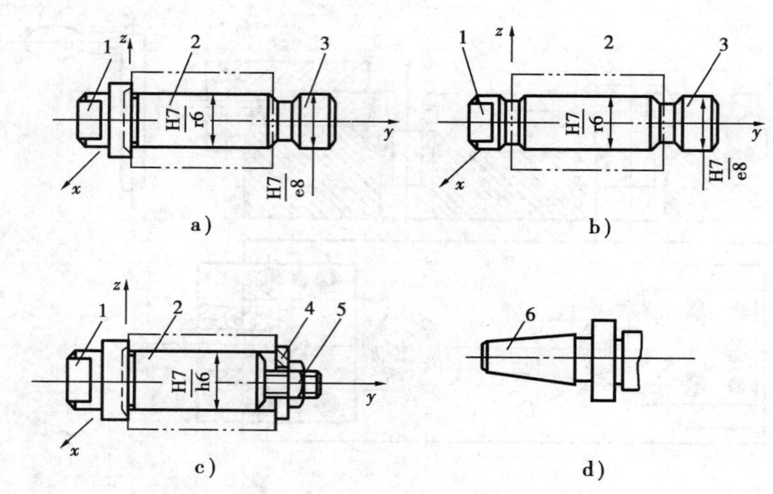

图 7-27　圆柱定位心轴

1—传动部分　2—定位部分　3—导向部分　4—开口垫圈　5—螺母　6—锥柄部分

b. 锥度心轴　图 7-28 所示为锥度心轴，将心轴做成小锥度，可以提高定心精度，又不破坏工件内孔表面，为了防止工件在心轴上倾斜，故用小锥度，锥度 K 通常为

$$K = \frac{1}{5\ 000} \sim \frac{1}{1\ 000}\left(K = \frac{D_{大} - D_{小}}{l}\right)$$

这种心轴定心精度很高，可达 0.005 ~ 0.01 mm。它是靠工件与心轴上一小段配合，由斜楔作用的摩擦力来抵抗切削力，因此切削力不能太大，只能在精加工中使用。由于锥度小，工件定位孔的微小变化都会使工件在心轴上的轴向位置产生很大的变化，因此工件定位孔的精度不能低于 IT7 级。

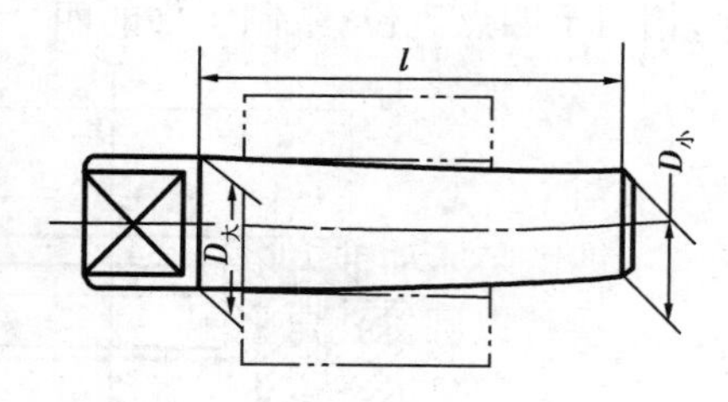

图 7-28　小锥度心轴

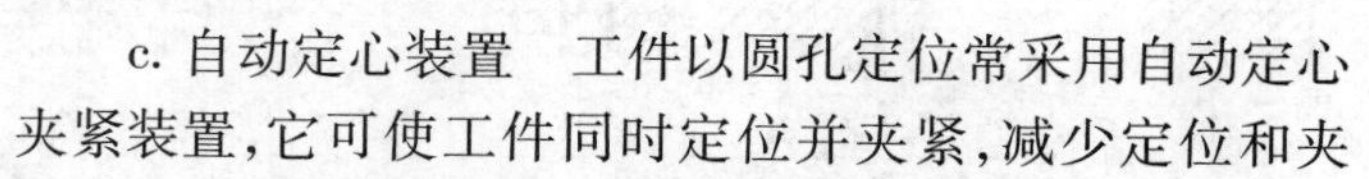

c. 自动定心装置　工件以圆孔定位常采用自动定心夹紧装置，它可使工件同时定位并夹紧，减少定位和夹紧时间。常用的有弹性心轴如弹簧夹头(涨胎式)心轴，液性塑料心轴。其特点是定心精度高，工件装卸方便。

②定位销　主要用于零件上的中小孔定位，一般直径不超过 50 mm。定位销有两类，一种是圆柱形定位销，限制两个自由度(短圆柱销)；另一类是菱形销，限制一个自由度(在组合定位中详述)。图 7-29 表示了各种圆柱形定位销，其中图 a)用于直径小于 10 mm 的孔，为防止定位销受力折断，结构上采用了过渡圆角，这时夹具体上应有沉孔，使定位销圆角部分沉入孔内，而不妨碍定位。图 b)所示的定位销其肩部不起定位作用，做成带肩部结构是便于定位销

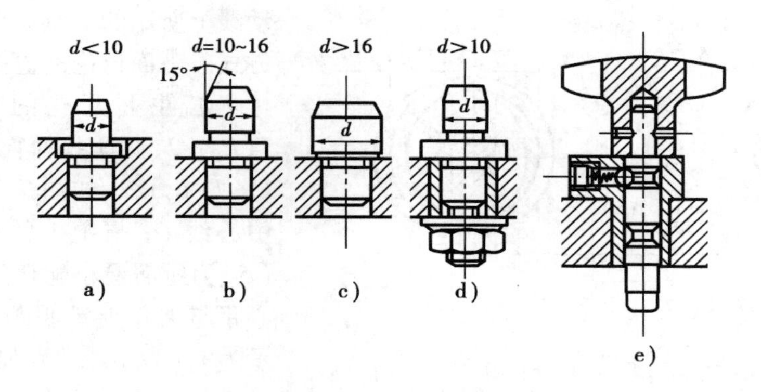

图 7-29　圆柱形定位销

压入夹具体时决定其轴向位置。图 a)、b)、c)所示均为固定式定位销。大批大量生产时，为了使定位销磨损后更换方便，可采用图 d)的可换式结构。图 e)为可伸缩的定位销。图 7-30 是菱形定位销，也有上述四种结构，图中仅表示了一种。

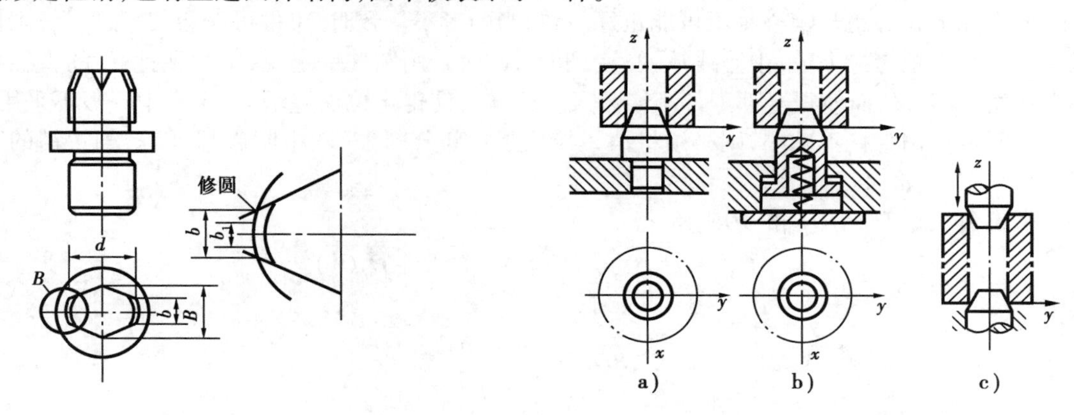

图 7-30　菱形定位销

图 7-31　锥销定位

③锥销　图 7-31 所示为圆孔在锥销上的定位情况，孔端与锥销接触。其中图 a)是固定锥销限制工件的三个自由度($\vec{X}$、$\vec{Y}$、$\vec{Z}$)；图 b)是活动锥销，限制工件的两个自由度($\widehat{X}$、$\widehat{Y}$)；图 c)是固定锥销与活动锥销组合定位，限制工件的五个自由度。

4)工件以圆锥孔定位

工件以圆锥孔定位时，最常用的定位方式是用圆锥心轴，限制工件的五个自由度。作为圆锥孔定位的特例是用顶尖定位，固定顶尖(前顶尖)限制工件的三个自由度。活动顶尖(后顶尖)限制工件的两个自由度，如图 7-32 所示。

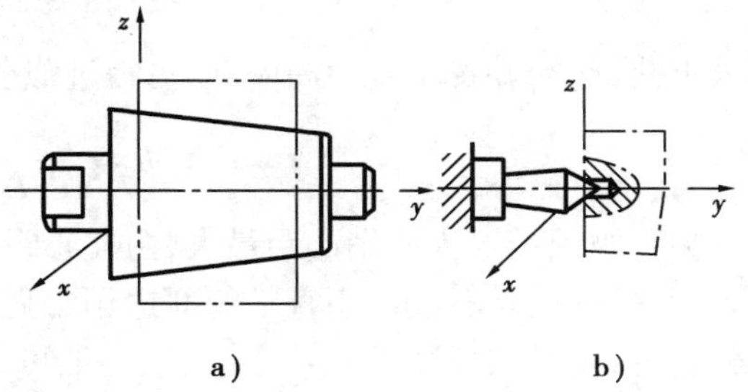

图 7-32　锥度心轴和顶尖定位

5)组合定位

①一个平面及与其垂直的两个孔的组合

这种定位方式所用的定位元件为一个平面和两个定位销(为避免过定位，一个采用削边销)，俗称“一面两销”定位，是一种非常典型而常见的定位方式。大批大量生产的流水线、自

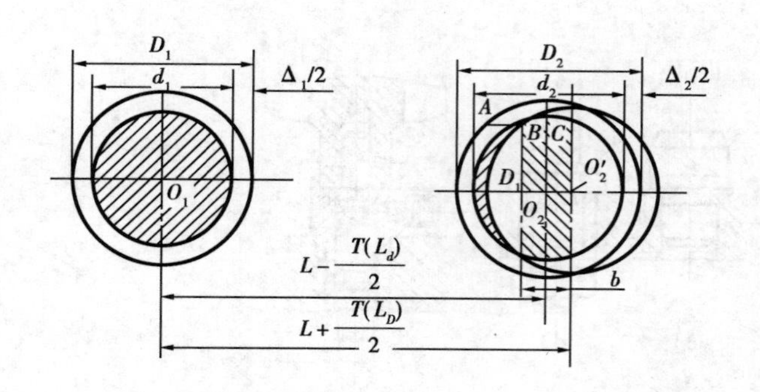

图 7-33　削边销尺寸计算

动线上所用的夹具广泛采用这种定位方式。下面讨论削边销的设计计算：

工件上两孔的中心距为 $L \pm T(L_D)/2$，夹具上两个定位销中心距为 $L \pm T(L_d)/2$，如图 7-33 所示，孔 1 的中心线 O_1 与销 1 的中心线 O_1 重合（Δ_1 为所需最小配合间隙），若工件孔心距与夹具上销心距完全一致时（图示为 $L - T(L_d)/2$），则孔 2 中心线 O_2 与销 2 中心线重合，定位销 2 最大直径可设计为：

$$d_2 = D_2 - \Delta_2$$

式中　Δ_2——装卸工件所需最小间隙。

但实际上孔心距与销心距不可能正好一致，当两者不一致时，工件可能会装不进。极限情况为工件孔心距为最大值，中心线从 O_2 变到 O_2'，此时若用圆柱销定位，则必须把 d_2 的直径减小来补偿 O_2O_2'，从而使得全部工件都能装入。这样会使得定位误差增大，生产中一般不采用。

若要定位销直径不减小，则必须将销 2 与孔重叠部分削去（图中阴影部分）。削边销的宽度 b 应当小于、最多等于 BC。

由直角三角形 BDO_2 和 BDO_2' 可得：

$$\overline{BO_2}^2 - \overline{O_2D}^2 = \overline{BO_2'}^2 - (\overline{O_2D} + \overline{O_2O_2'})^2$$

其中

$$\overline{BO_2} = \frac{D_2}{2} - \frac{\Delta_2}{2}$$

$$\overline{O_2D} = \frac{b}{2}$$

$$\overline{BO_2'} = \frac{D_2}{2}$$

$$\overline{O_2O_2'} = \frac{T(L_D)}{2} + \frac{T(L_d)}{2}$$

代入上式，化简并忽略其中高阶项，可得近似公式

$$b \approx \frac{\Delta_2 D_2}{T(L_D) + T(L_d)}$$

另一极限情况为两销心距最大，两孔心距最小，计算方法和结果与上述情况相同。

为保证削边销强度，小直径的削边销常做成菱形结构，故又称为菱形销，b 为留下的圆柱部分宽度，菱形的宽度 B 应小于 $d_{2\max}$，一般可以从表 7-4 查到。

菱形销的结构已经标准化，其设计步骤如下：

设已知工件两定位基准孔直径为 $D_1 + T(D_1)$ 和 $D_2 + T(D_2)$，两孔中心距为 $L \pm T(L_D)/2$。

a. 定位销中心距基本尺寸与定位孔中心距基本尺寸相同。

$$T(L_d) = (\frac{1}{3} \sim \frac{1}{5})T(L_D)$$

计算时注意先将孔心距公差转化成双向对称偏差的形式。

b. 圆柱定位销 1 的基本尺寸取工件孔下限尺寸 D_1，公差取 g6 或 f7。

c. 根据 D_2 值，查表 7-4 确定削边销的宽度 b、B。

d. 计算削边销所需最小配合间隙 Δ_2

$$\Delta_2 = \frac{b[T(L_D) + T(L_d)]}{D_2} \tag{7-2}$$

e. 削边销的基本尺寸 d_2 及配合

$$d_2 = D_2 - \Delta_2$$

配合可选为 h，精度等级比孔高 1 ~ 2 级。

表 7-4　削边销结构尺寸　　/mm

D_2	3 ~ 6	> 6 ~ 8	> 8 ~ 20	> 20 ~ 24	> 24 ~ 30	> 30 ~ 40	> 40 ~ 50
b	2	3	4	5	5	6	8
B	$D_2 - 0.5$	$D_2 - 1$	$D_2 - 2$	$D_2 - 3$	$D_2 - 4$	$D_2 - 5$	

②一个平面及与它垂直的孔的组合　如图 7-34 所示这种情况大多用于带台阶的心轴定位，即一个定位销和一个与它垂直的环形平面组合。为了避免过定位，用长销小平面或短销大平面的方案，如图中 b)、c) 所示。如果工件的孔和端面不垂直，则要用球面垫圈，如图 d) 所示，以保证长销和大端面的接触。如果工件的孔和端面的垂直度很好，夹具上定位销和环形平面垂直度很好，则可以允许用长销大平面，这时的过定位对加工精度无影响。

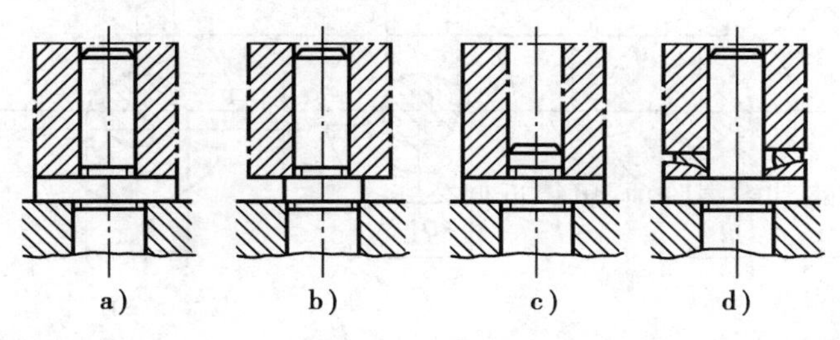

图 7-34　一个平面和一个与其垂直的孔的组合定位

(3) 定位误差分析计算

在机械加工中产生误差的因素可归纳为两类：一类与所用的夹具有关的误差，包括工件在夹具中的定位误差、夹紧误差、夹具在机床上的安装误差、夹具的几何误差及刀具调整误差；另一类是加工过程中的各种误差，如加工原理误差、工艺系统受力变形等。这些误差引起的被加工工件在加工尺寸方向上的误差总和，若在工件公差允许范围内，即为合格，用公式表示为：

$$\Delta_{总} = \Delta_{dw} + \Delta_{jq} + \varepsilon \leqslant T(K) \tag{7-3}$$

式中　$\Delta_{总}$——加工总误差；

Δ_{dw}——定位误差；

Δ_{jq}——除定位误差外，与夹具有关的其他误差；

ε——加工过程中的各种误差；

$T(K)$——工件公差。

在夹具设计时，一般取

$$\Delta_{dw} = \left(\frac{1}{3} \sim \frac{1}{5}\right) T(K) \tag{7-4}$$

1）定位误差产生的原因

工件用夹具定位时，一般是按调整法进行加工的。即刀具的位置相对于夹具上的定位元件调整好以后，用来加工一批工件。因为一批工件中，每个工件在尺寸、形状、表面状况及相互位置上均存在差异。因此就一批工件而言，六点定位以后，每个具体表面都有自己不同的位置变动量。把一批工件由于定位，工序基准在加工尺寸方向上的最大变动量定义为该加工尺寸的定位误差，用 Δ_{dw} 表示。

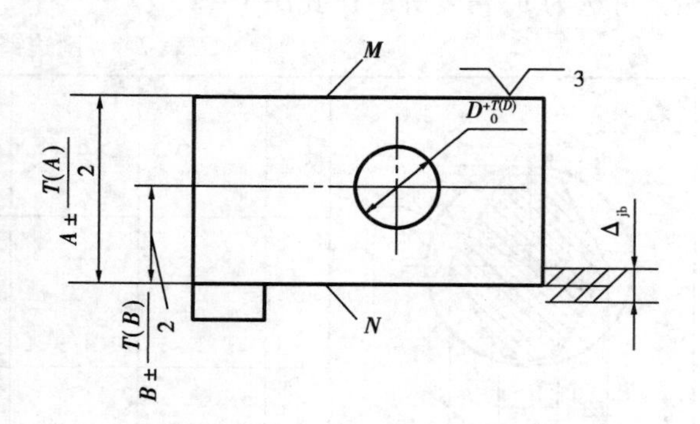

图 7-35　基准不重合误差

在某一工序中，根据定位基准选择原则，定位基准应与工序基准重合，但有时做不到，就产生基准不重合误差，如图 7-35 为车床床头箱主轴孔加工工序图，孔的工序基准为底面 N，但大批量生产时，以顶面 M 做定位基准镗孔，此时定位基准与工序基准不重合。以 M 面为定位基准镗孔时，一批工件工序基准 N 面相对于 M 面的最大变动量为 $\Delta_{jb} = [A + T(A)/2] - [A - T(A)/2] = T(A)$（即 A 的尺寸公差），即 B 的尺寸包含 $+T(A)/2$ 和 $-T(A)/2$ 的影响。

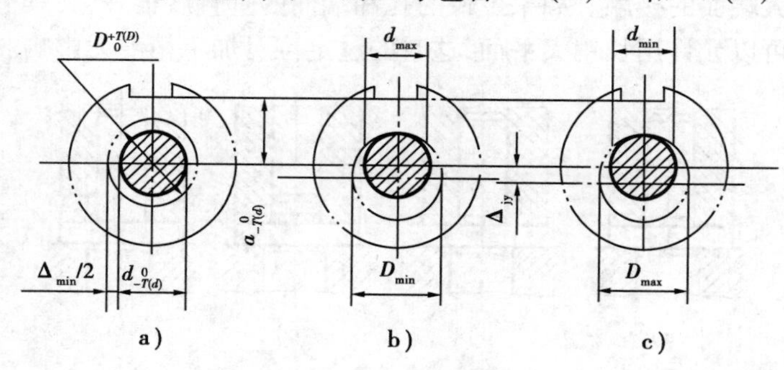

图 7-36　固定单边接触基准位移误差

A 为定位尺寸。定位尺寸就是工序基准到定位基准之间的尺寸，其公差就是基准不重合误差，用 Δ_{jb} 表示。当采用夹具加工工件时，由于工件定位基面和定位元件表面均有制造误差使定位基准位置变化，由此引起的定位基准相对位置的最大变动量称为这批工件的基准位移误差，用 Δ_{jy} 表示，而对一批工件来讲就产生了定位误差。如图 7-36 所示，加工键槽保证尺寸 a，孔中心线为工序基准，内孔表面是定位基面。从理论上讲，当内孔与心轴为无间隙配合时，内孔中心与心轴中心重合，因此可以看做以孔中心线作为定位基准。以后叙述中凡工件以圆柱表面作为定位基面时，都视为其以中心线作为定位基准。这样，此例中工序基准与定位基准重合（$\Delta_{jb}=0$）。但是孔和心轴都有制造误差，心轴水平放置定位时由于工件自重，使内孔和心轴外圆只能单边接触（圆孔孔壁与心轴上母线保持接触），孔和心轴中心线不重合，孔中心线下移。定位基准即孔中心线的两种极限位置如图7-36b)、c)所示。故定位基准在加工尺寸方向上的最大变化范围为：

$$\Delta_{jy}=\frac{D_{max}-d_{min}}{2}-\frac{D_{min}-d_{max}}{2}=\frac{T(D)}{2}+\frac{T(d)}{2} \tag{7-5}$$

式中 $T(D)$——工件孔的制造公差；

$T(d)$——定位心轴的制造公差。

定位误差为基准位移误差与基准不重合误差在加工尺寸方向上的矢量和。即

$$\Delta_{dw}=\Delta_{jb}+\Delta_{jy} \tag{7-6}$$

2)定位误差的分析计算

①工件以平面定位

工件以平面定位时可能产生的定位误差，主要是由基准不重合引起的。至于基准位移误差，在工件以单一平面定位时，只是表面的平面度误差。当以加工过的平面定位时，一般可不予考虑。至于毛坯表面，虽然影响较大，但由于以毛坯表面作粗基准一般不允许重复使用，以免影响定位精度。除非特殊情况，一般也不会产生问题。当工件以平面定位必须考虑基准位移误差时，可参阅有关资料。

基准不重合误差的计算是根据具体定位方案找出定位尺寸，定位尺寸的公差就是基准不重合误差。有时定位尺寸无法直接得到须用尺寸链原理来求解。如图7-37，按图a)所示定位方案铣工件上的台阶面 C，要求保证尺寸 (20 ± 0.15) mm。由工序简图知，加工尺寸 20 ± 0.15 的工序基准是 A 面，而图a)中定位基准是 B 面，可见定位基准与工序基准不重合，必然存在基准不重合误差。这时的定位尺寸是 40 ± 0.14，与加工尺寸方向一致，所以基准不重合误差的大小就是定位尺寸的公差，即 $\Delta_{jb}=0.28$ mm，而以 B 面定位加工 C 面时，不会产生基准位移误差，即 $\Delta_{jy}=0$。所以有

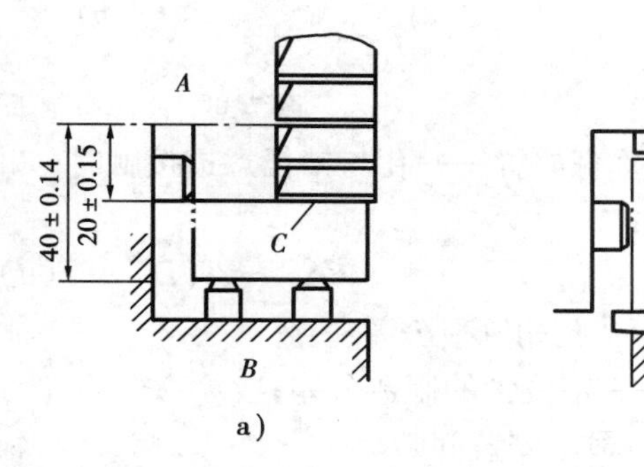

图7-37 铣台阶面的两种定位方案

$$\Delta_{dw}=\Delta_{jb}+\Delta_{jy}=\Delta_{jb}=0.28\ \text{mm}$$

而加工尺寸 (20 ± 0.15) mm 的公差为

$$T(K)=0.3\ \text{mm}$$

此时

$$\Delta_{dw}=0.28\ \text{mm}>\frac{1}{3}T(K)=\frac{1}{3}\times0.3\ \text{mm}=0.1\ \text{mm}$$

由上面分析计算可见，定位误差太大，而留给其他加工误差的允差值就太小了，只有0.02 mm。因此在实际加工中容易出现废品，这一方案在没有其他工艺措施的条件下不宜采

用。若改为图 b）所示定位方案，使工序基准与定位基准重合，则定位误差为零。但改为新的定位方案后，工件需从下向上夹紧，夹紧方案不够理想，且使夹具结构复杂。

②工件以圆孔定位

基准位移误差计算　工件以圆孔在过盈配合心轴上定位，因为是过盈配合，所以定位副间无径向间隙，定位基准的位移为零，即

$$\Delta_{jy} = 0$$

工件以圆孔在间隙配合心轴（或定位销）上定位时，根据心轴（或定位销）与定位孔接触情况不同，便有不同情形。

当定位销水平放置——孔与销固定单边放置时，竖直方向基准位移误差为式(7-5)。

对一批工件而言，为安装方便还应增加一最小保证间隙 Δ_{min}，由于 Δ_{min} 始终是不变的量，这个数值可以在调整刀具尺寸时预先加以考虑，则 Δ_{min} 的影响即可以消除。

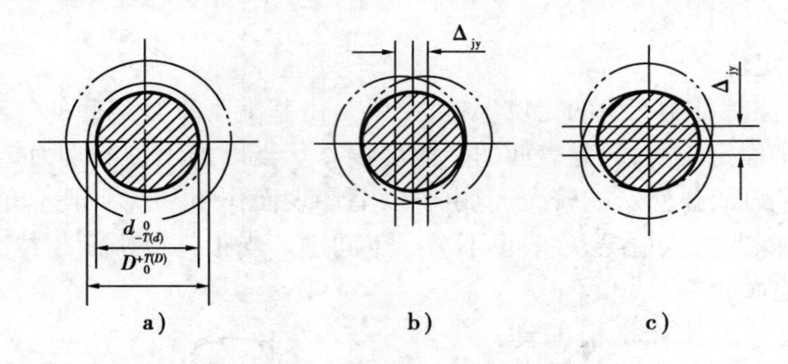

图 7-38　间隙心轴垂直放置

当定位销垂直放置——孔与销任意边接触时，如图 7-38 所示，对一批工件而言，其径向基准位移误差为：

$$\Delta_{jy} = T(D) + T(d) + \Delta_{min} \tag{7-7}$$

式中　$T(D)$——孔的制造公差；

$T(d)$——定位销的制造公差；

Δ_{min}——最小安装间隙。

③工件以外圆柱面定位

V 形块是一种对中定位元件，当 V 形块和工件外圆制造得非常精确时，这时外圆中心应在 V 形块理论中心位置上，即两中心重合而无基准位移误差。但实际上对于一批工件而言外圆直径是有偏差的，当外圆直径从 D_{max} 减小到 D_{min} 时，虽然工件外圆中心始终在 V 形块的对称中心平面内而不发生左右偏移，即 V 形块在垂直于对称平面的方向无基准位移误差，即 $\Delta_{jy}(x) = 0$，但是工件外圆中心在 V 形块的对称平面内发生上下偏移，即造成基准位移误差 $\Delta_{jy}(z)$，如图 7-39 所示。由图中可知：

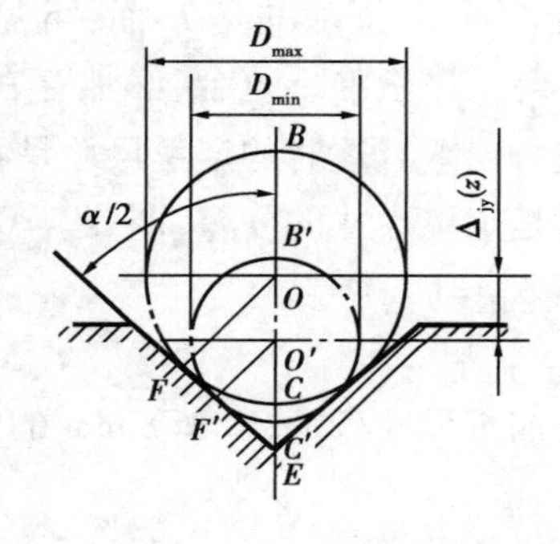

图 7-39　V 形块定位误差分析

$$OO' = OE - O'E = \frac{D_{max}}{2\sin\frac{\alpha}{2}} - \frac{D_{min}}{2\sin\frac{\alpha}{2}} = \frac{T(D)}{2\sin\frac{\alpha}{2}}$$

$$\Delta_{jy}(z) = OO'$$

$$\Delta_{jy}(z) = \frac{T(D)}{2\sin\frac{\alpha}{2}} \tag{7-8}$$

式中　$T(D)$——工件定位外圆的公差；

α——V 形块夹角。

式(7-8)给出了基准位移误差大小，当工序尺寸的标注方法不同时还可能产生基准不重合误差。如图 7-40 所示，铣一平面分别以中心线 $A(H_1)$、上母线 $B(H_2)$、下母线 $C(H_3)$ 为工序基准。其基准不重合误差分别为：

$$\Delta_{jb}(H_1) = 0$$

$$\Delta_{jb}(H_2) = \frac{T(D)}{2}$$

$$\Delta_{jb}(H_3) = \frac{T(D)}{2}$$

根据式(7-6)计算定位误差的大小分别为：

$$\Delta_{dw}(H_1) = \Delta_{jy}(z) + \Delta_{jb}(H_1) = \frac{T(D)}{2\sin\frac{\alpha}{2}} \tag{7-9}$$

$$\Delta_{dw}(H_2) = \Delta_{jy}(z) + \Delta_{jb}(H_2) = \frac{T(D)}{2}\left(\frac{1}{\sin\frac{\alpha}{2}} + 1\right) \tag{7-10}$$

$$\Delta_{dw}(H_3) = \Delta_{jy}(z) - \Delta_{jb}(H_3) = \frac{T(D)}{2}\left(\frac{1}{\sin\frac{\alpha}{2}} - 1\right) \tag{7-11}$$

由定位误差定义，$\Delta_{dw}(H_2)$、$\Delta_{dw}(H_3)$ 分别等于图 7-40 中 BB'、CC'，由几何关系也可推出上述公式。

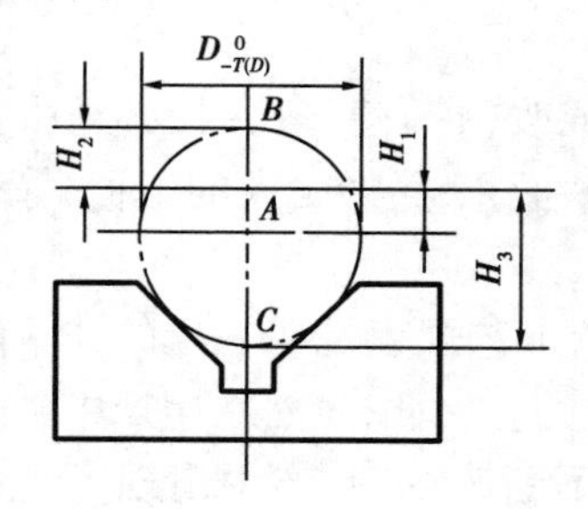

图 7-40　基准不重合误差计算

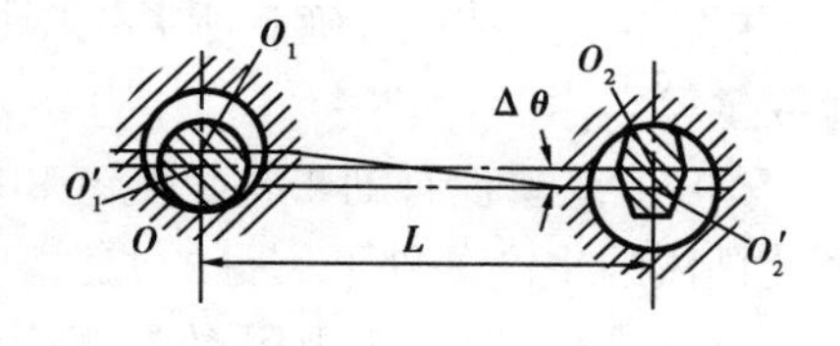

图 7-41　一圆柱销一菱形销定位时的转角误差 $\Delta\theta$

④工件以“一面两孔”组合定位

工件以“一面两孔”组合定位时，定位元件为一平面、一圆柱定位销，另一为菱形销，其基准位移误差表现在位移误差和转角误差两个方面。

基准位移误差由定位孔 1 和圆柱销 1 来决定，其计算与单孔定位时类似。在工件图示平面内的任何方向上的位移误差

$$\Delta_{jy1} = T(D_1) + T(d_1) + \Delta_1 \tag{7-12}$$

式中　$T(D_1)$——孔 1 的直径公差；

$T(d_1)$——圆柱销 1 的直径公差；

Δ_1——孔 1 与圆柱销 1 的最小配合间隙。

由图 7-41 中可求出工件上两定位孔中心连线的最大转角误差 $\Delta\theta$ 为

$$\Delta\theta = \arctan\frac{O_1O_1' + O_2O_2'}{L} = \arctan\frac{T(D_1) + T(d_1) + \Delta_1 + T(D_2) + T(d_2) + \Delta_2}{L} \tag{7-13}$$

式中　$T(D_1)$、$T(D_2)$——孔 1、孔 2 的直径公差；

$T(d_1)$、$T(d_2)$——定位销 1、定位销 2 的圆柱部分直径公差；

Δ_1、Δ_2——孔 1 与销 1、孔 2 与销 2 的圆柱部分最小配合间隙。

同理，工件还可能向另一个方向偏转 $\Delta\theta$，全部转角误差为 $\pm\Delta\theta$。

7.3　机械加工工艺规程的制订

7.3.1　机械加工工艺规程的作用

(1)工艺规程是指导生产的重要技术文件　工艺规程是在给定的生产条件下，在总结实际生产经验和科学分析的基础上，由多个加工工艺方案优选而制订的。因此，工艺规程是指导生产的重要技术文件，实际生产必须按照工艺规程规定的加工方法和加工顺序进行，只有这样才能实现优质、高产、低成本和安全生产。

(2)工艺规程是组织生产、安排管理工作的重要依据　在新产品投产前，首先要按工艺规程进行大量的有关生产的准备工作；计划和调度部门，要按工艺规程确定各个零件的投料时间和数量，调整设备负荷，供应动力能源，调配劳动力等等；各工作地点也要按工艺规程规定的工序、工步以及所用设备、工时定额等有节奏地进行生产。总之，制订定额、计算成本、生产计划、劳动工资、经济核算等企业管理工作都必须以工艺规程为依据，使各科室、车间、工段和工作地紧密配合，以保证均衡地完成生产任务。

(3)工艺规程是设计或改(扩)建工厂的主要依据　在设计或改(扩)建工厂时，必须根据工艺规程的有关规定，确定所需机床设备的品种、数量；车间布局、面积；生产工人的工种、等级和数量等。

(4)工艺规程有助于技术交流和推广先进经验　经济合理的工艺规程是在一定的技术水平及具体的生产条件下制订的，是相对的，是有时间、地点和条件的。因此，虽然在生产中必须遵守工艺规程，但工艺规程也要随着生产的发展和技术的进步不断改进，生产中出现了新问题，就要以新的工艺规程为依据组织生产。但是，在修改工艺规程时，必须采取慎重和稳妥的步骤，即在一定的时间内要保证既定的工艺规程具有一定的稳定性，要力求避免贸然行事，决不能轻率地修改工艺规程，以致影响生产的正常秩序。

7.3.2　制订工艺规程的原则、原始资料及步骤

(1)制订工艺规程的原则　制订工艺规程的原则是，在一定的生产条件下，应以最少的劳动量和最低的成本，在规定的期间内，可靠地加工出符合图样及技术要求的零件。在制订工艺规程时，应注意以下问题：

1）技术上的先进性　在制订工艺规程时，要了解当时国内国外本行业工艺技术的发展水平，通过必要的工艺试验，积极采用适用的先进工艺和工艺装备。

2）经济上的合理性　在一定的生产条件下，可能会出现几种能保证零件技术要求的工艺方案，此时应通过核算或相互对比，选择经济上最合理的方案，使产品的能源、原材料消耗和成本最低。

3）具有良好的劳动条件　在制订工艺规程时，要注意保证工人在操作时有良好而安全的劳动条件。因此在工艺方案上要注意采取机械化或自动化的措施，将工人从某些笨重繁杂的体力劳动中解放出来。

（2）制订工艺规程的原始资料　在制订工艺规程时，通常应具备下列原始资料：

1）产品的全套装配图和零件工作图。

2）产品验收的质量标准。

3）产品的生产纲领（年产量）。

4）毛坯资料。毛坯资料包括各种毛坯制造方法的技术经济特征；各种钢材型料的品种和规格；毛坯图等。在无毛坯图的情况下，需实地了解毛坯的形状、尺寸及机械性能等。

5）现场的生产条件。为了使制订的工艺规程切实可行，一定要考虑现场的生产条件。因此要深入生产实际，了解毛坯的生产能力及技术水平；加工设备和工艺装备的规格及性能；工人的技术水平以及专用设备及工艺装备的制造能力等。

6）国内外工艺技术的发展情况。工艺规程的制订，既应符合生产实际，又不能墨守成规，要随着生产的发展，不断地革新和完善现行工艺，以便在生产中取得最大的经济效益。

7）有关的工艺手册及图册。

（3）制订工艺规程的步骤　制订零件机械加工工艺规程的主要步骤大致如下：

1）计算年生产纲领，确定生产类型。

2）零件的工艺分析　为了保证产品设计结构的合理性，制造工艺的可行性与经济性，在制订工艺规程时，必须对零件进行工艺分析。零件的工艺分析包括下面几个内容：

①分析和审查零件图纸　通过分析产品零件图及有关的装配图，了解零件在机械中的功用，在此基础上进一步审查图纸的完整性和正确性。例如，图纸是否符合有关标准，是否有足够的视图，尺寸、公差和技术要求的标注是否齐全等。若有遗漏或错误，应及时提出修改意见，并与有关设计人员协商，按一定手续进行修改或补充。

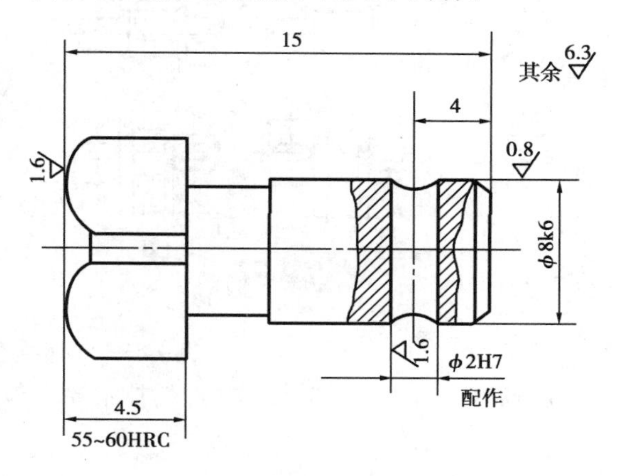

图 7-42　方销

②审查零件材料的选择是否恰当　零件材料的选择应立足于国内，尽量采用我国资源丰富的材料，不能随便采用贵重金属。此外，如果材料选得不合理，可能会使整个工艺过程的安排发生问题。例如图 7-42所示的方销，方头部分要求淬硬到 55 ~ 60HRC，零件上有一个 ϕ2H7 的孔，装配时和另一个零件配作，不能预先加工好。若选用的材料为 T8A（优质碳素工具钢），因零件很短，总长只

有 15 mm，方头淬火时，势必全部被淬硬，以致 ϕ2H7 不能加工。若改用 20Cr，局部渗碳，在 ϕ2H7处镀铜保护，淬火后不影响孔的配作加工，这样就比较合理了。

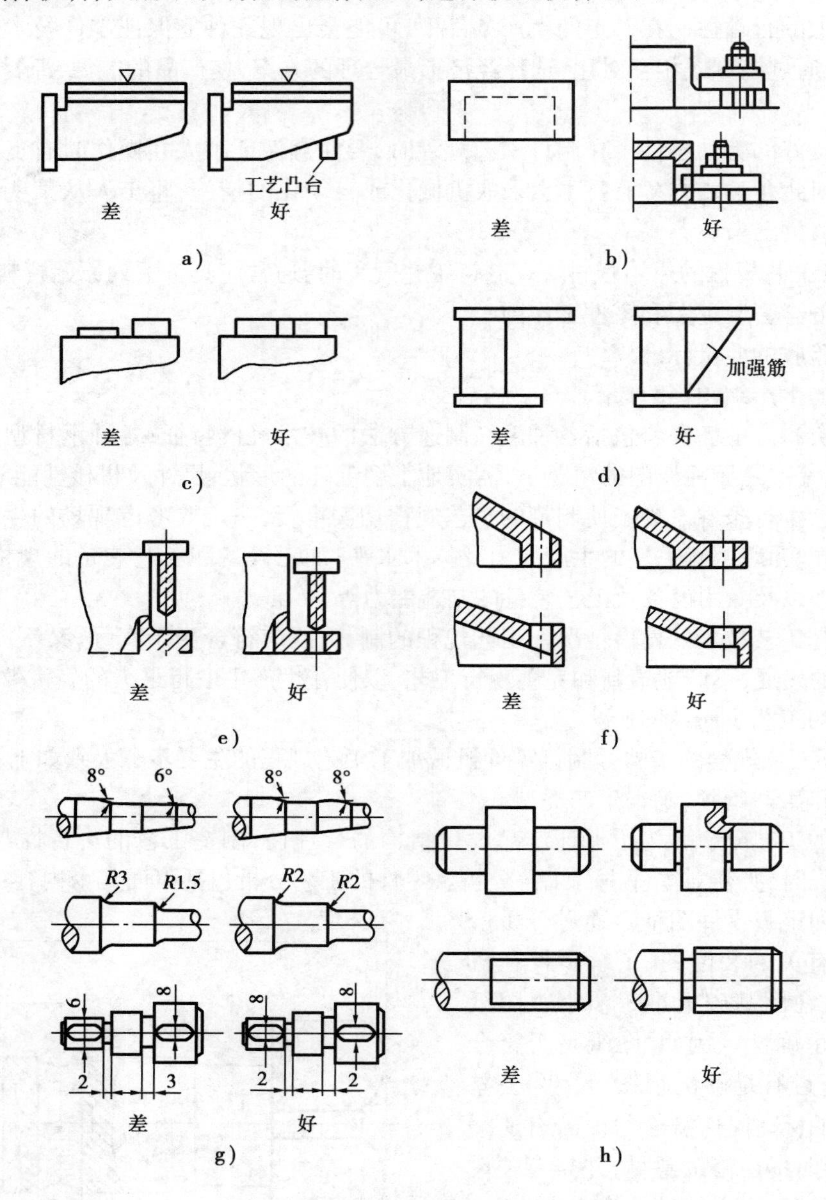

图 7-43　零件结构工艺性示例

③分析零件的技术要求　零件的技术要求包括下列几个方面：

a. 加工表面的尺寸精度；

b. 加工表面的几何形状精度；

c. 各加工表面之间的相互位置精度；

d. 加工表面粗糙度以及表面质量方面的其他要求；

e. 热处理要求及其他要求。

通过分析，了解这些技术要求的作用，并进一步分析这些技术要求是否合理，在现有生产条件下能否达到，以便采取相应的措施。

④审查零件的结构工艺性

零件的结构工艺性是指零件的结构在保证使用要求的前提下，是否能以较高的生产率和最低的成本方便地制造出来的特性。使用性能完全相同而结构不同的两个零件，它们的制造方法和制造成本可能有很大的差别。

结构工艺性涉及的方面较多，包括毛坯制造的工艺性（如铸造工艺性、锻造工艺性和焊接工艺性等）、机械加工的工艺性、热处理工艺性、装配工艺性和维修工艺性等等。下面着重介绍机械加工中的零件结构工艺性问题。

a. 零件的结构应便于安装　安装基面应保证安装方便，定位可靠，必要时可增加工艺凸台，如图 7-43a）所示。工艺凸台可在精加工后切除。零件结构上应有可靠的夹紧部位，必要时可增加凸缘或孔，使安装时夹紧方便可靠，如图 7-43b）所示。

b. 被加工面应尽量处于同一平面上　以便于用高生产率的方法（如端铣、平面磨等）一次加工出来，如图 7-43c）所示。同时被加工面应与不加工面清楚地分开。

c. 被加工面的结构刚性要好　必要时可增加加强筋，这样可以减少加工中的变形，保证加工精度，如图 7-43d）所示。

d. 孔的位置应便于刀具接近加工表面　如图 7-43e）所示。孔口的入端和出端应与孔的轴线垂直，以防止钻头的引偏和折断，提高钻孔精度，如图 7-43f）所示。

e. 台阶轴的圆角半径、沉割槽和键槽的宽度以及圆锥面的锥度应尽量统一　以便于用同一把刀具进行加工，减少换刀与调整的时间，如图 7-43g）所示。

f. 磨削、车削螺纹都需要设置退刀槽　以保证加工质量和改善装配质量，如图 7-43h）所示。

g. 应尽量减少加工面的面积和避免深孔加工，以保证加工精度和提高生产率。

3）毛坯的选择　毛坯是根据零件（或产品）所要求的形状、工艺尺寸等而制成的供进一步加工用的生产对象。毛坯种类、形状、尺寸及精度对机械加工工艺过程、产品质量、材料消耗和生产成本有着直接影响。在已知零件工作图及生产纲领之后，即需进行如下工作：

①确定毛坯种类　机械产品及零件常用毛坯种类有铸件、锻件、焊接件、冲压件以及粉末冶金件和工程塑料件等。根据要求的零件材料、零件对材料组织和性能的要求、零件结构及外形尺寸、零件生产纲领及现有生产条件，可参考表 7-5 确定毛坯的种类。

②确定毛坯的形状　从减少机械加工工作量和节约金属材料出发，毛坯应尽可能接近零件形状。最终确定的毛坯形状除取决于零件形状、各加工表面总余量和毛坯种类外，还要考虑：

a. 是否需要制出工艺凸台以利于工件的装夹，见图 7-44a）；

b. 是一个零件制成一个毛坯还是多个零件合制成一个毛坯，见图 7-44b）、c）；

c. 哪些表面不要求制出（如孔、槽、凹坑等）；

d. 铸件分型面、拔模斜度及铸造圆角；锻件敷料、分模面、模锻斜度及圆角半径等。

③绘制毛坯-零件综合图　以反映出确定的毛坯的结构特征及各项技术条件。

4）拟订工艺路线　拟订工艺路线即订出由粗到精的全部加工过程，包括选择定位基准及各表面的加工方法、安排加工顺序等，还包括确定工序分散与集中的程度、安排热处理以及检验等辅助工序。这是关键性的一步，要多提出几个方案进行分析比较。

表 7-5 机械制造业常用毛坯种类及其特点

<table>
<tr><th>毛坯种类</th><th>毛坯制造方法</th><th>材料</th><th>形状复杂性</th><th>公差等级（IT）</th><th colspan="2">特点及适应的生产类型</th></tr>
<tr><td rowspan="2">型材</td><td>热轧</td><td rowspan="2">钢、有色金属（棒、管、板、异形等）</td><td rowspan="2">简单</td><td>11~12</td><td colspan="2" rowspan="2">常用作轴、套类零件及焊接毛坯分件，冷轧坯尺寸、精度高但价格昂贵，多用于自动机</td></tr>
<tr><td>冷轧（拉）</td><td>9~10</td></tr>
<tr><td rowspan="7">铸件</td><td>木模手工造型</td><td rowspan="3">铸铁、铸钢和有色金属</td><td rowspan="3">复杂</td><td>12~14</td><td>单件小批生产</td><td rowspan="7">铸造毛坯可获得复杂形状，其中灰铸铁因其成本低廉，耐磨性和吸振性好而广泛用作机架、箱体类零件毛坯</td></tr>
<tr><td>木模机器造型</td><td>~12</td><td>成批生产</td></tr>
<tr><td>金属模机器造型</td><td>~12</td><td>大批大量生产</td></tr>
<tr><td>离心铸造</td><td>有色金属、部分黑色金属</td><td>回转体</td><td>12~14</td><td>成批或大批大量生产</td></tr>
<tr><td>压铸</td><td>有色金属</td><td>可复杂</td><td>9~10</td><td>大批大量生产</td></tr>
<tr><td>熔模铸造</td><td>铸钢、铸铁</td><td rowspan="2">复杂</td><td>10~11</td><td>成批或大批大量生产</td></tr>
<tr><td>失腊铸造</td><td>铸铁、有色金属</td><td>9~10</td><td>大批大量生产</td></tr>
<tr><td rowspan="3">锻件</td><td>自由锻造</td><td rowspan="3">钢</td><td>简单</td><td>12~14</td><td>单件小批生产</td><td rowspan="3">金相组织纤维化且走向合理，零件机械强度高</td></tr>
<tr><td>模锻</td><td rowspan="2">较复杂</td><td>11~12</td><td rowspan="2">大批大量生产</td></tr>
<tr><td>精密模锻</td><td>10~11</td></tr>
<tr><td>冲压件</td><td>板料加压</td><td>钢、有色金属</td><td>较复杂</td><td>8~9</td><td colspan="2">适用于大批大量生产</td></tr>
<tr><td rowspan="2">粉末冶金件</td><td>粉末冶金</td><td rowspan="2">铁、铜、铝基材料</td><td rowspan="2">较复杂</td><td>7~8</td><td colspan="2" rowspan="2">机械加工余量极小或无机械加工余量，适用于大批大量生产</td></tr>
<tr><td>粉末冶金热模锻</td><td>6~7</td></tr>
<tr><td rowspan="2">焊接件</td><td>普通焊接</td><td rowspan="2">铁、铜、铝基材料</td><td rowspan="2">较复杂</td><td>12~13</td><td colspan="2" rowspan="2">用于单件小批或成批生产，因其生产周期短、不需准备模具、刚性好及材料省而常用以代替铸件</td></tr>
<tr><td>精密焊接</td><td>10~11</td></tr>
<tr><td>工程塑料件</td><td>注射成型
吹塑成型
精密模压</td><td>工程塑料</td><td>复杂</td><td>9~10</td><td colspan="2">适用于大批大量生产</td></tr>
</table>

5）确定各工序的加工余量、计算工序尺寸及公差。

6）确定各工序的设备、夹具、刀具、量具和辅助工具

①设备的选择　选择机床时主要是决定机床的种类和型号。

选择机床的一般原则是：单件小批生产选用通用机床；大批大量生产可广泛采用专用机床、组合机床和自动机床。

选择机床时，一方面考虑经济性，另一方面考虑下列问题：

a. 机床规格要与零件外形尺寸相适应；

b. 机床的精度要与工序要求的精度相适应；

c. 机床的生产率要与生产类型相适应；

d. 机床主轴转速范围、走刀量及动力等应符合切削用量的要求；

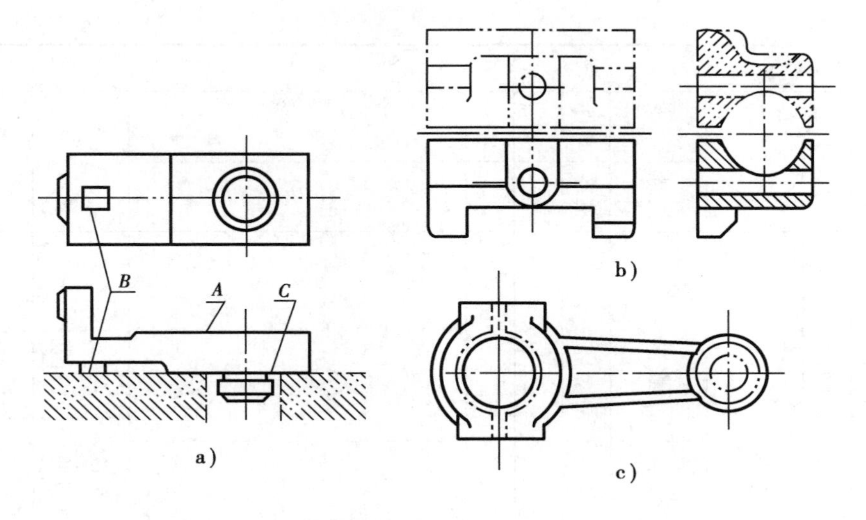

图 7-44　毛坯的形状

e. 机床的选用要与现有设备相适应。

如果需要改装或设计专用机床，则应提出任务说明书，阐明与加工工序内容有关的参数、生产率要求，保证产品质量的技术条件以及机床的总体布局形式等。

②夹具的选择　在设计工艺规程时，设计者要对采用的夹具有初步的考虑和选择。在工序图上应表示出定位、夹紧方式以及同时加工的件数等，要反映出所选用的夹具是通用夹具还是专用夹具。

③刀具的选择　在选择刀具时，应考虑工序的种类、生产率、工件材料、加工精度以及采用机床的性能等。应尽可能采用标准的刀具。特殊刀具如成形车刀、非标准钻头等，应专门设计和制造。

④量具的选择　在选用量具时，要考虑生产类型。在单件小批量生产中应尽量选用标准的通用量具；在大批大量生产中，一般根据所检验的尺寸，设计专用量具。如卡规、塞规以及自制专用检验夹具。

⑤辅具的选择　辅具也分为标准和非标准两种。选择原则是首先考虑标准的，其次是非标准的。

7）确定切削用量和工时定额。

8）确定各主要工序的技术要求及检验方法。

9）填写工艺文件　将工艺规程的内容，填入一定格式的卡片，即成为生产准备和施工依据的工艺文件。工艺文件主要有工艺过程卡片和工序卡片两种基本形式，其格式按 JB/Z187.3—82 规定，见表 7-6 和表 7-7。表 7-6 所示机械加工工艺过程卡片是以工序为单位简要说明零件机械加工的一种文件，一般适用于单件小批生产。在大批大量生产中，工艺过程卡片可作为工序卡片的汇总表供生产调度人员安排生产使用。表 7-7 所示机械加工工序卡片是在工艺过程卡片的基础上，按每道工序所编制的一种工艺文件。工序卡片一般都有工序简图，并详细说明该工序每个工步的加工内容、工艺参数、操作要求及所使用的设备和工艺装备等。工序卡片主要用于大批大量生产中的机械加工各道工序和单件小批生产中的机械加工关键工序。

表 7-6 机械加工工艺过程卡片

文件编号：

（厂 名）	机械加工工艺过程卡片	产品型号		零件图号		共 页
		产品名称		零件名称		第 页

材料牌号		毛坯种类		毛坯外形尺寸		每毛坯件数		每台件数		备注	

	工序号	工序名称	工序内容	车间	工段	设备	工艺装备	工时	
								准终	单件
描图									
描校									
底图号									
装订号									

标记	处数	更改文件号	签字	日期	标记	处数	更改文件号	签字	日期	编制（日期）	审核（日期）	会签（日期）		

表 7-7　机械加工工序卡片

文件编号：

（厂　　名）	机械加工工序卡片	产品型号		零件图号		共　　页
		产品名称		零件名称		第　　页

车　　间	工 序 号	工序名称	材料名称
毛坯种类	毛坯外形尺寸	毛坯件数	每台件数
设备名称	设备型号	设备编号	同时加工件数

夹具编号	夹具名称	冷却液	
		工序工时	
		准终	单件

	工序号	工　步　内　容	工　艺　装　备	主轴转速/（r·min^{-1}）	切削速度/（m·min^{-1}）	走刀量/（mm·r^{-1}）	吃刀深度/mm	走刀次数	工时定额 机动	工时定额 辅助
描图										
描　校										
底图号										
装订号										

										编制（日期）	审核（日期）	会签（日期）		
标记	处数	更改文件号	签字	日期	标记	处数	更改文件号	签字	日期					

7.4 制订工艺规程要解决的几个主要问题

7.4.1 定位基准的选择

合理地选择定位基准,对于保证加工精度和确定加工顺序都有决定性的影响。在最初的一道工序中,只能用毛坯上未经加工的表面作为定位基准,这种定位基准称为粗基准。经过加工的表面所组成的定位基准称为精基准。

(1)粗基准的选择　选择粗基准时一般应注意以下几点:

1)选择不加工表面作粗基准,可以保证加工面与不加工面之间的相互位置精度。例如图7-45a)所示零件,可以选外圆柱面 D 和左端面定位。这样可以保证内外圆同轴(壁厚均匀)和尺寸 L。

2)若工件必须保证某个重要表面加工余量均匀,则应选择该表面作为粗基准。例如,车床床身的导轨面是重要表面,要求硬度高而均匀,希望加工时只切去一小层均匀的余量,使其表面保留均匀的金相组织,具有较高而一致的物理机械性能,以增加导轨的耐磨性。故应先以导轨面作粗基准加工床腿底平面,然后以底平面作精基准加工导轨面,如图7-45b)所示。

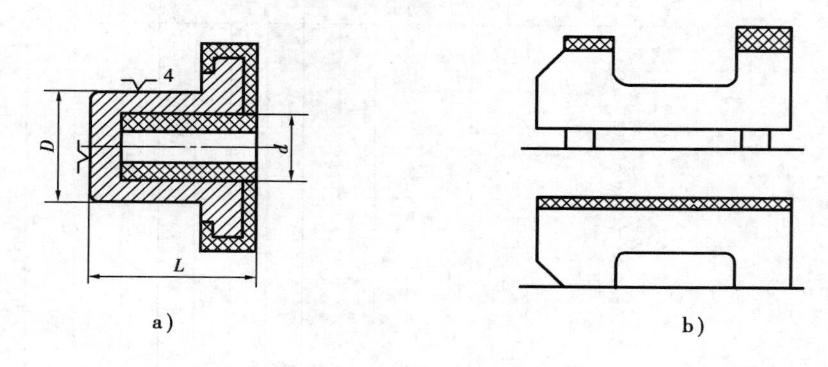

图7-45　粗基准的选择

3)选作粗基准的表面应尽可能平整光洁,无飞边、毛刺等缺陷,使定位准确、夹紧可靠。

4)粗基准原则上只能用一次。因粗基准本身都是未经加工的表面,精度低,粗糙度数值大,在不同工序中重复使用同一方向的粗基准,则不能保证被加工表面之间的位置精度。

(2)精基准的选择　精基准的选择应有利于保证加工精度,并使工件装夹方便。具体选择时可参考下列一些原则:

1)基准重合原则　即尽量选设计基准作为定位基准,以避免基准不重合误差。如图7-46所示零件,设计尺寸 l_1、l_2。若以 B 面定位(同时还要以底面定位)铣 C 面,这时定位基准与设计基准重合,可直接保证设计尺寸 l_1。若以 A 面定位(同样还要以底面定位)铣 C 面,则定位基准与设计基准不重合,这时只能直接保证尺寸 l,而设计尺寸 l_1 是通过 l_2 和 l 来间接保证的。l_1 的精度取决于 l_2 和 l 的精度。尺寸 l_2 的误差即为定位基准 A 与设计基准 B 不重合而产生的误差,称为基准不重合误差,它将影响尺寸 l_1 的加工精度。

2)基准统一原则　即在尽可能多的工序中选用相同的精基准定位。这样便于保证不同工序中所加工的各表面之间的相互位置精度,并能简化夹具的设计与制造工作。如轴类零件常用两个顶尖孔作为统一精基准,箱体类零件常用一面两孔作为统一精基准。

3）互为基准原则　即互为基准，反复加工。如精密齿轮高频淬火后，齿面的淬硬层较薄，可先以齿面为精基准磨内孔，再以内孔为精基准磨齿面，这样可以保证齿面切去小而均匀的余量。

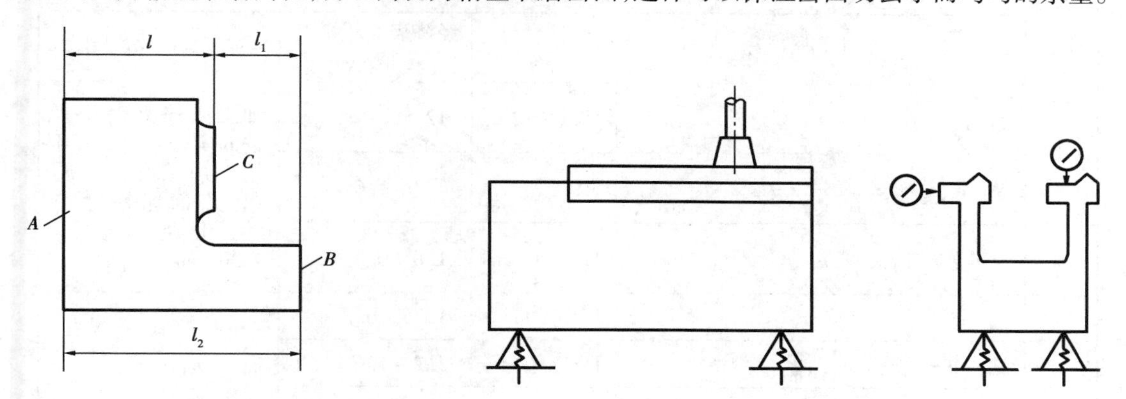

图 7-46　基准重合举例

图 7-47　自为基准举例

4）自为基准原则　某些精加工或光整加工工序中要求余量小而均匀，可选择加工表面本身作为精基准。例如，磨削床身导轨面时可先用百分表找正导轨面，然后进行磨削，可以获得小而均匀的余量，如图 7-47 所示。这时导轨面就是定位基准面。

此外，还要求所选精基准能保证工件定位准确可靠，装夹方便，夹具结构简单。

上述定位基准的选择原则常常不能全都满足，甚至会互相矛盾，如基准统一，有时就不能基准重合，故不应生搬硬套，必须结合具体情况，灵活应用。

7.4.2　表面加工方法的选择

选择表面加工方法时，一般先根据表面的精度和粗糙度要求选定最终加工方法，然后再确定精加工前准备工序的加工方法，确定加工方案。由于获得同一精度和表面粗糙度的加工方法往往有多种，选择时还要考虑生产率要求和经济效益，考虑零件的结构形状、尺寸大小、材料和热处理要求以及工厂的生产条件等。表 7-8、表 7-9、表 7-10 分别列出了外圆、内孔和平面的加工方案，可供选择时参考。

表 7-8　外圆表面加工方案

序号	加　工　方　案	经济精度等级	经济表面粗糙度 R_a 值/μm	适　用　范　围
1	粗车	IT11 以下	50 ~ 12.5	适用于淬火钢以外的各种金属
2	粗车—半精车	IT8 ~ 10	6.3 ~ 3.2	
3	粗车—半精车—精车	IT7 ~ 8	1.6 ~ 0.8	
4	粗车—半精车—精车—滚压(或抛光)	IT7 ~ 8	0.2 ~ 0.025	
5	粗车—半精车—磨削	IT7 ~ 8	0.8 ~ 0.4	主要用于淬火钢，也可用于未淬火钢，但不宜加工有色金属
6	粗车—半精车—粗磨—精磨	IT6 ~ 7	0.4 ~ 0.1	
7	粗车—半精车—粗磨—精磨—超精加工(或轮式超精磨)	IT5	0.1 ~ R_z0.1	
8	粗车—半精车—精车—金刚石车	IT6 ~ 7	0.4 ~ 0.025	主要用于要求较高的有色金属加工
9	粗车—半精车—粗磨—精磨—超精磨或镜面磨	IT5 以上	0.025 ~ R_z0.05	极高精度的外圆加工
10	粗车—半精车—粗磨—精磨—研磨	IT5 以上	0.1 ~ R_z0.05	

表 7-9　孔加工方案

序号	加　工　方　案	经济精度等级	经济表面粗糙度 R_a 值/μm	适　用　范　围
1	钻	IT11 ~ 12	12.5	加工未淬火钢及铸铁的实心毛坯，也可用于加工有色金属（但表面粗糙度稍大，孔径小于 15 ~ 20 mm）
2	钻—铰	IT9	3.2 ~ 1.6	
3	钻—铰—精铰	IT7 ~ 8	1.6 ~ 0.8	
4	钻—扩	IT10 ~ 11	12.5 ~ 6.3	同上，但孔径大于 15 ~ 20 mm
5	钻—扩—铰	IT8 ~ 97	3.2 ~ 1.6	
6	钻—扩—粗铰—精铰	IT7	1.6 ~ 0.8	
7	钻—扩—机铰—手铰	IT6 ~ 7	0.4 ~ 0.1	
8	钻—扩—拉	IT7 ~ 9	1.6 ~ 0.1	大批大量生产（精度由拉刀的精度而定）
9	粗镗（或扩孔）	IT11 ~ 12	12.5 ~ 6.3	除淬火钢以外各种材料，毛坯有铸出孔或锻出孔
10	粗镗（粗扩）—精镗（精扩）	IT8 ~ 9	3.2 ~ 1.6	
11	粗镗（扩）—半精镗（精扩）—精镗（铰）	IT7 ~ 8	1.6 ~ 0.8	
12	粗镗（扩）—半粗镗（精扩）—精镗—浮动镗刀精镗	IT6 ~ 7	0.8 ~ 0.4	
13	粗镗（扩）—半精镗—磨孔	IT7 ~ 8	0.8 ~ 0.2	主要用于淬火钢也可用于未淬火钢，但不宜用于有色金属
14	粗镗（扩）—半精镗—粗磨—精磨	IT6 ~ 7	0.2 ~ 0.1	
15	粗镗—半精镗—精镗—金刚镗	IT6 ~ 7	0.4 ~ 0.05	主要用于精度要求高的有色金属加工
16	钻—（扩）—粗铰—精铰—珩磨；钻—（扩）—拉—珩磨；粗镗—半精镗—精镗—珩磨	IT6 ~ 7	0.2 ~ 0.025	精度要求很高的孔
17	以研磨代替上述方案中的珩磨	IT6 以上		

需要注意的是，任何一种加工方法，可以获得的精度和表面粗糙度值均有一个较大的范围，例如，精细地操作，选择低的切削用量，获得的精度较高。但是，又会降低生产率，提高成本。反之，如增加切削用量提高了生产率，虽然成本降低了，但精度也较低。所以，只有在一定的精度范围内才是经济的，这一定范围的精度就是指在正常加工条件下（即不采用特别的工艺方法，不延长加工时间）所能达到的精度，这种精度称为经济精度。相应的表面粗糙度称为经济表面粗糙度。

表 7-10　平面加工方案

序号	加工方案	经济精度等级	经济表面粗糙度 R_a 值/μm	适用范围
1	粗车—半精车	IT9	6.3～3.2	端面
2	粗车—半精车—精车	IT7～8	1.6～0.8	
3	粗车—半精车—磨削	IT8～9	0.8～0.2	
4	粗刨(或粗铣)—精刨(或精铣)	IT8～9	6.3～1.6	一般不淬硬平面(端铣表面粗糙度较小)
5	粗刨(或粗铣)—精刨(或精铣)—刮研	IT6～7	0.8～0.1	精度要求较高的不淬硬平面;批量较大时宜采用宽刀精刨方案
6	以宽刀刨削代替上述方案刮研	IT7	0.8～0.2	
7	粗刨(或粗铣)—精刨(或精铣)—磨削	IT7	0.8～0.2	精度要求高的淬硬平面或不淬硬平面
8	粗刨(或粗铣)—精刨(或精铣)—粗磨—精磨	IT6～7	0.4～0.02	
9	粗铣—拉	IT7～9	0.8～0.2	大量生产,较小的平面(精度视拉刀精度而定)
10	粗铣—精铣—磨削—研磨	IT6 级以上	0.1～R_z0.05	高精度平面

7.4.3　加工阶段的划分

零件的加工,总是先粗加工后精加工,要求较高时还需光整加工。所谓划分加工阶段,就是把整个工艺过程划分成几个阶段,做到粗精加工分开进行。粗加工的目的主要是切去大部分加工余量,精加工的目的主要是保证被加工零件达到规定的质量要求。加工质量要求较高的零件,应尽量将粗、精加工分开进行。

划分加工阶段有下列好处:

首先,有利于保证加工质量。因为粗加工时,切去的余量较大,工件的变形也较大。粗精加工分开进行,还可避免粗加工对已精加工表面的影响。

其次,可以合理地使用设备。粗加工可安排在功率大、精度不高的机床上进行,精加工则可安排在精加工机床上进行,由于切削力小,有利于保持机床精度。

此外,粗精加工分开后,还便于安排热处理、检验等工序。在粗加工时及早发现毛坯缺陷,及时修补或报废,避免继续加工而增加损失。

在拟订工艺路线时,一般应把工艺过程划分成几个阶段进行,尤其是精度要求高、刚性差的零件。但对于批量较小,精度要求不高,刚性较好的零件,可不必划分加工阶段。对刚性好的重型零件,因装夹、吊运费时,往往也不划分加工阶段,而在一次安装下完成各表面的粗、精加工。

7.4.4 工序的集中与分散

工序集中与工序分散是拟订工艺路线的两个不同原则。

工序集中就是零件的加工集中在少数几道工序（甚至一道工序）内完成，而每一工序的加工内容比较多。工序分散则相反，整个工艺过程工序数目多，工艺路线长，而每道工序所包含的加工内容很少。

工序集中时，可减少工件的装夹次数，从而缩短了装卸工件的辅助时间，由于一次安装加工较多的表面，这些表面之间的相互位置精度易于保证；工序集中能减少机床数量，相应地减少了操作工人，节省了车间面积；工序集中还便于采用高生产率的设备与工装，可大大提高劳动生产率。

工序分散时，机床与工装比较简单，便于调整，容易适应产品的变换；可以采用最合理的切削用量，减少机动时间；还有利于加工阶段的划分。

工序的集中与分散各有其特点，必须根据生产规模、零件的结构特点和加工要求、机床设备等具体生产条件来综合分析，确定合适的工序集中或分散程度。

在大批大量生产中，广泛采用高效率机床使工序集中。目前机械加工的发展方向趋向于工序集中，广泛采用各种多刀、多轴机床、数控机床、加工中心等进行加工。但对于某些表面不便于集中加工的零件，如连杆、活塞，各个工序广泛采用效率高而结构简单的专用机床和夹具，易于保证加工质量，同时也便于按节拍组织流水线生产，故可按工序分散的原则制订其工艺过程。

在单件小批生产时，常采用单刀顺序切削，使工序集中。这样不仅可以减少安装次数，缩短辅助时间，还便于保证各加工表面之间的相互位置精度。

7.4.5 加工顺序的安排

(1)切削加工顺序的安排原则

总的原则是前面工序为后续工序创造条件，作为基准准备。具体原则有：

1)先粗后精　零件的加工一般应划分加工阶段，先进行粗加工，然后半精加工，最后是精加工和光整加工，应将粗、精加工分开进行。

2)先主后次　先安排主要表面的加工，后进行次要表面的加工。因为主要表面加工容易出废品，应放在前阶段进行，以减少工时浪费，次要表面的加工一般安排在主要表面的半精加工之后，精加工之前进行。

3)先面后孔　先加工平面，后加工内孔。因为平面一般面积较大，轮廓平整，先加工好平面，便于加工孔时定位安装，利于保证孔与平面的位置精度，同时，也给孔加工带来方便。

4)基准先行　用作精基准的表面，要首先加工出来。所以，第一道工序一般是进行定位面的粗加工和半精加工（有时包括精加工），然后再以精基面定位加工其他表面。

(2)热处理工序的安排

1)预备热处理

正火、退火　目的是消除内应力、改善切削性能以及为最终热处理作准备。一般安排在粗加工之前。

时效处理　以消除内应力、减少工件变形为目的。一般安排在粗加工之前后，对于精密零件,要进行多次时效处理。

调质　对零件淬火后再高温回火,能消除内应力、改善切削性能并能获得较好的综合机械性能。对一些性能要求不高的零件,调质也常作为最终热处理。

2)最终热处理　常用的有:淬火、渗碳淬火、渗氮等。它们的主要目的是提高零件的硬度和耐磨性,常安排在精加工(磨削)之前进行,其中渗氮由于热处理温度较低,零件变形很小,也可以安排在精加工之后。

(3)辅助工序的安排

检验工序是主要的辅助工序,除每道工序由操作者自行检验外,在粗加工之后,精加工之前;零件转换车间时以及重要工序之后和全部加工完毕,进库之前,一般都要安排检验工序。

除检验外,其他辅助工序有:表面强化和去毛刺、倒棱、清洗、去磁、防锈等均不要遗漏,要同等重视。

7.4.6　确定各工序的加工余量,计算工序尺寸和公差

(1)基本概念

在切削加工过程中,为了使零件得到所要求的形状、尺寸和表面质量,必须从毛坯表面上切除的金属层厚度称为机械加工余量。其中分为总加工余量和工序余量两种。

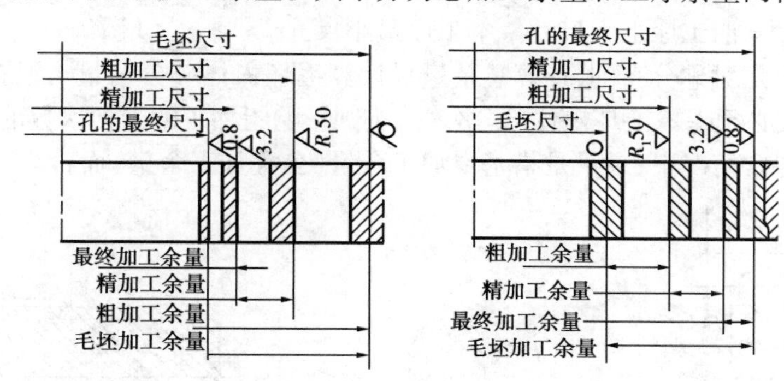

图 7-48　加工余量和加工尺寸分布图

1)总加工余量 Z:从毛坯表面切去全部多余的金属层厚度,此金属层厚度即为加工总余量,如图 7-48 所示。

2)工序余量:完成某一工序所切除的金属层厚度。即工件在某一工序前后尺寸之差。

对外表面:$Z_b = a - b$[图 7-49a)]

对内表面:$Z_b = b - a$[图 7-49b)]

式中　Z_b——工序余量;

a——上工序所得到的工序尺寸;

b——本工序所得到的工序尺寸。

图 7-49a)、b)的加工余量为非对称的单边余量,图 c)、d)回转体表面(外圆和

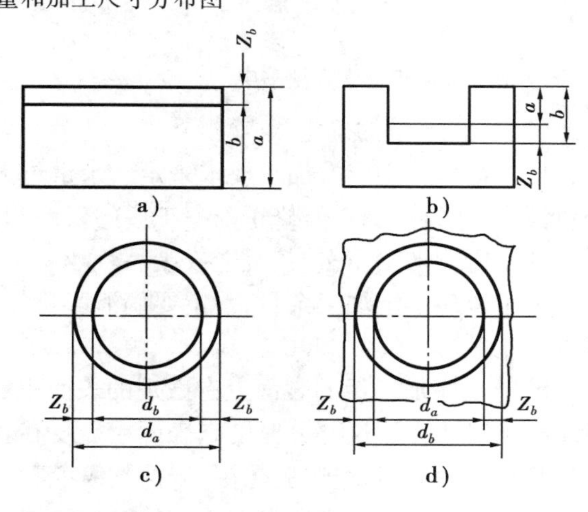

图 7-49　加工余量

孔)上的加工余量为对称的双边余量。

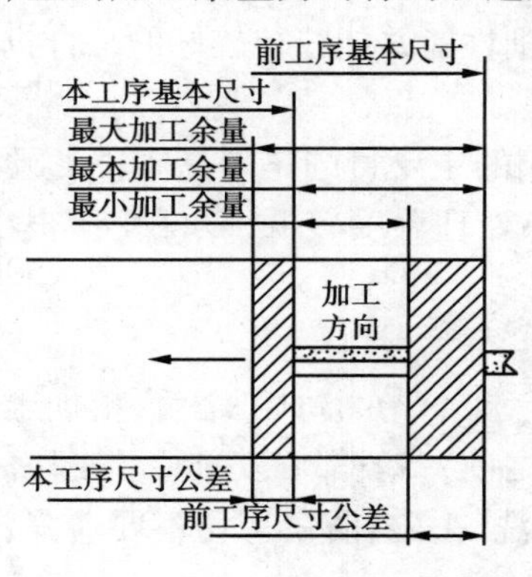

图 7-50　加工余量及其公差

对于轴:$2Z_b = d_a - d_b$[图 7-49c)]

对于孔:$2Z_b = d_b - d_a$[图 7-49d)]

式中　$2Z_b$——直径上的加工余量;

d_a——上工序的加工表面直径;

d_b——本工序的加工表面直径。

无论是总加工余量还是工序余量,都必须规定一定的公差。总余量公差通常是对称分布的。工序尺寸公差除了孔与孔(或平面)之间的距离尺寸应按对称偏差标注以外,一般规定按"入体原则"标注。对外表面,工序基本尺寸就是最大极限尺寸。对内表面,工序基本尺寸就是最小极限尺寸。在加工中由于工序尺寸有公差,故实际切去的余量是变化的,因此加工余量又有基本(或公称)加工余量、最大加工余量和最小加工余量之分,如图 7-50 所示。对于轴:

基本加工余量 = 前工序基本尺寸 - 本工序基本尺寸;

最小加工余量 = 前工序最小尺寸 - 本工序最大尺寸;

最大加工余量 = 前工序最大尺寸 - 本工序最小尺寸。

由于毛坯公差是对称分布的,计算总余量只计算毛坯入体部分余量。但在第一道工序计算背吃刀量 a_{sp}时,必须考虑毛坯出体部分公差,否则影响粗加工的走刀次数的安排,此时就用最大加工余量。通常情况下,余量是指基本加工余量(公称加工余量)而言。

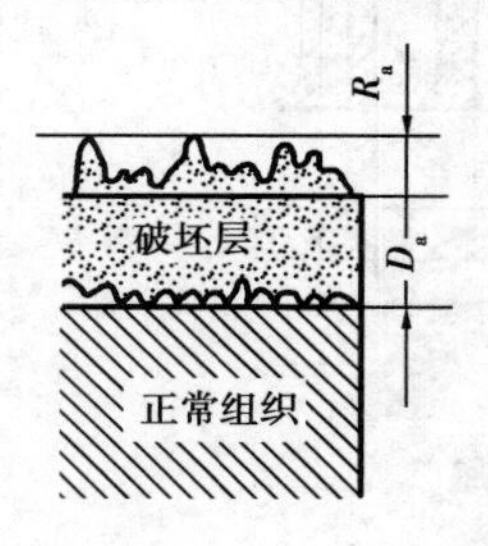

图 7-51　表面粗糙度和缺陷层

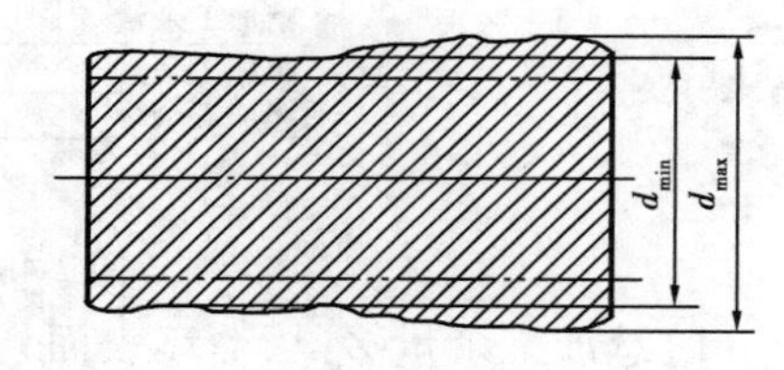

图 7-52　前工序留下的形状误差的影响

(2)加工余量的确定

加工余量大小应按加工要求来定。余量过大会浪费原材料和加工工时,增大机床和刀具的负荷;余量过小则不能修正前一工序的误差和去掉前一道工序留下来的表面缺陷,造成局部切不到而影响加工质量,甚至造成废品。

为了合理确定加工余量,一定要搞清影响最小余量的各项因素。影响加工余量的主要因素有:

1)前工序加工后的表面上有微观的表面粗糙度 R_a和表面缺陷层 D_a,如图 7-51 所示,在本工序加工时要去除这部分厚度。表面粗糙度和表面缺陷层指的是铸件的冷硬层、气孔类渣层、锻件和热处理的氧化皮、脱碳层、表面裂纹或其他破坏层、切削加工后的残余应力层等。它的大小与所采用的加工方法有关。实验结果数据如表 7-11 所示。

表 7-11　各种加工方法的 R_a 和 D_a 的数据

表面加工	R_a	D_a	R_a	D_a	R_a	D_a
外　圆	粗	车	精	车	磨	
	500—100	40—60	5—45	30—40	1. 7—15	15—25
内　孔	粗	镗	精	镗	磨	
	25—225	30—50	5—25	25—40	1. 7—15	20—30
	钻		粗	铰	精	铰
	45—225	40—60	25—100	25—30	8. 5—25	10—20
平　面	粗	刨	精	刨	磨	
	15—100	40—50	5—45	25—40	1. 5—15	20—30
	粗	铣	精	铣	研	磨
	15—225	40—60	5—45	25—40	0—1. 6	3—5

2）前工序的表面尺寸公差 T_a，由于前工序加工后，表面存在尺寸误差和形状误差，如图 7-52所示，这些误差的总和一般不超过前工序的尺寸公差 T_a。所以当考虑加工一批零件时，为了纠正这些误差，本工序的加工余量在不考虑其他误差的存在时，不应小于 T_a。T_a 的数值可从工艺手册中按加工方法的经济加工精度查得。

3）前工序的各表面间相互位置的空间误差 ρ_a，如直线度、同轴度、垂直度误差等。前工序加工后，还留下表面位置尺寸误差和表面间的相互位置误差，如图 7-53 所示的轴。由于前工序轴线有直线度偏差 δ，本工序加工余量需增加 2δ 才能保证该轴在加工后无弯曲。ρ_a 的数值需结合实际情况通过计算或试验统计求得。

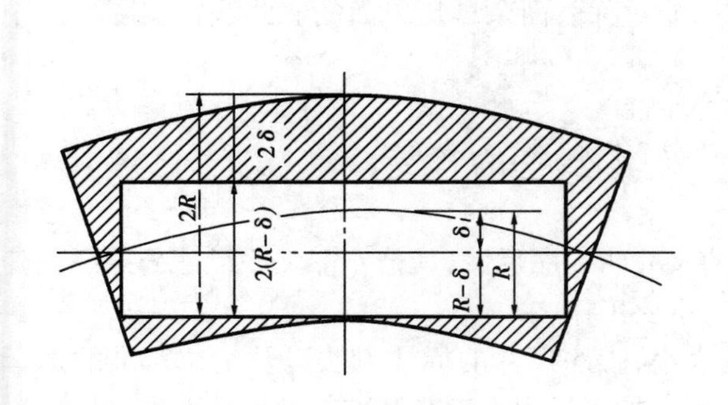

图 7-53　轴的弯曲对加工余量的影响

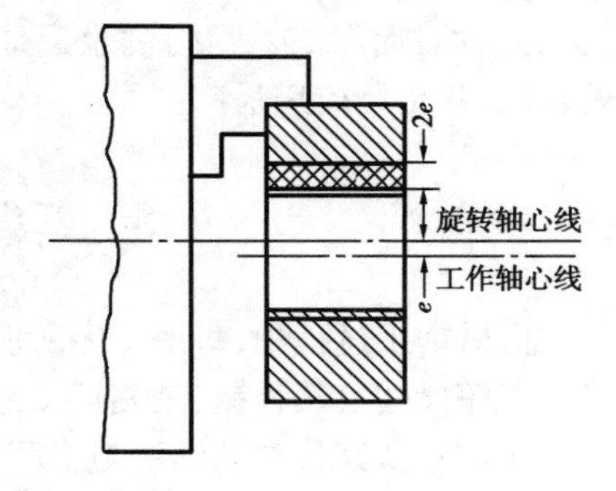

图 7-54　三爪卡盘的安装误差

4）本工序加工时的安装误差 ε_b。安装误差包括定位误差和夹紧误差。如图 7-54 所示用三爪卡盘夹紧工件外圆来磨内孔时，由于三爪卡盘本身定位不准确，使工件中心和机床主轴回转中心偏移了一个 e 值，为了加工出内孔就需使磨削余量增大 $2e$ 值。

定位误差可按定位方法进行计算，夹紧误差可根据有关资料查得。

由于 ρ_a 和 ε_b 在空间可有不同的方向，因此它们的合成应为向量和。

综上所述，可得出加工余量的计算公式：

对于单边余量：

$$Z_b = T_a + (R_a + D_a) + |\vec{\rho}_a + \vec{\varepsilon}_a| \tag{7-14}$$

对于双边余量：

$$2Z_b = T_a + 2(R_a + D_a) + 2|\vec{\rho}_a + \vec{\varepsilon}_a| \tag{7-15}$$

以上是两个基本计算式，在应用时需根据具体情况进行修正。例如：在无心磨床上加工时，安装误差可忽略不计。故有

$$2Z_b = T_a + 2(R_a + D_a) + 2\rho_a$$

用浮动铰刀、浮动镗刀及拉刀加工孔时，由于是自为基准，既不受相对位置尺寸公差的影响，又无安装误差。故有

$$2Z_b = T_a + 2(R_a + D_a)$$

在超精加工和抛光时，主要是为了去除前工序留下的表面痕迹。故有

$$2Z_b = 2R_a$$

(3)确定加工余量的方法

1)计算法　应用上述公式进行相应的余量计算，能确定最合理的加工余量，节省金属，但必须有可靠的实验数据资料，否则较难进行，目前应用很少，有时在大批量生产中应用。

2)经验估算法　此法是根据经验确定加工余量的方法。为了防止工序余量不够而产生废品，所估余量一般偏大，所以此法常用于单件小批生产。对毛坯总余量必须保证切除毛坯制造时的缺陷。如铸造毛坯时有氧化层、脱碳层、高低不平、气泡和裂纹的深度等。铸铁毛坯顶面缺陷为1～6 mm，底面和侧面为1～2 mm；铸钢件缺陷比铸铁件深1～2 mm；碳钢锻件缺陷为0.5～1 mm。其次是机械加工和热处理时所造成的误差。在估算余量时，必须考虑上述因素。

3)查表修正法　此法是以生产实际情况和试验研究积累的有关加工余量的资料数据为基础，这些余量标准可以从《机械工程师手册》中查找。在查表时应注意表中数据是基本(公称)值，对称表面(如轴或孔)的余量是双面的，非对称表面余量是单面的。此法在实际生产中比较实用，各工厂应用最广。

7.5　工序尺寸及其公差的确定

在机械加工过程中，每道工序所应保证的尺寸叫工序尺寸，其公差即工序尺寸公差。正确地确定工序尺寸及其公差，是制订工艺规程的重要工作之一。

工序尺寸及其公差的确定与工序余量的大小，工序尺寸的标注方法以及定位基准的选择与变换有密切的关系，一般有两种情况：其一是在加工过程中工艺基准与设计基准重合的情况下，某一表面需要进行多次加工所形成的工序尺寸，可称为简单的工序尺寸。另一种情况是，当制订表面形状复杂的零件的工艺过程，或零件在加工过程中需要多次转换工艺基准或工序尺寸需从尚待继续加工的表面标注时，工序尺寸的计算就比较复杂了，这时就需要利用尺寸链原理来分析和计算。

7.5.1　简单的工序尺寸

对于简单的工序尺寸，只需根据工序的加工余量就可以算出各工序的基本尺寸，其计算顺

序是由最后一道工序开始向前推算。各工序尺寸的公差按加工方法的经济精度确定，并按“入体原则”标注。举例如下：

某零件孔的设计要求为 $\phi170J6(^{+0.013}_{-0.007})$，$R_a \leqslant 0.8\ \mu m$ 毛坯为铸铁件，在成批生产的条件下，其加工工艺路线为：粗镗—半精镗—精镗—浮动镗。求各工序尺寸。

从机械加工手册查得各工序的加工余量和所能达到的经济精度，见表7-12中第二、三列。其计算结果列于第四、五两列。其中关于毛坯公差（毛坯公差值按双向布置）可根据毛坯的生产类型、结构特点，制造方法和生产厂的具体条件，参照有关毛坯手册选取。

表7-12　工序尺寸及公差的计算

工序名称	工序双边余量	工序经济精度		最小极限尺寸/mm	工序尺寸及极限偏差
		公差等级	公差值/mm		
浮动镗孔	0.2	IT6	0.025	$\phi169.993$	$\phi170^{+0.018}_{-0.007}$
精镗孔	0.6	IT7	0.04	$\phi169.8$	$\phi169.8^{+0.04}_{0}$
半精镗孔	3.2	IT9	0.10	$\phi169.2$	$\phi169.2^{+0.1}_{0}$
粗镗孔	6	IT11	0.25	$\phi166$	$\phi166^{+0.25}_{0}$
毛坯			3	$\phi158$	$\phi160^{+1}_{-2}$

7.5.2　尺寸链的基本概念

尺寸链原理是分析和计算工序尺寸的很有效的工具，在制订机械加工工艺过程和保证装配精度（见第8章）中都有很重要的作用。它的原理和计算方法并不复杂，但尺寸链的基本概念却十分重要，具体计算又比较繁琐，因此在学习过程中必须多加分析和比较，以便熟练地掌握这个方法。

（1）尺寸链的定义和特征

1）定义

在零件的加工或测量过程中，以及在机器的设计或装配过程中，经常能遇到一些互相联系的尺寸组合。这种互相联系的，按一定顺序排列成封闭图形的尺寸组合，称为尺寸链。其中，由单个零件在工艺过程中的有关尺寸所组成的尺寸链称为工艺尺寸链，在机器的设计和装配的过程中，由有关的零（部）件上的有关尺寸所组成的尺寸链，称为装配尺寸链。如图7-55所示，在机床上加工套筒工件时，面3以面1为测量基准，工序尺寸为 A_1；面2以面3为测量基准，工序尺寸为 A_2。在面2、面3加工后，设计尺寸 A_0 间接得到保证，这时 A_0 的精度就取决于 A_1 和 A_2 的精度，三者构成一封闭组合，即工艺尺寸链。图7-56所示是孔与轴的装配图，在尺寸 A_1 孔中装入尺寸 A_2 的轴形成间隙（或过盈）

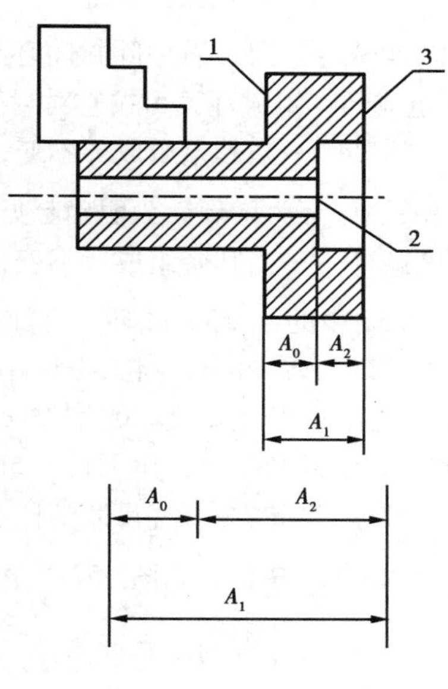

图7-55　工艺尺寸链

A_0。间隙(或过盈)A_0 是尺寸 A_1 和 A_2 的装配结果,三者也构成一个封闭组合,即装配尺寸链。

2)特征

根据以上尺寸链定义可知,尺寸链有以下两个特征:

①封闭性　尺寸链必须是一组有关尺寸首尾相接构成封闭形式的尺寸。其中,应包含一个间接保证的尺寸和若干个对此有影响的直接保证的尺寸。

②关联性　尺寸链中间接保证的尺寸的大小和变化(精度),是受这些直接保证尺寸的精度所支配的,彼此间具有特定的函数关系,并且间接保证的尺寸的精度必然低于直接保证尺寸精度。

(2)尺寸链的组成

尺寸链中各尺寸称为环。图 7-55、图7-56的 A_1、A_2、A_0 都是尺寸链中的环。这些环又可分为两种:

1)封闭环　尺寸链中间接保证的尺寸称为封闭环。图 7-55 和图 7-56 中的 A_0 尺寸为封闭环。

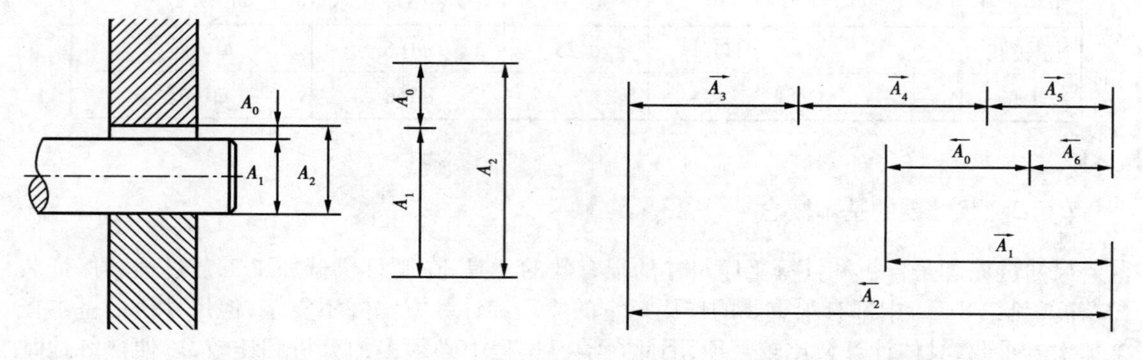

图 7-56　装配尺寸链

图 7-57　尺寸链增减环判别

2)组成环　尺寸链中除封闭环外其他的尺寸均为组成环。图 7-55 和图 7-56 中的 A_1 和 A_2 是组成环。组成环又可按它对封闭环的影响性质分成两类:

①增环——当其余组成环不变,而这个环增大使封闭环也增大者,例如图 7-55 中的 A_1、图 7-56 中的 A_2 环为增环。为明确起见,可加标一个箭头如$\vec{A}_1$、$\vec{A}_2$。

②减环——当其余组成环不变,而这个环增大使封闭环反而减小者。例如图 7-55 中 A_2 环,图 7-56 中的 A_1 环为减环。可加标一个反向的箭头如$\overleftarrow{A}_2$、$\overleftarrow{A}_1$。

对于环数较少的尺寸链,可以用增减环的定义来判别组成环的增减性质,但对环数较多的尺寸链如图 7-57,用定义来判别增减环就很费时且易弄错。为了能迅速准确地判别增减环,可在绘制尺寸链图时,用首尾相接的单向箭头顺序表示各环。方法为从封闭环开始任意规定一个方向,然后沿此方向,绕尺寸链依次给各组成环画出箭头。凡是与封闭环箭头方向相反者为增环,相同者为减环。如图7-57中,$\vec{A}_1$、$\vec{A}_3$、$\vec{A}_4$、$\vec{A}_5$ 为增环,$\overleftarrow{A}_2$、$\overleftarrow{A}_6$ 为减环。

7.5.3　尺寸链的基本计算公式

计算尺寸链可以用极值法(极大极小法)或概率法(统计法),目前生产中一般采用极值法,概率法主要用于生产批量大的自动化及半自动化生产,以及环数较多的装配过程。

(1)极值法

如图 7-58 所示。图中

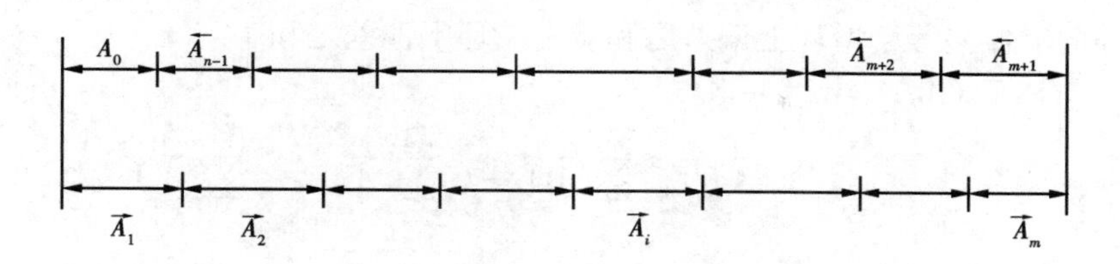

图 7-58　尺寸链图

$\vec{A}_i$——尺寸链中的增环；

$\overleftarrow{A}_i$——尺寸链中的减环；

A_0——尺寸链中的封闭环；

n——尺寸链的总环数；

m——尺寸链中的增环数。

1)封闭环的基本尺寸

$$A_0 = \sum_{i=1}^{m} \vec{A}_i - \sum_{i=m+1}^{n-1} \overleftarrow{A}_i \tag{7-16}$$

即封闭环的基本尺寸等于增环基本尺寸之和减去减环基本尺寸之和。

2)封闭环的极限尺寸

$$A_{0\max} = \sum_{i=1}^{m} \vec{A}_{i\max} - \sum_{i=m+1}^{n-1} \overleftarrow{A}_{i\min} \tag{7-17}$$

$$A_{0\min} = \sum_{i=1}^{m} \vec{A}_{i\min} - \sum_{i=m+1}^{n-1} \overleftarrow{A}_{i\max} \tag{7-18}$$

式中　$A_{0\max}$——封闭环的最大极限尺寸；

$A_{0\min}$——封闭环的最小极限尺寸；

$\vec{A}_{i\max}$——增环的最大极限尺寸；

$\overleftarrow{A}_{i\max}$——减环的最大极限尺寸；

$\vec{A}_{i\min}$——增环的最小极限尺寸；

$\overleftarrow{A}_{i\max}$——减环的最小极限尺寸。

即封闭环的最大极限尺寸等于增环最大极限尺寸之和减去减环最小极限尺寸之和；封闭环最小极限尺寸等于增环最小极限尺寸之和减去减环最大极限尺寸之和。

3)封闭环的上、下偏差

$$\begin{aligned} ES(A_0) &= A_{0\max} - A_0 \\ &= \left(\sum_{i=1}^{m} \vec{A}_{i\max} - \sum_{i=1}^{m} \vec{A}_i\right) - \left(\sum_{i=m+1}^{n-1} \overleftarrow{A}_{i\min} - \sum_{i=m+1}^{n-1} \overleftarrow{A}_i\right) \\ &= \sum_{i=1}^{m} ES(\vec{A}_i) - \sum_{i=m+1}^{n-1} EI(\overleftarrow{A}_i) \end{aligned} \tag{7-19}$$

式中　$ES(A_0)$——封闭环的上偏差；

$ES(\vec{A}_i)$——增环的上偏差；

$EI(\overleftarrow{A}_i)$——减环的下偏差。

即封闭环的上偏差等于增环上偏差之和减去减环下偏差之和。

$$\begin{aligned} EI(A_0) &= A_{0\min} - A_0 \\ &= \left(\sum_{i=1}^{m} \vec{A}_{i\min} - \sum_{i=1}^{m} \vec{A}_i\right) - \left(\sum_{i=m+1}^{n-1} \overleftarrow{A}_{i\max} - \sum_{i=m+1}^{n-1} \overleftarrow{A}_i\right) \\ &= \sum_{i=1}^{m} EI(\vec{A}_i) - \sum_{i=m+1}^{n-1} ES(\overleftarrow{A}_i) \end{aligned} \tag{7-20}$$

式中　$EI(A_0)$——封闭环的下偏差；

$EI(\vec{A}_i)$——增环的下偏差；

$ES(\overleftarrow{A}_i)$——减环的上偏差。

即封闭环的下偏差等于增环的下偏差之和减去减环上偏差之和。

4)封闭环的公差

$$\begin{aligned} T(A_0) &= A_{0\max} - A_{0\min} \\ &= \left(\sum_{i=1}^{m} \vec{A}_{i\max} - \sum_{i=m+1}^{n-1} \overleftarrow{A}_{i\min}\right) - \left(\sum_{i=1}^{m} \vec{A}_{i\min} - \sum_{i=m+1}^{n-1} \overleftarrow{A}_{i\max}\right) \\ &= \left(\sum_{i=1}^{m} \vec{A}_{i\max} - \sum_{i=1}^{m} \vec{A}_{i\min}\right) + \left(\sum_{i=m+1}^{n-1} \overleftarrow{A}_{i\max} - \sum_{i=m+1}^{n-1} \overleftarrow{A}_{i\min}\right) \\ &= \sum_{i=1}^{m} T(\vec{A}_i) + \sum_{i=m+1}^{n-1} T(\overleftarrow{A}_i) = \sum_{i=1}^{n-1} T(A_i) \end{aligned} \tag{7-21}$$

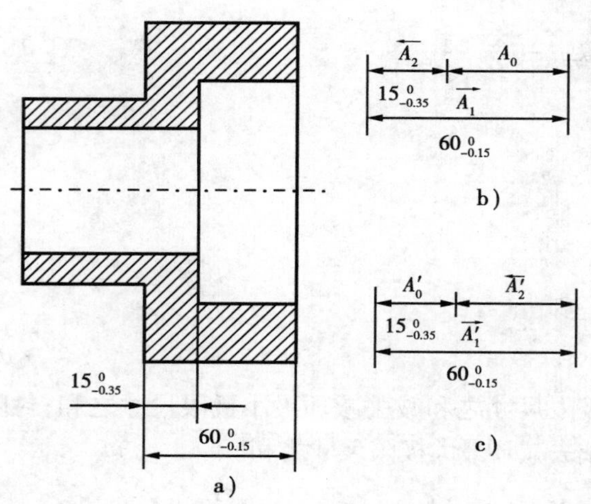

图 7-59　零件的两种尺寸链

式中　$T(A_0)$——封闭环公差；

$T(\vec{A}_i)$——增环公差；

$T(\overleftarrow{A}_i)$——减环公差；

$T(A_i)$——组成环公差。

即封闭环公差等于各组成环公差之和。

上面的公式(7-16)到(7-21)就是按极值法解算尺寸链时所用的基本公式，其中公式(7-17)、(7-18)和公式(7-19)、(7-20)是重复的。在这里必须指出公式(7-21)的重要性，它进一步说明了尺寸链的第二个特征。可见，当封闭环公差$T(A_0)$一定时，组成环的环数少，其公差就比环数多时的增大。

下面举例说明公式的应用，如图 7-59a)所示套筒零件，设计时根据要求，标注如图 7-59a)所示的轴向尺寸 $15^{0}_{-0.35}$ 和 $60^{0}_{-0.15}$，至于大孔深度没有明确的精度要求，只要上述两个尺寸加工合格，它也就符合要求。因此，零件图上这个未标注的深度尺寸，就是零件中设计时的封闭环 A_0。连接有关的标注尺寸绘成尺寸链图 7-59b)，其中 $\vec{A}_1 = 60^0_{-0.15}$ 为增环，$\overleftarrow{A}_2 = 15^0_{-0.35}$ 为减环。用上面公式来解算其封闭环 A_0。把相应的值代入公式(7-16)，(7-17)，(7-19)，(7-20)，(7-21)得：

$$A_0 = \vec{A}_1 - \overleftarrow{A}_2 = 60 - 15 = 45$$

$$\mathrm{ES}(A_0) = \mathrm{ES}(\vec{A}_1) - \mathrm{ES}(\overleftarrow{A}_2) = 0 - (-0.35) = +0.35$$

$$\mathrm{EI}(A_0) = \mathrm{EI}(\vec{A}_1) - \mathrm{ES}(\overleftarrow{A}_2) = -0.15 - 0 = -0.15$$

$$T(A_0) = T(\vec{A}_1) + T(\overleftarrow{A}_2) = 0.35 + 0.15 = 0.50$$

所以当大孔深度为尺寸链封闭环时，其基本尺寸及上下偏差为 $45^{+0.35}_{-0.15}$。

极值法公式计算可以用另一种计算法——竖式计算。如表 7-13 所示，在“增环”这一行中抄入尺寸 $\vec{A}_1$ 及其上、下偏差，在“减环”这一行中把尺寸 $\overleftarrow{A}_2$ 的上、下偏差的位置对调，并改变其正负号(原来的正号改负号，原来的负号改正号)，同时给减环的基本尺寸也冠以负号，然后把三列的数值作代数和，得到封闭环的基本尺寸、上偏差及下偏差。这种竖式对增环、减环的处理可归纳成一口诀：“增环，上下偏差照抄；减环，上下偏差对调变号”。计算结果同样是 $A_0 = 40^{+0.35}_{-0.15}$。为明确起见，所求数值用方框框起来。

表 7-13　竖式计算

环	基本尺寸	ES	EI
增环 $\vec{A}_1$	+60	0	−0.15
减环 $\overleftarrow{A}_2$	−15	+0.35	0
封闭环 A_0	$\boxed{+45}$	$\boxed{+0.35}$	$\boxed{-0.15}$

上述例子在具体加工时，所构成的尺寸链就有所不同。因为 $15^0_{-0.35}$ 尺寸不能直接测量得到，必须通过测量大孔孔深来间接保证。这时 $15^0_{-0.35}$ 成为间接保证的尺寸链的封闭环 A_0'，其中 $\vec{A}_1' = 60^0_{-0.15}$ 仍为增环，$\overleftarrow{A}'_2$(大孔深度)成为减环，制订工艺规程时，为了间接保证尺寸 $A_0' = 15^0_{-0.35}$ 就得进行尺寸链计算，以确定作为大孔深度 $\overleftarrow{A}_2'$ 的制造公差。这也就是测量基准不重合引起的尺寸换算。表 7-14 为竖式计算，结果为 $\overleftarrow{A}_2' = 45^{+0.20}_0$。此处注意 $\overleftarrow{A}_2'$ 为减环，写上下偏差时要对调变号。

表 7-14

环	基本尺寸	ES	EI
增环 $\vec{A}_1'$	+60	0	−0.15
减环 $\overleftarrow{A}_2'$	$\boxed{-45}$	$\boxed{0}$	$\boxed{-0.20}$
封闭环 A_0'	+15	0	−0.35

(2)概率法

在大批大量生产中，采用调整法加工时，一个尺寸链中各尺寸都可看成独立的随机变量；

而在装配过程中,构成装配尺寸链中的各零件有关尺寸也都可看成独立的随机变量。而且实践证明各尺寸大多处于公差值中间,即符合正态分布。由概率论原理可得封闭环公差与各组成环公差之间的关系为:

$$T(A_0) = \sqrt{\sum_{i=1}^{n-1} T(A_i)^2} \tag{7-22}$$

显然,在组成环公差不变时,由概率法计算出的封闭环公差要小于极值法计算的结果。因此,在保证封闭环精度不变的前提下,应用概率法可以使组成环公差放大,从而减低了加工和装配时对组成环尺寸的精度要求,降低了加工难度。

有关概率法具体计算方法在下一章讲述。

(3)尺寸链的计算形式

在尺寸链解算时,有以下三种情况:

1)正计算　已知组成环尺寸及其公差,求封闭环的尺寸及其公差,其计算结果是惟一的。这种情况主要用于验证设计的正确性以及审核图纸。例如图 7-5b)尺寸链的计算。

2)反计算　已知封闭环的尺寸及其公差和各组成环尺寸,求各组成环公差。这种情况实际上是将封闭环的公差值合理地分配给各组成环,主要用于产品设计、装配和加工尺寸公差的确定等方面。

反计算时,封闭环公差的分配方法有以下几种:

①按等公差法分配,将封闭环公差平均分配给各组成环。即:

$$T(\vec{A}_i) = T(\overleftarrow{A}_i) = \frac{T(A_0)}{n-1}\text{(极值法)} \tag{7-23}$$

或

$$T(\vec{A}_i) = T(\overleftarrow{A}_i) = \frac{T(A_0)}{\sqrt{n-1}}\text{(概率法)} \tag{7-24}$$

②按等公差级(等精度)的原则分配封闭环公差,即各组成环的公差根据其基本尺寸的大小按比例分配,或是按照公差表中的尺寸分段及某一公差等级,规定组成环公差,使各组成环的公差符合下列条件:

$$\sum_{i=1}^{n-1} T(A_i) \leqslant T(A_0) \tag{7-25}$$

最后加以适当的调整。这种方法从工艺上讲是比较合理的。

3)中间计算　已知封闭环的尺寸及公差和部分组成环的尺寸及公差,求某一组成环的公差。此种方法广泛应用于各种尺寸链计算,反计算最后也要通过中间计算得出结果。例如图 7-59c)的尺寸链计算。

7.5.4　工序尺寸及其公差的确定

(1)基准不重合尺寸换算

在零件加工中,当加工表面的定位基准与设计基准不重合时,或者测量基准与设计基准不重合时,就要进行尺寸换算。

例如,图 7-60a)所示零件,镗孔前,表面 A、B、C 已经过加工,镗孔时,为使工件装夹方便,选择表面 A 为定位基准,并按工序尺寸 A_3 进行加工。为了保证镗孔后间接获得的设计尺寸

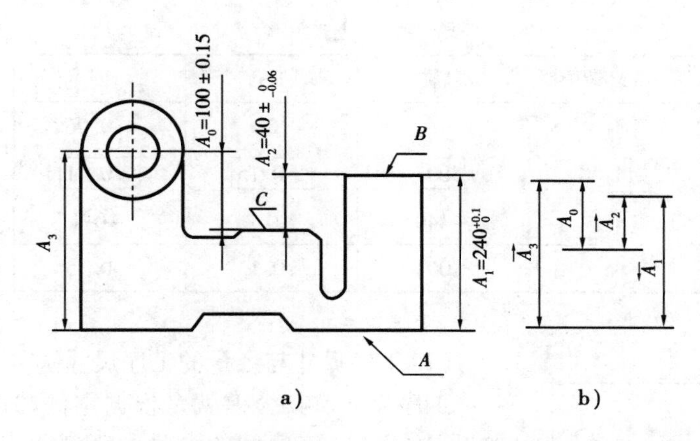

图 7-60 定位基准与设计基准不重合的尺寸换算

a)零件图 b)尺寸链图

A_0 符合图样规定的要求,必须将 A_3 的加工误差控制在一定范围内。

首先必须明确设计尺寸 A_0 是本工序加工中需保证的尺寸,不能直接得到,因此是封闭环。它的尺寸大小和精度受上面工序加工已经得到的尺寸 A_1 和 A_2,以及本工序的工序尺寸 A_3 的大小及精度的影响。由此连接 A_0、A_1、A_2、A_3 成封闭图形,构成尺寸链。在此尺寸链中,按画箭头的方法可迅速判断$\vec{A}_2$ 与$\vec{A}_3$ 为增环,$\overleftarrow{A}_1$ 为减环。

在明确各环的性质,并绘制出工艺尺寸链简图后[图 7-60b)],本工序孔的工序尺寸可按下列各式进行计算:

按式(7-16)计算 A_3 基本尺寸,因为

$$A_0 = \vec{A}_2 + \vec{A}_3 - \overleftarrow{A}_1$$

所以
$$A_3 = A_0 + \overleftarrow{A}_1 - \vec{A}_2 = 100\ \text{mm} + 240\ \text{mm} - 40\ \text{mm} = 300\ \text{mm}$$

按式(7-19)计算 A_3 的上偏差,因为

$$\begin{aligned}\text{ES}(A_0) &= \sum_{i=1}^{m} \text{ES}(\vec{A}_i) - \sum_{i=m+1}^{n-1} \text{EI}(\overleftarrow{A}_i)\\ &= \text{ES}(\vec{A}_2) + \text{ES}(\vec{A}_3) - \text{EI}(\overleftarrow{A}_1)\end{aligned}$$

所以

$$\text{ES}(\vec{A}_3) = \text{ES}(A_0) + \text{EI}(\overleftarrow{A}_1) - \text{ES}(\vec{A}_2) = 0.15\ \text{mm} + 0\ \text{mm} - 0\ \text{mm} = 0.15\ \text{mm}$$

按式(7-20)计算 A_3 的下偏差

$$\begin{aligned}\text{EI}(A_3) &= \text{EI}(A_0) + \text{ES}(\overleftarrow{A}_1) - \text{EI}(\vec{A}_2)\\ &= -0.15\ \text{mm} + 0.10\ \text{mm} - (-0.06)\ \text{mm} = 0.01\ \text{mm}\end{aligned}$$

最后得镗孔尺寸为

$$A_3 = 300^{+0.15}_{+0.01}\ \text{mm}$$

按表 7-15 竖式计算得出相同结果。

工件在加工过程中,有时会遇到一些加工表面的设计尺寸不便直接测量,因此需要在工件上另选一个容易测量表面作为测量基准,以间接保证原设计尺寸的精度要求,所以要进行尺寸换算,求测量尺寸。例如上述图 7-59b)所示第二种尺寸链属这一类。

表 7-15　竖式计算

环	基本尺寸	ES	EI
A_2	40	0	-0.06
A_3	300	+0.15	+0.01
A_1	-240	0	-0.1
A_0	100	+0.15	-0.15

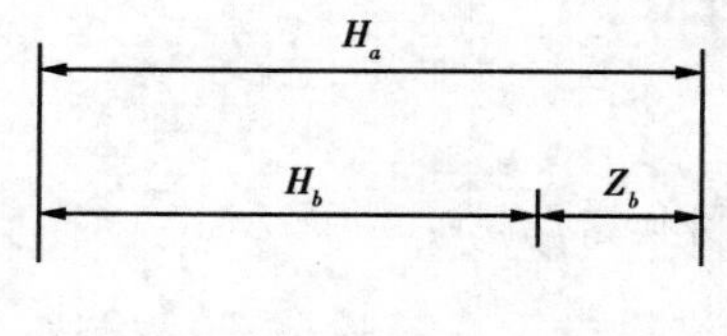

图 7-61　余量尺寸链

(2)工序尺寸与余量的工序尺寸链

工序尺寸及其公差就是根据零件的设计要求,考虑到加工中的基准、工序间的余量及工序的经济精度等条件对各工序提出的尺寸要求。因此,零件加工后最终尺寸及公差就和有关工序的工序尺寸及其公差以及工序余量具有尺寸链的关联性,构成一种工艺尺寸链,通常也称工序尺寸链。以包容面加工为例,可以建立上下两道工序和工序余量之间的尺寸链图(图 7-61)。图中 H_a 为上道工序工序尺寸,H_b 为本道工序工序尺寸,Z_b 为本道工序工序余量。在机械加工中工序尺寸及其公差一般直接获得,所以本工序的工序余量 Z_b 就成为工序尺寸链的封闭环。

根据余量的定义可知,

$$
\begin{aligned}
Z_{b\max} &= H_{a\max} - H_{b\min} \\
Z_{b\min} &= H_{a\min} - H_{b\max} \\
T(Z_b) &= Z_{b\max} - Z_{b\min} \\
&= (H_{a\max} - H_{b\min}) + (H_{b\max} - H_{b\min}) \\
&= T(H_a) + T(H_b)
\end{aligned}
\tag{7-26}
$$

各种加工方法的工序余量及所能达到的经济精度可从有关手册中查出,或凭经验决定。

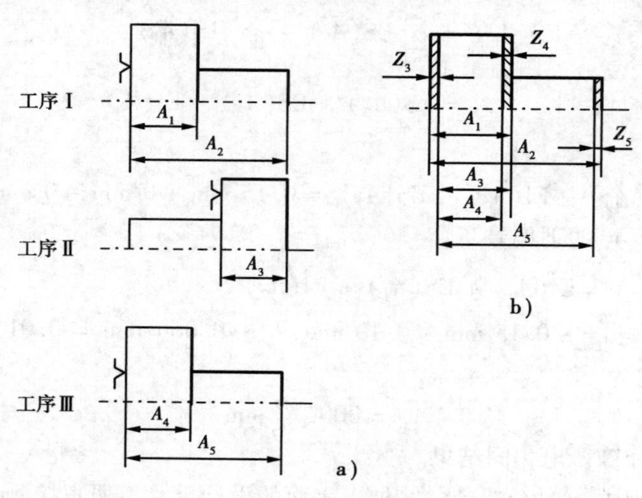

图 7-62　小轴轴向尺寸的工艺过程及工序尺寸链

例:图 7-62a)为某小轴工件轴向尺寸的加工工艺过程。

工序Ⅰ,粗车小端外圆、肩面及端面,直接获得尺寸 $A_1=22^{0}_{-0.3}$ 和 $A_2=52^{0}_{-0.5}$;

工序Ⅱ,车大端外圆及端面,直接得尺寸 $A_3=20.5^{0}_{-0.1}$;

工序Ⅲ,精车小端外圆、肩面及端面,直接得尺寸 $A_4=20^{0}_{-0.1}$ 和 $A_5=50^{0}_{-0.2}$。

试检查轴向余量。

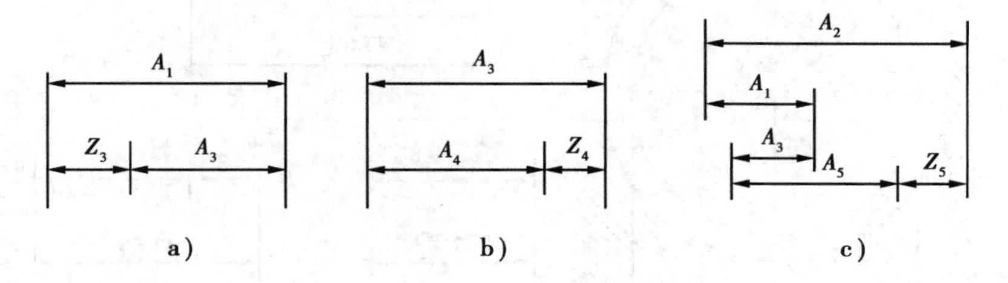

图 7-63 小轴加工过程的轴向尺寸

解:先作轴向尺寸形成过程及余量图 7-62b),由此可以画出如下尺寸链如图 7-63a)、b)、c)所示,此三个尺寸链中 Z_3、Z_4、Z_5 为封闭环,分别用竖式法解算如下:

表 7-16

基本尺寸		ES	EI
A_1	22	0	-0.3
A_3	-20.5	+0.1	0
Z_3	1.5	+0.1	-0.3

表 7-17

基本尺寸		ES	EI
A_3	20.5	0	-0.1
A_4	-20	+0.1	0
Z_4	0.5	+0.1	-0.1

表 7-18

基本尺寸		ES	EI
A_2	52	0	-0.5
A_3	20.5	0	-0.1
A_1	-22	+0.3	0
A_5	-50	+0.2	0
Z_5	0.5	+0.5	-0.6

表 7-19

基本尺寸		ES	EI
A_2	52	0	-0.3
A_3	21.5	0	-0.1
A_1	-21.7	+0.2	0
A_5	-50	+0.2	0
Z_5	0.8	+0.4	-0.4

由表 7-16 得 $Z_3=1.5^{+0.1}_{-0.3}$,$Z_{3max}=1.6$,$Z_{3min}=1.2$;

由表 7-17 得 $Z_4=0.5^{+0.1}_{-0.1}$,$Z_{4max}=0.6$,$Z_{4min}=0.4$;

由表 7-18 得 $Z_5=0.5^{+0.5}_{-0.6}$,$Z_{5max}=1$,$Z_{5min}=-0.1$。

从计算结果检查余量的最大值和最小值是否合适,余量过大浪费材料及工时,过小余量不够加工,因此 Z_3 和 Z_4 的余量是合适的,而 Z_{5min} 出现负值,说明精车时可能没有余量,这是不允许的,必须重新调整前面有关工序尺寸或公差。若改 $A_1=21.7^{0}_{-0.2}$,$A_2=52^{0}_{-0.3}$。由表 7-19 计算结果 $Z_5=0.8^{+0.4}_{-0.4}$,$Z_{5max}=1.2$,$Z_{5min}=0.4$,余量就合适了。

(3)以需继续加工表面标注的工序尺寸及其公差的计算

在工件的加工过程中,有些加工表面的测量基准或定位基准是尚待加工的表面。当加工这些基面时,同时要保证两个设计尺寸的精度要求,为此要进行工序尺寸计算。

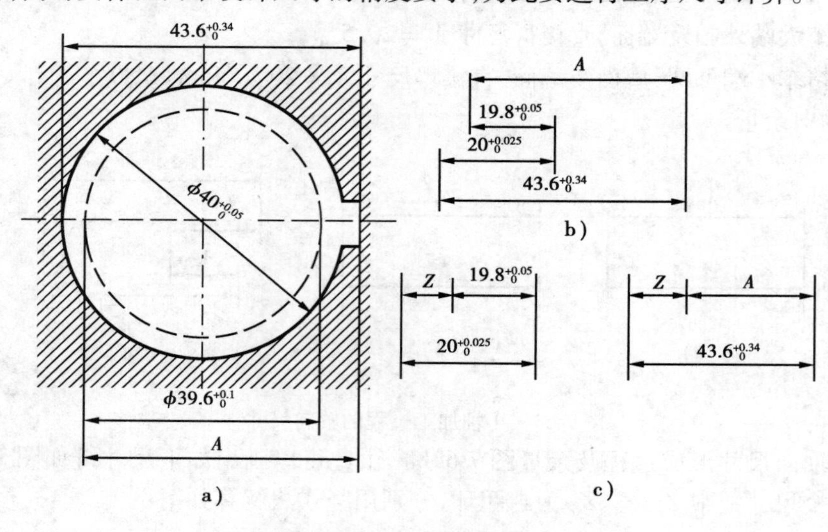

图 7-64　内孔及键槽的工序尺寸的计算

例:如图 7-64a)所示为齿轮内孔的局部简图,设计要求为:孔径 $\phi40_{0}^{+0.05}$ mm,键槽深度尺寸为 $43.6_{0}^{+0.34}$ mm,其加工顺序为:

工序Ⅰ,镗内孔至 $\phi39.6_{0}^{+0.1}$;

工序Ⅱ,插键槽至尺寸 A;

工序Ⅲ,热处理;

工序Ⅳ,磨内孔至 $\phi40_{0}^{+0.05}$。试确定插槽的工序尺寸 A。

解:先列出尺寸链图 7-64b)。要注意的是,当有直径尺寸时,一般应考虑用半径尺寸来列尺寸链。因最后工序是直接保证 $\phi40_{0}^{+0.05}$ mm,间接保证 $43.6_{0}^{+0.34}$ mm,故 $43.6_{0}^{+0.34}$ mm 为封闭环,尺寸 A 和 $20+_{0}^{+0.025}$ 为增环,$19.8_{0}^{+0.05}$ mm 为减环。利用竖式计算(表 7-20)可得到 $A=43.4_{+0.050}^{+0.315}$ mm,再按入体原则标注得: $A=43.45_{0}^{+0.265}$。

表 7-20

基本尺寸	ES	EI
43.4	+0.315	+0.050
20	+0.025	0
−19.8	0	−0.050
43.6	+0.34	0

另外,尺寸链还可以画成图 7-64c)的形式,引进了半径余量 Z,图 c)左图中 Z 是封闭环,右图中的 Z 则认为是已经获得,而 $43.6_{0}^{+0.34}$ mm 是封闭环,其解算结果与图 b)尺寸链相同。

(4)保证渗氮、渗碳层深度的工序尺寸计算

有些零件的表面需进行渗氮或渗碳处理,并且要求精加工后要保持一定的渗层深度。为此,必须确定渗前加工的工序尺寸和热处理时的渗层深度。

例:如图 7-65a)所示某零件内孔,孔径为 $\phi45_{0}^{+0.04}$ 内孔表面需要渗碳,渗碳层深度为 0.3

~0. 5 mm。其加工过程为：

工序Ⅰ，磨内孔至 $\phi 44.80_{0}^{+0.04}$ mm；

工序Ⅱ，渗碳深度 t_1；

工序Ⅲ，磨内孔至 $\phi 45_{0}^{+0.04}$ mm，并保留渗碳层深度 $t_0 = 0.3 \sim 0.5$ mm。

试求渗碳时深度。

解：在孔的半径方向上画尺寸链如图 7-65b）所示，显然 $t_0 = 0.3_{0}^{+0.2}$ mm 是间接获得的，为封闭环。用表 7-21竖式法计算出 $t_1 = 0.4_{+0.02}^{+0.18}$。即渗碳层深度为 0. 42 mm ~0. 6 mm。

表 7-21

基本尺寸	ES	EI
22. 40	+0. 02	0
t_1 0. 40	+0. 18	+0. 02
-22. 5	0	-0. 02
0. 3	+0. 2	0

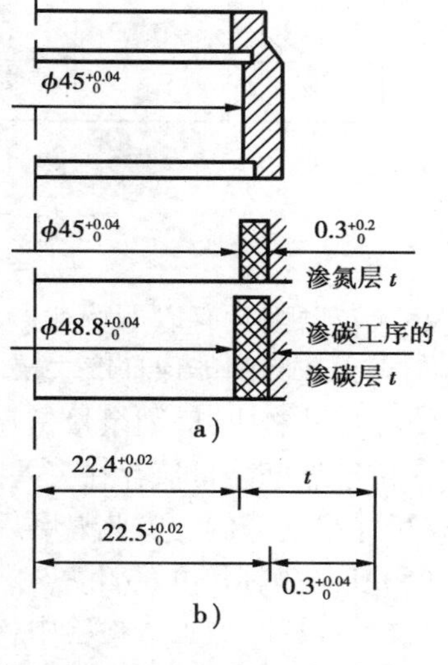

图 7-65　渗碳深度的工序尺寸换算

（5）靠火花磨削的工序尺寸计算

靠火花磨削是一种定量磨削，是指在磨削工件端面时，由工人凭经验根据砂轮磨工件时产生的火花大小来判断磨去余量多少，磨削时不再测量工序尺寸，从而间接保证加工尺寸的一种磨削方法。此时由上、下两道工序尺寸与余量组成的工艺尺寸链中，余量不再是间接尺寸，也再不是封闭环。而本道工序尺寸是间接保证的，所以是封闭环。

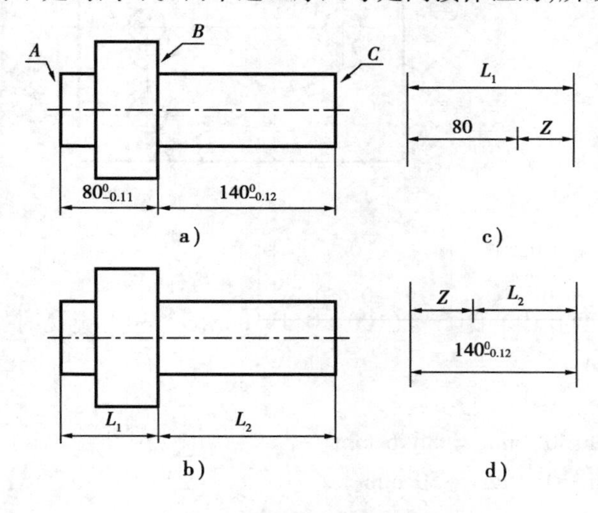

图 7-66　靠火花磨削工序尺寸链

例：如图 7-66a）所示阶梯轴，图 7-66b）为加工工序简图，加工顺序为：

工序Ⅰ，以 A 面定位精车 B，C 端面，得尺寸 L_1 和 L_2。

工序Ⅱ，以 A 面定位靠火花磨削 B 面，保证设计尺寸 $80^{0}_{-0.11}$ 和 $140^{0}_{-0.12}$ mm。

求：精车时的工序尺寸 L_1 和 L_2

解：工序尺寸 L_1 和设计尺寸 $80^{0}_{-0.11}$ 以及磨削余量构成尺寸链[图 7-66c）]；工序尺寸 L_2 与设计尺寸 $140^{0}_{-0.12}$ 以及磨削余量构成尺寸链[图 7-66d）]。其中的靠磨余量按经验取 $Z = (0.1 \pm 0.02)$ mm，现在按竖式（表 7-22，表 7-23）计算出 L_1 和 L_2 工序尺寸如下：

表 7-22

基本尺寸	ES	EI
L_1 80.1	−0.02	−0.09
Z −0.1	+0.02	−0.02
80	0	−0.11

表 7-23

基本尺寸	ES	EI
L_1 139.9	−0.02	−0.10
Z +0.1	+0.02	−0.02
140	0	−0.12

$$L_1 = 80.1_{-0.09}^{-0.02}\ \text{mm} = 80.08_{-0.07}^{0}\ \text{mm}$$

$$L_2 = 139.9_{-0.10}^{-0.02}\ \text{mm} = 139.88_{-0.08}^{0}\ \text{mm}$$

靠火花磨削具有以下特点：

①靠火花磨削能保证磨去最小余量，无须停车测量，因此生产率较高。

②在尺寸链中，磨削余量是直接保证的，为组成环，而本工序的工序尺寸为封闭环。

③由于靠磨余量值存在公差，因而靠磨后尺寸误差要比靠磨前尺寸误差增大一个余量公差值，尺寸精度降低。因此靠磨后降低了加工精度，设计工艺时要注意。

(6)孔系坐标尺寸的计算

在机械设计、加工或检验中，会经常遇到孔系零件中心距与坐标尺寸之间尺寸换算问题。它们共同特点是孔中心距精度要求较高，两坐标尺寸之间的夹角 90°是定值，在加工时常采用坐标法加工，在设计其钻模板或镗模板时需要标注出坐标尺寸，这种孔系坐标的尺寸换算属于解平面尺寸链的问题。

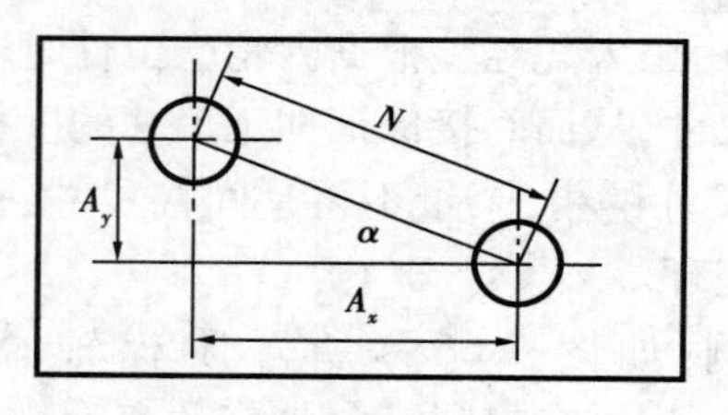

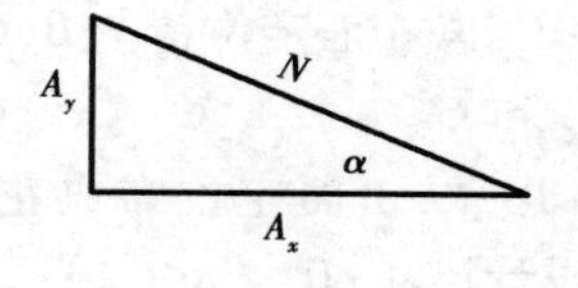

图 7-67 平面尺寸链

图 7-68 箱体件镗孔图

例 1. 如图 7-67 箱体镗孔工序图，已知两孔中心距 $N = (100 \pm 0.1)$ mm，$\alpha = 30°$，镗孔时按坐标尺寸 A_x，A_y 调整，试计算工序尺寸 A_x，A_y。

解：先求 A_x，A_y。

$$A_x = 100 \times \cos30°\ \text{mm} = 86.6\ \text{mm}$$

$$A_y = 100 \times \sin30°\ \text{mm} = 50\ \text{mm}$$

根据直角三角形勾股定理得

$$N^2 = A_x^2 + A_y^2$$

微分后

$$2N \cdot \mathrm{d}N = 2A_x \cdot \mathrm{d}A_x + 2A_y \cdot \mathrm{d}A_y$$

若按等公差法即

$$\mathrm{d}A_x = \mathrm{d}A_y$$

则 $$\mathrm{d}A_x = \mathrm{d}A_y = \frac{N \cdot \mathrm{d}N}{A_x + A_y} \tag{7-27}$$

代入数值 $$\mathrm{d}A_x = \mathrm{d}A_y = \frac{100 \times (\pm 0.1)}{86.6 + 50} = \pm 0.073$$

故所求的镗孔尺寸为：

$$A_x = (86.6 \pm 0.073)\ \mathrm{mm}$$

$$A_y = (50 \pm 0.073)\ \mathrm{mm}$$

例 2. 如图 7-68 箱体件在坐标镗床上按图示 1,2,3 序号顺序镗孔。已知

$$A_1 = (120 \pm 0.02)\ \mathrm{mm},$$

$$A_2 = (90 \pm 0.02)\ \mathrm{mm},$$

若不计角度误差,求孔距 A_3。

解:根据勾股定理 $A_1^2 + A_2^2 = A_3^2$,微分后

$$2A_1 \cdot \mathrm{d}A_1 + 2A_2 \cdot \mathrm{d}A_2 = 2A_3 \cdot \mathrm{d}A_3$$

$$\mathrm{d}A_3 = \frac{A_1 \mathrm{d}A_1 + A_2 \mathrm{d}A_2}{A_3} \tag{7-28}$$

因为 $$A_3 = \sqrt{A_1^2 + A_2^2} = \sqrt{120^2 + 90^2}\ \mathrm{mm} = 150\ \mathrm{mm}$$

代入式(7-28) $$\mathrm{d}A_3 = \frac{120 \times (\pm 0.02) + 90 \times (\pm 0.02)}{150} = \pm 0.028$$

故镗孔后孔距 $A_3 = 150 \pm 0.028\ \mathrm{mm}$。

7.6 机械加工的生产率与经济性分析

7.6.1 提高劳动生产率的途径

在制订机械加工工艺规程时,必须在保证零件质量要求的前提下,提高劳动生产率和降低成本。也就是说,必须做到优质、高产、低消耗。

(1)时间定额

劳动生产率是指工人在单位时间内制造的合格品数量,或者指制造单位产品所耗费的劳动时间。劳动生产率一般通过时间定额来衡量。

时间定额是指在一定生产条件下,规定完成一件产品或完成一道工序所需消耗的时间。时间定额不仅是衡量劳动生产率的指标,也是安排生产计划,计算生产成本的重要依据,还是新建或扩建工厂(或车间)时计算设备和工人数量的依据。

制订合理的时间定额是调动工人积极性的重要手段,它一般是由技术人员通过计算或类比方法,或通过对实际操作时间的测定和分析的方法进行确定的。使用中,时间定额还应定期修订,以使其保持平均先进水平。

完成零件一个工序的时间定额,称为单件时间定额。它包括下列组成部分:

1)基本时间($T_{基}$)

指直接改变生产对象的形状、尺寸、相对位置与表面质量等所耗费的时间。对机械加工来说,则为切除金属层所耗费的时间(包括刀具的切入和切出时间),又称机动时间。可通过计

算求得，以车外圆为例，

$$T_{基本} = \frac{L + L_1 + L_2}{n \cdot f} \cdot i = \frac{\pi \cdot D(L + L_1 + L_2)}{1\ 000vf} \cdot \frac{Z_b}{a_{sp}} \tag{7-29}$$

式中 L——零件加工表面长度(mm)；

L_1、L_2——刀具的切入和切出长度(mm)；

n——工件每分钟转数(r/min)；

f——进给量(mm/r)；

i——进给次数(切削余量 Z_b/切深 a_{sp})；

v——切削速度(m/min)。

2)辅助时间($T_{辅助}$)

指在每个工序中，为保证完成基本工艺工作所用于辅助动作而耗费的时间。辅助动作主要有：装卸工件、开停机床、改变切削用量、试切和测量零件尺寸等。

辅助时间的确定方法随生产类型而异。大批大量生产时，为使辅助时间规定得合理，需将辅助动作进行分解，再分别确定各分解动作的时间，最后予以综合；对于中批生产则可根据统计资料来确定；单件小批则常用基本时间的百分比来估算。

基本时间($T_{基本}$)和($T_{辅助}$)的总称为操作时间($T_{操作}$)。

3)布置工作地时间($T_{布置}$)

为使加工正常进行，工人看管工作地所耗费的时间。如调整和更换刀具、润滑机床、清理切屑、收拾工具及擦拭机床等。一般按操作时间的百分数估算(2%～7%)。

4)休息和生理需要时间($T_{休息}$)

工人在工作班内为恢复体力和满足生理的需要所耗费的时间。一般可取操作时间2%。

上述时间的总和称为单件时间。

$$T_{单件} = T_{基本} + T_{辅助} + T_{布置} + T_{休息} \tag{7-30}$$

5)准备终结时间($T_{准终}$)

在成批生产中，还需要考虑终结时间。准备终结时间是成批生产中，工人为了完成一批零件，进行准备和结束工作所耗的时间。包括：开始加工前需要熟悉有关工艺文件、领取毛坯、安装刀具和夹具，调整机床和刀具等。加工一批零件后，要拆下和归还工艺装备，发送成品等。因此在成批生产中，如果一批零件的数量(批量)为 N，准备终结时间为 $T_{准终}$，则每个零件分摊到的准备终结时间为 $T_{准终}/N$。则单件和成批生产中零件核算时间应为：

$$T_{核算} = T_{单件} + \frac{T_{准终}}{N} = T_{基本} + T_{辅助} + T_{布置} + T_{休息} + \frac{T_{准备}}{N} \tag{7-31}$$

(2)提高劳动生产率的途径

劳动生产率是指在单位时间内生产合格产品数量，也可以说是劳动生产者在生产中的效率。时间定额是衡量劳动生产率高低的依据。缩减时间定额就可以提高劳动生产率，特别应该缩减占时间定额比较大的那部分时间。在大批大量生产中，基本时间比重较大，例如工件在多轴自动机床上加工时，基本时间占69.5%，而辅助时间仅占21%，这时就应在设法缩减基本时间上采取措施。而在单件小批生产中，辅助时间和准终时间占的比重较大，例如在普通车床上进行某一零件的小批量生产时，基本时间仅占26%，而辅助时间占50%，这时就应着重在缩减辅助时间上采取措施。

1）缩短基本时间

由公式（7-11）可以看出，提高切削用量 v、f、a_{sp}，减少切削长度 L 和加工余量 Z 都可以缩短基本时间。

①提高切削用量　随着刀具材料的迅速改进，刀具的切削性能已有很大提高，高速切削和强力切削已成为切削加工的主要发展方向。目前硬质合金车刀的切削速度一般可达 200 m/min，而陶瓷刀具的切削速度可达 500 m/min。近年来出现的聚晶立方氮化硼在切削普通钢材时，其切削速度可达 900 m/min；加工 60HRC 以上的淬火钢或高镍合金钢时，切削速度可在 90 m/min 以上。磨削的发展趋势是高速磨削和强力磨削。高速磨削速度可达 80 m/s 以上；强力磨削的切除率可为普通磨削的 3 ~ 5 倍，其磨削深度一次可达 6 ~ 30 mm。

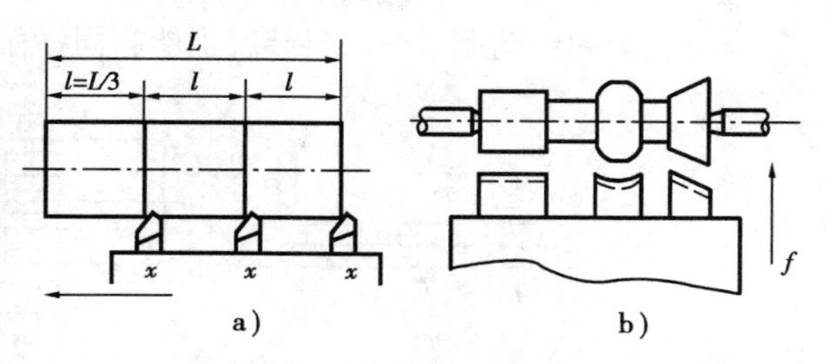

图 7-69　减少和重合切削行程长度的方法
a）多刀车削　b）宽刃和成形刀横向切削

②减少切削行程长度

例如图 7-69a）所示用几把刀加工同一个表面。如图 7-69b）所示用多把成形车刀，并将纵向进给改成横向进给也可以减少刀具的切削长度，同时又是多刀加工，重合切削行程长度。用宽砂轮作切入磨削，生产率可大大提高。采用了上述措施可以大大地提高切削效率，但是机床刚度也必须相应地增强，驱动功率也要加大，否则就容易引起工艺系统受力变形，产生振动等，影响加工质量。

2）缩短辅助时间

随着基本时间的减少，辅助时间在单件时间中所占比重就更高。若辅助时间比重在 55% ~75% 以上，则提高切削用量，对提高生产率就不产生显著的效果。因此须从缩短辅助时间着手。

①直接缩短辅助时间　采用先进的高效夹具可缩短工件的装卸时间。在大批大量生产中采用先进夹具，气动、液压驱动，不仅减轻了工人的劳动强度，而且可缩短装卸工件时间。在单件小批生产中采用成组夹具，能节省工件的装卸找正时间。

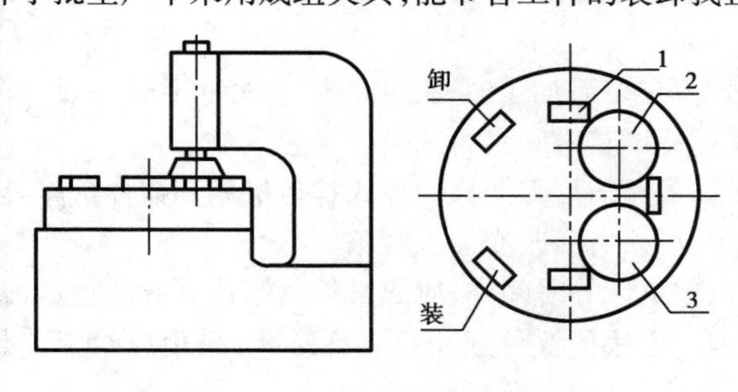

图 7-70　立式回转工作台铣床
1—工件　2—精铣刀　3—粗铣刀

采用主动测量法可减少加工中的测量时间。主动测量装置能在加工过程中，测量工件加工表面的实际尺寸，并可根据测量结果，对加工过程进行主动控制，目前在内外圆磨床上应用较为普遍。

在各类机床上配置数字显示装置，都是以光栅、感应同步器为测量元件，来显示出工件在加工过程中的尺寸变化，采用该装置后能很直观地显示出刀具位移量，节省停机测量的辅助时间。

②使辅助时间与基本时间重合　采用两工位或多工位的加工方法，使辅助时间与基本时间重合。当一工位上的工件在进行加工时，同时在另一工位的夹具中装卸工件，如图 7-70 所

示为立式回转工作台铣床加工实例。机床有两根主轴顺次进行粗、精铣削。又如采用转位夹具或转位工作台以及几根心轴(夹具)等,可在加工时间内对另一工件进行装卸。这样可使辅助时间中的装卸工件时间与基本时间重合。

前面提到的主动测量或数显装置也能起同样作用。

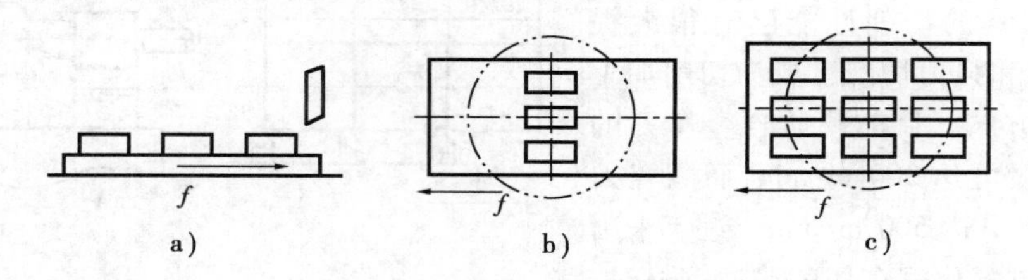

图 7-71　多件加工示意图

③同时缩短基本时间和辅助时间　采用多件加工,机床在一次装夹下同时加工几个工件,从而使分摊到每个工件上的基本时间与辅助时间都能够缩短。多件加工的效果在龙门刨床龙门铣床上最为显著。它又可按情况不同分为顺序加工、平行加工、平行顺序加工(图 7-71)。

如图 7-69b)所示,采用多刀多刃加工及成形切削是一种行之有效的提高劳动生产率的方法。六角车床、多刀车床、多轴钻床、龙门铣床等都是为充分发挥多刀多刃加工的效果而设计制造出来的高效率机床。

成形切削也是提高生产率的一种方法,它又可分为成形刀具切削和用仿形切削两种。前者适用于尺寸较小的成形表面,后者适用于较大的成形表面加工。用单线或多线砂轮磨细纹,用蜗杆砂轮按展成法磨小模数齿轮都属于采用成形刀具切削的例子。用液压仿形刀架或液压仿形车床加工车床主轴是成形法切削的例子。

3)缩短准备终结时间

应用高生产率的机床,如多刀车床、六角车床、半自动车床和自动车床等,调整和安装刀具经常耗费较长时间。在加工一批零件后,如更换零件的类型和尺寸,也必须更换夹具。缩减刀具、夹具或其他工具在机床上的安装和调整时间,是成批生产中提高劳动生产率的关键性工艺问题之一。

采用可换刀架和刀夹,例如六角车床的转塔刀架能快速更换,每一台机床配备几个备用刀架,按照加工对象预先调整等待使用。

采用刀具的微调机构和对刀的辅助工具。在多刀加工时,往往要耗费大量工时在刀具调整上。如果每把刀具尾部装上微调螺丝,就可使调整时间大为减少。

采用准备终结时间少的先进加工设备,如液压仿形刀架插销板式程控机床和数控机床等。这类机床的特点是所需的准备终结时间很短,可以灵活改变加工对象。

在成批生产中,除设法减少安装刀具、调整机床等时间外,应尽量扩大制造零件的批量,减少分摊到每一个零件上的准备终结时间。因此设法使零件通用化和标准化,采用成组工艺是缩减准备终结时间的好途径。

4)采用先进的工艺方法

采用先进工艺方法是提高劳动生产率极为有效的手段。主要有下面几种:

①采用先进的毛坯制造方法　例如,粉末冶金、失腊铸造、压力铸造、精密锻造等新工艺,可以提高毛坯精度,减少切削加工的劳动量,提高生产率。

②采用少、无切屑新工艺　例如，用挤齿代替剃齿，生产率可提高 6～7 倍。还有滚压、冷轧等工艺，都能有效地提高生产率。

③采用特种加工　对于某些特硬、特脆、特韧的材料及复杂型面等，采用特种加工能极大地提高生产率。如用电解或电火花加工锻模型腔，用线切割加工冲模等，可减少大量的钳工劳动量。

④改进加工方法　如用拉孔代替镗孔、铰孔；用精刨、精磨代替刮研等，都可大大提高生产率。

7.6.2　工艺过程的技术经济分析

在制订机械加工工艺过程中，在同样满足被加工零件的加工精度和表面质量的要求下，通常可以有几种不同的加工方案来实现，其中有些方案可具有很高的生产率，但设备和工夹具方面投资较大；另一些方案则可能投资较节省，但生产效率较低，因此，不同的方案就有不同的经济效果。为了选取在给定的生产条件下最经济合理的方案，对不同的工艺方案进行技术经济分析和评比就具有重要意义。

(1)生产成本与工艺成本

制造一个零件或一台产品必需的一切费用和总和，就是零件或产品的生产成本。这种费用实际上可以分为与工艺过程有关的费用和与工艺过程无关的费用两类。与工艺过程无关的那部分成本，如行政后勤人员的工资、厂房折旧费和维修费、照明空调费等在不同方案的分析评比中均是相等的，因而可以略去。而与工艺过程有关的那部分成本，占生产成本的 70%～75%。对不同方案进行经济分析和评比时，就只需分析、评比这部分费用，即工艺成本。

(2)可变费用与不变费用

工艺成本按照与年产量的关系，分为可变费用 V 和不变费用 S 两部分。可变费用 V 是与年产量直接有关，随年产量的增减而成比例变动的费用。它包括：材料和毛坯费、操作工人工资、机床电费、通用机床的折旧费和维修费、以及通用工装（夹具、刀具、量具和辅具等）的折旧费和维修费等。单位为元/件。不变费用 S 与年产量无直接关系，它是不随年产量的增减而变化的费用。它包括：调整工人工资、专用机床的折旧费和维修费，以及专用工装的折旧费和维修费。单位是元/年。因此，一种零件（或一道工序）的全年工艺成本 E 可有下式表示：

$$E = VN + S \quad (\text{元/年}) \tag{7-32}$$

式中　E——零件的全年工艺成本（元/年）；

V——可变费用（元/件）；

S——不变费用（元/年）；

N——生产纲领（件/年）。

因此，单件工艺（或工序）成本 E_d 就是

$$E_d = V + S/N \quad (\text{元/件}) \tag{7-33}$$

式中　E_d——单件工艺（或工序）成本（元/件）。

可见，全年工艺成本 E 与零件的生产纲领 N 成线性正比关系（见图 7-72），而单件工艺成本 E_d 则与 N 成双曲线关系（见图 7-73），即：当 N 增大时，E_d 逐渐减小，极限值接近于可变费用 V。

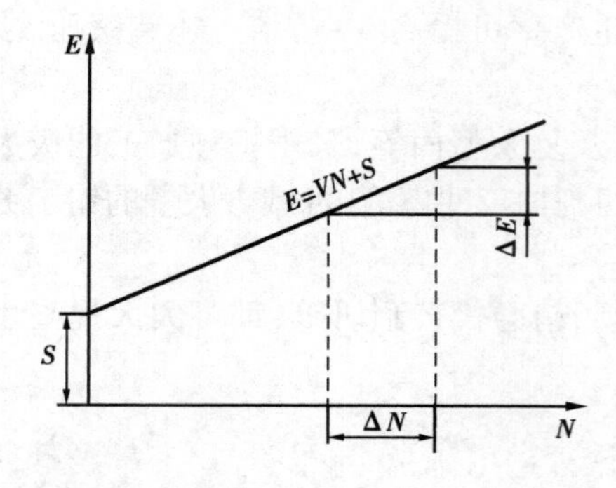

图 7-72　全年工艺成本与年产量的关系

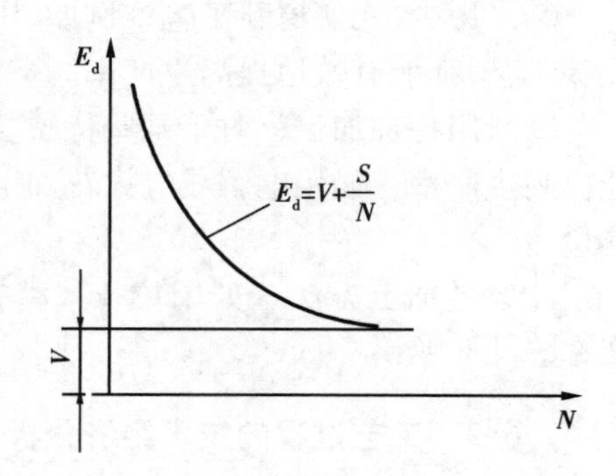

图 7-73　单件工艺成本与年产量的关系

(3)不同方案评比

当分析评比两种基本投资相近,或都采用现有设备的条件下,只有少数工序不同工艺方案时,可以按式(7-33)对这两种工艺方案的零件工艺成本

$$E_{d1} = V_1 + S_1/N \qquad (元/件)$$

$$E_{d2} = V_2 + S_2/N \qquad (元/件)$$

进行分析比较。当年产量变化时,由图 7-74 知,可按临界产量 N_k 合理地选取经济方案Ⅰ或Ⅱ。

当两个方案有较多的工序不同时,就应该按式(7-14)分析对比这两个工艺方案的全年工艺成本:

$$E_1 = V_1N + S_1$$

$$E_2 = V_2N + S_2$$

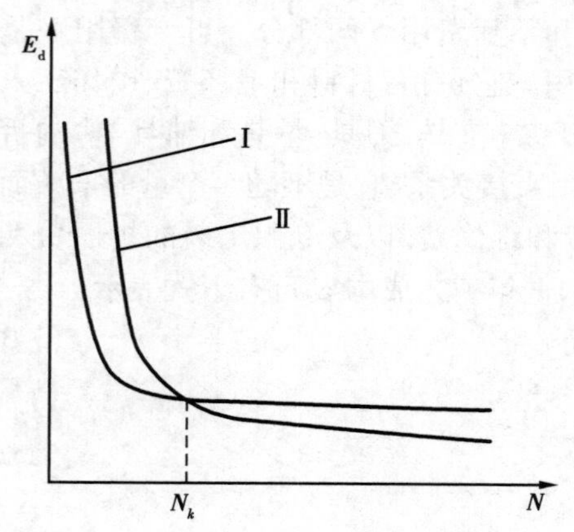

图 7-74　两种工艺方案单件工艺成本比较

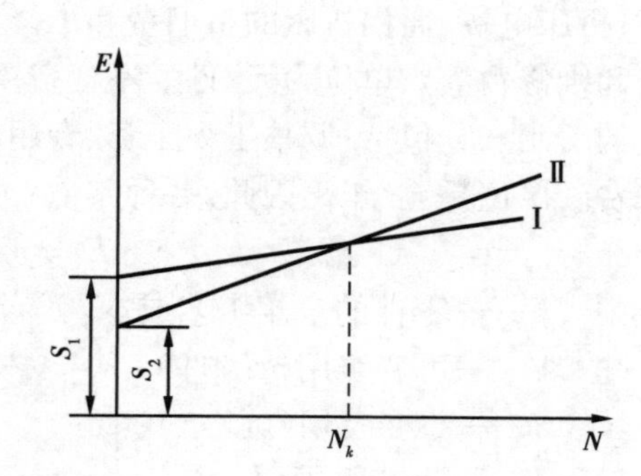

图 7-75　两种工艺方案全年工艺成本比较

当年产量变化时,由图 7-75 知,可按两直线的临界产量 N_k 分别选定经济方案Ⅰ或Ⅱ。此时 N_k 为:

$$V_1 \cdot N + S_1 = V_2 \cdot N + S_2$$

$$N_k = \frac{S_2 - S_1}{V_1 - V_2} \quad (件/年) \qquad (7\text{-}34)$$

若 $N < N_k$,宜采用方案Ⅱ;

若 $N > N_k$，宜采用方案Ⅰ。

如果两种工艺方案基本投资相差较大时，则应比较不同方案的基本投资差额回收期 τ。

例如，方案Ⅰ采用高生产率价格贵的工装设备，基本投资 K_1 大，但工艺成本 E_1 低；方案Ⅱ采用了生产率较低价格便宜的工装设备，基本投资 K_2 小，但工艺成本 E_2 较高。也就是说，方案Ⅰ的低成本是以增加投资为代价的，这时需要考虑投资回收期 τ（年），其值可通过下式计算：

$$\tau = \frac{K_1 - K_2}{E_2 - E_1} = \frac{\Delta K}{\Delta E} \tag{7-35}$$

式中 ΔK——基本投资差额（元）；

ΔE——全年工艺成本差额（元/年）。

所以，回收期就是指方案Ⅰ比方案Ⅱ多花费的投资，需要多长的时间由于工艺成本的降低而收回来。显然，τ 愈小，则经济效益愈好。但 τ 至少应满足以下要求：

①回收期应小于采用设备或工艺装备的使用年限；

②回收期应小于市场对该产品的需要年限；

③回收期应小于国家规定的标准。例如新夹具的标准回收期为2～3年，新机床为4～6年。

(4)相对技术经济指标评比

当对工艺过程的不同方案进行宏观比较时，常用相对技术经济指标进行评比。

技术经济指标反映工艺过程中劳动的耗费、设备的特征和利用程度、工艺装备需要量以及各种材料和电力的消耗等情况。常用的技术经济指标有：每个生产工人的平均年产量（件/人），每台机床的平均年产量（件/台），每平方米生产面积的平均产量（件/m^2），以及设备利用率、材料利用率和工艺装备系数等。利用这些指标能概略和方便地进行技术经济评比。

习题与思考题

7-1 如题图7-1所示零件，毛坯为 $\phi35$ mm棒料，批量生产时其机械加工工艺过程如下所述，试分析其工艺过程的组成。在锯床上切断下料，车一端面钻中心孔，调头，车另一端面钻中心孔，在另一台车床上将整批工件靠螺纹一边都车至 $\phi30$ mm，调头再换刀车整批工件的 $\phi18$ mm外圆，又换一台车床车 $\phi20$ mm外圆，在铣床上铣两平面，转90°后，铣另外两平面，最后，车螺纹，倒角。

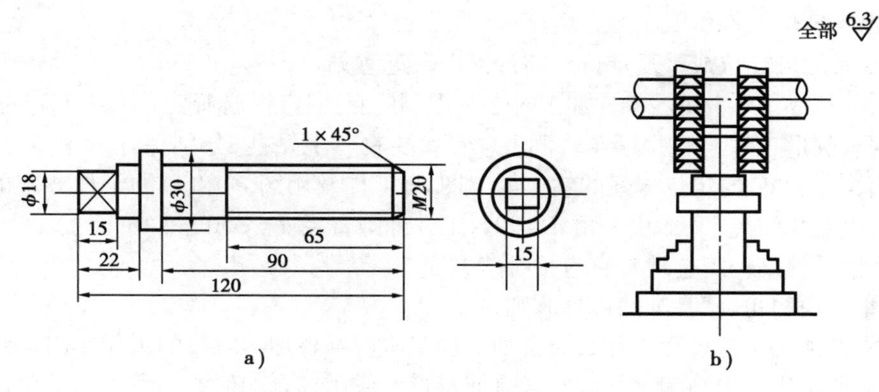

题图7-1

7-2　为什么说夹紧不等于定位，定位不等于夹紧？

7-3　试分析题图 7-2 所示零件的基准：

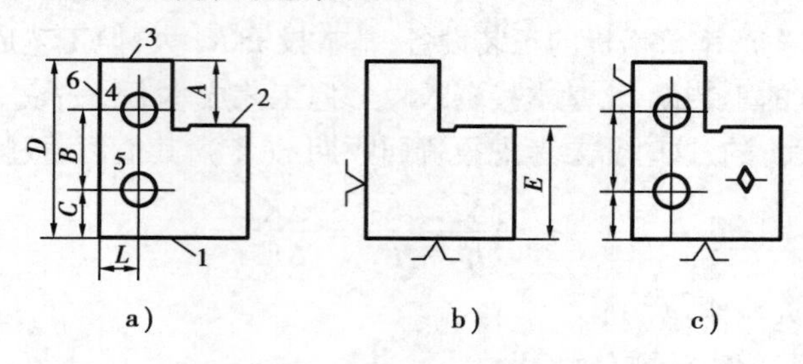

题图 7-2

（1）加工平面 2 的设计基准、定位基准、工序基准和测量基准；

（2）镗孔 4 时的设计基准、定位基准、工序基准和测量基准。

7-4　试分析下列情况的定位基准：

浮动铰（镗）刀铰（镗）孔；珩磨连杆大头孔；磨车床床身导轨面；无心磨外圆；拉孔；抛光加工，攻螺纹。

7-5　根据六点定位原理，试分析题图 7-3 所示定位元件所限制的自由度。

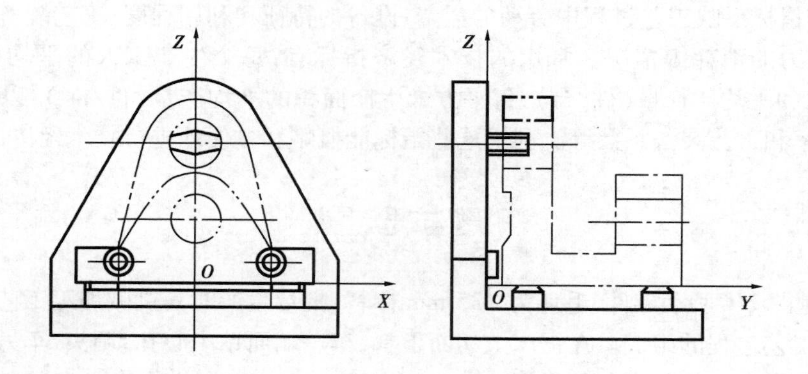

题图 7-3

7-6　试分析题图 7-4 所示定位方案：

（1）指出各定位元件所限制的自由度；

（2）判断有无欠定位或重复定位，如有，提出改进意见。

7-7　试分析题图 7-5 所示零件加工时必须限制的自由度，并选择定位基准和定位元件。

7-8　现有圆形工件，如题图 7-6a）和 b）所示，要在其上钻孔，分别保证 H 和 M 尺寸。试分析计算用图 c）和 d）的定位方案的钻模加工图 a）工件及用图 e）和 f）的定位方案的钻模加工图 b）工件的定位误差（V 形块夹角 $\alpha=90°$，工件外圆直径 $d=\phi50^{0}_{-0.062}$ mm）。

7-9　何谓零件结构工艺性？它包括哪些方面？

7-10　举例说明粗、精基准的选择原则。

7-11　机械加工工艺过程为什么通常划分加工阶段？各加工阶段的主要作用是什么？

7-12　何谓工序集中与工序分散？各有何特点？应用场合如何？

7-13　试说明安排切削加工工序的原则。

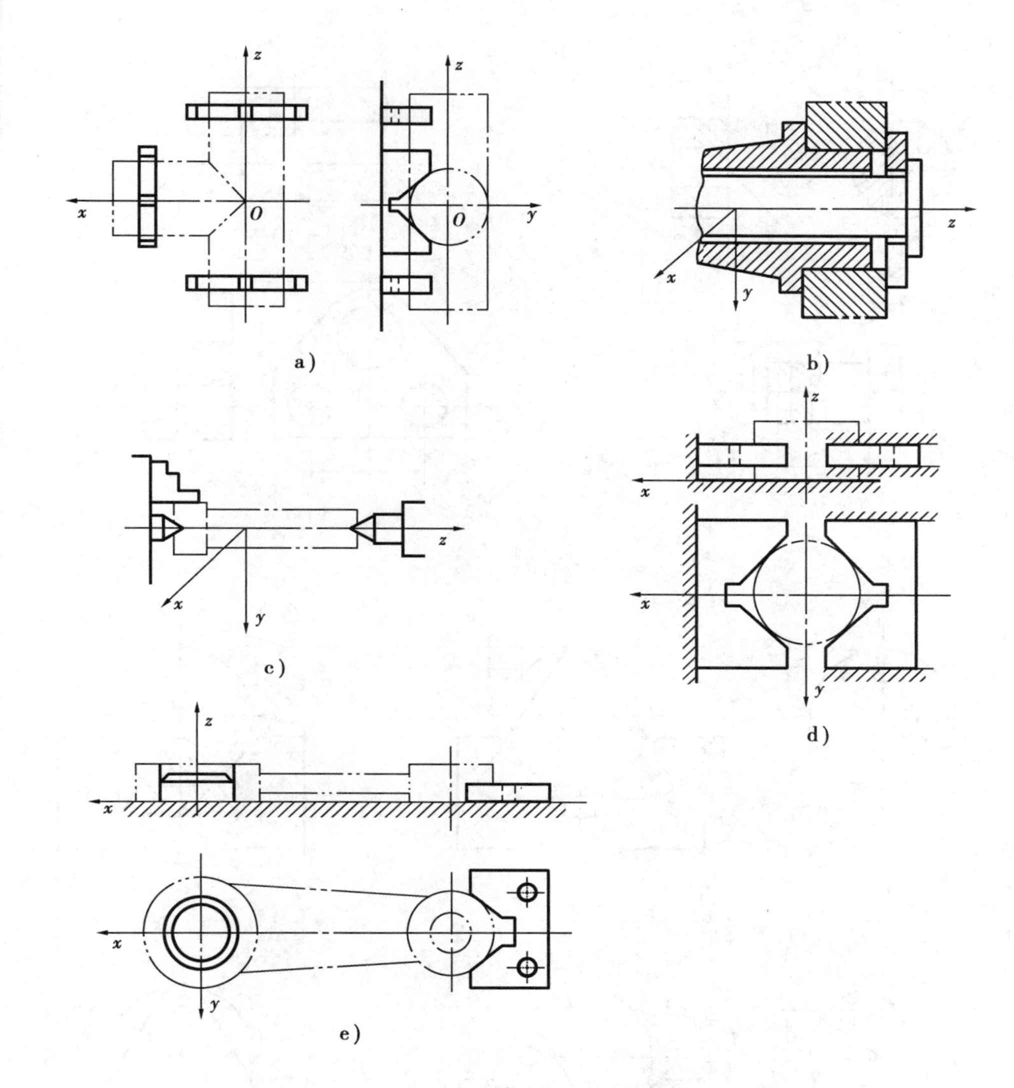

题图 7-4

7-14　什么是加工余量？加工余量、工序尺寸与公差之间有何关系？

7-15　何谓尺寸链？如何判断尺寸链中的封闭环、增环和减环？

7-16　如题图 7-7 所示工件，$A_1=70^{-0.02}_{-0.07}$ mm，$A_2=60^{0}_{-0.04}$ mm，$A_3=20^{+0.19}_{0}$ mm。因 A_3 不便直接测量，试重新标出测量尺寸及其公差。

7-17　如题图 7-8 所示工件除缺口 B 处外，其余表面均已加工。试分析当加工缺口 B 保证尺寸 $8^{+0.2}_{0}$ mm 时，有几种定位方案。计算出各种定位方案的工序尺寸，并选择最佳方案。

7-18　如题图 7-9 中带键槽轴的工艺过程为：车外圆 $\phi30.5^{0}_{-0.1}$ mm，铣键槽深度为 $H^{+T(H)}_{0}$；热处理；磨外圆至 $\phi30^{+0.036}_{+0.015}$ mm。设磨后外圆与车后外圆同轴度公差为 $\phi0.05$ mm。求保证铣键槽深度设计尺寸 $4^{+0.2}_{0}$ mm 的铣键槽深度 $H^{+T(H)}_{0}$。

7-19　如题图 7-10a）所示为轴套零件简图，其内孔、外圆和各端面均已加工完毕，试分别计算图 b）中三种定位方案钻孔时的工序尺寸及偏差。

7-20　何谓额有劳动生产率？提高机械加工劳动生产率的主要工艺措施有哪些？

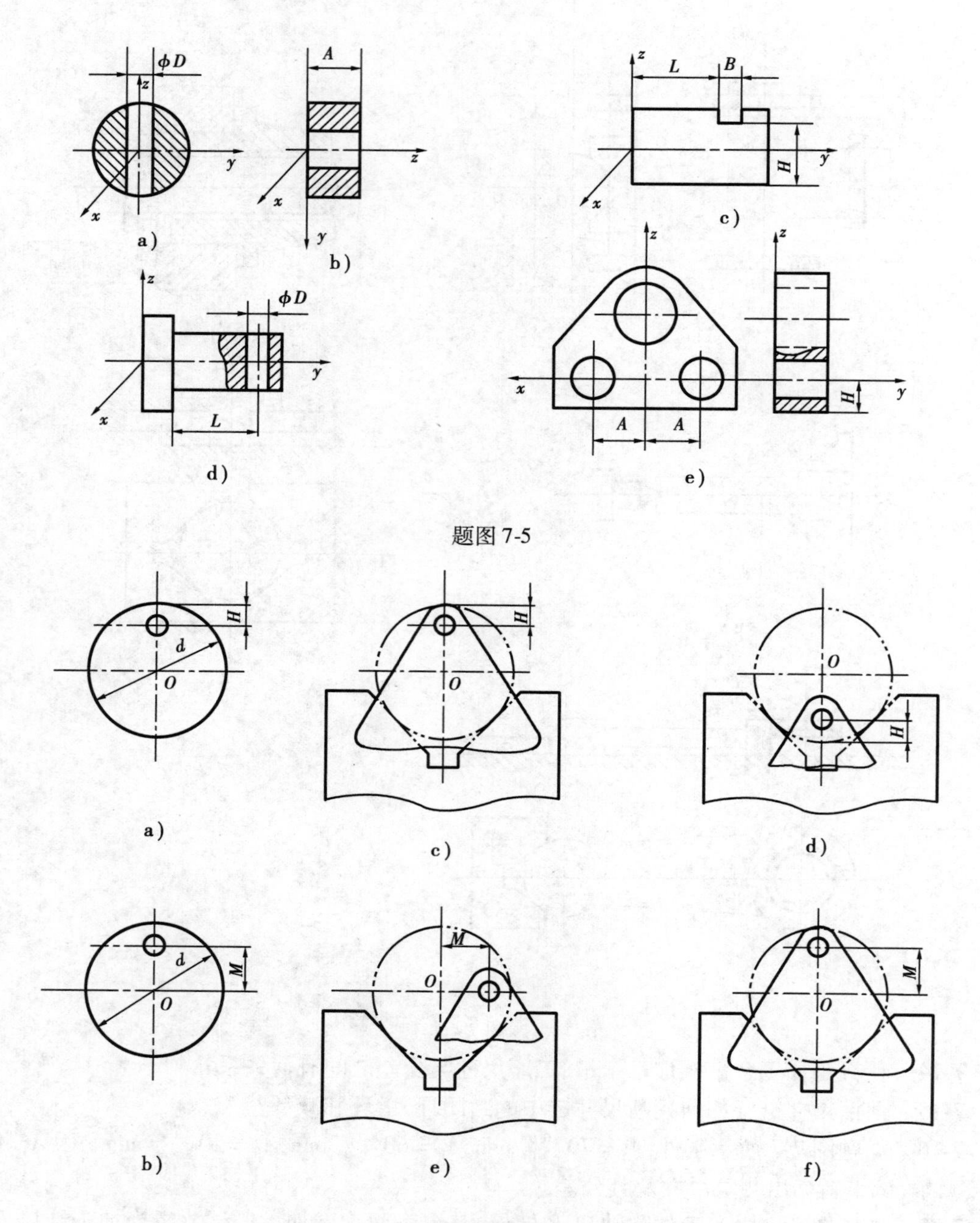

题图 7-5

题图 7-6

7-21　时间定额由哪些时间组成？各种时间有哪些内容？

7-22　工艺成本由哪两大部分费用组成？各包括哪些费用？

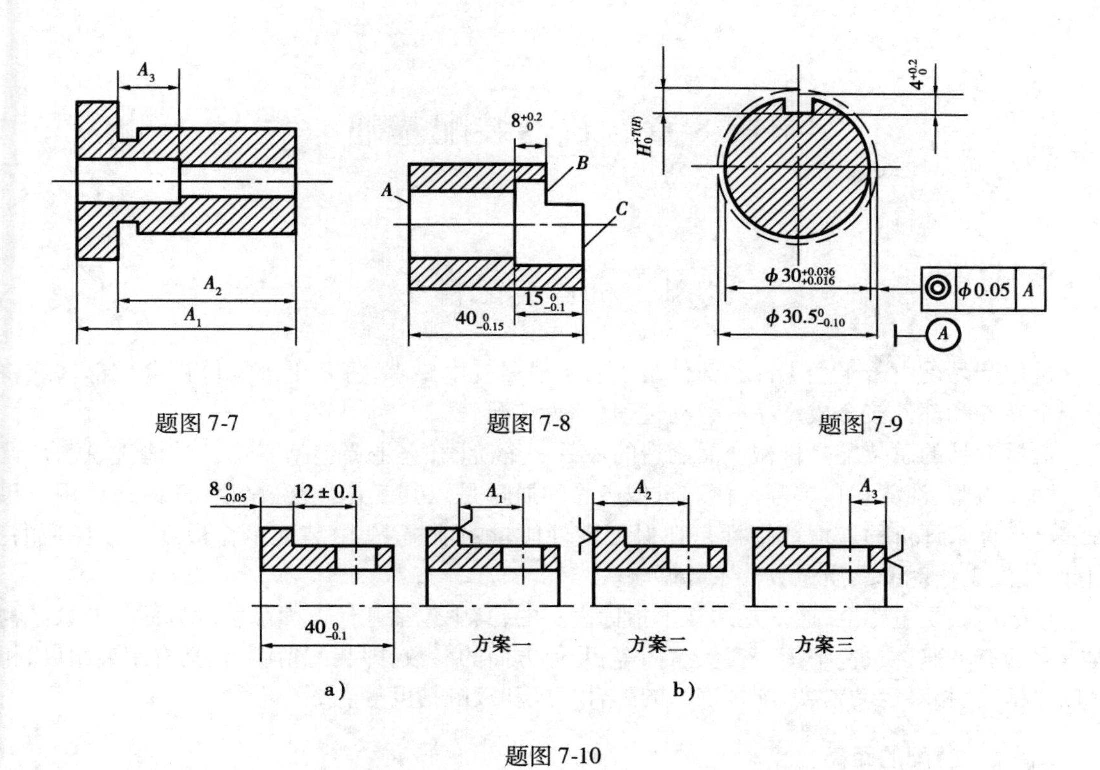

题图 7-7

题图 7-8

题图 7-9

题图 7-10

第8章　机器装配基础

8.1　机器装配精度

机械产品是由若干个零件和部件组成的。根据技术要求,将若干个零件接合成部件或将若干个零件和部件接合成产品的劳动过程,称为装配。

机械产品的总装配是机械产品制造的最后一个阶段,它主要包括零部件的清洗、接合、调整、试验、检验、油漆和包装等工作。机械产品的质量是以其工作性能、精度、寿命和使用效果等综合指标来评价的。这些指标是在保证零件质量的前提下,由装配工作最终予以保证的。因此,装配工作对产品质量具有重要影响。

机械产品质量标准,通常是用技术指标表示的,其中包括几何方面和物理方面的参数。物理方面的有转速、质量、平衡、密封、摩擦等;几何方面的参数,即装配精度,包括有距离精度、相互位置精度、相对运动精度、配合表面的配合精度和接触精度等。

8.1.1　装配的距离精度

距离精度是指为保证一定的间隙、配合质量、尺寸要求等相关零件、部件的距离尺寸的准确程度。

图8-1所示为车床装配的尺寸。

A_0 和 B_0——装配尺寸的垂直和水平方向精度;

A_1——主轴箱前顶尖的高度尺寸;

A_2——尾座底板的高度尺寸;

A_3——尾座后顶尖的高度尺寸;

B_1、B_2、B_3——床头和床尾水平方向有关尺寸。

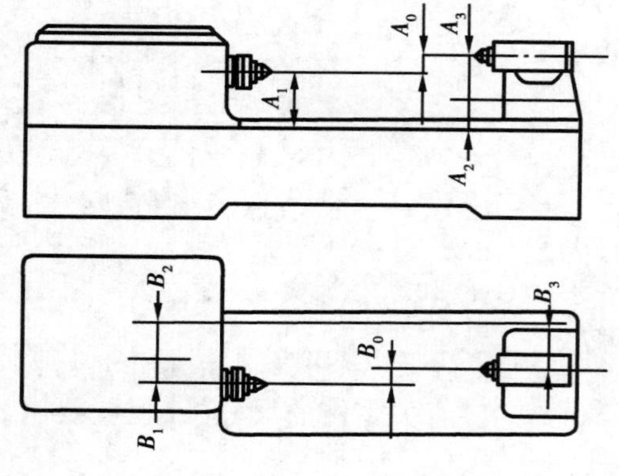

图8-1　车床装配的尺寸

由图中可以看出,影响装配精度(A_0 和 B_0)的有关尺寸是 A_1、A_2、A_3、B_1、B_2、B_3。亦即装配距离精度反映各有关尺寸与装配尺寸的关系。

8.1.2　装配的相互位置精度

如图8-2所示为装配的相互位置精度。

图中装配的相互位置精度是活塞外圆的中心线与缸体孔的中心线平行。

α_1——活塞外圆中心线与其销孔中心线的垂直度;

α_2——曲轴的连杆颈中心与其大头孔中心线的平行度;

α_3——曲轴的连杆轴颈中心线与其主轴轴颈中心线的平行度;

α_0——缸体中心线与其曲轴孔中心线的垂直度。

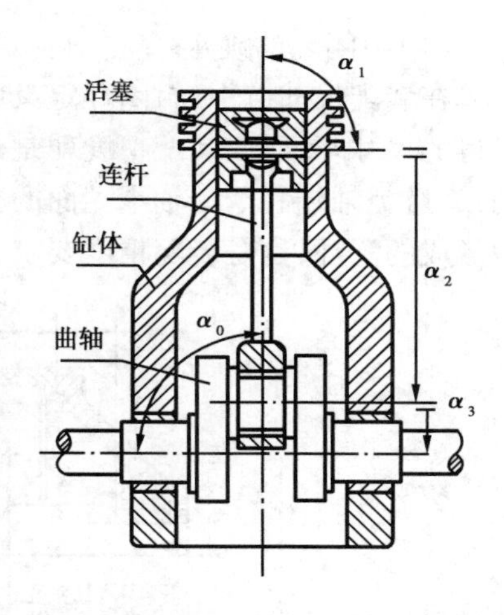

图 8-2 发动机装配的相互位置精度

由图中可以看出，影响装配相互位置精度的是 α_1、α_2、α_3、α_0。亦即装配相互位置精度反映各零件有关相互位置与装配相互位置的关系。

8.1.3 装配的运动精度

运动精度有主轴的圆跳动、轴向窜动、转动精度以及传动精度等。主要与主轴轴颈处的精度、轴承精度、箱体轴孔精度、传动元件自身的精度和它们之间的配合精度有关。

8.1.4 接触精度

接触精度是指相互配合表面、接触表面达到规定接触面积的大小与接触点分布情况。它影响接触刚度和配合质量的稳定性。如齿轮啮合、锥体与锥孔配合以及导轨副之间均有接触精度要求。

上述各种装配精度之间存在一定的关系。接触精度和配合精度是距离精度和位置精度的基础，而位置精度又是相对运动精度的基础。

影响装配精度的主要原因是零件的加工精度。一般来说，零件的精度越高，装配精度就越容易得到保证。但在生产实际中，并不是单靠提高零件的加工精度去达到高的装配精度，因为这样会增加加工成本。所以对于零件的加工精度，应根据装配精度的要求，进行分析并加以控制。

此外，影响装配精度的因素还有零件的表面接触质量，力、热、内应力等所引起的零件变形，以及旋转零件的不平衡等，这些也是在装配过程中要加以重视的问题。

8.2 装配尺寸链

8.2.1 装配尺寸链的概念

装配尺寸链是以某项装配精度指标（或装配要求）作为封闭环，查找所有与该项精度指标（或装配要求）有关零件的尺寸（或位置要求）作为组成环而形成的尺寸链。它是研究与分析装配精度与各有关尺寸关系的基本方法。可用来验算原设计与加工尺寸是否保证装配精度；亦可由装配精度确定与控制各有关尺寸的精度。总之，装配尺寸链是保证装配精度方法的依据。

图 8-3 所示为装配尺寸链的例子。图中轴台肩面在装配后要求与轴承的端面之间保证一定的间隙 A_0，与间隙 A_0 有关的尺寸有 A_1、A_2、A_3、A_4 和 A_5。

8.2.2 装配尺寸链的建立

装配尺寸链的建立，是在装配图上，根据装配精度要求，找出与该项装配精度有关的零件及其有关的尺寸，按照封闭与最短路线原则去组成尺寸链。其步骤是确定封闭环，确定组成环，画出尺寸链图。以图 8-3 为例：

（1）封闭环的确定

在装配尺寸链中，封闭环定义为装配过程最后形成的那个尺寸环。而装配精度是装配后所得的尺寸环，所以装配精度就是封闭环。图 8-3 所示的传动箱、传动轴在两个滑动轴承中转动，为避免轴端和滑动轴承端面的摩擦，因此在轴向要有一定的间隙。这一间隙是装配过程最后形成的一环，也是装配精度要求，所以它是封闭环。装配间隙为 0.2 ~ 0.7 mm。

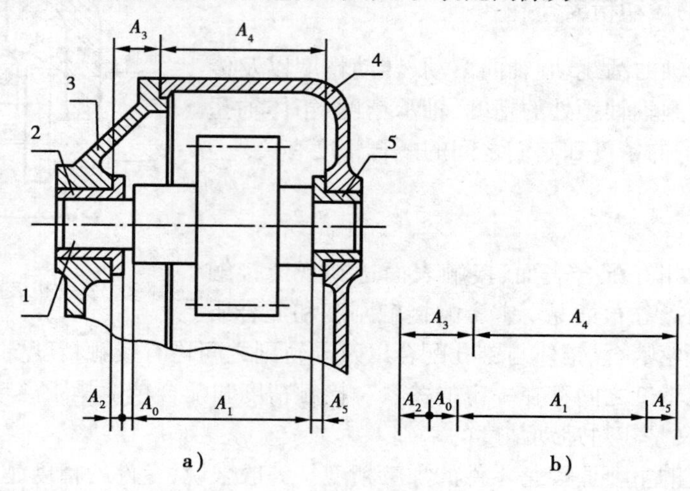

图 8-3 装配尺寸链

（2）组成环的确定

组成环的确定就是要找出与装配精度有关的零件及其相关尺寸。其方法是从封闭环的一端出发，按逆时针方向或顺时针方向依次寻找相关零件及其尺寸，直至返回到封闭环的另一端。本例中相关零件是齿轮轴 1、左滑动轴承 2、左箱体 3、右箱体 4 和右滑动轴承 5。确定相关零件后，应遵守“尺寸链的最短路线”原则，确定相关尺寸。在本例中的相关尺寸是 A_1、A_2、A_3、A_4 和 A_5。它们是以 A_0 为封闭环的装配尺寸链中的组成环。

“尺寸链最短路线”原则是建立装配尺寸链时应遵循的一个重要原则，它要求装配尺寸链中所包括的组成环数目最少，即每一个有关零件仅以一个组成环列入。例如箱体左右的轴承孔厚度就不应列入本例的装配尺寸链中。

（3）画出尺寸链图

画尺寸链图时，应以封闭环为基础，以其尺寸的一端出发，一一把组成环的尺寸连接起来，直到封闭环尺寸的另一端为止，这就是封闭原则。

画出尺寸链图后，便可容易地判断哪些组成环是增环，哪些组成环是减环。增减环的判别原则和工艺尺寸链一样，当其他组成环尺寸不变时，该组成环尺寸增加使封闭环尺寸也增加为增环；该组成环的尺寸增加使封闭环尺寸减小为减环。

8.2.3 装配尺寸链的计算方法

装配尺寸链的应用包括两个方面：其一是在已有产品装配图和全部零件图的情况下，即尺寸链的封闭环、组成环的基本尺寸、公差及偏差都已知，由已知的组成环的基本尺寸、公差及偏差，求封闭环的基本尺寸、公差及偏差。然后与已知条件相比，看是否满足装配精度的要求，验证组成环的基本尺寸、公差及偏差确定是否合理，这属于“正计算”；其二，在产品设计阶段，根据产品装配精度要求(封闭环),确定组成环的基本尺寸、公差及偏差,然后将这些已确定的基本尺寸、公差及偏差标注到零件图上,这种应用方法称为“反计算”。但无论哪一种方法,装配尺寸链的计算方法只有两种,即极值法和概率法。

(1)极值法

装配尺寸链的极值法计算所应用的公式与第 7 章中工艺尺寸链的计算公式相同。

极值法的“正计算”比较简单,计算与工艺尺寸链相同。可以用公式(7-16)~(7-21)进行计算,也可以用竖式进行计算。

极值法的反计算也是应用上面的公式,下面以“相依尺寸公差法”为例,介绍极值法的“反计算”法。

首先在装配尺寸链组成环中选择一个比较容易加工或在生产上受限制较少的组成环的尺寸作为“相依尺寸”。先确定其他比较难加工和不宜改变其公差的组成环的公差及偏差,然后用公式或竖式算出“相依尺寸”的公差及偏差。其计算步骤如下:

1)分析建立起装配尺寸链

用式(7-16)验算基本尺寸是否正确,确定“相依尺寸”。

2)确定组成环的公差

利用等公差法计算出各组成环的平均公差。

$$T_{\mathrm{cp}}(A_i) = \frac{T(A_0)}{n-1} \tag{8-1}$$

然后根据零件加工难易程度和尺寸大小再进行调整,将其他组成环的公差确定下来,最后利用公式算出“相依尺寸”的公差。即

$$T(A_y) = T(A_0) - \sum_{i=1}^{n-2} T(A_i) \tag{8-2}$$

式中 $T(A_y)$——“相依尺寸”公差。

3)确定组成环偏差

除“相依尺寸”外的其他组成环偏差,按单向入体原则先确定,即包容面取正偏差,被包容面取负偏差,然后计算“相依尺寸”的偏差。根据相依尺寸是增环还是减环,可分两种情况计算:

① 若相依尺寸为增环

$$\mathrm{ES}(\overrightarrow{A}_y) = \mathrm{ES}(A_0) - \sum_{i=1}^{m-1} \mathrm{ES}(\overrightarrow{A}_i) + \sum_{i=m+1}^{n-1} \mathrm{EI}(\overleftarrow{A}_i) \tag{8-3}$$

$$\mathrm{EI}(\overrightarrow{A}_y) = \mathrm{EI}(A_0) - \sum_{i=1}^{m-1} \mathrm{EI}(\overrightarrow{A}_i) + \sum_{i=m+1}^{n-1} \mathrm{ES}(\overleftarrow{A}_i) \tag{8-4}$$

② 若相依尺寸为减环

$$\mathrm{ES}(\overleftarrow{A}_y) = -\mathrm{EI}(A_0) + \sum_{i=1}^{m} \mathrm{EI}(\overrightarrow{A}_i) - \sum_{i=m+1}^{n-2} \mathrm{ES}(\overleftarrow{A}_i) \tag{8-5}$$

$$\mathrm{EI}(\overleftarrow{A}_y) = -\mathrm{ES}(A_0) + \sum_{i=1}^{m} \mathrm{ES}(\overrightarrow{A}_i) - \sum_{i=m+1}^{n-2} \mathrm{EI}(\overleftarrow{A}_i) \tag{8-6}$$

除了用上述公式计算外,也可用竖式计算“相依尺寸”的偏差。

例:图 8-4 所示为双联转子泵轴向关系简图。根据技术要求,冷态下的轴向装配间隙为 0.05~0.15 mm。$A_1=41$ mm,$A_2=A_4=17$ mm,$A_3=7$ mm。求各组成环的公差及偏差。

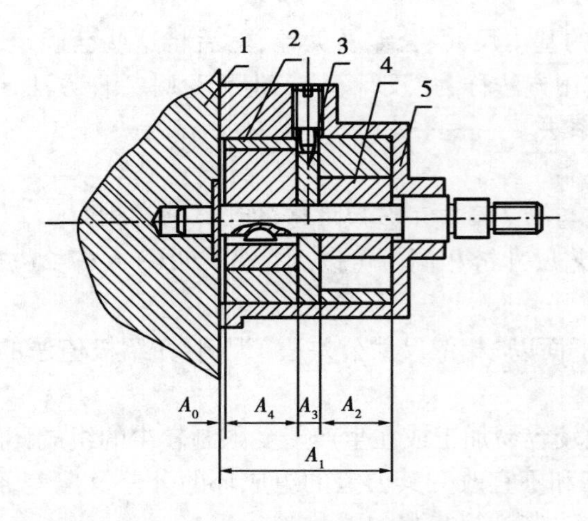

图 8-4　双联转子泵轴向关系简图
1—机体　2—外转子
3—隔板　4—内转子　5—壳体

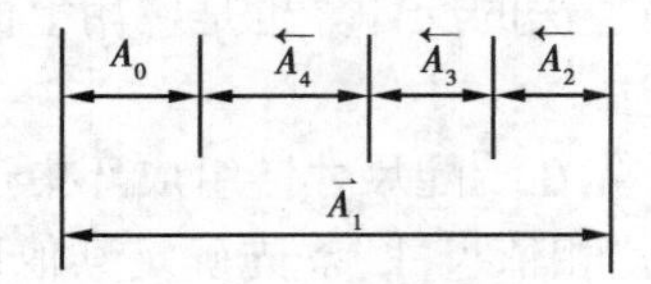

图 8-5　双联转子泵尺寸链图

解:(1)分析和建立尺寸链图(图 8-5)

封闭环尺寸是 $A_0 = 0^{+0.15}_{+0.05}$ mm

(2)确定各组成环公差

$$T_{cp}(A_i) = \frac{T(A_0)}{n-1} = \frac{0.1}{5-1}\text{ mm} = 0.025\text{ mm}$$

根据加工难易程度和尺寸大小调整各组成环的公差。尺寸 A_2、A_3、A_4 可用平面磨床加工,精度较易保证,故公差可规定得小些,但为便于用卡规进行测量,其公差还得符合标准公差;尺寸 A_1 采用镗削加工,尺寸较难得到,公差应给大些,且此尺寸属深度尺寸,在成批生产中常用通用量具而不使用极限量规测量,故可选为"相依尺寸"。由此按单向入体原则确定:

$$A_2 = A_4 = 17^{0}_{-0.018}\text{ mm(IT7 级)}$$
$$A_3 = 7^{0}_{-0.015}\text{ mm(IT7 级)}$$

(3)计算"相依尺寸"偏差

$$\begin{aligned}ES(\overrightarrow{A_1}) &= ES(A_0) + EI(\overleftarrow{A_2}) + EI(\overleftarrow{A_3}) + EI(\overleftarrow{A_4})\\ &= 0.15\text{ mm} + (-0.018)\text{ mm} + (-0.015)\text{ mm} + (-0.018)\text{ mm}\\ &= 0.099\text{ mm}\end{aligned}$$

$$\begin{aligned}EI(\overrightarrow{A_1}) &= EI(A_0) + ES(\overleftarrow{A_2}) + ES(\overleftarrow{A_3}) + ES(\overleftarrow{A_4})\\ &= +0.05\text{ mm} + 0\text{ mm} + 0\text{ mm} + 0\text{ mm} = 0.05\text{ mm}\end{aligned}$$

故"相依尺寸"为:

$$\overrightarrow{A_1} = 41^{+0.099}_{+0.05}\text{ mm}$$

也可用竖式计算得到同样的结果(见表 8-1)。

表 8-1

基本尺寸		ES	EI
A_1	41	+0.099	+0.05
A_2	−17	+0.018	0
A_3	−7	+0.015	0
A_4	−17	+0.018	0
A_0	0	+0.15	+0.05

(2)概率法

极值法的优点是简单可靠,缺点是从极端的情况出发,推导出封闭环与组成环的关系。当封闭环公差较小,而组成环的环数较多时,各组成环公差将会很小,使加工困难,制造零件成本增加。生产实践证明,加工一批零件时,其加工尺寸处于公差带范围的中间部分零件是多数,处于极限尺寸的零件是极少数。而且一批零件在装配时,尤其对多环尺寸链的装配,同一部件的各组成环恰好都处于极限尺寸的情况就更少见。因此,在成批或大量生产中,当装配精度要求高,组成环的数目又较多时,应用概率法解尺寸链比较合理。

1)各环公差计算

根据概率论原理,即独立随机变量之和的均方根误差 σ_0 与这些随机变量相应的 σ_i 值有如下关系:

$$\sigma_0 = \sqrt{\sum_{i=1}^{n-1} \sigma_i^2}$$

在装配尺寸链中,其组成环(即各零件加工尺寸的数值)是彼此独立的随机变量,因此作为组成环合成封闭环的数值也是一个随机变量。

当尺寸链中各组成环的尺寸误差分布都遵循正态分布规律,则其封闭环也将遵循正态分布规律。此时各尺寸的随机误差,即尺寸的分散范围为其均方根误差的 6 倍。

令尺寸的公差 $T(A_i)=6\sigma$,则封闭环公差 $T(A_0)$ 各组成环公差的关系式为上一章的公式(7-22)

$$T(A_0) = \sqrt{\sum_{i=1}^{n-1} T(A_i)^2} \tag{8-7}$$

如零件尺寸不属于正态分布时,由上式需引入一个相对分布系数 K。则有

$$T(A_0) = \sqrt{\sum_{i=1}^{n-1} [KT(A_i)]^2} \tag{8-8}$$

不同分布曲线的相对分布系数值见表 8-2。

表 8-2　一些尺寸分布曲线的 K 和 e 值

分布特征	正态分布	三角分布	均匀分布	瑞利分布	偏态分布	
					外尺寸	内尺寸
分布曲线				$e\frac{T}{2}$	$e\frac{T}{2}$	$e\frac{T}{2}$
e	0	0	0	-0.23	0.26	-0.26
k	1	1.22	1.73	1.4	-1.17	1.17

2)各环平均尺寸的计算

根据概率论原理,各环的基本尺寸是以尺寸分布的集中位置即用算术平均$\overline{A}$来表示的,所以装配尺寸链中有

$$\overline{A}_0 = \sum_{i=1}^{m} \overrightarrow{\overline{A}}_i - \sum_{i=m+1}^{n-1} \overleftarrow{\overline{A}}_i \tag{8-9}$$

封闭环的算术平均值$\overline{A}_0$ 等于各增环算术平均值$\overrightarrow{\overline{A}}_i$ 之和减去各减环算术平均值$\overleftarrow{\overline{A}}_i$ 之和。

当各组成环的尺寸分布曲线属于对称分布,而且分布中心与公差带中心重合时,见图 8-6a),则其尺寸分布的算术平均值$\overline{A}$即等于该尺寸公差带中心尺寸(称之为平均尺寸 A_M),此时亦有

$$A_{OM} = \sum_{i=1}^{m} \overrightarrow{A}_{iM} - \sum_{i=m+1}^{n-1} \overleftarrow{A}_{iM} \tag{8-10}$$

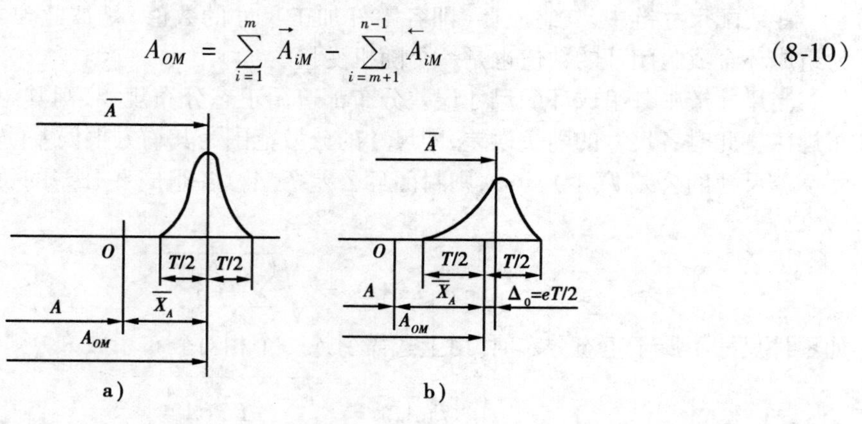

图 8-6　分布曲线尺寸计算

a)对称分布　b)不对称分布

当各组成环尺寸分布曲线属于不对称分布时,算术平均值$\overline{A}$相对于公差带中心尺寸 A_M 产生一个偏差 $\Delta_0 = e\dfrac{T}{2}$(T 为该尺寸公差),见图 8-6b),系数 e 称为相对不对称系数,表示尺寸分布的不对称度。对称分布曲线的 $e=0$,其余见表 8-2。

按以上计算出各环公差,以及各环平均尺寸 A_M 后,各环的公差对平均尺寸应注成双向对

称分布，然后根据需要，可再改注具有基本尺寸和相应的上、下偏差的形式。

例：如图 8-4 所示，利用概率法求各组成环公差及偏差（设各零件加工符合正态分布）。

解：(1)分析和建立尺寸链

封闭环尺寸是 $A_0 = 0^{+0.15}_{+0.05}$ mm。

(2)确定各组成环公差

$$T_{cp}(A_i) = \frac{T(A_0)}{\sqrt{n-1}} = \frac{0.1}{\sqrt{5-1}} \text{ mm} = 0.05 \text{ mm}$$

显然比极值法公差放大了，因此各组成环公差也可以放大。根据各零件的加工难易程度分配公差并确定 A_1 环为相依尺寸。

$$A_2 = A_4 = 17^{0}_{-0.043} \text{ mm} \qquad A_3 = 7^{0}_{-0.037} \text{ mm}$$

$$\begin{aligned} T(A_1) &= \sqrt{T(A_0)^2 - T(A_2)^2 - T(A_4)^2 - T(A_3)^2} \\ &= \sqrt{0.1^2 - 0.043^2 - 0.043^2 - 0.037^2} \text{ mm} \\ &= 0.07 \text{ mm} \end{aligned}$$

(2)计算相依尺寸的平均尺寸

$$A_{0M} = 0.1 \text{ mm}, \qquad \overleftarrow{A}_{2M} = \overleftarrow{A}_{4M} = 16.978\,5 \text{ mm}$$

$$\overleftarrow{A}_{3M} = 6.981\,5 \text{ mm}$$

$$\overrightarrow{A}_{1M} = A_{0M} + \overleftarrow{A}_{2M} + \overleftarrow{A}_{4M} + \overleftarrow{A}_{3M} = 41.038\,5 \text{ mm}$$

(3)计算相依尺寸及其偏差

$$\overrightarrow{A}_1 = \overrightarrow{A}_{1M} \pm \frac{T(A_1)}{2} = 41.038\,5^{+0.035}_{-0.035} \text{ mm}$$

$$\Rightarrow 41^{+0.073\,5}_{+0.003\,5} \text{ mm}$$

对比极值法和概率法计算结果，概率法零件的制造公差放大了许多，可以大大地降低零件制造成本。

8.3 保证装配精度的工艺方法

凡是装配完成的机器必须满足规定的装配精度。装配精度是机器质量指标中的重要项目之一，它是保证机器具有正常工作性能的必要条件。

机器装配是将加工合格的零件组合成部件和机器，零件都有规定的加工公差，即有一定的加工误差。在装配时这种误差的积累就会影响装配精度，当然希望这种累积误差不要超出装配精度指标所规定的允许范围，从而使装配工作只是简单的连接过程，不必进行任何修配或调整。但事实并非如此理想，这是因为零件的加工精度不但在工艺技术上受到现实可能性的限制，而且又受到经济性的制约。例如，在组成部件或机器有关零件较多而装配最终精度的要求较高时，即使把经济性置之度外，尽可能地提高零件加工精度以降低累积误差，但是结果往往还是无济于事。在机器精度要求较高、批量较小时，尤其是这样。在长期的装配实践中，人们根据不同的机器，不同生产类型，创造了许多行之有效的装配工艺方法。归纳有：互换法、选配法、修配法和调整法四大类。

8.3.1 互换法

互换法的实质就是用控制零件加工误差来保证装配精度的一种方法。根据互换的程度，分完全互换和不完全互换。

(1)完全互换法

完全互换法就是机器在装配过程中每个待装配零件不需要挑选、修配和调整，装配后就能达到装配精度要求的一种方法，这种方法是用控制零件的制造精度来保证机器的装配精度。

完全互换法的装配尺寸链是按极值法计算的。完全互换法的优点是装配过程简单，生产效率高；对工人的技术水平要求不高；便于组织流水作业及实现自动化装配；容易实现零部件的专业协作；便于备件供应及维修工作等。

因为有这些优点，因此只要能满足零件经济精度要求，无论何种生产类型都应首先考虑采用完全互换法装配。但是在装配精度要求较高，尤其是组成零件的数目较多时，就难以满足零件的经济精度要求，因此考虑采用不完全互换法。

(2)不完全互换法

不完全互换法又称部分互换法。当机器的装配精度较高，组成环零件的数目较多，用极值法(完全互换法)计算各组成环的公差，结果势必很小，难以满足零件的经济加工精度的要求，甚至很难加工。因此，在大批大量的生产条件下采用概率法计算装配尺寸链，用不完全互换法保证机器的装配精度。

与完全互换法相比，采用不完全互换法装配时，零件的加工误差可以放大一些。使零件加工容易，成本低，同时也达到部分互换的目的。其缺点是将会出现极少部分产品的装配精度超差。这就需要考虑好补救措施，或者事先进行经济核算来论证可能产生的废品而造成的损失小于因零件制造公差放大而得到的增益，那么，不完全互换法就值得采用。

8.3.2 选配法

在成批或大量生产条件下，若组成零件不多而装配精度很高时，采用完全互换法或不完全互换法，都将使零件的公差过严，甚至超过了加工工艺实现可能性。例如：内燃机的活塞与缸套的配合，滚动轴承内外环与滚珠的配合等。在这种情况下，可以用选配法。选配法是将配合副中各零件仍按经济精度制造(即零件制造公差放大)，然后选择合适的零件进行装配，以保证规定的装配精度要求。

选配法有三种形式：直接选配法、分组装配法及复合选配法。

(1)直接选配法

由装配工人在许多待装配的零件中，凭经验挑选合适的零件装配在一起，保证装配精度。这种方法事先不将零件进行测量和分组，而是在装配时直接由工人试凑装配。故称为直接选配法。其优点是简单，但工人挑选零件可能要用去比较长时间，而且装配质量在很大程度上决定于工人技术水平，因此这种选配法不宜采用在节拍要求严格的大批大量的流水线装配中。

(2)分组装配法

此法是先将被加工零件的制造公差放宽几倍(一般放宽 3 ~ 4 倍)，零件加工后测量分组(公差放宽几倍分几组)，并按对应组进行装配以保证装配精度的方法。

这种选配法的优点是：零件加工精度要求不高，而能获得很高的装配精度；同组内零件仍可以互换，具有互换法的优点，故又称为“分组互换法”。它的缺点是：增加了零件的存储量，增加了零件的测量、分组工作，使零件的储存、运输工作复杂化。

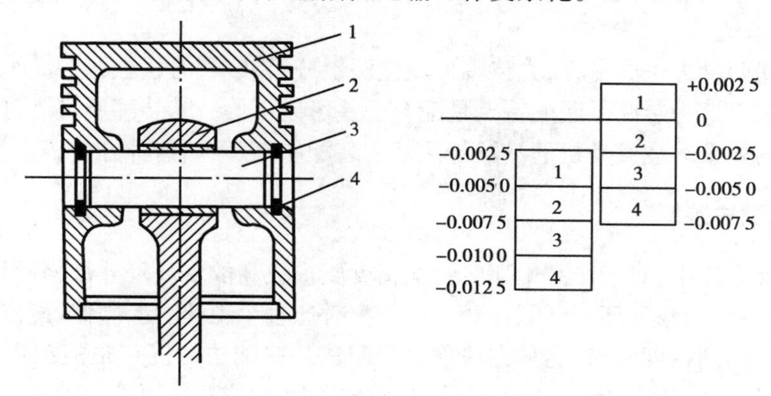

图 8-7 活塞、活塞销和连杆连接

1—活塞 2—连杆 3—活塞 4—挡圈

例. 如图 8-7 所示，连杆小头孔的直径为 $\phi25_{0}^{+0.0025}$ mm，活塞销的直径为 $\phi25_{-0.0050}^{-0.0025}$ mm，其配合精度很高，配合间隙要求为 0.002 5 ~ 0.007 5 mm，因此生产上采用分组装配法，将活塞销的直径公差放大四倍，为 $\phi25_{-0.0125}^{-0.0025}$ mm，连杆小头孔的直径公差亦放大四倍，为 $\phi25_{-0.0075}^{+0.0025}$ mm，再分为四组相应进行装配，就可以保证配合精度和性质，如表 8-3 所示。

表 8-3

组别	标志颜色	活塞销直径 /mm	连杆小头孔直径 /mm	配合性质	
				最大间隙 /mm	最小间隙 /mm
1	白	$\phi25_{-0.0050}^{-0.0025}$	$\phi25_{0}^{+0.0025}$	0.007 5	0.002 5
2	绿	$\phi25_{-0.0075}^{-0.0050}$	$\phi25_{-0.0025}^{0}$		
3	黄	$\phi25_{-0.0100}^{-0.0075}$	$\phi25_{-0.0050}^{-0.0025}$		
4	红	$\phi25_{-0.0125}^{-0.0100}$	$\phi25_{-0.0075}^{-0.0050}$		

采用分组装配的注意事项如下：

1）配合件的公差应相等，公差的增加要同一方向，增大的倍数就是分组数，这样才能在分组后按对应组装配而得到预定的配合性质（间隙或过盈）及精度。

2）配合件的表面粗糙度，形位公差必须保持原设计要求，不能随着公差的放大降低粗糙度要求和放大形位公差。

3）要采取措施，保证零件分组装配中都能配套，不产生某一组零件由于过多或过少，无法配套而造成积压和浪费。

4）分组数不宜过多，否则将使前述两项缺点更加突出而增加费用。

5）应严格组织对零件的精密测量、分组、识别、保管和运送等工作。

由上述可知，分组装配法的应用只适用于装配精度要求很高，组件很少（一般只有 2 ~ 3

个)的情况下。作为分组装配法的典型,就是大量生产的轴承厂。为了不因前述缺点而造成过多的人力和费用增加,一般都采用自动化测量和分组等措施。

(3)复合选配法

此法是上述两种方法的复合,先将零件预先测量分组,装配时再在各对应组内凭工人的经验直接选择装配。这种装配方法的特点是配合公差可以不等。其装配质量高,速度快,能满足一定生产节拍的要求。在发动机的汽缸与活塞的装配中,多采用这种方法。

8.3.3 修配法装配

在单件小批生产中,对于产品中那些装配精度要求较高的多环尺寸链,各组成环按经济精度加工,选其中一环为修配环,并预留修配量,装配时通过手工锉、刮、磨修、配修、配环的尺寸,使封闭环的精度达到精度要求,这种方法称为修配法。修配法的优点是能利用较低的制造精度,来获得很高的装配精度。其缺点是修配劳动量较大,要求工人的技术水平高,不易预定工时,不便组织流水作业。

(1)修配法尺寸链计算

修配法中尺寸链的主要任务是确定修配环在加工时的实际尺寸,使修配时有足够的,而且是小的修配量。换言之,要在修配环上预留多少修配量,使装配时有足够的余量修配。下面具体介绍几个确定修配环的修配量、尺寸及其公差的计算公式(公式的由来参阅机械工艺师1991 年第 12 期)。

1)修配环尺寸的计算公式

$$A'_K = A_K \pm \frac{K_{max} + K_{min}}{2} \tag{8-11}$$

式中 A'_K——加上修配量后的修配环公差带中点尺寸;

A_K——未加修配量的修配环公差带中点尺寸;

K_{max}——最大修配量;

K_{min}——最小修配量。

当修配尺寸修配后变小(即修配被包容表面)时,式中用“+”号,当配环尺寸修配后变大(即修配包容表面)时,式中用“-”号。

2)最大修配量 K_{max} 和最小修配量 K_{min} 的确定

最大修配量 K_{max} 与各组成环的加工精度有关,各组成环加工精度低 K_{max} 就大,反之就小,计算式为:

$$K_{max} = T(A'_0) - T(A_0) + K_{min} \tag{8-12}$$

式中 $T(A'_0)$——各环按经济精度制造放大后的封闭环公差,按 $T(A'_0) = \sum_{i=1}^{n-1}(A_i)$ 计算;

$T(A_0)$——装配要求达到的精度。

从(8-12)式看出,最大修配量 K_{max} 与各环制造误差有关,K_{max} 大会增加修配劳动量,因此应该尽可能小。

为了提高配合表面的接触质量,必须考虑最小修配 K_{min},K_{min} 最小可以为零。

例:图 8-8 所示为车床前后两顶尖的不等高装配简图,已知 $A_0 = 0_0^{+0.06}$ mm,$A_1 = 202$ mm,$A_2 = 46$ mm,$A_3 = 156$ mm。若采用修配法装配,试确定各组成环的尺寸及偏差。

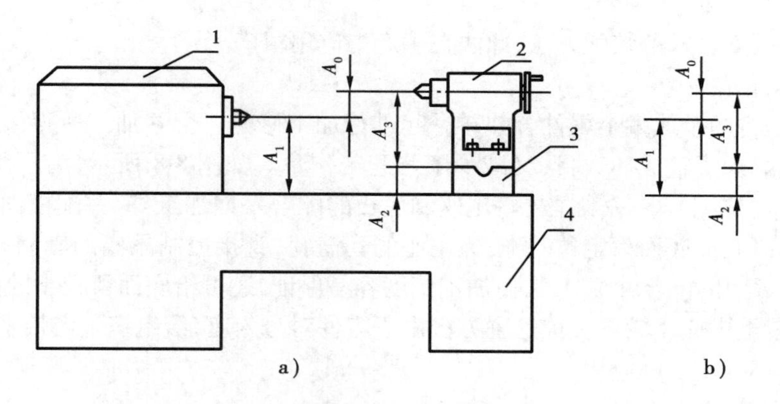

图 8-8 车床主轴与尾座不等高尺寸链

a)结构示意图 b)装配尺寸链图

1—主轴箱 2—尾座 3—底板 4—床身

解:(1)确定修配环 确定底板(容易修配):A_2 为修配环。

(2)确定各组成环的公差 根据各组成环所采用的加工方法的经济精度确定其公差。A_2 和 A_3 采用镗模加工,取 $T(A_1)=T(A_3)=0.1$ mm;底板用半精刨加工,取 $T(A_2)=0.15$ mm。

(3)确定各组成环(除修配环外)的极限偏差 根据“入体原则”,因 A_1 和 A_2 是孔轴线和底面间的位置尺寸,故偏差按对称分布,即

$$A_1=202\pm0.05\ \text{mm},\qquad A_3=156\pm0.05\ \text{mm}$$

(4)确定各组成环公差带中点尺寸

$$A_1=202\ \text{mm}\qquad A_2=156\ \text{mm}$$

$$A_0=0.03\ \text{mm}\qquad A_2=A_1+A_0-A_3=202\ \text{mm}+0.03\ \text{mm}-156\ \text{mm}=46.03\ \text{mm}$$

(5)确定最大修配量,最小修配量

为提高精度,考虑底板面在总装时必须留一定的刮研量

$$K_{\min}=0.1\ \text{mm}$$

$$T(A_0')=\sum_{i=1}^{n-1}T(A_i)=0.1\ \text{mm}+0.1\ \text{mm}+0.15\ \text{mm}=0.35\ \text{mm}$$

$$K_{\max}=T(A_0')-T(A_0)+K_{\min}=0.35\ \text{mm}-0.06\ \text{mm}+0.1\ \text{mm}=0.39\ \text{mm}$$

(6)求修配环尺寸

修配环加修配量公差带中点尺寸为:

$$A_2'=A_2\pm\frac{K_{\max}+K_{\min}}{2}=46.03\ \text{mm}+\frac{0.39+0.1}{2}\ \text{mm}=46.275\ \text{mm}$$

此处用“+”号是因为修配环底板修配后修配环 A_2 变小。

所以 A_2 尺寸为

$$A_2=A_2'\pm\frac{T(A_2)}{2}=46.275\pm0.075\ \text{mm}$$

即

$$A_2=46^{+0.35}_{+0.20}\ \text{mm}$$

(2)修配方法

1)单件修配法

这种方法就是在多环尺寸链中,选择一个固定零件作修配环,在非装配位置上进行再加

工，以达到装配精度要求的装配方法，此法在生产中应用很广。

2）合并加工修配法

这种方法是将两个或多个零件合并在一起进行加工修配。合并加工所得尺寸，看做一个组成环，这样就减少了组成环数目，又减少了修配工作量。如图 8-8 所示，为了减少总装时对尾座底板的刮研（修配）量，一般是先将尾座和底板的配合平面加工好，并配横向小导轨，然后两者装为一体，以底板底面为定位基准，镗尾座的套筒孔，直接控制尾座的套筒孔至底板底面的尺寸，组成环 A_2 和 A_3 合并成 $A_{2.3}$，使加工精度容易保证，还可给底面留较小的刮研余量。

合并法在装配中应用较广。但这种方法由于零件对号入座，给组织生产带来一定的麻烦，因此，多在单件小批生产中应用。

3）自身加工修配法

在机器制造中，有一些装配精度是在机器总装时用自己加工自己的方法来保证的，这种修配方法叫自身加工修配法。例如平面磨床装配时自己磨削自己的工作台面，以保证工作面与砂轮轴平行；牛头刨床在装配时，可用自刨法再次加工工作台面，使滑枕与工作台平行。

（3）修配环的选择

采用修配法来保证装配精度时，正确选择修配环很重要，修配环一般应满足以下条件：

1）尽量选择结构简单、重量轻、加工面积小、易加工的零件。

2）尽量选择容易独立安装和拆卸的零件。

3）选择的修配件，修配后不能影响其他装配精度，因此，不能选择并联尺寸链中的公共环作修配环。

8.3.4 调整法装配

在成批大量生产中，对于装配精度要求较高而组成环数目较多的尺寸链，也可以采用调整法进行装配。调整法与修配在补偿原则上是相似的。只是它们的具体做法不同。调整装配法也是按经济加工精度确定零件公差的。由于组成环公差扩大，结果使一部分装配超差。采用改变一个零件位置或选定一个适当尺寸的调整件加入尺寸链中来补偿，以保证装配精度。

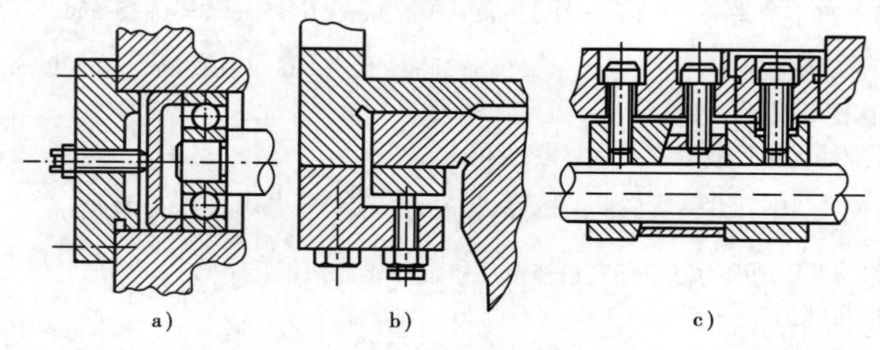

图 8-9 可动调整法

调整法与修配法的区别是，调整法不是靠去除金属，而是靠改变补偿件的位置或更换补偿件的方法来保证装配精度。常见的调整法有以下三种：

（1）可动调整装配法

用改变调整件位置来满足装配精度的方法，叫做可动调整装配法。调整过程中不需要拆卸零件，比较方便。

在机械制造中使用可动调整装配法的例子很多，如图 8-9a）所示为调整滚动轴承间隙或过盈的结构，可保证轴承既有足够的刚度又不至于过分发热。图 8-9b）为用调整螺钉通过垫片来保证车床溜板和床身导轨之间的间隙。图 8-9c）是通过转动调整螺钉，使斜楔块上下移动来保证螺母与丝杆之间的合理间隙。

可动调整法，不但调整方便，能获得比较高的精度，而且可以补偿由于磨损和变形等所引起的误差，使设备恢复原有精度。所以在一些传动机构或易磨损机构中，常用可动调整法，但是，可动调整法中因可动调整件的出现，削弱了机构的刚性，因而在刚性要求较高或机构比较紧凑，无法安排可动调整件时，就必须采用其他的调整法。

（2）固定调整装配法

在装配尺寸链中，选择某一组成环为调节环（补偿环），该环是按一定尺寸间隙分级制造的一套专用零件（如垫圈、垫片或轴套等）。产品装配时，根据各组成环所形成累积误差的大小，通过更换调节件来实现调节环实际尺寸的方法，以保证装配精度，这种方法即固定调节法。

在图 8-10 所示的车床主轴大齿轮的装配中，加入一个厚度为 A_k 的调节垫就是加入一个零件作为调节环的实例。待 A_1、A_2、A_3、A_4 装配后，现测其轴向间隙值，然后去 A_4 选择一个适当厚度的 A_k 装入，再重新装上 A_4，即可保证所需的装配精度。

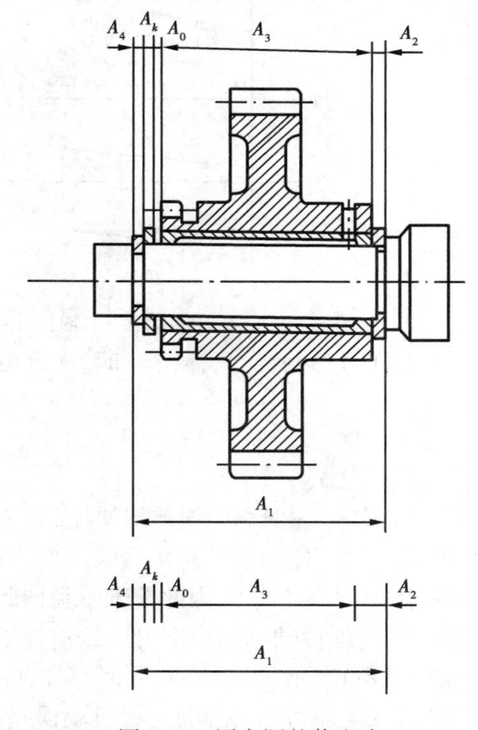

图 8-10　固定调整装配法

（3）误差抵消调整装配法

误差抵消调节装配法在装配时根据尺寸链某些组成环误差的方向作定向装配，使其误差抵消一部分，以提高装配精度的方法，其实质与可动调整法相似。这种方法中的补偿环为多个矢量。常见的补偿环是轴承件的跳动量、偏心量和同轴度。

下面以车床主轴锥孔轴线的径向圆跳动为例，说明误差抵消调整法的原理。图 8-11 所示是普通车床第 6 项精度标准检验方法。标准规定，将检验棒插入轴孔内，检验径向圆跳动：A 处（靠近端面）——允差 0.01 mm，B 处（距 A 处300 mm）——允差 0.02 mm。

设前后轴承外环内滚道的中心分别为 O_2 和 O_1，它们的连线即主轴回转轴线，被测的主轴锥孔的径向跳动就是相对于 O_1、O_2 轴线而言。现分析 B 处的径向圆跳动误差。

引起 B 处径向圆跳动误差的因素有：

e_1——后轴承内环孔轴线对外环内滚道轴线的偏心量；

e_2——前轴承内环孔轴线对外环内滚道轴线的偏心量；

e_s——主轴锥孔轴线 CC 对其轴颈轴线 SS 的偏心量。

图 8-11a）说明，当只存在 e_2 时，在 B 处引起的主轴轴颈轴线 SS 与主轴回转轴线的同轴度误差：

$$e_2' = \frac{L_1 + L_2}{L_1} \cdot e_2 = A_2 e_2$$

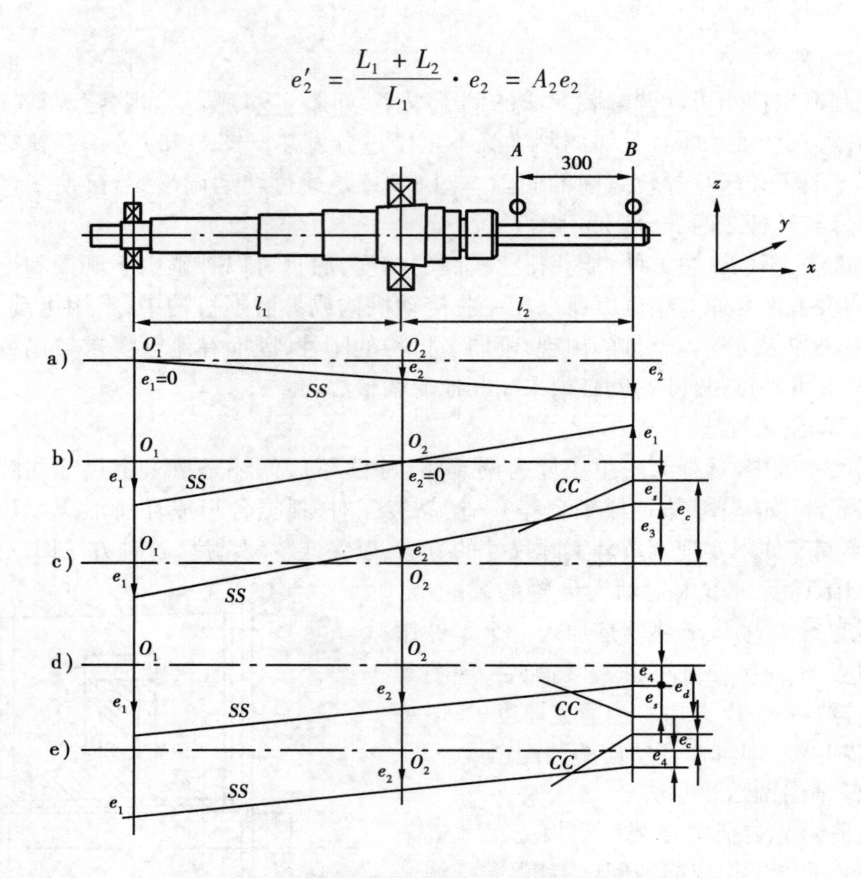

图 8-11　主轴锥孔线径向跳动的误差抵消调整法

图 8-11b)说明,当只存在 e_1 时,在 B 处引起的主轴轴颈线 SS 与主轴回转轴线的同轴度误差:

$$e_1' = \frac{L_2}{L_1} \cdot e_1 = A_1 e_1$$

式中的 A_2 及 A_1 一般称为误差传递比,等于在测量位置上所反映出的误差大小与原始误差本身大小的比值。比值前的正负号表示两个误差间的方向关系。

由于 $|A_2| > |A_1|$,因此前轴承径向跳动误差对主轴径向跳动误差的影响比后轴承的要大。因此,主轴后轴承的精度可以比前轴承稍低些。

图 8-11c)表示 e_s,e_1 和 e_2 同时存在,前后轴承跳动方向位于主轴轴心线两侧,且两者的合成误差 e_3' 又与 e_s 方向相同,此时跳动误差为:

$$\begin{aligned} e_c &= e_s + e_3' = e_s + e_2' + e_1' \\ &= e_s + \frac{L_1 + L_2}{L_1} e_2 + \frac{l_2}{l_1} e_1 \end{aligned}$$

图 8-11d)说明主轴前后轴承径向跳动方向位于主轴轴心线同一侧,且两者的合成误差 e_4' 又与 e_s' 方向相同,此时跳动误差为:

$$\begin{aligned} e_d &= e_s + e_4' = e_s + e_2' - e_1' \\ &= e_s + \frac{L_1 + L_2}{L} e_2 - \frac{L_2}{L_1} e_1 \end{aligned}$$

图 8-11e)说明主轴前后轴承径向跳动方向位于主轴轴心同一侧,且两者的合成误差 e_4' 又与 e_s 方向相反,此时跳动误差为:

$$e_e = e_s - (e_2' - e_1')$$
$$= e_s - (\frac{L_1 + L_2}{L_1}e_2 - \frac{L_2}{L_1}e_1)$$

在图 8-11c)、d)、e)所示三种情况下,e_1、e_2、e_s 都分布在同一截面上,此时有:

$$e_c > e_d > e_e$$

所以,如果能按 e_e 的情况进行调整,可以使综合误差大为减小,从而提高了装配精度。

当前后轴承和主轴锥孔径向跳动误差 e_1、e_2 及 e_s 不是分布在同一截面上时,它们合成后的总误差 e_0 是误差的向量和,如图 8-12 所示。这图是把各误差量表示在离主轴端某一截面处的情形。

误差抵消调整法,可在不提高轴承和主轴的加工精度条件下,提高装配精度。它与其他调整法一样,常用于机床制造,且封闭环要求较严的多环装配尺寸链中。但由于误差抵消调整装配法需事先测出补偿环的误差方向和大小,装配时需技术等级高的工人,因而增加了装配时和装配前的工作量,并给装配组织工作带来一定的麻烦。误差抵消调整装配法多用于批量不大的中小批生产和单件生产。

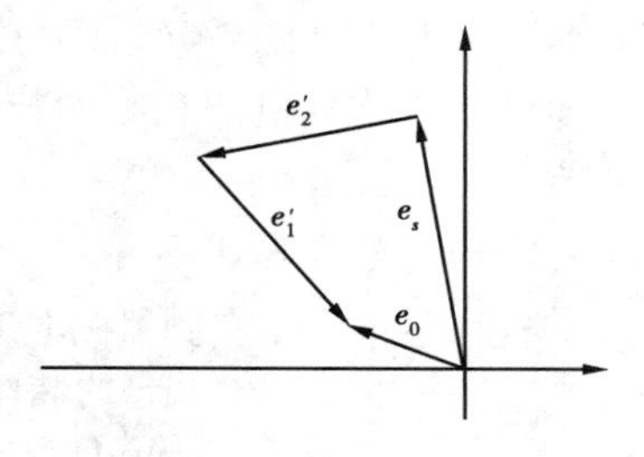

图 8-12　误差向量合成

前述四种保证装配精度的装配方法,在选择装配方法时,先要了解各种装配方法的特点及应用范围。一般地说,应优先选用完全互换法;在生产批量较大,组成环又较多时,应考虑采用不完全互换法;在封闭环的精度较高,组成环数较少时,可以采用选配法;只有在应用上述方法使零件加工困难或不经济时,特别是在中小批生产时,尤其是单件生产时才宜采用修配法或调整法。

8.4　装配工艺的制订

8.4.1　制订装配工艺的基本原则

装配工艺规程是用文件形式规定下来的装配工艺过程,它是指导装配工作的技术文件,也是进行装配生产计划及技术准备的主要依据,对于设计或改建一个机器制造厂,它是设计装配车间的基本文件之一。

由于机器的装配在保证产品质量、组织工厂生产和实现生产计划等方面均有其特点,故着重提出如下四条原则:

1)保证产品装配质量,并力求提高其质量,以延长产品的使用寿命;

2)钳工装配工作量尽可能小;

3)装配周期尽可能短;

4)尽可能减少车间的面积,也就是力争单位面积上具有最大的生产率。

8.4.2 制订装配工艺规程的方法与步骤

制订装配工艺规程大致可分为四步，每步的内容及安排方法如下：

(1)进行产品分析

产品的装配工艺与产品的设计有密切关系，必要时会同设计人员共同进行分析。

1)分析产品图样，掌握装配的技术要求和验收标准，即所谓读图阶段。

2)对产品的结构进行尺寸分析和工艺分析。尺寸分析就是对装配尺寸链进行分析和计算，对装配尺寸链及其精度进行验算，并确保装配方法达到装配精度。工艺分析就是对装配结构的工艺性进行分析，确定产品结构是否便于装配拆卸和维修。即所谓的审图阶段，在审图中发现属于设计结构上的问题时，及时会同设计人员加以解决。

3)研究产品分解成"装配单元"的方案，以便组织平行、流水作业。

一般情况下装配单元可划分为五个等级：零件、合件、组件、部件和机器。

零件——构成机器和参加装配的最基本单元，大部分零件先装成合件、组件和部件后再进入总装配。

合件——合件是比零件大一级的装配单元。下列情况属于合件：

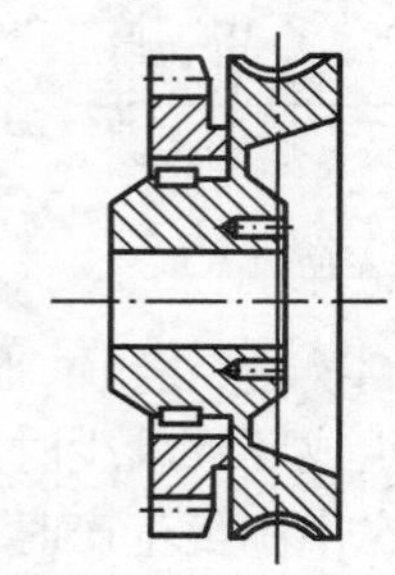

图 8-13 合件示意图

①若干个零件用不可拆卸连接法(如焊、铆、热装、冷压、合铸等)装配在一起的装配单元。

②少数零件组合后还需要进行加工，如齿轮减速器的箱体和箱盖，曲柄连杆机构的连杆与连杆盖等，都是组合后镗孔。零件对号入座，不能互换。

③以一个基础件和少数零件组合成装配单元，如图 8-13 所示。

组件——由一个或几个合件与若干个零件组合成的装配单元。图 8-14 即属于组件，其中蜗轮与齿轮为一个先装好的合件，阶梯轴为一个基准零件。

部件——由一个基准零件和若干个零件、合件和组件而组合成的装配单元。

机器——或叫产品，它是由上述全部装配单元组合而成的整体。

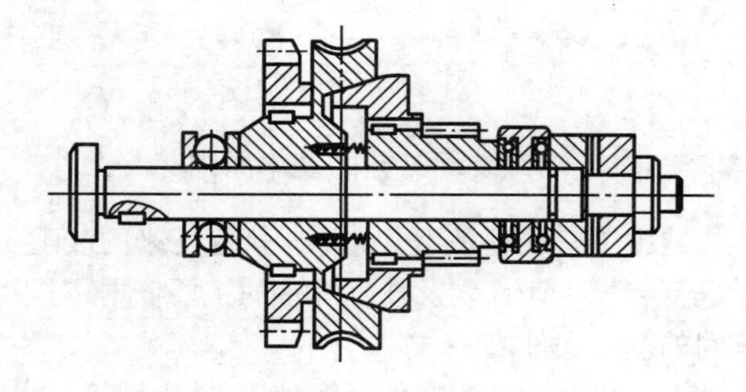

图 8-14 组件示意图

(2)装配组织形式的确定

装配的组织形式根据产品的批量，尺寸和重量的大小分固定式和移动式两种。固定式装配工作地点不变，可直接在地面上或在装配台架上进行。移动式装配又分连续移动和间歇移动。可在小车或在输送带上进行。

装配组织形式确定以后，装配方式、工作点布置也就相应确定。工序的分散与集中以及每道工序的具体内容也根据装配组织形式而确定。固定式装配工序集中，移动式装配工序分散。

(3)装配工艺过程的确定

与装配单元的级别相应，分别有合件、组件、部件装配和机器的总装配过程。这些装配过程由一系列装配工作以最理想的施工顺序来完成。这一步应考虑的内容有以下几项：

1)确定装配工作的具体内容。装配的基本内容有:清洗、刮削、平衡、过盈连接、螺纹连接以及校正。除上述装配内容外,部件或总装后的检验、试运转、油漆、包装等一般也属于装配工作,大型动力机械的总装工作一般都直接在专门的试车台架上进行。

2)装配工艺方法及其设备的确定。为了进行装配工作,必须选择合适的装配方法及所需的设备、工具、夹具和量具等。当车间没有现成的设备、工具、夹具、量具时,还得提出设计任务书,所用的工艺参数可参照经验数据或经试验或计算确定。

为了估算装配周期,安排作业计划,对各个装配工作需要确定工时定额和确定工人等级。工时定额一般都是根据工厂实际经验和统计资料确定。

3)装配顺序的确定,不论哪一等级装配单元的装配,都要选定某一零件或比它低一级的装配单元作为基准件,首先进入装配工作;然后根据结构具体情况和装配技术要求考虑其他零件或装配单元装配的先后次序。总之,要有利于保证装配精度,以及使装配连接、校正工作能顺利进行。一般规律是:先下后上,先难后易,先重大后轻小,先精密后一般。

4)装配工艺规程文件的编写

装配工艺规程设计完成后,须以文件的形式将其内容固定下来,即装配工艺文件,也称装配工艺规程。其主要内容包括:装配图(产品设计的装配总图),装配工艺流程图,装配工艺过程卡片或装配工序卡片,装配工艺设计说明书等。

装配工艺流程图的基本形式如图 8-15 所示。

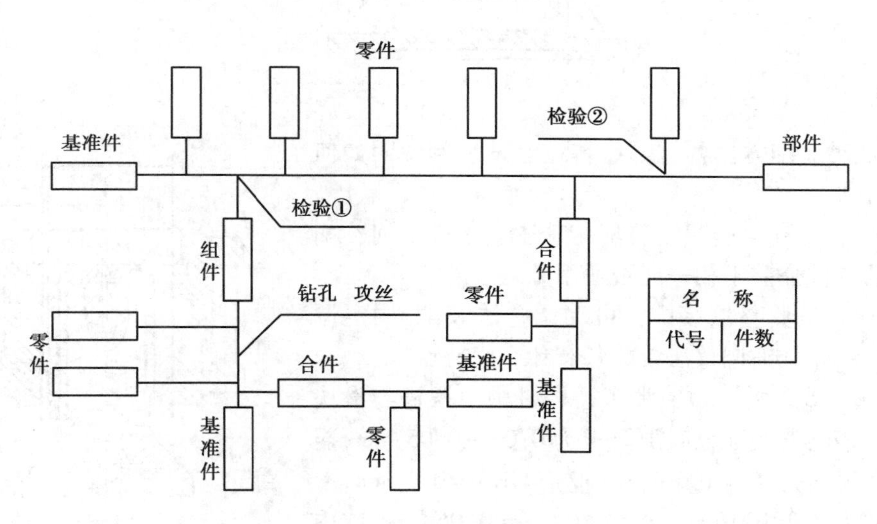

图 8-15 装配工艺流程示意图

由图可看出该部件的构成及其装配过程。该部件的装配是由基础件开始。沿水平线自左向右到装配成部件为止。进入部装的各级单元依次是:一个零件,一个组件,三个零件,一个合件,一个零件。在过程中有两个检验工序。上述一个组件的构成及其装配过程也可以从图上看出。它是以基准件开始由一条向上的垂线一直引到装成组件为止,然后由组件再引垂线向上与水平线衔接。进入该组件装配的有一个合件、两个零件,在装配过程中有钻孔和攻丝的工作。至于两个合件的组成及其装配过程也可明显地看出。

图上每一长方框中都需填写零件或装配单元的名称、代号和件数。格式可如图上右下方附图表示的形式,或按实际需要自定。

装配工艺流程图既反映了装配单元的划分，又直观地表示了装配工艺过程。它为拟订装配工艺过程，指导装配工作，组织计划以及控制装配均提供了方便。

在单件小批生产条件下，一般只编写装配过程卡片，也可以直接利用装配工艺流程图来代替工序卡片。对于重要工序，则可专门编写具有详细说明工序内容、操作要求以及注意事项的“装配指示卡片”。

习题与思考题

8-1　说明装配尺寸链中组成环、封闭环和相依环的含义，它们各有何特点？

8-2　何谓装配尺寸链最短路线原则？

8-3　极值法解尺寸链与概率法解尺寸链有何不同？各用于何种情况？

8-4　题图 8-1 为传动部件简图，试分别用极值法与概率法确定各组成环的公差与偏差。

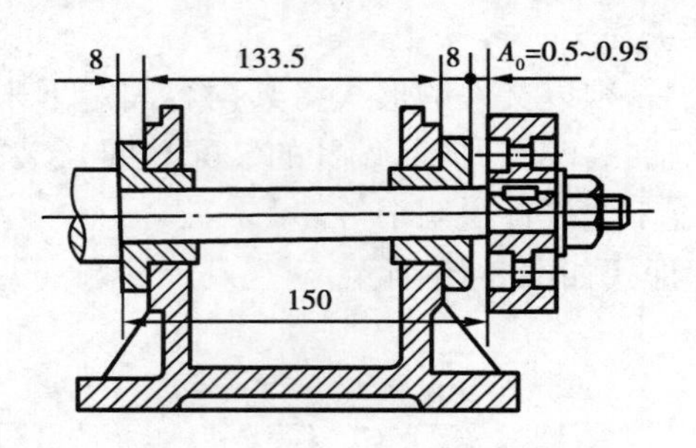

题图 8-1

8-5　四种装配方法各有哪些特点？试举例说明如何选择装配方法。

8-6　什么是分组选配法装配？其适应条件如何？如果相配合的工件公差不相等能否适用分组选配？

8-7　什么是调整法装配？可动调整法装配、固定调整法装配和误差抵消调整法装配各有什么优缺点？

8-8　题图 8-2 所示为牛头床摇杆机构中摆杆与滑块的装配图。槽与滑块配合间隙要求为 0.03 ~ 0.05 mm，摇杆槽两侧面尺寸为 A_1 = 100 mm，公差 $T(A_1)$ = 0.1 mm，滑块宽度尺寸为 A_2 = 100 mm，公差 $T(A_2)$ = 0.06 mm，试用修配法解此装配尺寸链，确定 A_1、A_2 的上、下偏差，并计算最大修配量 K_{max} = ?

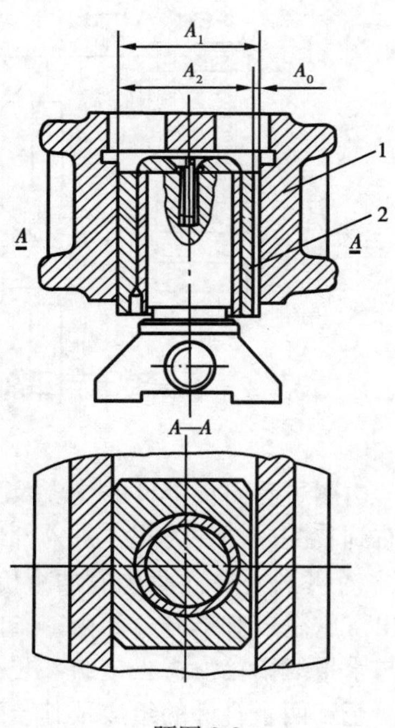

题图 8-2

第9章　先进制造技术

近40年来，科技飞速发展、市场竞争加剧、社会需求多样化的大趋势，加速了产品的更新换代，激化了传统多品种生产的固有矛盾，如何改变传统多品种、小批量生产的落后面貌，以优质、高效、低成本完成产品的生产已成为制造业所追求的目标。先进制造技术推动了传统制造技术的发展，是实现高新科技产品的制造、尽早占领市场、增强国际间经济竞争能力的有效保障。

先进制造技术是传统制造技术与微电子、计算机、自动控制等现代高新技术交叉融合的结果，是集成了机械、电子、光学、信息科学、材料科学、生物科学、管理学等最新成就于一身的新兴技术。

先进制造技术发展至今有如下特点：①先进制造技术不是一成不变的，而是一个动态技术；②先进制造技术是高科技技术，它的目的很明确，即提高制造业的综合能力，赢得激烈的国际市场竞争；③先进制造技术并不摒弃传统制造技术，是在传统制造技术基础上运用科技新成果的发展与创新；④先进制造技术不仅限于制造过程本身，它涉及产品从市场调研、产品设计、工艺设计、加工制造、售前售后服务等产品全周期寿命设计制造的所有内容，并将它们结合成一个有机的整体；⑤先进制造技术特别强调计算机技术、信息技术和现代系统工程在产品设计、制造和生产组织管理等方面的应用；⑥先进制造技术特别强调人的主体作用，强调人、技术、管理三者的有机结合；⑦先进制造技术是一个利用系统工程技术将各种相关技术集成的有机整体；⑧先进制造技术强调各类学科之间的相互渗透和融合，淡化并最终消除它们之间的界限；⑨先进制造技术特别强调环境保护，既要求其产品是所谓的“绿色商品”，又要求产品的生产过程是环保型的。

本章主要介绍机械加工中的先进制造技术。

9.1　成组技术

9.1.1　成组技术及其产生的背景

成组技术（GT——Group Technology）是一门生产技术科学，研究如何识别和发掘生产活动中有关事物的相似性，并充分利用它。即把相似的问题归类成组，寻求解决这一组问题相统一的最优方案，以取得所期望的经济效益。

在生产领域，就是用科学的方法，在多品种生产中将相似零件组织在一起（成组）进行生产。以相似产品零件的“叠加批量”取代原来的单一品种批量，采用近似大批量生产中的工艺、设备及生产组织形式来进行生产，从而提高其生产率和经济效益。

科学技术和市场经济的发展，使现代机械工业面临着极其严酷的外部环境的挑战，可归结为：

①科学技术的迅速进步　人类知识的增长，科学技术发明及其研制开发周期的日益缩短，

迫使机械工业必须不断利用当代最新科学技术成就去开发众多新产品。同时产品的更新速度加快,即产品的生命周期缩短,形成多品种、小批量的状况。

②传统资源逐渐枯竭　人们除必须积极开发新材料和新能源外,还必须节约传统资源,因此产品从设计、制造都必须节能省料,以此降低成本,提高市场竞争能力。

③买方市场日益强化　工厂生产任务主要受制于买方的订货,于是产品品种急剧增加,但每种品种产量减少,甚至成为单件生产,这就要求企业尽量降低其成本,缩减生产时间,做到低成本,快速、优质地交到买方手上。

由此可看出,为适应多品种小批量生产方式的特点,现代生产技术和现代制造系统必须具有充分的柔性,即针对多品种小批量具有一种灵活应变的能力或快速响应的能力。但现代机械工业生产中存在着开发新产品的生产技术准备体制不合理,生产技术和生产组织管理落后,规模大而效益差的全能型企业模式以及整个机械工业的结构体制不利于发展零部件专业化和工艺专业化等问题,为此,只有将产品设计模块化、工艺准备标准化、生产体制专业化和生产系统柔性化这四个方面统筹兼顾起来,利用成组技术原理将生产技术和生产组织管理综合成一体才能解决现存机械工业的问题。

9.1.2　成组技术的基本原理及其发展

(1)成组技术的基本原理

传统的解决问题的习惯是对每个事物采取孤立的原则和方法去解决相似或相同的问题,导致了不必要的多样化和重复性,而成组技术却是把表面上看似零乱的事物,利用它们之间的继承性、相似性,通过相应的分类技术,达到将它们各自归并成组的目的,然后针对每个组,通过合理化和标准化的处理,制订出解决同组事物共同问题所必需的统一原则和统一方法。

在机械工业中,成组技术就是通过依靠设计标准化而有效地保持不同产品的结构-工艺继承性,又通过工艺标准化而充分利用零部件之间的结构-工艺相似性。结构-工艺继承性是设计标准化的前提,结构-工艺相似性则是工艺标准化的基础。成组技术通过分类编码系统又反过来为设计标准化提供了设计信息检索和反馈的手段,从而保证不同产品之间具有良好的继承性。分类编码系统也为工艺标准化提供了将零部件分类成组的工具,因而能充分利用零部件之间的相似性。

(2)成组技术的发展

成组技术自20世纪50年代初前苏联C. П. МИТРОФАНОВ(米特洛范诺夫)提出至今已50年,其发展大体可分为以下三个阶段:

1)成组加工阶段　20世纪50年代初,用于零件的机械加工方面。这时的成组技术主要是以工序为基础的,它根据零件的结构-工艺相似性,把相似的零件归并成组,则同组零件的工艺过程便可进一步统一,并按统一的工艺过程对机床、刀具进行调整,节约工艺准备时间,节约制造资源。

2)成组工艺阶段　20世纪50年代末,成组加工被前苏联和东欧国家迅速推广应用,也相继传到西欧,并逐渐从机械加工延伸到铸、锻、焊、冲压等工艺领域,使其能适应在一台设备上完成全部单工序产品的制造。这时成组加工即被改称为成组工艺。

3)成组技术阶段　20世纪60年代初,结合成组工艺的应用,捷克斯洛伐克的Koloc(卡洛茨)和西德的H. Q-OPITZ(奥匹兹)提出了分类编码,为识别事物的相似性和继承性提供了有效的途径。利用产品零件的分类编码系统,不仅可以建立一个企业的生产产品的零件频谱,而且还可以借以对零件进行分类和检索,使成组工艺从工艺领域扩展到产品设计领域,并推向企业生产活动的各个方面。

20 世纪 60 年代中期,英国的 Burbidge(伯别奇)提出用生产流程分析法原理,建立与工艺相似性的零件组所对应的生产单元,进一步使企业的物流路线和生产流程更加合理,使其有效地解决了生产管理问题和多工序零件的成组加工问题,促使成组工艺进一步发展完善成为一种把生产技术与组织管理结合成一体的综合技术,即成组技术。

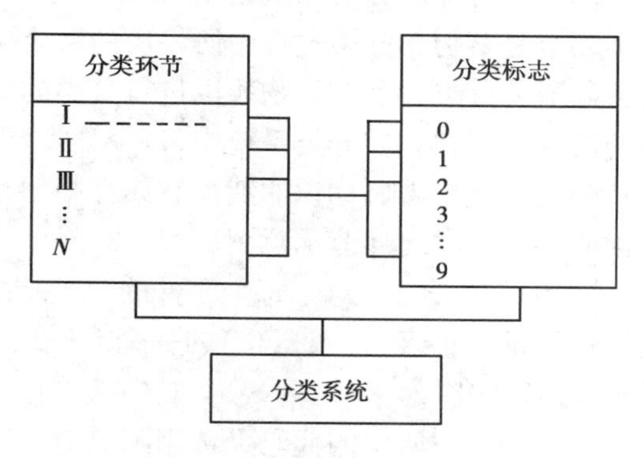

图 9-1　分类系统的结构含义

至今,随着人们对成组技术的进一步深入研究和广泛应用,成组技术已发展成为生产合理化和现代化的一项基础技术。要想使计算机辅助设计(CAD)、计算机辅助制造(CAM)、计算机辅助工艺规程设计(CAPP)、自动编制零件数控程序(NCP)、计算机集成制造系统(CIMS)等在生产领域中发挥作用,则必须使计算机技术的应用与成组技术紧密结合。

9.1.3　零件的分类和编码

(1)零件的分类和编码概念　在当今信息时代,信息的标识、储存、传递、处理已成为企业兴衰的关键。利用分类原理和编码原理,通过对信息的分类和编码,并建立相应的分类编码系统,使信息能按照适宜的分类编码系统对有关事物的属性(或特征)进行规律性描述(即编码),这是简化信息、实施科学管理的有效方法。

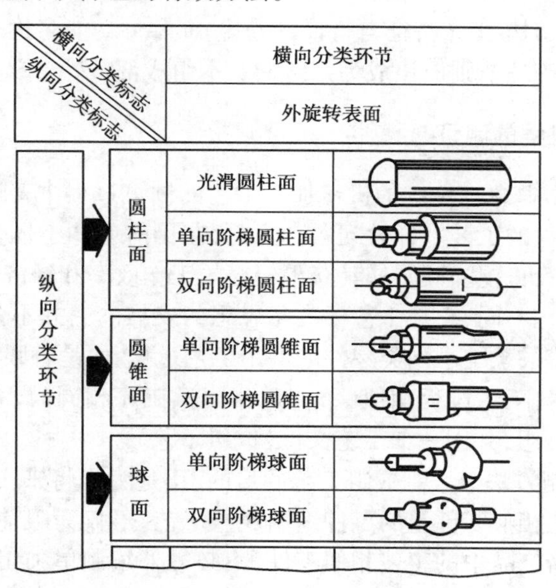

图 9-2　横向环节与纵向环节示意图

1)零件的分类　分类是按照选定的属性(或特征)区分处理对象,并将具有某种同属性

(或特征)的对象集中在一起的过程。

分类系统是为了达到一定分类目的和要求而采用相应的分类原理、规则和步骤而构成的一个体系的总称。分类系统可更为简洁地看做一系列分类环节标志的总和,如图 9-1 所示。分类环节是事物在分类过程中所经历的每个层次或步骤,可进一步分为横向分类环节和纵向分类环节。分类标志是事物赖以进行分类的依据。被选作分类标志的常常是被分类事物所固有的特点和属性。在分类系统中,每个分类环节都赋予一定的分类标志。若某事物能与某分类环节的分类标志所标识的特征和属性相似或相同,则此事物便被该分类环节所接受。图9-2为横向环节与纵向环节示意图。

2)零件的编码　对于每个零件的分类结果,最为简便有效的莫过于使用代码对其进行表达。代码是表示事物(或概念)的一个或一组特定字符。编码是给事物(或概念)赋予代码的过程,即代码化。

零件分类中所用的代码可选用阿拉伯数字(0,…,9)、英文字母(A,B,C,…,Z),也可选用数字-字母混合作代码(如选用十六进制作代码)。

零件通过编码就可用代码来描述和表达各分类环节上的分类标志所描述的零件的特征和属性,将各代码按照需要进行某种规律组合就构成零件的编码。每种零件的编码不一定是惟一的,即相似的零件可以拥有相同或相近的编码,这样就可划分相似零件组。

为了对编码的含义有统一认识,就必须对其所代表的意义做出规定和一定的说明,即确定出编码规则,这就构成了一个编码系统。

(2)典型分类编码系统简介　据资料统计,目前世界上已有 77 种通用分类编码系统,其中较为著名的有捷克斯洛伐克的 VUOSO(乌奥索)分类编码系统、德国的 OPITZ(奥匹兹)分类编码系统、日本的 KK—3 分类编码系统和中国的 JLBM—1 分类编码系统。

在推行成组技术中,对不同的产品零件,JLBM—1 系统中的形状加工环节完全可以由企业根据各自产品零件的结构-工艺特征自行设计安排,而零件功能名称、材料种类与毛坯类型、热处理、主要尺寸、精度等环节则应该成为系统的基本组成部分。

9.1.4　成组工艺过程的制订

(1)成组工艺的基本概念　传统的机械加工工艺的制订过程中普遍存在着编制零件工艺工作的重复性和同类零件的工艺多样性问题。为此,在目前单件小批量生产占主导地位的情况下,利用成组工艺可解决这些问题,使其获得较好的工作效率和经济效率。

成组工艺与典型工艺不同,它是工艺标准化思想的发展。它并不强求零件的结构和功用必须相同,不是首先去着眼于统一同类零件的整个工艺过程,而是着眼于构成零件整个工艺过程中的一道道工序。即将工艺过程相似(不一定相同)、工序相同(设备相同、工装相似、调整方法相同)的零件归为一组,共用一个工艺文件(成组工艺)。

(2)成组工艺的编制方法　编制成组工艺的目的,正是为了将来实现工艺标准化,即为正在生产的,属于同一工艺相似零件组的零件编制成组工艺,不仅为眼前的产品零件服务,更为今后的新产品服务,使新产品中的工艺相似零件,不必另外编制单独工艺,可直接检索并沿用已有和相似零件组的成组工艺。特别在计算机技术引入该领域后更能体现其优越性。

根据零件结构特点和已有资料、条件的不同,可采用不同的编制方法。对于结构较简单的回转体零件多采用复合零件法(样件法),即利用一种所谓的复合零件来编制成组工艺的方法。复合零件可以是某个具体的代表零件,也可是虚拟的假想零件,它必须具有同组零件的全部待加工的表面要素;对于用流程分析法分组的非回转体类零件一般采用复合路线法来编制同组零件的成组工艺,即同组零件中,先以组内最复杂零件的工艺路线为基础,然后与组内其他零件的工艺路线相比较,凡组内其他零件所需要而最复杂的工艺路线却未包含的工序,可分别添上,最终形成一个能满足全组零件加工要求的成组工艺过程;对既无专用工艺又不便编制复合零件的零件组,多采用综合分析法。

(3)成组加工设备的选择或设计　成组加工用的设备,除了根据加工对象及其批量合理选择通用机床、数控加工设备之外,也可按成组技术原理设计成组机床。成组机床是介于通用机床和专用机床之间的一种新型高效机床,它是针对确定零件组而专门研制或改装的专门化机床。

(4)成组工艺装备的设计或选择　成组工艺装备是针对具体成组工序(一组零件)而专门设计、制造的高效益新型工艺装备(简称工装)。在成组加工中,应根据工件品种、批量、精度和现场条件,选用各种适宜的工艺装备。成组工艺装备的设计方法与专用工艺装备相似,其不同点在于它是针对一组(或几组)零件的一个(或几个)成组工序而设计的。开发模块化成组工艺装备(如成组夹具、成组量具等)、智能 CAD 系统将成为现代工艺装备的发展方向。

9.1.5　成组生产的组织形式

在目前成组加工的实际中,其生产组织形式主要有成组加工单机与单机封闭、成组加工单元、成组加工流水线。这三种基本形式是介于机群式和流水线之间的设备布置形式。机群式适用于传统的单件小批量生产,流水线则更适用于传统的大批量生产。

(1)成组加工单机与单机封闭　成组加工单机是成组技术中生产组织的最简单的形式。它是在一台机床上实施成组技术。单机封闭是成组加工单机的特例,它是指一组零件的全部工艺过程可以在一台机床上完成。

在采用成组加工单机进行组织生产时,若一个零件要经过数道工序,则按加工工序的相似性,将零件加工中相似的工序集中到一台机床上进行,其余工序则分散到其他单机上完成。这也即是说对于多工序零件而言,一个零件在其工艺过程的开始和终了,并非始终与其他零件稳定地结合在同一零件组中。由此看出,单机封闭适用于单工序零件的组织生产,成组加工单机适用于多工序零件的组织生产。

用这种方式进行零件加工,零件组中的每个零件(或某一工序)必须具有以下两个特点:第一,零件必须具有相同的装夹方式;第二,零件在空间位置和尺寸方面必须具有相同或相似的加工表面,但并不要求零件的形状相同,而是只考虑加工表面位置和尺寸的相似性。

(2)成组加工单元　成组加工单元是成组技术在加工中应用的最典型形式,是高度自动化的柔性制造系统的雏形,是一种新型的生产组织形式。成组加工单元是指在车间的一定生产面积上,配置着一组机床和一组工人,用以完成一组或几组在工艺上相似的零件的全部工艺过程。

图 9-3 为传统的机群制生产工段与成组加工单元的比较。由图中可看出,成组加工单元由 4 台机床组成,可完成三种零件的全部工序加工,它和流水生产线形式很相似。单元内的机床基本上是按零件组的统一工艺过程排列的,它具有流水线的许多优点,但它并不要求零件在工序间作单向顺序依次移动,即零件不受生产节拍的控制,又允许在单元内任意流动,具有相当的灵活性,已成为中小批生产中实现高度自动化的有效手段。

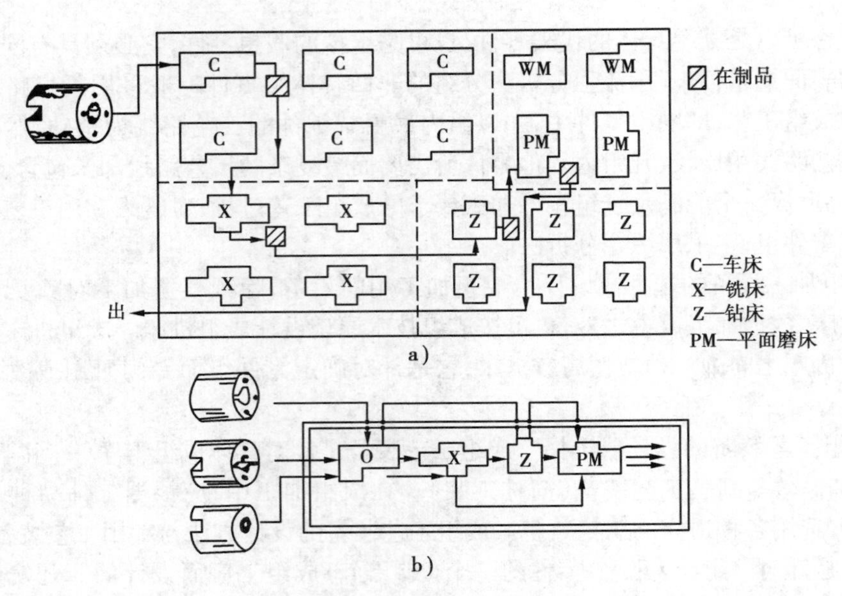

图 9-3　机群制生产工段与成组加工单元的平面布置图

a)传统的机群制生产工段的平面布置图　b)成组加工单元的平面图

(3)成组加工流水线　成组加工流水线是在机床单元的基础上,将各工作地的设备按照零件组的加工顺序固定布置。它与一般流水线的区别在于,在它上面流动的不是一种零件,而是一组工艺相似程度很高,且产量也较大的零件。这组零件应有相同的加工顺序,近似相等的加工节拍,允许某些零件越过某些工序,这样使得成组加工流水线的适应性较强,能加工多种零件。

9.2　计算机辅助工艺设计(CAPP)

9.2.1　概述

(1)传统工艺设计存在的问题　传统工艺设计是由工艺师手工逐件设计的,工艺文件内容、质量以及编制时间取决于工艺师的经验和熟练程度。这种状况必定会导致工艺文件的多样性、设计时间长和质量不易保证;对于相似零件(如系列化产品零件)手工编制工艺时还不可避免地产生许多重复性的劳动,另外在传统方法编制工艺时,许多制造资源得不到有效利用,常常产生重复设计、制造或购买工装等辅具。这些传统工艺设计中存在的问题与现代多品种小批量生产已不相适应。

(2)CAPP 的产生及发展　随着计算机技术的产生和发展,特别是在机械制造领域中应用日益广泛的新工艺、新技术正飞速发展。为克服传统工艺设计方法的不足,计算机辅助工艺规程设计(Computer Aided Process Planning,缩写为 CAPP)这一新技术问世了。

最初的 CAPP 系统是在 20 世纪 60 年代后期开始研究的,1976 年第一个派生式 CAPP 系统研制成功,但直到 80 年代才逐渐受到工业界的重视,使其得到迅速发展。早期开发的 CAPP 系统主要是检索方式,即操作 CAPP 系统时,首先检索出适合一组相似零件的标准工艺,然后通过编辑修改生成具体零件的工艺并打印输出。与传统工艺设计相比,应用检索式 CAPP 系统能大大减少工艺师重复繁琐的修改编写工作，并能提高工艺文件质量。

随着计算机技术的发展，CAPP系统开发人员将成组技术和逻辑决策技术引入CAPP，开发出许多以成组技术为基础的派生式系统和以决策规则为工艺生成基础的创成式系统，以及基于人工智能技术的专家系统，使其CAPP系统从传统向智能化方向发展；CAPP系统的适用对象也从原来的单一回转零件向复杂的非回转类零件方向发展；CAPP系统的构成也由单一模式向多模式系统发展，使其更适用于不同对象的工艺编制需求；系统结构也从原先的单一孤立的系统向CAD/CAM集成化方向发展，使其成为CAD和CAM之间的纽带。另外，CAPP系统也愈来愈注重制造资源在工艺文件中的管理，许多偏重于工艺管理的CAPP系统已开发成功并在一些中小型企业中得到很好应用。

9.2.2 CAPP的基本原理

传统的工艺编制过程是：①分析了解要编制工艺的零件，如图纸上的技术要求和结构特点以及生产纲领等；②查阅工艺设计手册或根据工艺知识进行工艺决策，确定加工方法和工艺路线；③查阅工厂工艺标准手册，具体确定机床设备、切削用量、工艺装备以及工时定额；④按工厂的工艺规程格式抄写成正式工艺规程。

计算机辅助工艺设计（CAPP）是用计算机生成工艺规程。它是将经过标准化或优化的工艺或编制工艺的逻辑思想（工艺师们在生产实践中长期积累的知识和经验），通过CAPP系统存入计算机。生成工艺时，CAPP软件首先读取有关零件的信息，然后识别并检索一个零件族的复合工艺和有关工序，经过修改和编辑（派生式），或按工艺决策逻辑进行推理（创成式）自动生成具体零件的工艺规程。

CAPP的基本原理可由图9-4表达。从图中可看出，系统在进行工艺规程设计时要求：

1）将零件的特征信息以代码或数据的形式输入计算机，并建立起零件信息的数据库；

2）把工艺人员编制工艺的经验、工艺知识和逻辑思想以工艺决策规则的形式输入计算机，建立起工艺决策规则库（工艺知识库）；

3）把制造资源、工艺参数以适当的形式输入计算机，建立起制造资源和工艺参数库；

4）通过程序设计充分发挥计算机在计算、逻辑分析判断、存储以及查询等方面的优势来自动生成工艺规程。

9.2.3 CAPP的设计方法

CAPP系统的设计方法是指导CAPP系统开发的指导性原则，它主要包括CAPP系统的设计理论和反映CAPP实际应用的系统开发模式。目前，CAPP系统的设计理论概括起来有以下四方面：① 建立数据模型，分离数据与系统；② 采用专家系统思想，分离知识与决策方法；③ 分析系统功能，建立柔性的软件结构；④ 建立动态的工艺规划方法，以适应制造环境的实时变化。

CAPP从原理上讲，有三种工艺设计方法，即派生法、创成法和人工智能方法（专家系统）。

1）派生法（Variant）　派生法CAPP系统是利用成组技术的原理，按零件的结构-工艺相似性进行分组，建立相似零件族的标准工艺规程，当需要设计一个零件的工艺规程时，输入零件信息并对其进行分类编码，系统根据编码从数据库中自动检索出该零件所属相似族的标准工艺，经编辑、修改得到适合该零件的工艺规程。

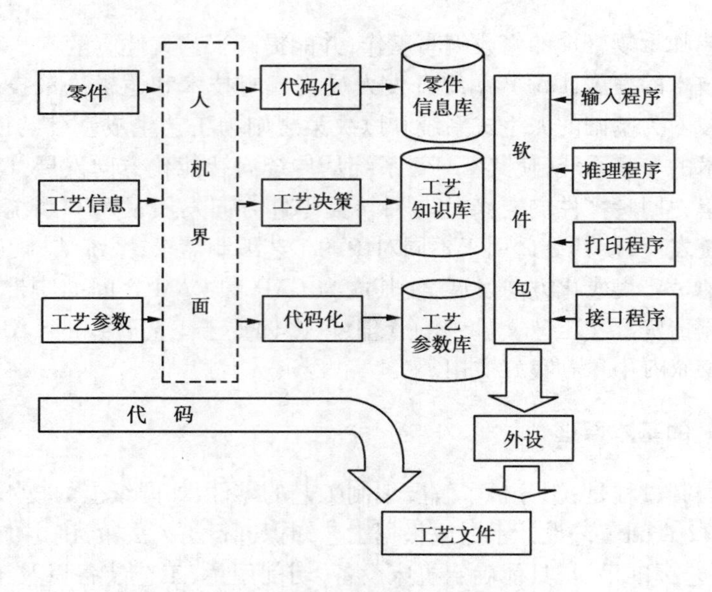

图 9-4 CAPP 的基本原理图

2)创成法(Generative) 创成法的基本原理与派生法不同,CAPP 系统不是依靠原有的工艺规程为基础,而是利用系统中自身的决策逻辑以及有关制造过程的数据信息进行工艺规划。当需要设计一个零件的工艺规程时,输入零件的几何信息和工艺信息,系统运用其内部的各种工艺决策逻辑规则,自动生成零件的工艺规程。

创成式 CAPP 系统完全摆脱对操作人员知识的依赖,能保证相似零件工艺过程的高度一致性及工艺过程的优化。但因零件结构的多样性、工艺决策逻辑环境变化的多样性和复杂性,实际应用中的许多系统只是在部分功能上采用了创成法原理,故常称作半创成式 CAPP 系统。

3)人工智能(AI)方法(专家系统方法) 专家系统是人工智能的一个发展方向,它是以知识为基础的智能程序系统。在一定的专业领域内,将有关人类专家的经验和知识,表示成计算机能接受和处理的符号形式,采用专家的推理方法和控制策略,解决该领域内只有专家才能解决的问题。因此,专家系统与一般系统相比,系统更具启发性、透明性、灵活性和具有处理不确定知识的能力。

CAPP 专家系统一般由知识库、零件信息输入、推理机、知识获取和人机接口等组成。在设计一个零件工艺规程时,不是像一般 CAPP 系统那样在程序的运行中直接生成工艺规程,而是根据输入信息,频繁地访问知识库,并通过推理机中的控制策略,从知识库中搜索能处理当前状态的规则,然后执行这条规则,并把每一次执行规则得到的结论部分按先后次序记录下来,直到零件加工达到一个终结状态。

除专家系统方法外,一些在 AI 领域的最新研究成果也已在工艺规划中局部地得到应用(如模糊逻辑和神经元网络等)。

9.2.4 CAPP 技术的发展趋势

CAPP 技术从 60 年代开始研究至今已 30 多年,取得了重大的发展,获得了许多成果。目前,CAD/CAM 技术向集成化、智能化的方向发展,对 CAPP 提出了新的要求,希望 CAPP 能在以下方面重点发展:

1）在并行工程思想指导下实现 CAPP 系统的全面集成，进一步发挥 CAPP 在整个产品寿命周期中的功能协调作用。这包括：①与产品设计实现双向的信息交换；②与生产计划系统实现有效的集成；③与控制系统建立内在联系。

2）研究支持全面集成的工艺规划方法，特别是动态的工艺规划方法，一些人工智能的最新研究成果也将用于动态的工艺规划方法中。

3）对 CAPP 系统设计理论进行更深入的研究，主要包括：①支持动态工艺规划的数据模型的研究；②能够封装知识的数据模型的研究；③能够支持开发平台型 CAPP 系统的功能抽象方法的研究。

4）对 CAPP 领域内存在的问题进行攻关。主要集中在：①公差分析和基准、夹具的选择；②工艺知识的自动获取；③CAPP 系统的自学习。

5）开发应用广、适应性强的 CAPP 系统，开发平台型 CAPP 系统是其中的重点，包括系统的组织结构、硬件环境和软件结构等。

6）研究 CAPP 的理论体系，形成一个系统化的工艺规划方法和系统的设计方法。

9.3 数控加工

随着科学技术的飞速发展，机械制造技术发生了深刻的变化。传统的普通加工设备已难以适应市场对产品多样化的要求，难以适应市场竞争的高效率、高质量的要求。而以数控技术为核心的现代制造技术，以微电子技术为基础，将传统的机械制造技术与现代控制技术、传感器检测技术、信息处理技术以及网络通信技术有机地结合在一起，构成高度信息化、高度柔性、高度自动化的制造系统。

近年来，由于市场竞争日趋激烈，为在竞争中求得生存与发展，各生产企业不仅要提高产品质量，而且必须频繁地改型，缩短生产周期，以满足市场上不断变化的需要。微机控制的数控机床、数控加工中心的高精度、高度柔性及适合加工复杂零件的性能，正好满足当今市场竞争和工艺发展的需要。可以说，微机数字控制技术的应用是机械制造行业现代化的标志，它在很大程度上决定企业在市场竞争中的成败。

9.3.1 数字控制技术

数字控制（Numerical Control），简称 NC，是近代发展起来的一种自动控制技术。数字控制是相对于模拟控制而言的，数字控制系统中的控制信息是数字量，而模拟控制系统中的控制信息是模拟量。

1）可用不同的字长表示不同精度的信息，表达信息准确。

2）可进行逻辑运算、数字运算，可进行复杂的信息处理。

3）由于有逻辑处理功能，可根据不同的指令进行不同的信息处理，从而可用软件来改变信息处理的方式或过程，而不用改动电路或机械结构，从而使机械设备具有“柔性”。

由于数字控制系统具有上述优点，已被广泛应用于机械运动的轨迹控制。轨迹控制是机床数控系统和工业机器人的主要控制内容。此外，数字控制系统的逻辑处理功能可方便地用于机械系统的开关量控制。

数字控制系统的硬件基础是数字逻辑电路。最初的数控系统是由数字逻辑电路构成的，因而被称之为硬件数控系统。随着微型计算机的发展，硬件数控系统已逐渐被淘汰，取而代之的计算机数控系统（Computer Numerical Control）简称 CNC。由于计算机可完全由软件来确定数字信息的处理过程，从而具有真正的“柔性”，并可以处理硬件逻辑电路难以处理的复杂信息，使数字控制系统的性能大大提高。当前微机技术发展很快，性能提高，价格降低，所以微机在数字控制系统中得到广泛应用。

简而言之，用数字化信息进行控制的自动控制技术称为数字控制技术。采用数控技术控制的机床，或者说装备了数控系统的机床称之为数控机床。数控技术是典型的机电一体化技术，它将微电子设备（主要是微机）的信息处理功能和机械的几何运动结合于一体，微机通过数字量去控制机械运动。

9.3.2 数控机床加工特点

用数控机床进行加工，首先必须将被加工零件的几何信息和工艺信息数字化，按规定的代码和格式编制数控加工程序。然后用适当的方式将此加工程序输入数控系统。数控系统根据输入的加工程序进行信息处理，计算出理想轨迹和运动速度，计算轨迹的过程称为插补。最后将处理的结果输出到机床的执行部件，控制机床运动部件按预定的轨迹和速度运动。

数控机床的加工过程如图 9-5 所示。其中信息输入、信息处理和伺服执行是数控系统的三个基本工作过程，也是数控系统的三个基本组成部分。加上机床本体，数控机床必须具备信息输入、信息处理、伺服执行及机床本体四个基本组成部分。

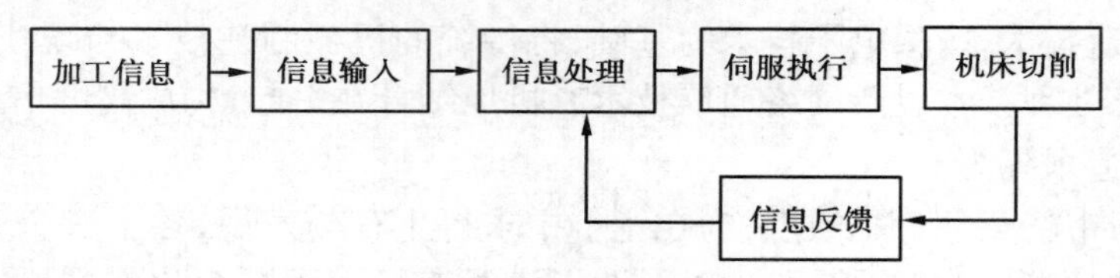

图 9-5 数控机床加工过程

加工一个零件所需的数据及操作命令构成零件加工程序。加工程序可以用符号或数字形式记录在输入介质上，输入数控系统；也可以通过键盘或通信接口输入数控系统。输入介质的数据以程序段形式编排。每一程序段都包含有加工零件某一部分所需的全部信息：加工段长度、形状、切削速度、进给速度以及进刀量等。零件程序编程时所需的尺寸信息（长度、宽度及圆弧半径）和外形（圆弧、直线或其他）取自零件图，尺寸按每一个运动轴，如 X，Y 等，分别给出。切削速度、进给速度及冷却液通断、主轴回转方向、齿轮变速等其他辅助功能均可编程输入。这样，在加工过程中，每执行一个程序段，刀具便完成一部分切削。

信息处理是数控装置的核心任务，由计算机来完成。它的作用是识别输入介质中每个程序段的加工数据和操作命令，并对其进行换算和插补运算。所谓插补，即根据程序信息计算出轨迹上的许多中间点的坐标。这些中间点坐标以前一中间点到后一中间点的位移量形式输出，经接口电路向各坐标轴执行部件送出控制信号，控制机床按规定的速度和方向移动，以完成零件的成型加工。

伺服执行部分的作用是将插补输出的位移信息转换成机床的进给运动。数控系统要求伺服执行部件准确、快速地跟随插补输出信息执行机械运动。这样数控机床才能加工出高精度的工件。数控机床常用的伺服驱动元件有功率步进电动机、宽调速直流伺服电动机和交流伺服电动机等。

从上面可以看出,与传统的机床相比,数控系统取代了操作人员的手工操作。传统的机加工中,操作者通过操纵手轮使切削刀具沿着工件移动进行零件加工,加工精度完全由操作者的视力及熟练程度决定,加工精度难以保证。对于外形简单且精度要求较低的零件可用手工操作方式完成,若是二维轮廓或三维轮廓加工,手工操作的普通机床就无能为力了。采用了数控机床后,原来操作者手工完成的工作都包含在零件程序中了,所以他们只需编制简单的程序,监视机床工作,并作通常的零件更换即可,从而实现了工件的自动加工。

与其他加工方法相比,数控机床有以下优点:

1)具有充分的柔性,只需编制零件程序就能加工零件。

2)在切削速度和进给行程的全范围内均可保持精度,且一致性好。

3)生产周期较短。

4)可以加工复杂形状的零件。

5)易于调整机床,与其他制造方法(如自动机床、自动生产线)相比,所需调整时间较少。

6)操作者有空闲时间,可照料其他加工。

数控机床也存在以下问题:

1)造价相对高。

2)维护比较复杂,需要专门的维护人员。

3)需要高度熟练和经过培训的零件编程人员。

9.3.3 数控机床的分类

数控机床可按以下几种方式来划分:

1)按机床类型来划分,有点位控制、直线控制与轮廓切削(连续轨迹)控制。

2)按控制器的结构来划分,有硬件和计算机数控;计算机数控(当前主要是微机数控)又可分为单微处理器系统和多微处理器系统。

3)按伺服系统控制环路来划分,可分为开环、闭环和半闭环系统。

4) 按数控功能水平来划分,可分为高、中、低(经济型)三类。

9.4 自动化制造系统

生产过程的自动化是工业现代化的重要标志之一,它对提高劳动生产率,保证产品质量,改善劳动条件和降低生产成本都具有非常重要的意义。在机械制造业中由于中小批及单件生产占优势,使其提高制造系统的生产率和自动化程度成为制造技术发展的重要方向之一。

计算机技术的发展促进了自动化制造系统的发展。在计算机数控机床(CNC)的基础上,先后发展了加工中心(MC)、柔性加工单元(FMC)、柔性制造系统(FMS)、计算机集成制造系统(CIMS)。

9.4.1 加工中心(MC)

(1)加工中心简介

加工中心是为了更加适应制造业的柔性化生产,而在一般数控机床上发展起来的工序更加集中,具有刀库和自动换刀机械手且配备各种类型和不同规格的刀具和检具的数控机床。在加工中心上工件一次装夹后可自动连续地对工件各加工表面完成铣削、钻削、镗削、铣削、攻丝等多种工艺内容的加工。区别加工中心与单独的数控机床(CNC)的两个特征就是多功能的组合和自动换刀的能力。

加工中心自1958年在美国卡尼-特雷克(Kearney & Trecker)公司问世,由于它在加工的柔性、自动化程度和加工效率上远远超过一般的数控机床,使其成为各国争先发展的对象,也是企业具有较强竞争力的有力保障。目前,加工中心的拥有已成为判断企业技术能力和工艺水平的标志之一。

(2)加工中心的分类

目前使用最多的有车削加工中心和镗铣类加工中心。车削加工中心与一般数控车床的主要区别就在于车削加工中心上有多种自驱动刀具(如铣削头,钻削头等)并能对主轴进行伺服控制。我们通常说的加工中心实际上是指镗铣类和钻铣类加工中心。

1)按主轴在空间所处状态分类　按机床主轴在空间所处状态可将加工中心分为卧式加工中心、立式加工中心和复合加工中心三大类。卧式加工中心是指主轴在空间相对于工作台台面处于水平状态,如图9-6所示(天津第一机床厂生产的TH6340A型精密卧式加工中心);立式加工中心是指主轴在空间相对于工作台台面处于垂直状态,如图9-7所示(天津第一机床厂生产的XH715A型立式加工中心);主轴可作垂直和水平转换的称为复合加工中心。

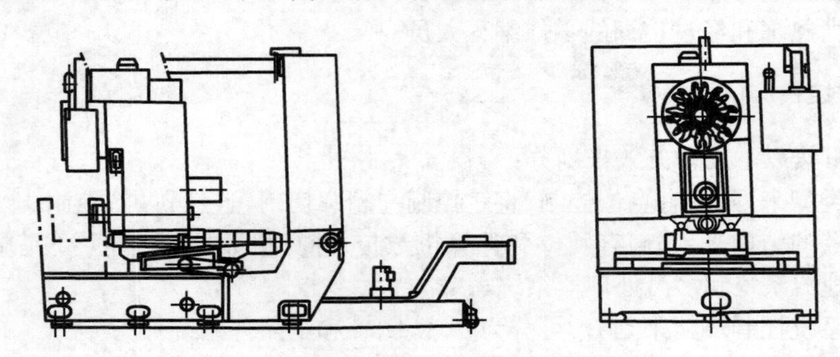

图9-6　卧式加工中心

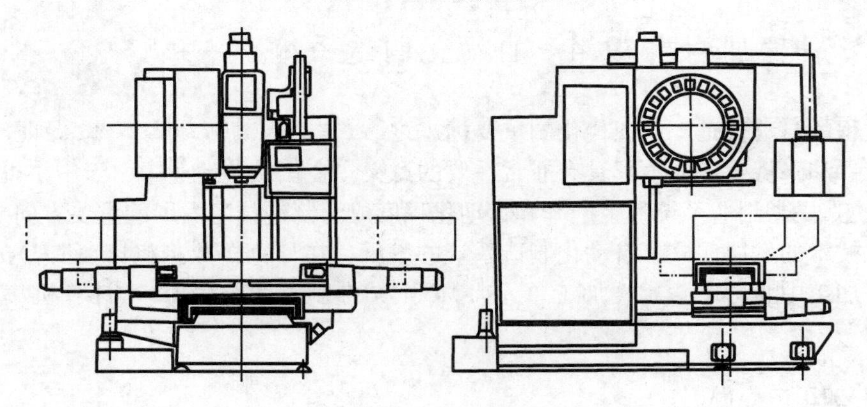

图9-7　立式加工中心

2)按加工中心数控系统种类分类　按加工中心数字控制伺服系统的控制方式分为半闭环控制方式加工中心、全闭环控制方式加工中心、混合伺服控制方式加工中心。半闭环控制方式常被普通加工中心采用,它不直接检测工作台等移动件的位置,而是通过检测滚珠丝杠的回转角度(或伺服电机轴的回转角度)来间接检测移动件的位置。全闭环控制方式主要用在精密加工中心上,它直接检测移动部件的移动位置。混合伺服控制方式主要是在重型加工中心上采用,这时系统中既直接检测也间接检测移动件位置。

3)按换刀形式分类　按换刀形式的不同,加工中心可分为带刀库、机械手的加工中心、无机械手的加工中心和转塔刀库式加工中心。带刀库、机械手的加工中心是最常见的加工中心,其换刀装置由刀库和机械手组成,机械手完成换刀工作。而无机械手的加工中心的换刀则是通过刀库和主轴箱的配合动作来完成。转塔刀库形式一般在小型立式加工中心上采用,该加工中心主要以孔加工为主。

(3)加工中心的结构特点

为保证加工中心具有的高效率、高质量、高稳定性等特性,加工中心在结构上采取了许多措施,与普通数控机床相比在结构上具有以下不同的特点:

1) 机床的刚度高,抗振性好;

2) 机床的传动系统结构简单、传动精度高、灵敏度高;

3) 主轴系统结构简单,无齿轮箱变速系统(特殊的也只保留 1 ~2 级齿轮传动);

4) 加工中心导轨都采用了耐磨损材料和新结构,在高速重载切削下,保证运动部件不振动、低速进给时不爬行及运动中的高灵敏度;

5) 设置有刀库和换刀机构;

6) 控制系统功能较全,且智能化程度越来越高。

(4)加工中心的主要优点

加工中心与一般数控机床相比具有以下主要优点:

1) 加工质量高;

2) 加工准备时间缩短;

3) 在制品数减少;

4) 减少刀具费用;

5) 最少的直接、间接劳务费;

6) 设备利用率高;

7) 提高企业技术能力和工艺水平。

(5)加工中心的发展方向

加工中心同其他机床一样,其技术水平的提高表现在其固有技术(如高速、高精度化等)的进一步发展和新技能(如智能化技能等)的应用上。概括起来,加工中心的发展方向为:

1) 高速化;

2) 进一步提高加工精度;

3) 机能更加完善,并向高度自动化发展,主要表现在:愈来愈完善的自诊断机能、新式刀具破损检测装置、加工中心复合化趋势、功能更完善的 NC 装置、MAP(生产自动化协议,是适合于工业特别是加工制造企业自动化系统的网络协议,代表着未来制造领域计算机网络的发展方向)的利用——柔性制造系统(FMS)技术的高级化发展。

9.4.2 柔性加工单元(FMC)与柔性制造系统(FMS)

(1)柔性加工单元(FMC)

在加工中心基础上配备自动上下料装置或机器人和自动监测装置即成为柔性加工单元(FMC)。柔性加工单元可以是由单台机床,也可以是多台机床构成的系统,工件与刀具运输、测量、过程监控等可高度自动化完成,它可以自动地加工一族工件。系统中所用机床一般以具有自动换刀装置的数控机床为主(如加工中心)。图9-8是一个包含两个机床(一个加工中心和一个带有自动刀具变换器的NC机床),并由一个物料运输系统连接起来的FMC。

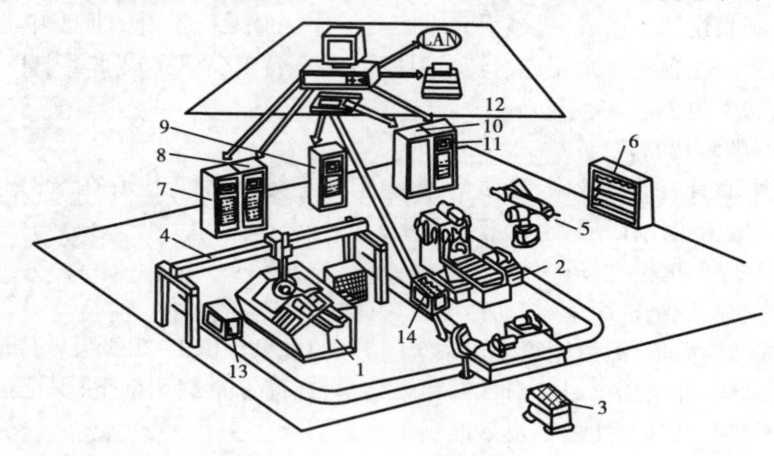

图9-8 FMC的结构

1—数控车床 2—加工中心 3—装卸工位 4—龙门式机械手 5—机器人
6—机外刀库 7—车床数控装置 8—龙门式机械手控制器 9—小车控制器
10—加工中心控制器 11—机器人控制器 12—单元控制器 13、14—运输小车

柔性加工单元可以在整个系统中执行自动化的加工过程,本身又自成子系统能完整地完成大系统中的一个规定功能,即作为柔性制造系统(FMS)的加工模块。但更多的是作为独立运行的生产设备进行自动加工。它一般具备以下功能:

1)通过传感器对工件进行识别。由工业机器人将加工合格的零件放入合格的台架上,对不合格品自动淘汰。

2)能与工业机器人、工件台架等配合,实现工件的自动装卸和计数管理。

3)对切削状态、工具寿命和破损、主轴热变形等进行监控,对工件进行自动测量和补偿。

柔性加工单元作为独立生产设备时又称小型柔性制造系统(简称小型FMS)。它与通常的FMS相比具有规模小、成本低、占地面积小、便于扩充等特点,特别适用于中、小型企业。

(2)柔性制造系统(FMS)

1)柔性制造系统的基本概念及其应具备的功能　柔性制造系统是指以数控机床、加工中心及辅助设备为基础,用柔性的自动化运输、存储系统有机地结合起来,由计算机对系统的软、硬件资源实施集中管理和控制而形成的一个物料流和信息流密切结合、没有固定的加工顺序和工作节拍,主要适用于多品种中小批量生产的高效自动化制造系统。

由于柔性制造系统是从系统的整体角度出发,将系统中的物料流和信息流有机地结合起来,同时均衡系统的自动化程度和柔性,这就要求FMS应具备如下功能:①自动加工功能。在

成组技术的基础上，FMS 应能根据不同的生产需要，在不停机的情况下，自动地变更各加工设备上的工作程序，自动更换刀具，自动装卸工件，自动地调整冷却切削液的供给状态及自动处理切屑等，这是制造系统实现自动化的基础。②自动搬运和输料功能。这一功能的具备是系统提高设备利用率，实现柔性加工的重要条件。FMS 按不同加工顺序，不同运输路线，不同生产节拍对不同产品零件进行同时加工，这就要求系统中应具有自动化储料仓库、中间仓库、零件仓库、夹具仓库、刀具库等以提高物料运送的准确性和及时性。③自动监控和诊断功能。为保证 FMS 的正常工作，系统应能通过各种传感器测量的反馈控制技术，及时地监控和诊断加工过程，并作出相应的处理。④信息处理功能。这是将以上三者综合起来的软件功能。它应包括生产计划和管理程序的制订、自动加工和送料、储料及故障处理程序的制订、生产信息的论证及系统数据库的建立等。

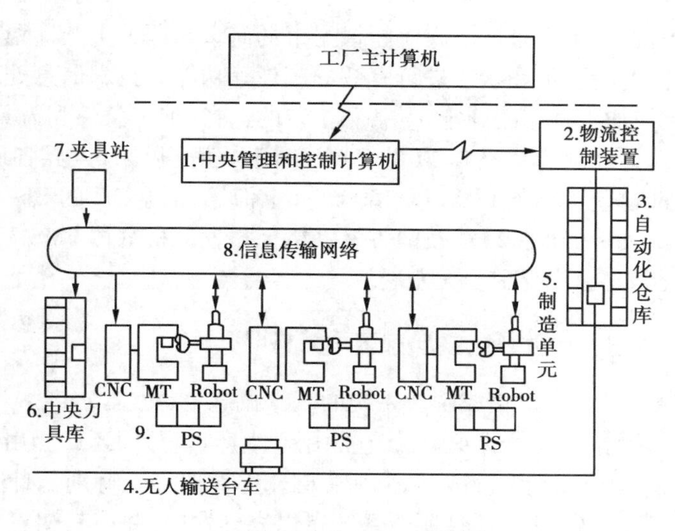

图 9-9　某一 FMS 的结构框图

2）柔性制造系统的基本组成　为实现 FMS 的上述四大功能，一般 FMS 可由以下四个具体功能系统组成，即：自动加工系统、自动物流系统、自动监控系统和综合软件系统。图 9-9 为某一 FMS 的结构框图。自动加工系统一般由能与 FMS 系统兼容并可集成的加工中心和数控机床、检验设备及清洗设备等组成，是完成零件加工的硬件系统。这些设备在工件、刀具和控制三方面都具有可与系统相连接的标准接口。自动物流系统由存储、搬运等子系统组成，包括运送工件、刀具、切屑及冷却液等加工过程中所需的“物料”的搬运装置、装卸工作站及自动化仓库等。由于 FMS 中有了自动物流系统，才使其具有充分的柔性，并提高了加工设备利用率，它是 FMS 的重要组成部分。FMS 中使用的自动搬运装置主要有输送带、输送车（分为有轨和无轨两种）和机器人等。自动仓库系统用以存储毛坯、半成品、成品、刀具、夹具和托盘等，它和搬运系统紧密结合成为自动物流子系统的重要组成部分。目前 FMS 中常用的自动仓库有立体自动仓库、水平回转式棚架仓库和垂直回转式棚架仓库。自动监控系统是为了能对 FMS 的生产过程实施实时控制。系统在机床设备和搬运装置上（或单独配置）安装了大量的传感器，利用信息网络监控刀具状态，计算和监控刀具寿命，监控工件的实际加工尺寸以及对自动物料系统进行监控等。FMS 是一个物料流和信息流紧密结合的、复杂的自动化系统。综合软件系统是用以对 FMS 中复杂的信息流进行合理处理，对物料流进行有效控制，从而使系统达到高度柔性和自动化。综合软件系统包括生产控制软件、管理信息处理软件和技术信息处理软件。生产控制软件是保证 FMS 正常工作的基本软件系统，它包括数据管理软件（如生产计划、工件、刀具、加工程序的数据管理等）、运行控制软件（如加工过程、搬运过程、工件加工顺序控制等）、运行监视软件（如运行状态、加工状态、故障诊断和处理情况的监视等）及状态显示等软件系统。管理信息处理软件主要用于生产的宏观管理和调度，以确保 FMS 能有效而经济地达到生产目标。它应能根据市场需求来调整生产计划和设备负荷计划以及对设备、刀具、工件等的数量和状态进行有效的管理等功能。技术信息处理软件主要用于对生产中的技术信息,如加工顺序的确定、设备和工装的选择、加工条件和刀具路径的确定等进行处理。

柔性制造系统自20世纪60年代末建立以来,世界各地已出现了许多FMS工程,我国也相继建造了几条FMS生产系统,如上海第四机床厂的SJ—FMS、天津减速机厂减速机座FMS(JC—S—FMS—2)以及南方发动机公司发动机缸体FMS等。毫无疑问,在未来的机器制造业中,FMS必将得到更大发展。

9.4.3 计算机集成制造系统(CIMS)

(1)计算机集成制造系统的基本概念

计算机技术的发展,使它除用于生产过程外,还广泛用于企业的其他活动,如成本管理、财务管理、作业计划和调度管理以及订货管理等。特别是计算机辅助工程发展,如CAD、CAM、CAPP、CAQ,使其柔性制造系统得以充分发展,并使其朝着计算机集成制造系统(Computer Integrated Manufacturing System,缩写为CIMS)方向发展。

1974年美国约瑟夫·哈林顿博士(Dr. Joseph Harrington)提出了计算机集成制造(Computer Integrated Manufacturing,缩写为CIM)这一概念。他认为:企业生产的各个环节,包括市场分析、产品设计、加工制造、经营管理及售后服务的全部经营活动,是一个不可分割的整体,要紧密连接,统一考虑。另外,整个经营过程实质上是一个数据的采集、传递和加工处理的过程,其最终形成的产品可以看做数据的物质表现。二十多年来,人们从接受这一概念到实施这一技术并在实践过程中使其CIM的要领更加完善和发展。大家认识到CIM需要利用各种自动化设施,但不等于全盘自动化,不切实际的自动化甚至会对企业的经营起负作用。计算机只是一种工具、一种手段,更重要的是人的集成。由此,可得到CIM和CIMS的定义如下:

CIM是一种概念,一种哲理。它指出了制造业应用计算机技术的更高阶段,即在制造企业中将从市场分析、经营决策、产品设计,经过制造过程各环节,最后到销售和售后服务,包括原材料、生产和库存管理、财务资源管理等全部运营活动,在一种全局集成规划指导下,在更充分发挥人的集体智慧和合作精神的氛围中,关联起来集合成一个整体,逐步实现全企业的计算机化。实施CIM的目的是实现企业内更短的设计生产周期,改善企业经营管理,以适应市场的迅速变化,获得更大经济效益。

CIMS就是在CIM思想指导下,逐步实现企业全过程计算机化的综合人—机系统。不论其计算机技术应用的广度和深度处于什么阶段,只要全局规划是明确的,确实按照CIM思想指导着企业的体制改革和技术改革,就可称之为CIMS。全面应用于各个环节的CIMS可以说是21世纪工厂的模式,但在发展过程中,则可以把它本身看做一种进程,而不必局限于某种固定格局的层次模式。人—机系统的集成,不仅是技术上信息和物流的集成,或者说硬、软件的集成,更为重要的是人的集成,是人、技术和经营三大方面的集成,而且系统成效的大小,更多地取决于人的集成的情况。

(2)计算机集成制造系统的构成

由于CIMS是人、技术和经营三大方面的集成,就应包括工厂企业设计、生产及经营等全部活动。因此,从功能上讲,理想的CIMS至少应由三大系统组成,即工厂经营决策管理系统、计算机辅助设计和辅助制造系统和柔性制造系统。它们分别对应着CIMS体系结构中的三个层次,如图 9-10 所示。

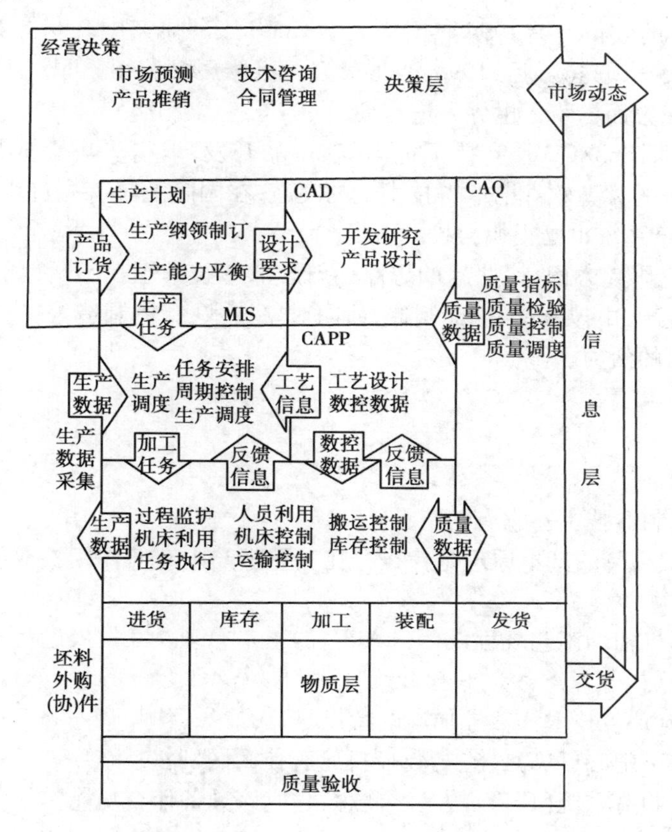

图 9-10 CIMS 概念示意图

1)决策层　主要帮助企业领导作出经营决策。

2)信息层　主要生成工程技术信息(如:CAD、CAPP、CAM、CAQ 等)及进行企业综合信息管理。

3)物质层　是处于底层的生产实体,包括进货、加工、检测、装配、库存和销售等环节。数控机床、工业机器人、自动化仓库、自动运输小车、柔性制造单元和柔性制造系统都属于这一层中的基本设备和子系统。

(3)我国 CIMS 技术的进展与发展前景

CIMS 是一种发展中的高新技术,它将成为 21 世纪占主导地位的新型生产方式,我国对其发展极为关注,在“863”高技术计划中安排了 CIMS 主题,1993 年 3 月国家 CIMS 工程研究中心通过国家鉴定和验收。其他七个单元技术网点实验室(包括集成产品设计自动化实验室、集成化工艺设计自动化实验室、柔性制造系统实验室、CIMS 网络和数据技术实验室、CIMS 系统技术实验室等)也于 1994 年陆续建成和开放。“863”高技术计划确定了我国 CIMS 主题 2000 年的战略目标,即形成若干个各具示范特色的 CIMS 应用企业;促进形成 CIMS 高技术产业;进一步建成一批 CIMS 研究中心和开放实验室;出一批高水平的研究成果,培养出一批 CIMS 的人才。为此,CIMS 主题的工作按“应用工程、产品开发、产品预研、关键技术攻关和研究课题”四个层次作全面安排。

在应用工程方面，北京第一机床厂、沈阳鼓风机厂、成都飞机公司的 CIMS 工程取得了重大进展，取得了良好的效益。继 1994 年清华大学 CIMS 工程研究中心获得美国制造工程师学会（SME）颁发的“大学领先奖”后，1995 年北京第一机床厂又获得 CIMS“工业领先奖”，这表明我国在 CIMS 研究方面已跨入世界先进行列。

在产品开发方面，863/CIMS 支持了近 20 项产品开发，取得了可喜成果。基于 STEP 的 CAD/CAM 集成系统的大型软件已取得技术上的突破，在国际上具有先进水平；面向大中型企业的制造业管理信息系统也已很快会投放市场。

在 CIMS 的理论研究方面，一些新的思路、新概念、新技术正在不断地引入 CIMS 领域中，如并行工程、精良生产、虚拟制造、敏捷制造、面向对象技术、绿色制造等，使 CIMS 的概念拓宽和变化，具有了更强的活力。

习题与思考题

9-1　何谓先进制造技术？它有何特点？

9-2　成组技术（GT）的基本原理是什么？在实际生产中有何作用？成组生产组织形式有哪些？

9-3　简述计算机辅助工艺规程设计（CAPP）的基本原理及其发展趋势，CAPP 有哪三种工艺设计方法？

9-4　何谓数控（NC）技术？数控加工的特点是什么？

9-5　什么是加工中心（MC）？它与数控机床有什么区别？

9-6　简述柔性制造系统（FMS）的基本概念，它应该具备什么功能？

9-7　简述计算机集成制造系统（CIMS）的基本概念，为什么说 CIMS 是 21 世纪机械制造业的主要生产方式？

参考文献

1 陈日曜.金属切削原理.北京:机械工业出版社,1993
2 周泽华.金属切削原理.上海:上海科学技术出版社,1984
3 乐兑谦.金属切削原理.北京:机械工业出版社,1993
4 黄鹤订.机械制造技术.北京:机械工业出版社,1997
5 顾维邦.金属切削机床概论.北京:机械工业出版社,1997
6 黄鹤订.金属切削机床(上册).北京:机械工业出版社,1998
7 吴佳常.机械制造工艺学.北京:中国标准出版社,1992
8 蔡光起等.机械制造工艺学.沈阳:东北大学出版社,1994
9 黄天铭.机械制造工艺学.重庆:重庆大学出版社,1988
10 庞怀玉.机械制造工程学.北京:机械工业出版社,1998
11 龚定安等.机床夹具设计.西安:西安交通大学出版社,1993
12 徐发仁.机床夹具设计.重庆:重庆大学出版社,1993
13 华楚生.修配法装配尺寸链的新解法.机械工艺师,1991(12)
14 顾崇衔.机械制造工艺学.西安:陕西科学技术出版社,1995
15 蔡建国.成组技术.第1版.上海:上海交通大学出版社,1996
16 许香穗,蔡建国.成组技术.第1版.北京:机械工业出版社,1987
17 焦振学.先进制造技术.第1版.北京:北京理工大学出版社,1997
18 贾亚洲.金属切削机床概论.第1版.北京:机械工业出版社,1995
19 韩秋实.机械制造技术基础.北京.机械工业出版社,1998
20 吴启迪,严隽薇,张浩.柔性制造自动化的原理与实践.第1版.北京:清华大学出版社,1987
21 实用数控加工技术编委会.实用功数控加工技术.第1版.北京:兵器工业出版社,1995
22 李治均,陈国定,赵武.计算机辅助工艺设计.第1版.成都:成都科技大学出版社,1996
23 GB/T1800.1—1997:极限与配合基础第1部分词汇
24 GB/T1800.2—1998:极限与配合基础第2部分公差、偏差和配合的基本规定
25 GB/T1800.3—1998:极限与配合基础第3部分标准公差和基本偏差的数值表
26 GB/T1182—1996:形状和位置公差通则、定义、符号和图样表示方式
27 GB/T1184—1996:形状和位置公差未注公差值
28 GB/T4249—1996:公差原则
29 GB/T16671—1996:形状和位置公差最大实体要求、最小实体要求和可逆要求
30 GB/T131—1993:表面粗糙度代号、符号及其注法